Vahlens Kurzlehrbücher

# Marketing

Von

Prof. Dr. Andreas Huber

3., vollständig überarbeitete Auflage

Verlag Franz Vahlen München

**Prof. Dr. Andreas Huber** ist Fachbereichsleiter Marketing und Media an der accadis Hochschule Bad Homburg.

ISBN 978 3 8006 4644 9


Wilhelmstr. 9, 80801 München
Satz: Fotosatz Buck
Zweikirchener Str. 7, 84036 Kumhausen
Druck und Bindung:
Druckhaus Nomos, In den Lissen 12, 76547 Sinzheim
Gedruckt auf säurefreiem, alterungsbeständigem Papier
(hergestellt aus chlorfrei gebleichtem Zellstoff)

# Vorwort

Der vorliegende Band eines in 3. Auflage vollständig neu konzipierten Kurzlehrbuchs für Marketing richtet sich an Studierende der Wirtschaftswissenschaften und Auszubildende in Bachelor- und Masterstudiengängen, die sich vorlesungsbegleitend oder im Rahmen ihrer Prüfungsvorbereitung einen elementarisierten Überblick über traditionelle und aktuelle Entwicklungen auf dem Gebiet des Marketings verschaffen wollen. Das Lehrbuch basiert auf zahlreichen Vorlesungen und Tutorien, die an verschiedenen Hochschulen über einen längeren Zeitraum gehalten worden sind und ist deshalb ausgerichtet auf die expliziten Bedürfnisse von Studierenden und deren Berufsperspektiven. Es ist konzeptionell so verfasst, dass Studierende sowohl einen umfassenden als auch einen praxisorientierten Zugang zur Materie erhalten sollen und damit effektives und effizientes Lernen ermöglicht wird. Ein ganzheitlicher Ansatz zu Inhalten des Marketings wird durch folgende Ausrichtungen geboten:

- Konzeptorientierung mit Entwicklungsperspektiven
- Kompetenzorientierung mit Praxisperspektiven
- Innovationsorientierung mit Trendperspektiven

Der Band bietet gegenüber anderen Lehrbüchern eine primär generalistische Sicht auf die relevanten Bereiche des Marketings mit dem Anspruch, eine möglichst allseitige, thematische Breite der Inhalte zu berücksichtigen. Mit Bezug zum *State-of-the-Art* von Standardwerken, die im Marketing häufig einen erheblichen Seitenumfang besitzen, werden prüfungsrelevante Themen und aktuelle Entwicklungen in besonderem Maße komprimiert und integriert.

Ziel dieses Kurzlehrbuchs ist es weiterhin, den theoriebezogenen und praxisrelevanten Stoff des Marketings zu verzahnen und in einfacher und verständlicher Weise darzustellen. Mithilfe lernpsychologischer Strukturierungshilfen, wie Lernstichwörtern, Lösungshinweisen zur Bearbeitung der Aufgaben und durch den Verweis auf Berufsperspektiven, wird in den einzelnen Kapiteln der Einstieg in die Materie erheblich erleichtert. Insbesondere durch das innovative Didaktik-Tool des *Creative Case Choice (CCC)* am Ende eines jeden Kapitels, soll über die Bearbeitung eines selbst gewählten Praxisbeispiels eine anwendungsbezogene Motivationsgrundlage entfaltet werden. Damit werden einerseits häufig schnell veraltende Daten von Fallbeispielen vermieden und andererseits interaktives, selbst initiiertes Lernen gefördert.

Für das administrative Management der Textproduktion und kritische Kommentierung danke ich Herrn Lazar Radan sowie für die Gestaltung der Abbildungen Mikael GB Horstmann.

Frankfurt am Main, im Mai 2016 *Andreas Huber*

# Inhaltsverzeichnis

# Einleitung

Das vorliegende Kurzlehrbuch soll Studierenden der Wirtschaftswissenschaften eine grundlegende Einführung in wesentliche Bereiche des Marketings geben. Gleichzeitig soll es die Prüfungsvorbereitung für einzelne Module ihrer Studien- und Ausbildungsgänge erleichtern. Elementare Grundlagen des Marketings werden durch detaillierte, didaktische Aufbereitung mit Lernstichworten, Strukturierungshilfen, Bearbeitungsangaben zu Übungsaufgaben und selbst initiierter Fallbeispielgestaltung sowie mit Hinweisen auf Berufsperspektiven dargestellt.

Im **1. Abschnitt** werden *Begriffe, Dynamik und Dimensionen des Marketings* aufbereitet, ergänzt um *Zielstrukturen, Projektionen, Potenziale und Grenzen des Marketings* sowie die *Evolution einzelner Marketingbereiche* skizziert.

Im **2. Abschnitt** wird strategisches Marketing durch Zugänge über *Analyse und Planung in der strategischen Ausgangssituation* erläutert, ergänzt um *Aspekte von Strategiebildung* und der *Darstellung und Optimierung von Marketingstrategien.*

Im **3. Abschnitt** werden die Bereiche der Marktforschung durch *Gegenstand und Aufgaben* verdeutlicht sowie *Verfahren der Datenerhebung und Datenerfassung* dargestellt, ergänzt um *Verfahren der uni-, bi- und multivariaten Datenanalyse.*

Im **4. Abschnitt** werden *Gegenstand und Dimensionen von Kundenmanagement und Konsumentenverhaltensforschung* ausgeführt. Unter dem Aspekt des Konsumentenverhaltens werden *Modelle des Kaufverhaltens und der Kaufentscheidung* behandelt.

Im **5. Abschnitt** wird *Produktmanagement* über Dimensionen und Gestaltungspotenziale, darunter *Innovations- und Qualitätsmanagement,* dargestellt. Behandelt werden weiterhin *Grundstrukturen des Marken- und Servicemanagements.*

Im **6. Abschnitt** werden *Grundzüge des Preismanagements* beschrieben, darunter *Märkte und Preisbildung, Preisdifferenzierung* sowie neuere Ansätze im Preismanagement, wie *Yield Management, Referenzpreiskonzepte und E-Pricing.*

Im **7. Abschnitt** werden Grundzüge des *Kommunikationsmanagements* skizziert mit Fokus auf dessen *Gestaltungspotenziale, Medienoptionen und Instrumente* sowie deren *Evaluation* im Kontext ihrer Wirkungsbeziehungen.

Im **8. Abschnitt** werden *Aspekte des Distributionsmanagements* mit Bezug zu *Vertriebsmanagement* sowie dessen differenzierten Vertriebsstrukturen behandelt, ergänzt um *Logistikmanagement* mit kunden- und funktionsorientierten Logistiksystemen.

Im **9. Abschnitt** werden einzelne *Ansätze der Gestaltungsoptimierung im Marketing* aufgezeigt, darunter *Marketing-Mix-Optimierung, Multi-Channel-Marketing, Personal- und Organisationsmanagement sowie Controlling* im Marketing.

# 1. Marketing: Dynamik und Dimensionen

## 1.1 Struktur und Lernziele des Kapitels

### 1.1.1 Konzeptionelle Sichtweisen des Marketings

Mit der konzeptionellen Sichtweise des Marketings in diesem Lehrbuch sollen *Basiselemente, Entwürfe* und *Bausteine* einer Gestaltung von Aufgaben der Marketingpraxis vorgestellt werden. Beabsichtigt ist insbesondere – unter Bezug auf eine zeitlich-problemorientierte Dimension – zu zeigen, welche *Optionen* und *Alternativen* sich bei der *Gestaltung von Marketingaufgaben* ergeben haben, aktuell ergeben und sich prinzipiell für die Zukunft ergeben könnten. Mit dieser perspektivischen Darstellung soll es ermöglicht werden, die Entwicklungslinien und Gestaltungspotenziale des Marketings, quasi in einem **Panoramablick**, wahrzunehmen.

Struktur von Kapitel 1

Mit einem konzeptionellen Einstieg in die Marketing-Thematik werden zunächst alternative Einblicke und Zugänge ermöglicht, wie sie in der systematischen Struktur des Marketing-Kanons als Grundkenntnisse von praxisorientiertem Marketing verfügbar sind. Selbst wenn in Theorie und Praxis Begrifflichkeiten nicht immer eindeutig voneinander abgrenzbar sind oder abgegrenzt werden, so macht es doch Sinn, entsprechende Profilierungen vorzunehmen, um den Lernprozess effektiv und effizient zu gestalten.

Mit den **Positionen** im Marketing werden über unterschiedliche Definitionen, Paradigmen und Potenziale im Rahmen des Managements von Marketingaufgaben vielfältige Zugänge zur Thematik eröffnet. Darüber hinaus wird ein erster Einblick in das Verständnis von Märkten, Kunden, Transaktionen und Wertschöpfungsprozessen ermöglicht.

Die **Ziele** des Marketings werden zunächst ganzheitlich aus allgemeinen Unternehmensgrundsätzen abgeleitet und dann als Zielsystem mit einer expliziten Unterscheidung von quantitativen und qualitativen Marketingzielen einschließlich deren Zielbeziehungen dargestellt.

Mit den **Grenzen** des Marketings wird die Einbettung von Marketingaktivitäten in eine Marketingkultur von Unternehmen thematisiert, die gleichzeitig als Ausdruck normativer Unternehmenstätigkeit gilt, ergänzt um begrenzende Rahmenbedingungen des Marketings, die sich aus Ethik, Recht und Akzeptanz ergeben.

Mit der Darstellung von **Evolutionen** einzelner Marketingbereiche wird dem Umstand Rechnung getragen, dass wegen der Notwendigkeit einer fachspezifischen Spezialisierung, grundlegende Anpassungen und Neuausrichtungen des allgemeinen Marketings erforderlich sind.

### 1.1.2 Lernziele und Berufsperspektiven

Im Rahmen der Lernziele dieses Kapitels sollen sowohl ein grundlegender **Überblick** über verschiedene Perspektiven auf das Marketing ermöglicht als auch die **Fähigkeit** erworben werden, diese unterschiedlichen Sichtweisen auf konkrete Aufgaben des Marketings in Unternehmen anzuwenden. Folgende Lernziele stehen dabei im Vordergrund:

**Lernziele**

- **Sichtweisen des Marketings** über Definitionen und Paradigmen **verstehen**. Bedeutung von Märkten, Kunden, Transaktionen und Wertschöpfung kennen
- **Ziele des Marketings erfassen** und aufstellen sowie Zielbeziehungen erkennen können. **Aktuelle Entwicklungen und Trends nachvollziehen** können
- **Strukturen einer Marketingkultur verstehen** und **Grenzen des Marketings** durch Ethik, Recht und Akzeptanz **aufzeigen** können
- **Evolution einzelner Marketingbereiche beschreiben** können, darunter Konsum- und Industriegütermarketing, Dienstleistungsmarketing, Customer Relationship Marketing, Internationales Marketing, Green und Non-Profit-Marketing sowie E- und M-Marketing. **Besonderheiten erfassen** und deren **Ausprägungen erkennen** können sowie **Anwendungen nachvollziehen** können

Lernziele von Kapitel 1

Um eine Vorstellung davon zu geben, welche beruflichen Aufgabenfelder über die Inhalte des nachfolgenden Kapitels zugänglich gemacht werden können, sollen exemplarisch einige **spezifische Berufsfelder** und deren **Kompetenzprofile** herausgestellt werden. Dadurch kann eine explizite *Kompetenzorientierung mit Praxisperspektiven* in diesem Lehrbuch erfüllt werden, die es ermöglicht, sich einen Eindruck über denkbare Einsatzgebiete themenbezogen zu verschaffen. Berufliche Aufgabenfelder, die im engeren Zusammenhang mit den Inhalten dieses Kapitels stehen, zeichnen sich tendenziell durch die Notwendigkeit von ganzheitlich generalistischen Kompetenzprofilen aus. Folgende Tätigkeitsbereiche lassen sich hierüber abbilden:

- *Beratung Marketing* benötigt eine generalistische Sichtweise auf alle Bereiche des Marketings, erforderlich sind Kenntnisse sowohl einer allgemeinen Ausrichtung des Marketings als auch spezielle Fähigkeiten Problemzusammenhänge unterschiedlichster Branchen und Bereiche zu erfassen. Agenturen mit allgemeiner Beratungskompetenz bieten hierfür entsprechende Tätigkeitsfelder.
- *Leitung Marketing* erfordert umfassende Marketingkenntnisse für unterschiedlichste Unternehmen und Branchen. Wissen über den *State-of-the-Art* für konzeptionell ausgerichtete Aktivitäten zeichnet dieses Berufsfeld ebenso aus, wie die Fähigkeit, innovative Trends für Einzelbereiche des Marketings zu erkennen und kreative Lösungsansätze im größeren Handlungskontext zu entwickeln.
- *Management Relationship Marketing* setzt ganzheitliche Kenntnisse mit einem ausgeprägten Kompetenzprofil für die Entwicklung, Gestaltung und Implementierung von Kundenbeziehungsqualitäten voraus. IT-basierte Kundenbindungsprogramme erfordern ergänzend, wegen ihrer Aufgabenkomplexität, eine umfassende Konzept- und Erfahrungskompetenz.

Die oben aufgeführten Tätigkeitsfelder lassen sich gleichermaßen in Unternehmen verschiedener Branchen und deren eigenständiger Marketingabteilungen finden als auch in Agenturen oder privaten und öffentlichen Organisationen.

**Literaturhinweise:** Zur Vorbereitung auf die Inhalte des 1. Kapitels können ergänzend folgende Lehrwerke und Internetseiten als relevante Quellen herangezogen werden:

- Meffert/Burmann/Kirchgeorg (2015b), Kapitel 1: Grundlagen des Marketing
- Esch/Herrmann/Sattler (2013), A: Manager für Marketing sensibilisieren
- www.marketingverband.de, Deutscher Marketing Verband e.V. (DMV)
- www.absatzwirtschaft.de, Absatzwirtschaft – Zeitschrift für Marketing

## 1.2 Marketing: Positionen und Potenziale

### 1.2.1 Begriffe und Dimensionen des Marketings

**Marketing** gehört als Teilbereich der Betriebswirtschaftslehre aktuell zu den bedeutsamsten Entwicklungspotenzialen einer **markt- und kundenorientierten Managementlehre.** In Deutschland hat sich die Bezeichnung *Marketing* erst relativ spät durchgesetzt und löste den Begriff *Absatzwirtschaft*, welcher der betriebswirtschaftlichen Betrachtung von Unternehmensfunktionen entspricht, zunehmend ab. Lange Zeit wurde der Marketingbegriff mit marktorientierter Unternehmensführung gleichgesetzt, wobei dies der Perspektive einer Orientierung sämtlicher Unternehmensaktivitäten an der Marktentwicklung entspricht. Dabei steht die Ausrichtung des Marktfokus sowohl auf Abnehmer oder Kunden als auch auf Mitbewerber im Vordergrund. Schließlich führte dieser **Ansatz einer marktorientierten Unternehmensführung** zu einem Paradigmenwechsel mit der Perspektive, den Aspekt eines Beziehungsmarketings zum Kunden stärker in den Vordergrund zu stellen und damit den **Ansatz eines Customer Relationship Marketings** zu begründen. Mögliche Konsequenzen zeigen sich bereits in zahlreichen Versuchen, damit auch eine Neustrukturierung der Marketinginstrumente vorzunehmen. (Nieschlag et al 2002, 13; Voeth/Herbst 2013, 3 ff.; Wöhe 2013, 369 ff.)

Die historische Entwicklung eines Marketingverständnisses lässt sich am deutlichsten durch die gewandelten **Positionen** erkennen, die in den folgenden *Marketingdefinitionen* zum Ausdruck kommen (Meffert et al 2012, 11 f./Abbildung 1.1):

Abbildung 1.1: Begriffe des Marketings

Eine frühe Distributionsorientierung des Marketings zeigt sich im Selbstverständnis der American Marketing Association von 1948: *'Marketing ist die Erfüllung derjenigen Unternehmensfunktionen, die den Fluss von Gütern und Dienstleistungen vom Produzenten zum Verbraucher bzw. Verwender lenken'.*

Die Konsumentenorientierung des Marketings im Hinblick auf kundenspezifische Bedürfnisse formuliert Kotler bereits 1967: *'Marketing ist die Analyse, Organisation, Planung und Kontrolle von kundenbezogenen Ressourcen, Verhaltensweisen und Aktionsorientierung einer Firma mit dem Ziel, die Wünsche und Bedürfnisse des Marketings ausgewählter Kundengruppen gewinnbringend zu befriedigen'.*

In der klassischen Definition von Meffert von 1974 bedeutet *'Marketing (...) die Planung, Koordination und Kontrolle aller auf die aktuellen und potenziellen Märkte ausgerichteten Unternehmensaktivitäten. Durch eine dauerhafte Befriedigung der Kundenbedürfnisse sollen die Unternehmensziele im gesamtwirtschaftlichen Güterversorgungsprozess verwirklicht werden'.*

Kotler formuliert 1980 schließlich eine wettbewerbsorientierte Idee des Marketings: *'Das Marketingkonzept geht davon aus, dass der Schlüssel zur Erreichung der Unternehmensziele in der Bestimmung der Bedürfnisse und Wünsche von Zielmärkten und der Befriedigung dieser Wünsche in einer effektiveren und effizienteren Art und Weise als der Wettbewerb besteht'.*

Marketing als Management von Kundenbeziehungen kommt schließlich in der Auffassung von Grönroos aus dem Jahre 1990, wie folgt zum Ausdruck: *'Marketing hat als Unternehmensaufgabe den Aufbau, die Aufrechterhaltung und Verstärkung der Beziehungen zum Kunden, anderen Partnern (Stakeholdern) und gesellschaftlichen Anspruchsgruppen zu gestalten. Mit der Sicherung der Unternehmensziele sollen auch die Bedürfnisse der beteiligten Gruppen befriedigt werden'.*

Eine konzeptionelle Ausrichtung des Marketings formuliert Becker 1998: *'Marketing als Führungsphilosophie kann umschrieben werden als die bewusste Führung des gesamten Unternehmens vom Absatzmarkt her, d.h. der Kunde und seine Nutzenansprüche sowie ihre konsequente Erfüllung stehen im Mittelpunkt des unternehmerischen Handelns, um so unter Käufermarkt-Bedingungen Erfolg und Existenz des Unternehmens dauerhaft zu sichern'.*

Nicht selten wird **Marketing** als eine **umfassende Philosophie und Konzeption unternehmerischen Planens und Handelns** auch im Sinne einer unternehmerischen Denkhaltung gesehen, bei der über ein systematisches Informationsmanagement alle Aktivitäten des Unternehmens an gegenwärtigen und zukünftigen Erfordernissen der Märkte ausgerichtet sind und werden, primär mit dem Ziel einer individuellen und dauerhaften Befriedigung von Bedürfnissen des Markts bzw. von Zielen seiner Teilnehmer und weiterer Beteiligter. Diese Perspektive bezieht sich vorrangig auf ein Unternehmenskonzept als *externes Marketing*, jedoch richtet sich Marketing auch im Rahmen moderner Unternehmenskulturen (Corporate Culture) als *internes Marketing* an die Kundenorientierung aller Mitarbeiter und bezieht sich deshalb auf kundenorientiertes Prozessmanagement und auf ein Marketing in Unternehmenskooperationen. (Bruhn 2014a, 14 f.; Homburg 2015, 10/Abbildung 1.2)

Marketing ist eine ganzheitliche **Führungsphilosophie** und Konzeption eines Unternehmens zu strategischer Planung und Handlung auf globalisierten Märkten.

(...)

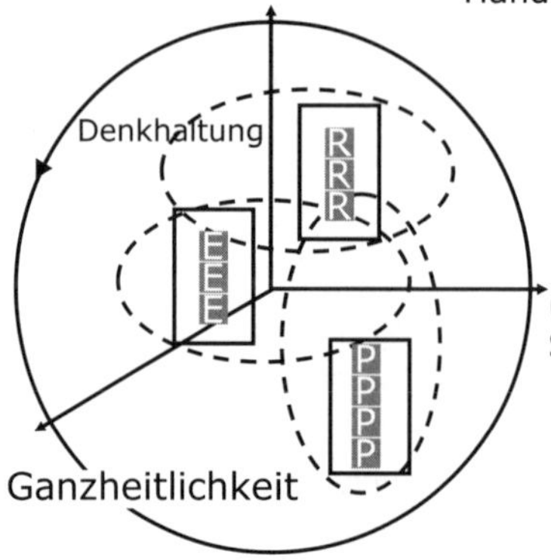


Marketing hat dabei eine unternehmensexterne und eine unternehmensinterne Facette und umfasst dabei die Konzeption und Durchführung marktbezogener Aktivitäten (**externes Marketing**) und die Schaffung der Voraussetzungen im Unternehmen für eine effektive und effiziente Durchführung dieser marktbezogenen Aktivitäten (**internes Marketing**).

Abbildung 1.2: Marketing in ganzheitlicher Unternehmensführung

Durch eine explizite Orientierung und Ausrichtung des Marketings an den Managementfunktionen der Planung, Entscheidung, Organisation und Kontrolle, wird die Verwendung des Begriffs '**Marketingmanagement**' sinnvoll, wie dies zunehmend auch im Selbstverständnis zahlreicher Marketingkonzeptionen und praxisbezogener Vorgehensweisen zum Ausdruck kommt.

Unabhängig von den stark ausdifferenzierten **Perspektiven** des Marketings, die heute durch eine ebenso ausgeprägte **Dynamik** in allen Marketingbereichen gekennzeichnet sind, lassen sich der Einfachheit halber und wegen eines Orientierungsverständnisses folgende dominante *Sichtweisen* (Paradigmen) im Marketing unterscheiden: der **Ansatz einer marktorientierten Unternehmensführung**, der auf Meffert zurückgeht, begreift Marketing als die Planung, Koordination und Kontrolle aller auf die aktuellen und potenziellen Märkte ausgerichteten Unternehmensaktivitäten. Marketing stellt dabei ein **duales Führungskonzept** für Unternehmen dar, das sowohl als *Leitbild des Managements* wie auch als *gleichberechtigte Unternehmensfunktion* dient. Im modernen Marketingmanagement treten insbesondere im Zusammenhang mit der Marketing-Konzeption, verstanden als Planung, Umsetzung und Kontrolle von Marketingaktivitäten, die vier operativen Dimensionen des Marketing-Mix als Instrumente auf, die sich nicht nur im englischsprachigen Raum seit McCarthy als **4Ps** etabliert, sondern auch im deutschsprachigen Raum als klassisches Marketing Equipment durchgesetzt haben (Meffert et al 2012, 13 ff., 21 ff./Abbildung 1.3):

- **Product:** *Produktpolitik* bzw. *Produktmanagement* mit den klassischen Komponenten der Produktgestaltung, des Innovations-, Marken-, Qualitäts- und Servicemanagements sowie ergänzenden, den Produktbereich betreffenden Perspektiven

Marketing ist **marktorientierte Unternehmensführung**, d.h.

*Planung, Koordination und Kontrolle aller auf die aktuellen und potenziellen Märkte ausgerichteten Unternehmensaktivitäten.*

Dies bedeutet einen Fokus auf die Marktsituation sowie eine Orientierung an Kunden und den Mitbewerbern.

Abbildung 1.3: Marketing als marktorientierte Unternehmensführung

- **Price:** *Preispolitik* bzw. *Preismanagement* mit Preisfunktionen, Preisbildung, Preisstrategien, Preisdifferenzierung und neueren Ansätzen konzeptioneller Preisgestaltungsoptionen
- **Promotion:** *Kommunikationspolitik* bzw. *Kommunikationsmanagement* als umfassendes, interaktives Informationsmanagement eines Unternehmens mit seinen Kunden und anderen Stakeholdern sowie einer Vielzahl von klassischen und neueren Kommunikationsinstrumenten
- **Place:** *Distributionspolitik* bzw. *Distributionsmanagement* mit den Bereichen des Vertriebsmanagements, einschließlich einer akquisitorischen Vertriebstypologie sowie des Logistikmanagements mit funktions- und kundenorientierten Logistiksystemen

Marktorientierte Unternehmensführung hat als Paradigma des Marketings nichts an Bedeutung verloren, es gilt nach wie vor als konzeptionell ausgereifter und entwicklungsfähiger Ansatz im gegenwärtigen Marketingmanagement.

Mit der zunehmend internetbedingten Transparenz der Märkte sowie einer Vergleichbarkeit von Produkten und Serviceleistungen rückte in Abkehr vom Fokus auf einzelne Markttransaktionen (Transaction Marketing) seit den 1990er Jahren ein weiteres Paradigma in den Vordergrund, das die längerfristige *Beziehung zum Kunden* herausstellt. Mit dem sogenannten **Customer Relationship Marketing (CRM)** oder *Beziehungsmarketing* wurde eine neue Ausrichtung der Interaktionsbeziehungen zwischen Unternehmen und Kunden etabliert, die sowohl unter wirtschaftlichen Gesichtspunkten (Vermeidung von Neuakquisekosten; Kundenlebenszeitwert) als auch unter dem Aspekt einer gestiegenen Serviceerwartung (verlässliche Problemlösungskompetenz; Kundenbeziehungsstatus) Vorteile besitzt. Die traditionelle Ausrichtung des Marketings an den 4Ps wurde durch einen neuen Fokus auf die sogenannten **3Rs** modifiziert (Bruhn 2014a, 32; Bruhn 2015, 4 ff./Abbildung 1.4):

- **Recruitment:** *Kundenakquisition* bedeutet die gezielte Ausrichtung von Marketingaktivitäten auf attraktive Produktangebote, gute Preis-Leistungs-Verhältnisse, Kundenservice und Kundendialog, etc.

Abbildung 1.4: Marketing als Relationship Management

- **Retention:** *Kundenbindung* erzielt mit der systematischen Steuerung von Kundenerwartungen in Bezug auf Produkterfahrung ein hohes Potenzial an Kundenzufriedenheit, z. B. über Preisgarantien, Lieferservice, etc.
- **Recovery:** *Kundenrückgewinnung* versucht auf der Basis einer gezielten Auswertung von Kundenfeedbacks/Beschwerden Wechselbarrieren zu Mitbewerbern zu erhöhen, Produktinnovationen zu generieren, Sonderkonditionen zu gewähren, etc.

Die vorbezeichnete Ausrichtung des Marketings am Kundennutzen und den Kundenbedürfnissen versteht sich zwar als eigenständiger, paradigmatischer Marketingansatz, jedoch bleibt eine kontinuierliche Marktperspektive mit Konkurrenzbeobachtung für konzeptionelle Weiterentwicklungen nach wie vor bedeutsam. Insbesondere erweist sich die *Hybridisierung des Kunden* durch multioptionales Kaufverhalten in Verbindung mit intransparenten Preisstrategien und Produktstandardisierungen zunehmend als Problemszenario für dauerhafte Beziehungen von Kunden zu Unternehmen. Bezüglich der *Anwendungsbereiche* des Customer Relationship Marketings können deshalb *Einschränkungen* vor allem aufgrund folgender Sachverhalte gegeben sein: In Märkten, in denen prinzipiell austauschbare Produkte nachgefragt werden oder ein hoher Standardisierungsgrad von Unternehmensleistungen für Kunden erkennbar sind, kann Customer Relationship Marketing tendenziell eine nachrangige Bedeutung erhalten. (Bruhn 2015, 17 f.)

Unter der Perspektive aktueller **Trendentwicklungen im Marketing**, mit einer Tendenz zur *Emotionalisierung von Marketingstrategien* unter Rekurs auf die Nutzung von Eventfokussierung in der sogenannten Fun- und Freizeitgesellschaft und über den Einsatz von Multimediaelementen im interaktiven Kundenbezug (Netzwerkorientierung), deutet sich eine weitere Perspektive im Sinne einer paradigmatischen Ausrichtung von Marketingaktivitäten an. Dieser Marketingtrend lässt sich in seinen Ansätzen mit dem Begriff des **3E-Drive** bezeichnen (Huber 2012, 3, 12 ff.). Derartige gegenwärtig zu beobachtende Entwicklungen, die sich mit Kundenbegeisterung, Produktfaszination, Ikonen des Cool, offenen Lifestyle-Konzepten, kommunikativ-interaktivem Eventcharakter oder einem verstärkten Einsatz von Multi- und Social-Media-Elementen, etc., beschreiben lassen, verweisen zunehmend auf die Ausprägung und gezielte Nutzung von

**3Es** in Marketingstrategien (Huber 2012, 3, 12 ff./Abbildung 1.5; Rüeger/Hannich 2010, IX ff.; Mikunda 2016, 23 ff., 30 ff.):

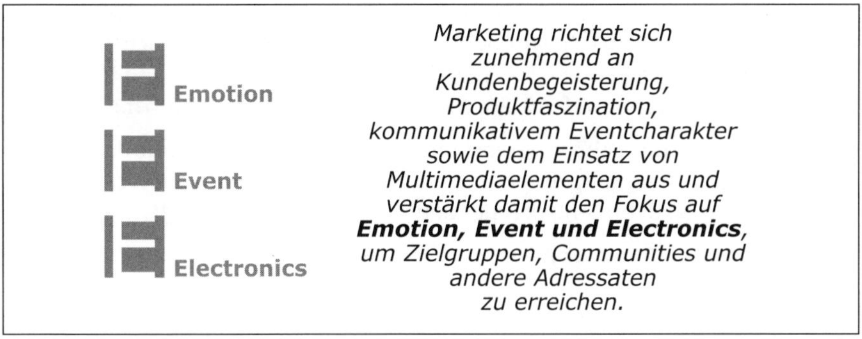


Abbildung 1.5: 3E-Drive im Marketing

- **Emotion:** *Emotionalisierte Marketingstrategien* kanalisieren Grundemotionen und deren Variationen über Produkt- oder Servicekomponenten und beziehen eine Nutzenorientierung von Produkten auf die emotionalen Bedürfnisse von Kunden (personenbezogene, interne Faktoren des 3E-Drives)
- **Event:** *Erlebnis- und Begeisterungsfähigkeit* von Kunden lassen sich insbesondere über den Eventcharakter von interaktiven Kommunikationsformen installieren und mit vielfältigen Erlebniswelten in entsprechenden Kommunikationskanälen programmatisch verbinden (umweltbezogene, externe Faktoren des 3E-Drives)
- **Electronics:** *Elektronische Multimediakanäle* werden sowohl zur Generierung von sozialen Netzwerken genutzt als auch zur expliziten Inszenierung von Emotionen und Events. Damit ergänzen und unterlegen sie interaktiv die vorbezeichneten E-Drive-Komponenten (interaktionsbezogene, technische Faktoren des 3E-Drives)

Mit der expliziten Rezeption von psychologischem und informationstechnischem Potenzial sowie systematischer Kombinationsformen von Komponenten des 3E-Drives gelingt es, Technologieentwicklungen mit individuellen und sozialen Belangen zu verbinden und damit sowohl personalisierte Kundennutzenoptionen (One-to-one-Marketing) der neuen Nachfrager als auch Wertschöpfungspotenziale für neue Anbieter zu generieren.

## 1.2.2 Märkte, Kunden, Transaktionen und Wertschöpfung

Märkte gelten als Bezugs- und Zielobjekte des Marketings: Märkte setzen zunächst als **Bezugsobjekte** die Rahmenbedingungen für Anbieter (Unternehmen) und Nachfrager (Kunden), die mithilfe des Marketings die Anbahnung, Erleichterung und Durchführung von wirtschaftlichen und sozialen Austauschprozessen (Transaktionen) aktivieren. Ein Absatzmarkt oder relevanter Markt bezeichnet im Marketing in der Regel den räumlich, persönlich, sachlich und zeitlich abgrenzbaren Bereich, in dem Unternehmen ihre Leistungen erbringen bzw. absetzen. Märkte sind aber auch die **Zielobjekte** des Marketings insofern, als durch Marketingaktivitäten diese *Märkte* gestaltet und *Akteure* (Konkurrenz und Kunden) beeinflusst werden sollen. Märkte können reale oder virtuelle Orte sein, auf denen das Zusammentreffen von Angebot und Nachfrage organisiert ist und auf denen sich die Preise für Produkte, also Güter und Dienstleistungen, bilden (Homburg 2015, 2 f.; Piekenbrock/Henning 2013, 5 ff.):

- Auf der **Nachfrageseite** von Märkten werden *Bedürfnisse* artikuliert, es entsteht ein *Bedarf*, der sich in potenzieller oder realisierter *Nachfrage* auswirkt und sich als Kauf auf entsprechenden Märkten niederschlägt.
- Auf der **Angebotsseite** konkurrieren Anbieter mit ihren *Kompetenzen*, Produzenten oder Vertriebspartner mit ihren Produkten um die Gunst der Nachfrager, die als *Kunden* in Form von privaten Konsumenten oder industriellen und öffentlichen Abnehmern auftreten.

**Märkte** gelten in der wirtschaftswissenschaftlichen Forschung und in der unternehmerischen Praxis als entscheidende Orte, über die sich der Erfolg von wirtschaftlichen Aktivitäten entwickelt. Im Hinblick auf eine konkrete Marktanalyse, Marktbearbeitung oder Marktgestaltung haben sich unterschiedliche **Abgrenzungskriterien** für Märkte herausgebildet (Meffert et al 2012, 47 ff.; Bruhn 2014, 18 ff./Abbildung 1.6):

Aus *volkswirtschaftlicher Perspektive* werden Märkte unter dem Aspekt von Angebot und Nachfrage, Preisbildung, Güter und Wettbewerb betrachtet. Hierbei spielen unterschiedliche **Marktformen**, wie Polypol, Oligopol und Monopol eine Rolle. In mikroökonomischer Perspektive kommen diese Marktformen in Abhängigkeit von der Anzahl der Marktteilnehmer in relativer Größe auf der Anbieter- und Nachfragerseite zustande. Die Abgrenzung erfolgt diesbezüglich indirekt nach dem Kriterium der Vollkommenheit und erzeugt dann unter den *Modellbedingungen eines vollkommenen Markts* den Modelltyp **Polypol**. Zu den Modellbedingungen eines vollkommenen Markts zählen (a) *Nutzenmaximierung der Nachfrager*, (b) *Gewinnmaximierung der Anbieter*, (c) *Homogenität der Güter*, (d) *Abwesenheit von persönlichen, räumlichen und zeitlichen Präferenzen*, (e) *vollkommene Markttransparenz*, (f) *unendlich schnelle Reaktionen* sowie (g) *Abwesenheit von Transaktionskosten* (Engelkamp/Sell 2013, 115 ff.). Dem Modelltyp **Oligopol** entsprechen sogenannte Branchenmärkte, in denen wenig große Anbieter einer Vielzahl von Nachfragern gegenüberstehen. Im umgekehrten Fall, wenn eine Vielzahl von Anbietern auf wenige Nachfrager trifft, spricht man von Oligopson (Nachfrageoligopol). Vom Modelltyp **Monopol** spricht man immer dann, wenn ein Anbieter auf eine Vielzahl von Nachfrager trifft, umgekehrt, im Falle vieler Anbieter und einem Nachfrager von einem Monopson (Nachfragemonopol).

Aus *betriebswirtschaftlicher Perspektive* stehen die Akteure der Märkte im Mittelpunkt der Betrachtung: Hierbei werden die Teilnehmer, die auf beiden Seiten des Markts auftreten, weiter differenziert, also tendenziell stärker die **Perspektiven** einer bestimmten Marktpartei, entweder als *Anbieterperspektive* oder als *Nachfragerperspektive*, in den Vordergrund gerückt, wobei damit auch der

Umfang aktueller oder potenzieller Aktivitäten von Marktbeteiligten fokussiert werden kann. Eine **begriffliche Unterscheidung** der Marktteilnehmer als *Nachfrager* kann vorgenommen werden über *Käufer*, die sich dadurch auszeichnen, dass sie ein Produkt erwerben oder erworben haben, weiterhin *Kunden* oder *Interessenten*, die aus Sicht von Unternehmen als tatsächliche oder potenzielle Nachfrager bezeichnet werden. Darüber hinaus *Konsumenten*, die in der Regel als private Nachfrager über ihr Verhalten unterschieden werden, schließlich 'bewusste' *Nutzer* von Produkten, für die häufig auch der Begriff Verbraucher verwendet wird. (Meffert et al 2012, 47 ff.)

Zur Bezeichnung verschiedener **Markformen** werden weiterhin die Art der ausgetauschten Leistungen herangezogen und *Konsum- oder Investitionsgütermärkte* unterschieden, wenn Nachfrager als Privatpersonen oder Unternehmen bzw. Institutionen auftreten. Konsumgüter werden häufig in Verbrauchs- und Gebrauchsgüter unterteilt, infolgedessen treten hier *Verbrauchs- und Gebrauchsgütermärkte* auf. Von *Güter- oder Dienstleistungsmärkten* spricht man immer dann, wenn materielle oder immaterielle Güter auftreten. Spezifisch monetäre Transaktionen liegen einer Abgrenzung der Finanzmärkte zugrunde. In Abhängigkeit von spezifischen Knappheiten und der Machtverteilung auf Märkten werden *Verkäufermärkte* unterschieden, bei denen die Nachfrage größer ist als das Angebot und Produktionsengpässe bestehen; demgegenüber spricht man von *Käufermärkten*, wenn der Absatzbereich als Engpassfaktor auftritt, weil das Angebot an Produkten größer ist als die Nachfrage nach diesen und den Marketingaktivitäten deshalb eine besondere Bedeutung zukommt. Nach ihrer *regionalen Ausdehnung* werden schließlich lokale, regionale, nationale, internationale oder globale Märkte unterschieden. (Homburg 2015, 2 ff.; Backhaus/Schneider 2009, 55 ff.)

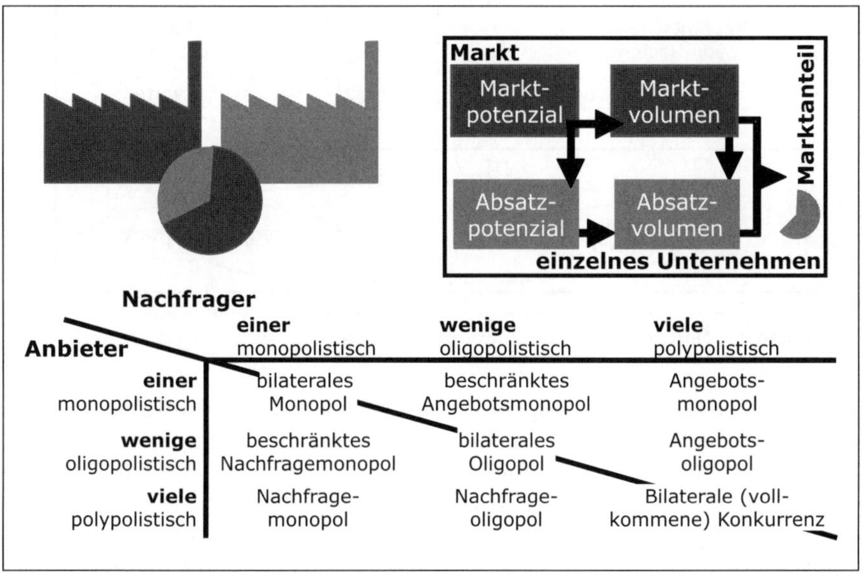


Abbildung 1.6: Märkte und Marktabgrenzungen

Als **Orientierungsgrößen für Märkte** bzw. für die Marktbearbeitung durch Unternehmen unterscheidet man zwischen folgenden Abgrenzungen (Kreutzer 2013, 37 ff./Abbildung 1.6):

- Das *Marktpotenzial* bezeichnet die gesamte mögliche Aufnahmefähigkeit eines Markts für ein Produkt, also ein Gut oder eine Dienstleistung und somit den maximal erreichbaren Absatz überhaupt.
- Das *Absatzpotenzial* gibt demgegenüber denjenigen Anteil am Marktpotenzial an, den ein Unternehmen maximal erreichen kann.
- Das *Marktvolumen* bezeichnet den realisierten Absatz, Umsatz oder andere ausgewählte Größen, die durch die Marktteilnehmer einer Branche realisiert oder prognostiziert werden können.
- Das *Absatzvolumen* stellt demgegenüber den realisierten, mengen- oder wertmäßigen Absatz eines einzelnen Unternehmens pro Periode in einem Markt dar.
- Der *Marktanteil* schließlich gibt das Verhältnis zwischen Absatzvolumen und Marktvolumen an, also den prozentualen Anteil des in Mengen- oder Werteinheiten gemessenen Absatzes eines Unternehmens am gesamten Marktvolumen.

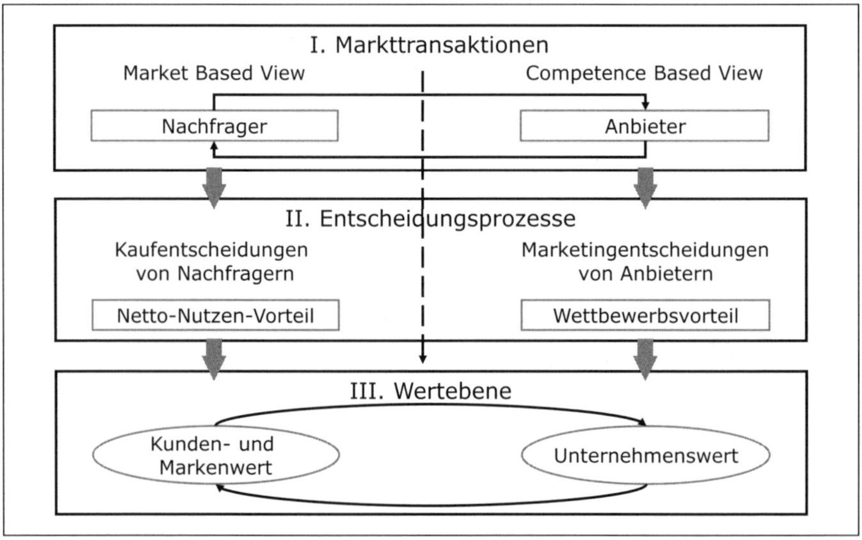


Abbildung 1.7: Nachfrager- und Anbieterperspektive

**Anbieter- und Nachfragerperspektive** werden im Marketing sinnvollerweise auf drei Ebenen untersucht: (1) Auf der *Ebene von Markttransaktionen* steht der Markt im Fokus, wobei auf der Nachfrageseite (Market Based View) das Käuferverhalten und die Kaufentscheidungen von Nachfragern betrachtet werden. Auf der Anbieterseite (Competence Based View) werden die Marketingentscheidungen von Unternehmen, deren Ressourcen und Kompetenzen betrachtet. (2) Auf der *Ebene der Entscheidungsprozesse* werden durch Nachfrager Kaufentscheidungen über Marktinformationen und Bedürfnisse initiiert, woraus sich letztendlich Netto-Nutzen-Vorteile ergeben sollen. Auf der Anbieterseite erfolgt über eine Analyse der Ausgangssituation der gesamte Prozess der Initiierung von Marketingaktivitäten, von der Marketingzielsetzung bis zum Marketingcontrolling, woraus spezifische Wettbewerbsvorteile generiert werden sollen. (3) Auf der *Wertebene* schließlich ergibt sich für die Nachfrager ein Kunden- oder Markenwert, für die Anbieter ein Unternehmenswert als erfolgswirksame Größe. (Meffert et al 2012, 93 ff./Abbildung 1.7)

Aufgrund der Tatsache, dass Marketingaktivitäten einen umfassenden Beitrag zum Unternehmenserfolg leisten, lassen sich verschiedene Ausrichtungen im Sinne von Akzentuierungen oder **Orientierungen** im Marketing wie folgt unterscheiden (Meffert et al 2012, 15 ff.; Oehlrich 2013, 25 ff.; Walsh et al 2014, 11 ff.):

Mit der Kundenperspektive bzw. **Kundenorientierung** im Marketing wird der klassische Adressat für Markttransaktionen avisiert. Zentrale Zielsetzung des Marketings besteht seit jeher in der Generierung von *Kundennutzen*, der dann erreicht wird, wenn Kunden durch den Erwerb von Produkten, wie z. B. Güter- oder Dienstleistungen, gezielt einen Nutzen im Sinne einer Befriedigung ihrer Bedürfnisse erfahren. Soll damit eine langfristige Beziehung zum Kunden aufgebaut werden und *Wiederkäufe* angeregt werden spricht man von **Beziehungsorientierung** der Marketingausrichtung. Der Kundennutzen lässt sich direkt oder indirekt über die Zahlungsbereitschaft des Kunden beobachten, wobei der erwartete Bruttonutzen eines Produkts alle Aufwendungen und Belastungen übersteigen muss. Der Saldo aus erwartetem Produktnutzen und den Kosten einer Kaufentscheidung wird als Nettonutzen bezeichnet und stellt nur dann einen Anreiz für eine Markttransaktion dar, wenn dieser größer Null ist. (Backhaus/Schneider 2009, 22 ff.)

Mit der **Wertschöpfungsorientierung** soll das Marketing einen finanziellen Erfolgsbeitrag für das Unternehmen liefern, in dem unter Bezug zu Kundenbedürfnissen die Schaffung eines Netto-Nutzen-Vorteils für den Kunden generiert wird. Damit zielt das Marketing ebenfalls auf einen finanziellen Beitrag zum Unternehmenserfolg im Sinne von Umsatzerhöhung, Gewinn- oder Renditezuwachs. In enger Verbindung damit steht das Grundprinzip der **Wettbewerbsorientierung** unter Berücksichtigung allgemeiner und spezieller Marktentwicklungen und einer Profilierung des eigenen Angebots am Markt gegenüber konkurrierenden Produkten von Mitbewerbern (Blue Ocean versus Red Ocean Strategy; Kim/Mauborgne 2005). Gleichzeitig tritt damit **Potenzialorientierung** auf den Plan, was bedeutet, Stärken und Schwächen der eigenen Positionierung einer permanenten Analyse zu unterziehen, und die einzigartige Ausstattung an Kompetenzen und Ressourcen kontinuierlich im Sinne einer strategischen Kernkompetenzentwicklung voranzutreiben. (Meffert et al 2012, 15 ff.)

Mit der sogenannten **Stakeholderorientierung** wird auf das weitere Umfeld des Unternehmens, der unternehmenseigenen Potenziale sowie einer spezifischen Professionalisierung des Außenbezugs des Unternehmens rekurriert. Als Stakeholder werden all jene Anspruchsgruppen im Umfeld des Unternehmens bezeichnet, deren Einfluss für das Unternehmen direkt oder indirekt wirksam wird. Strategische Unternehmenskommunikation stellt hier eine bedeutsame Voraussetzung nicht nur für die Zufriedenstellung von Kunden, sondern auch für die Einbettung des Unternehmens und seiner Produkte in ein z. B. umweltverträgliches Szenario dar, aus dessen nachhaltiger Wirkung ein ebenso bedeutsamer Erfolgsfaktor generiert werden kann.

## 1.3 Zielkonfigurationen und Projektionen im Marketing

### 1.3.1 Zieldimensionen des Marketings

Unternehmen sind nicht nur funktionale, einzelwirtschaftlich orientierte Gebilde, sondern geben ganz bewusst **Unternehmensgrundsätze** vor, durch die sie eine Gesamtverantwortung oder allgemeine Wertvorstellungen *(Basic Beliefs)* kommunizieren. Diese sogenannten Metaziele reichen von Festlegungen für eine bestimmte Position oder Engagement bezüglich gesellschaftlicher, wirtschaftlicher oder kultureller Auffassungen *(Leitbilder)*, bis hin zu Grundprinzipien eines Verhaltenskodex im Sinne von normativen Verhaltensweisen *(Code of Conduct)* im Umgang mit Mitarbeitern, Kunden, Lieferanten, Konkurrenten oder der Öffentlichkeit. In der Regel werden damit identifizierbare Wertaussagen eines Unternehmens definiert, die in ihrer Summe entscheidende Dimensionen einer Unternehmensidentität *(Corporate Identity)* ausmachen. Unternehmenskulturen, die in gewisser Weise diese Wert- und Normvorstellungen bündeln und Denk- und Verhaltensmuster bei Handlungs- und Entscheidungsszenarien prägen, dienen damit auch dem Ausgleich legitimer Ansprüche von verschiedenen Interessensgruppen, die entweder unternehmensinternen Ansprüchen gerecht werden sollen, wie z. B. Eigentümer, Management, Mitarbeiter, etc., oder durch unternehmensexterne Motivlagen profiliert werden können, wie z. B. im Falle von Fremdkapitalgebern, Lieferanten, Kunden, Konkurrenz, Staat und Gesellschaft, etc. In der Summe führt die Berücksichtigung von Anspruchs- oder Interessensgruppen in der Ausrichtung der Unternehmensstrategie zu einem umfassenden Verständnis des sogenannten *Stakeholder-Konzepts.* (Macharzina/Wolf 2015, 211 ff.)

Unternehmen werden einzel- oder gesamtwirtschaftlichen Aufgaben oder Ansprüchen dadurch gerecht, dass sie eine charakteristische Unternehmenstätigkeit (Mission) verfolgen. Eine **Mission** profiliert den eigentlichen Unternehmenszweck als klare Absicht (Claim) oder Anspruch eines Unternehmens und ermöglicht in Verbindung mit einer **Vision** im Sinne einer ehrgeizigen Zukunftsvorstellung einen bestimmten Handlungsrahmen bzw. eine bestimmte Handlungsrichtung (Flow). Mission und Vision werden somit zum Point-of-Departure für jegliche Unternehmens- und Marketingplanung. Beide, Mission und Vision, basieren letztendlich auf einer Unternehmens- oder Führungsphilosophie, die sich unmittelbar auf marktorientierte Unternehmensaktivitäten des Marketings auswirken (Becker 2013, 43 ff., 46 ff./Abbildung 1.8):

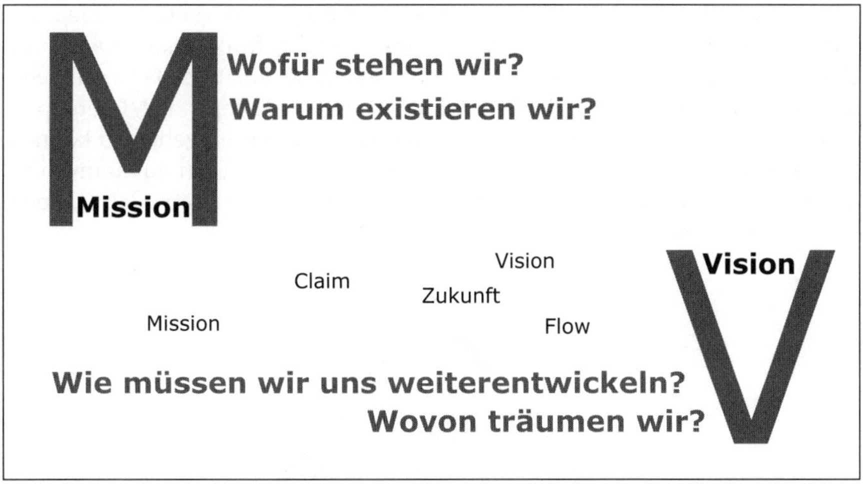


Abbildung 1.8: Mission und Vision

Eine *Mission* besitzt eine sinngebende Funktion für das Unternehmen und kann durch folgende Grundfragen erzeugt werden: Was sind wir? Warum existieren wir? Wofür stehen wir? Woran glauben wir? Eine solche Aufgabe oder Mission versteht sich im Sinne einer Daseinsberechtigung markt- bzw. kundenorientiert und richtet das gesamte Unternehmen danach aus. Demgegenüber konturiert eine *Vision* einen ehrgeizigen Zukunftsanspruch eines Unternehmens zur Belebung der Leistungsreserven im Sinne einer machbaren Utopie oder eines Quantensprungs und lässt sich mit folgenden Fragen umschreiben: Wohin müssen wir? Wie müssen wir uns weiterentwickeln? Wie können wir Existenz/ Wachstum sichern? Wovon träumen wir? Obwohl die meisten konsequent markt- und kundenorientiert agierenden Unternehmen ihr Zielsystem durch eine Vielzahl differenzierter Vorgaben festlegen, münden diese Zielsetzungen insgesamt in zentrale Leitbilder, als Ausdruck eines aggregierten Zielsystems.

**Marketingziele** werden in Abhängigkeit von allgemeinen oder teilbereichsspezifischen Unternehmenszielen abgeleitet. Grundsätzlich unterscheidet man bei der Strukturierung von Zielen nach allgemeiner *Kategorisierung* in Form der Art und Ordnung von Zielen, z. B. Haupt- und Nebenziele, etc. sowie einer *Konkretisierung* im Sinne einer Operationalisierung durch Festlegung der Messung. Im Rahmen der Zielkonkretisierung, d. h. der Fixierung operationaler Ziele, müssen folgende Dimensionen näher festgelegt werden (Becker 2013, 23/ Abbildung 1.9):

- Zielinhalt: Was soll erreicht werden?
- Zielausmaß: Wie viel soll erreicht werden?
- Zielperiode: Wann soll etwas erreicht werden?

Bei der Fixierung von Marketingzielen als **Zielsystem des Unternehmens** ist ebenfalls regelmäßig auf wechselseitige Abhängigkeiten von hierarchisch angeordneten Unternehmenszielen Bezug zu nehmen, wie im Falle von Unternehmensmission, Ziele des Unternehmens, Ziele des Marketings, Ziele der Funktionsbereiche des Unternehmens, einschließlich funktionaler Ober- und Unterziele, wie z. B. für Produktgruppen sowie funktionale Ziele für einzelne Instrumente und operationale Ziele. Ohne hier auf die Komplexität, Interdependenz und Differenzierung einzelner Unternehmensziele eingehen zu können, lassen sich Marketingziele z. B. durch eine Unterscheidung in qualitative und quantitative sowie kurz-, mittel- und langfristige Zielkorridore oder in monetäre bzw. nicht-monetäre Ziele einteilen. (Becker 2013, 23 ff.)

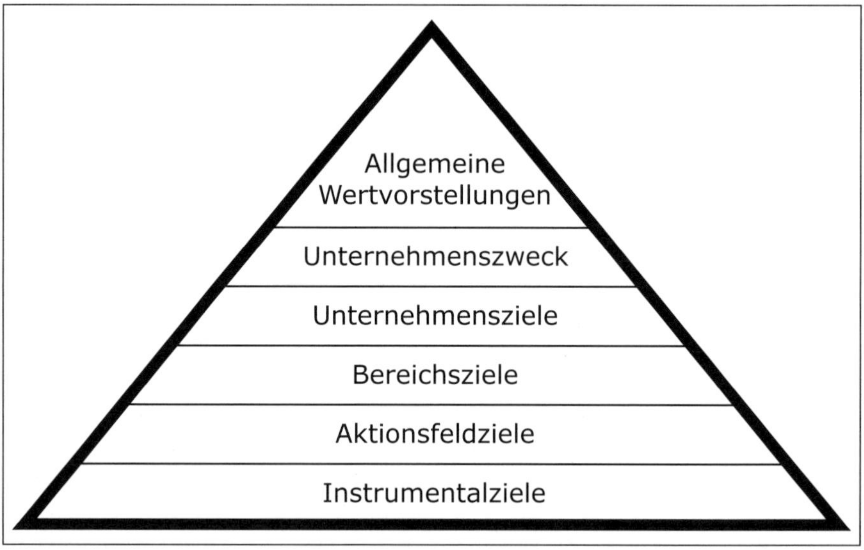


Abbildung 1.9: Zielhierarchie im Marketing

**Quantitative Marketingziele**, die einer Operationalisierung in der Regel gut zugänglich sind, stellen überwiegend rein ökonomische Zieldimensionen dar, wie Absatz-, Umsatz- oder Gewinnziele, Wachstums- und Marktanteilsziele, Kostenziele oder Dimensionen der Marktführerschaft. Häufig entziehen sich demgegenüber **qualitative Marketingziele** mit ihren psychologischen Dimensionen einer direkten Operationalisierung bzw. Messung: Der Bekanntheitsgrad, Aspekte von Image und Corporate Identity, Wertgehalte, wie z. B. Vertrauen, Qualität und Zuverlässigkeit, Kundenzufriedenheit oder Kaufpräferenzen, etc., lassen sich als qualitative Marketingziele oft nur indirekt messen. (Becker 2013, 67)

Aus der Summe bzw. einer **Gewichtung** der dargestellten und ausgeführten Marketingziele ergeben sich marketingspezifische Aufgaben, die einerseits in einer umfassenden Marktinformationsbeschaffung (Marktforschung) geleistet werden müssen, andererseits durch den Einsatz von marketingpolitischen Instrumenten im Einzelfall oder im Verbund zu absolvieren sind. Bei der Festlegung von Zielen kann nicht davon ausgegangen werden, dass diese grundsätzlich unabhängig voneinander realisiert werden können, vielmehr lassen sich folgende **Zielbeziehungen** angeben (Becker 2013, 20 f./Abbildung 1.10):

- *Komplementäre Zielbeziehungen* liegen immer dann vor, wenn die positive Ausprägung eines Zielerreichungsgrads ebenso zu einer positiven Ausprägung eines anderen Zielerreichungsgrads führt, z. B. wenn die Erhöhung der Umsätze oder Marktanteile auch mit Leistungs- und Gewinnsteigerung verbunden ist.
- *Indifferente Zielbeziehungen* bestehen immer dann, wenn die Erfüllung einer ganz bestimmten Zielsetzung keinen Einfluss auf die Erfüllung einer anderen Zielsetzung hat, z. B. wenn ein schulungsbedingter Zuwachs der Mitarbeiterkompetenz nicht notwendigerweise zur Steigerung der Bekanntheit der Produkte führt, weil kein zwingender Bezug zwischen beiden Sachverhalten besteht.
- *Konkurrierende Zielbeziehungen* bestehen jeweils dann, wenn die Erhöhung eines Zielerreichungsgrads zur Verminderung eines anderen Zielerreichungsgrads führt, z. B. wenn Kostensenkungspotenziale im Vertriebsmanagement nicht notwendigerweise zur Erhöhung, sondern im Gegenteil zur Senkung der Absatzzahlen der Produkte führen.

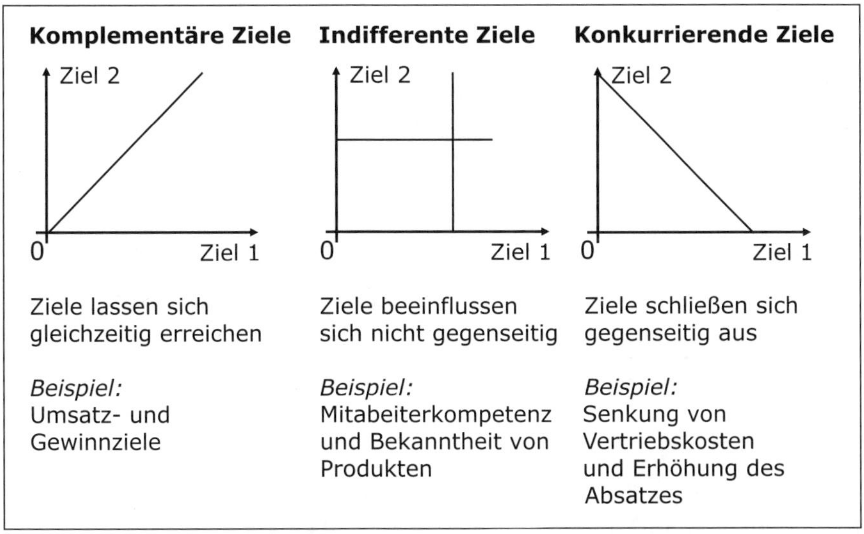


Abbildung 1.10: Arten von Zielbeziehungen

In der Unternehmenspraxis kann durch eine komplexe Zielstruktur das *Problem verdeckter Zielbeziehungen* auftreten, oder es erfolgt ein Wechsel der Beziehungsstrukturen. Zudem werden Zielhierarchisierungen vorgenommen, die über den Ausweis von Ober- und Unterzielen oder Haupt- und Nebenzielen verdeutlicht werden können. (Becker 2013, 21)

### 1.3.2 Projektionen: Umfeld, Orientierungen und Trends im Marketing

Marketingaktivitäten entwickeln sich in einem komplexen **Umfeld** mit hoher Dynamik und unterschiedlichsten Einflussfaktoren. Man unterscheidet hierbei das sogenannte **Mikro-Umfeld** des Marketings, das auch als engeres Umfeld des Unternehmens bezeichnet wird und durch unterschiedlichste Stakeholder, wie z. B. Lieferanten, Partner, Kunden, Konkurrenten und die Öffentlichkeit, etc. geprägt ist. Das **Makro-Umfeld** des Marketings besteht aus Einflussfaktoren, die in einem größeren gesellschaftlichen Zusammenhang stehen, wie z. B. allgemeine demografische Entwicklung, volkswirtschaftliche Rahmendaten, Wirtschaftspolitik, technologische Entwicklung sowie politische und kulturelle Einflussfaktoren, etc. (Kroeber-Riel/Gröppel-Klein 2013, 499 ff.)

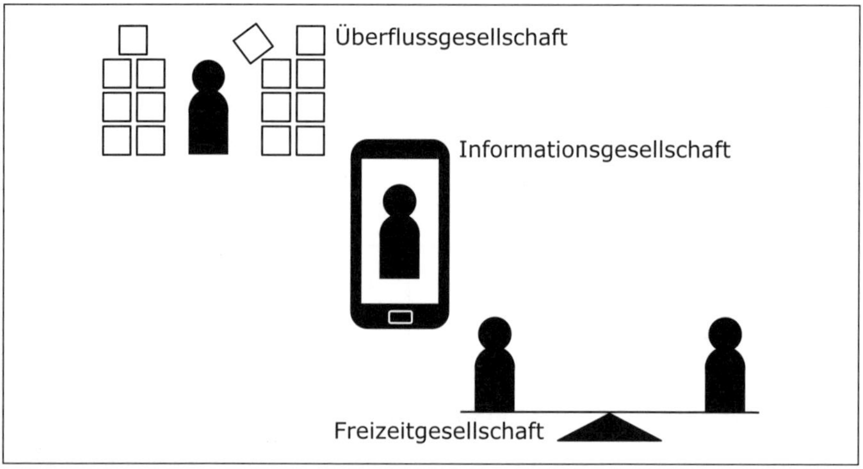


Abbildung 1.11: Gesellschaftliche Einflussfaktoren im Marketing

Im Hinblick auf allgemeine gesellschaftliche Einflussfaktoren auf das Marketing können folgende **Gesellschaftsformate** unterschieden werden (Kroeber-Riel/Gröppel-Klein 2013, 631; Bruhn 2014, 14, 77 ff./Abbildung 1.11):

(a) In einer Überflussgesellschaft (affluent society) besitzen breite Bevölkerungsschichten einen hohen Lebensstandard, Konsumentenbedürfnisse sind vielfältig und befinden sich in ständigem Wandel, die technologische Entwicklung erfolgt schnell, der Wettbewerb ist auf vielen Märkten global, etc.

(b) In einer *Informationsgesellschaft* (information society) nutzen breite Bevölkerungsschichten I- und K-Technologien, es besteht eine neue Dimension von Quantität und Qualität der Information, Konsumentenbedürfnisse orientieren sich am Informationsstand, es herrscht weiterhin schneller technischer Fortschritt und globaler Wettbewerb auf vielen Märkten, etc.

(c) In einer *Fun- und Freizeitgesellschaft* (fun and leisure society) werden folgende Phänomene favorisiert: Erlebniswerte, Lebensstilkonzepte, Trends und

Modeströmungen, offen-fraktale Lebenssituationen, Informations- und Internetbezüge (Social Media Networking), Entnormierungen und Work-Life-Balance-Konzepte sowie Quality Time, Fair Trade und Social Responsibility, etc.

Für die Durchführung von Marketingaktivitäten haben sich im Marketingmanagement Basisausrichtungen in alter und neuer Form herausgebildet, welche Unternehmen grundsätzlich als **Orientierungskonzepte** anwenden können, um Marketingaktivitäten zu entfalten (Kotler et al 2011, 56 ff.):

Mit der *Produktionsorientierung* kann eine Vermarktung des Herstellungsprozesses erfolgen, es sollen Produkte zu niedrigen Kosten schnell lieferbar hergestellt werden und die Produktionsmethoden optimiert werden. Diese optimale Produktion lässt sich gegebenenfalls selbst als Marketinginstrument verwenden, wenn Produktionsstätten offen oder transparent sind und damit für Kunden sichtbar vermarktet werden.

Mit der *Produktorientierung* fokussieren Unternehmen den Kundennutzen ihrer Leistungseinheiten und damit diejenigen Produkte, welche mit bester Qualität, höchstem Leistungsprofil und kontinuierlichem Innovationsgehalt ausgestattet sind. Dies führt entweder zu einer Markierung von Produkten oder es werden emotionalisierte Lifestyle-Produkte mit hoher Kundenbindungsqualität generiert.

Mit der *Verkaufsorientierung* avisiert das Marketing Vertriebsstrategien im Sinne einer Vermarktung von Vertriebskanälen, hohem Werbeaufwand und Verkaufsförderungsmaßnahmen, um einen entsprechend erfolgreichen Absatz der Produkte zu erzielen. Neuere Ideen zu diesem Konzept stellen das Multi-Channel-Marketing mit On- und Offline-Kanälen dar oder Knappheitskonzepte, wie z. B. Limited-Edition-Produkte etc., dar, um entweder annehmlichen Produktkauf oder Aufmerksamkeitseffekte zu erzielen.

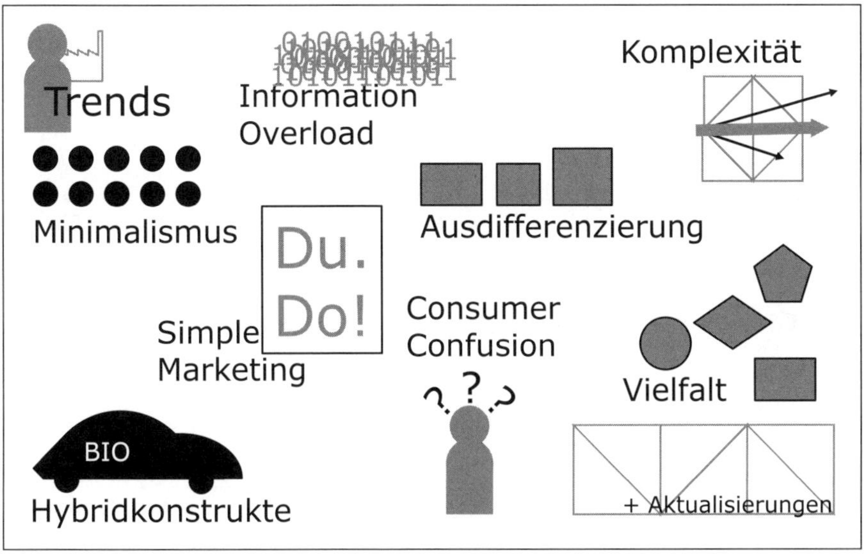


Abbildung 1.12: Trendperspektiven im Marketing

Mit dem *Integrierten Marketingkonzept* erfolgt eine Vermarktung von Unternehmenskompetenzen, indem auf ein ganzheitliches Marketingverständnis abgestellt wird, und damit Synergie-Effekte, Kernkompetenzen oder eine Unternehmenskulturprofilierung funktionsübergreifend herausgestellt werden. Die Unternehmenskultur kann in dieser Hinsicht als Ganzes ebenso vermarktet werden, wie Kernkompetenzen einzelner Abteilungen durch die Herausstellung von Synergie-Effekten.

Mit dem *Promise Concept* werden schließlich Erwartungshaltungen vermarktet, die als Anspruchsgrundlage für Produkte und deren Zusatzkomponenten profiliert werden. Mit der Steuerung von Erwartungshaltungen (Erwartungsmanagement) lässt sich dann auch das Niveau der Kundenzufriedenheit steuern. Im Idealfall übertreffen Ist-Erwartungen (wahrgenommene Produkteigenschaften) die sogenannten Soll-Erwartungen (erwartete Produkteigenschaften). Die Botschaft von offenen oder moderaten Erwartungshaltungen ermöglicht hier bisweilen ein höheres Integrationspotenzial für Kundenzufriedenheit.

Erfolgreiches Marketing lebt von **Trendperspektiven** und versucht diese über zahlenbasierte Marktprojektionen, strategische Zukunftsperspektiven oder innovatives Wissensmanagement zu generieren. Dabei lassen sich gegenwärtig höchst unterschiedliche, teilweise divergierende oder widersprüchliche Entwicklungsstränge ausmachen: Einerseits nimmt die *Komplexität und Vielfalt* von Marketingerscheinungen deutlich zu und verursacht bzw. erfordert weitere *Ausdifferenzierungsprozesse* einzelner Evolutionsbereiche des Marketings (Bindestrich-Marketing). Dies wird beobachtbar durch die Anwendung von systemisch vernetztem Denken, wie z. B. Denk-Design-Fabriken, etc., durch interdisziplinäre Ansätzen, wie z. B. Neuromarketing, etc., und kommt durch *Hybridkonstrukte*, Komplexitätsreduktionen, synergetische Effekte und holistische Komplettierungen, etc. zum Ausdruck. Andererseits entstehen angesichts von Intransparenz, Konsumentenverwirrtheit (Consumer Confusion) und eines Information Overloads in Verbindung mit einer Knappheit von Aufmerksamkeit sowie inflationärem Variety Seeking, neue Bedürfnisse nach Vereinfachung, die sich bereits in Begriffen wie 'Simple Marketing' niederschlagen und an Erscheinungsformen, wie einem neuen Reduktionismus, Minimalismus, einer Orientierung an Essenziellem, wie z. B. Produktausstattung, Kommunikationsformen, etc., zu beobachten sind. (Sabel/Weiser 2008, V ff.; Bernecker 2013; Opaschowski 2013, 705 ff./Abbildung 1.12; Brühl 2015, 11 ff.; Meffert et al 2015b, 861)

## 1.4 Grenzen des Marketings

### 1.4.1 Strukturen einer Marketingkultur

Mit der **Idee einer Marketingkultur** wird jene Profilierung im Wertbezug des Marketings auf den Plan gerufen, die in *Unternehmenskulturen* bereits mit Ansprüchen, wie Vertrauen, Verantwortung, Normbindung oder ethisch reflektierten Unternehmensprinzipien Anklang findet. Die Forderung nach einer expliziten Marketingkultur lässt sich insbesondere in Zeiten knapper Aufmerksamkeit, provozierender Werbe- und Kommunikationskampagnen, global divergierenden Wertvorstellungen und einer oft fragwürdigen Treibjagd nach Sensationen, ungeachtet ihres Gewalt- und Kriminalitätspotenzials, als notwendige Bedingung nachhaltiger *Glaubwürdigkeit* für Unternehmensaktivitäten formulieren. Besondere Bedeutung besitzt in diesem Zusammenhang die *Authentizität des Leistungsversprechens* und eine *transparente Kommunikation* dessen, was mit der Leistungserstellung in Verbindung steht, wie z. B. Fair-Trade-Standorte, nachhaltige Produktion, etc. (Mast/Huck-Sandhu 2013, 78 ff.; Homann/Lütge 2013, 95 ff.)

Strategische **Unternehmenskommunikation** basiert in diesem Sinne auf der konstruktiven Herstellung von Vertrauen und nachhaltigen Kundenbeziehungen; dies gilt insbesondere auch für Krisenzeiten, Konfliktszenarien und andere, das Unternehmen umgebende, weitreichende Problemfelder. Deshalb bezieht sich eine marketingkulturbezogene, *verantwortungsvolle Grundhaltung* von Unternehmen nicht nur auf die Stakeholder-Gemeinschaft, sondern reicht weit hinein in den gesellschaftlichen Verantwortungsbereich eines Unternehmens und kann damit Impulse geben für gesellschaftliche Entwicklungsprozesse in Bezug auf Nachhaltigkeit, Gerechtigkeit, Umweltverträglichkeit, etc. Rechtliche Rahmenbedingungen allein genügen hier nicht, um die Glaubwürdigkeit eines Unternehmens bezüglich seiner Marketingaktivitäten zu begründen. Zahlreiche, auch international als verbindlich angesehene Vorschläge werden bezüglich einer zu profilierenden Marketingkultur gemacht, wie z. B. Code of Conduct oder Corporate Social Responsibility (CSR) in Verbindung mit Nachhaltigkeitsdimensionen, Corporate Governance oder Corporate Citizenship sowie spezifischen Ausprägungen sozialer, ökologischer und ökonomischer Verantwortung (people – planet – profit), etc. (Göbel 2013, 107 ff., 117 ff.; Noll 2013, 78 ff.)

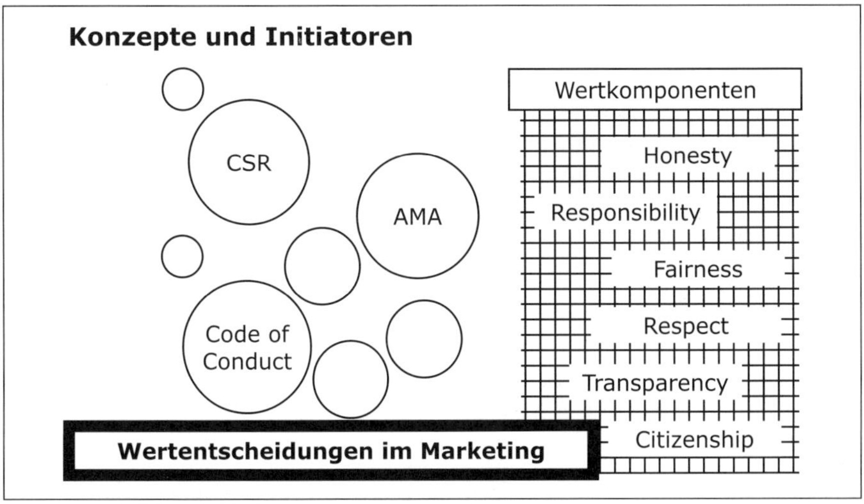


Abbildung 1.13: Komponenten einer Marketingkultur

So hat etwa die American Marketing Association (AMA) selbstverpflichtend in ihrer Präambel eine **ethisch motivierte Grundhaltung** in Bezug zu Normen und Werten formuliert, die nicht nur als Richtlinie für Marketingaktivitäten, sondern auch in Bezug auf deren gesellschaftliche Verantwortung gilt. Folgende sechs ethische *Wertkomponenten* werden dabei im Sinne einer Marketingkultur aufgeführt: (1) Honesty/Ehrlichkeit, (2) Responsibility/Verantwortlichkeit, (3) Fairness/Gerechtigkeit, (4) Respect/Achtung, (5) Transparency/Transparenz sowie (6) Citizenship/ Rechtmäßigkeit. Die von der AMA postulierten Wertkomponenten sind im Einzelnen weiter ausdifferenziert sowie praxisorientiert erläutert worden und lassen sich als Basiselemente in die Marketingkultur von Unternehmen aufnehmen. (Griese/Bröring 2011, 21 f./Abbildung 1.13)

Zur Wertung von Werbeaktivitäten hat der Deutsche Werberat **Grundregeln zur Beurteilung von Werbemaßnahmen** aufgestellt, die als Normen marketingorientierter Kommunikationsformen zu berücksichtigen sind, darunter das *Leitbild* eines durchschnittlich informierten und verständigen Verbrauchers, die *Tonality* und *Themenvielfalt* als Ausdruck gesellschaftlicher Realität, den *Charakter* des die Werbung verbreitenden Mediums sowie die *Situation*, in welcher der Verbraucher mit kommerzieller Kommunikation in Verbindung tritt. (Griese/Bröring 2011, 21 ff.)

Zwei Konzepte, welche eine Marketingkultur gegenwärtig prägen, sind die Corporate Social Responsibility (CSR) und Nachhaltigkeit von Unternehmensaktivitäten. **Corporate Social Responsibility** bezieht sich dabei zunächst auf die *Verantwortung* von Unternehmen für ihre Aktivitäten und eine Orientierung an gesellschaftlichen Erwartungen und Werten. Darüber hinaus sollen damit *soziale Belange* sowie Umweltverantwortung in den Beziehungen zu Stakeholdern berücksichtigt werden. Entscheidende Kriterien für eine CSR sind dabei weiterhin ein freiwilliges Engagement der Unternehmen, eine transparente Führungskultur sowie ein positiver Beitrag zu Wohlstand, Umweltqualität und Sozialkapital, ergänzt um einen offen transparenten Dialog mit den betreffenden Stakeholdern. (Macharzina/Wolf 2015, 1043 ff.; Waßmann 2013, 11 ff.)

Ähnlich gelagert ist auch das **Konzept der Nachhaltigkeit**, das in seiner Idee fordert, dass gegenwärtiges Handeln nicht nur die aktuellen Bedürfnisse von Individuen befriedigen soll, sondern ebenso die Bedürfnisse zukünftiger Generationen berücksichtigen muss. Nachhaltige Aktivitäten von Unternehmen integrieren infolgedessen den *Wert einer intergenerativen Gerechtigkeit* unter ökonomischen, ökologischen und sozialen Gesichtspunkten. Für Unternehmen bedeutet dies konkret einen kontinuierlichen und sichtbaren Beitrag zu eben diesen Aspekten der Nachhaltigkeitsforderung zu leisten. (Kotler et al 2011, 63 ff.; Balderjahn 2013, 163 ff.)

**CSR und Nachhaltigkeit** lassen sich als anwendungsbezogene Konzepte einer Marketingkultur vielfältig im Rahmen des Marketing-Mix integrieren (Belz/Bilharz 2005, 3 ff.):

(a) *Nachhaltiges Produktmanagement* liegt etwa dann vor, wenn Produkte in allen Wertschöpfungs- und Nutzungsphasen, z. B. eine umwelt- und sozialverträgliche Produktqualität aufweisen. Dies gilt ebenso für Markenprodukte als auch für Serviceleistungen.

(b) *Nachhaltiges Preismanagement* berücksichtigt das durch qualitätsverbessernde Produktion erzeugte höhere Kostenniveau in der Preisgestaltung, setzt also tendenziell höhere Preise, oder betreibt eine Quersubventionierung von besonders kostenintensiven, ökologieorientierten Produkten.

(c) *Nachhaltiges Kommunikationsmanagement* fokussiert innerhalb der klassischen Werbung entsprechende Botschaften einer umwelt- und sozialverträglichen Grundhaltung des Unternehmens, ebenso in der Öffentlichkeitsarbeit oder durch die Nutzung entsprechender Gütesiegel als Kommunikationstools.

(d) *Nachhaltiges Distributionsmanagement* bekennt sich ausdrücklich zur Optimierung von Vertriebs- und Logistiksystemen, die Potenziale ökonomischer, ökologischer und sozialer Qualitätssteigerung explizit nutzen und ausweisen.

Insgesamt tragen beide Konzepte zu einem positiven *Unternehmensimage* bei und stellen für Unternehmen, Gesellschaft und Umwelt eine *Win-win-Situation* dar.

### 1.4.2 Grenzen des Marketings durch Ethik, Recht und Akzeptanz

Aus den prinzipiell unbegrenzten Bedürfnissen der Konsumenten ergibt sich nicht gleichermaßen eine Legitimation für maßlos praktizierte Marketingaktivitäten. Vielmehr wird der Einsatz von marketingpolitischen Instrumenten der Unternehmen durch verschiedene Sachverhalte, wie z. B. Ethik, Recht, Akzeptanz, etc. kritisch begrenzt. **Vorbehalte** erfahren Marketingaktivitäten teilweise *aus kritischer Verbrauchersicht*, wenn aggressive Verkaufspraktiken angewandt werden, eine Preissensibilität der Kunden reduziert wird oder irreführende Botschaften bei Werbeaussagen oder bezüglich von Verpackungen genutzt werden; *aus kritischer Gesellschaftssicht* werden Marketingmaßnahmen moniert, wenn diese neue (überflüssige) Bedürfnisse schaffen und (ausschließlich) materialistische Kaufmotive generiert werden oder auch soziale Belange zu wenig berücksichtigt werden. Traditionell werden auch aus der Verbraucherbewegung, einer kritischen Stakeholdergruppe Verbraucherschutzmaßnahmen, wie z. B. Informations- und Vergleichsangebote, etc., Verbraucherschulung, Rechtsschutz oder Aufklärungsmaßnahmen angemahnt.

Charakteristische **Beschränkungen für Marketingaktivitäten** ergeben sich aus den folgenden Umständen (Kotler et al 2011, 107 ff.; Noll 2013, 156 ff./Abbildung 1.14):

- *Beschränkung durch ethische Postulate:* In modernen Unternehmenskulturen finden sich häufig *Codes of Conduct*, d. h. selbst auferlegte Verhaltensvorschriften, die einen explizit moralischen Anspruch an die Aktivitäten von Unternehmen und an Mitarbeiter stellen. Dadurch werden etwa Marketingaktivitäten eingeschränkt, die mit Mitteln der Provokation, der Tabu-

Abbildung 1.14: Grenzen des Marketings durch Ethik, Recht und Akzeptanz

verletzung oder anderen aus ethischen Motiven verwerflichen Aktionen arbeiten. Allenfalls setzen sie sich dem Verdacht des Unkorrekten, des moralisch Prekären oder des Diskriminierenden aus.
*Beispiele:* Social Indicators, Unternehmensleitbilder, Missions, etc.

- *Beschränkung durch die Rechtslage:* Marketingaktivitäten werden durch zahlreiche Rechtsvorschriften im Sinne von Gesetzen oder Verordnungen begrenzt. Das Gesetz gegen unlauteren Wettbewerb (UWG), die Lebensmittelkennzeichnungsverordnung oder das Produkthaftungsgesetz schränken den Handlungsspielraum von marketingpolitischen Instrumenten in Teilbereichen ein, sei es aus den Regulierungsbestrebungen durch staatliche Einrichtungen heraus, sei es aus Erwägungen eines Verbraucherschutzes oder durch Gesetzesinitiativen, die aus den Rechtsangleichungsmechanismen der Europäischen Union oder anderen supranationalen Organisationen resultieren.
*Beispiele:* §1 UWG Sittenwidrige Werbung, Deutscher Werberat, Ökostandards, etc.
- *Beschränkung durch gesellschaftliche Akzeptanz bzw. Trends:* Absatzpolitische Instrumente im Rahmen der Kommunikationspolitik, wie z. B. Werbung, Direktmarketing u. a., sind in ihrer Wirksamkeit von den Akzeptanzpotenzialen ihrer Adressaten abhängig. Neuere Ergebnisse der Kommunikationsforschung zeigen, dass etwa aggressive Werbemaßnahmen tendenziell an Akzeptanz verlieren, während Public-Relations-Konzepte eine höhere Aufnahmebereitschaft erfahren. Marketingaktivitäten werden ebenso in Abhängigkeit von gesellschaftlichen Trends implizit bewertet und unterliegen somit den Barrieren gesamtgesellschaftlicher, milieubedingter oder gruppenspezifischer Vorbehalte.
*Beispiele:* Political Correctness, Vorbehalte gegen sogenannte 'gesellschaftliche Reizthemen', etc.

Das vorbezeichnete *Beschränkungsszenario für Marketingaktivitäten* von Unternehmen verweist in proaktiver Absicht erneut auf die in Unternehmen zu entwickelnde und zu verankernde **Marketingkultur**, deren Struktur eine anwendungsbezogene Ausführung von Elementen (auch) ethisch begründeter Postulate darstellt. Dadurch wird *Kundenvertrauen, Glaubwürdigkeit* gegenüber den Stakeholdern, *Nachhaltigkeit* als globales Vorbild und *Beziehungsqualität* zu vielen Beteiligten generiert und umfassend vermittelt.

## 1.5 Evolution einzelner Marketingbereiche

### 1.5.1 Konsumgütermarketing

**Konsumgütermarketing** (B2C-Marketing: Business-to-Consumer-Marketing) bezeichnet jenen Teilbereich des Marketings, der sich mit der Vermarktung von Konsumgütern, im Sinne von Gebrauchs- und Verbrauchsgütern des täglichen oder persönlichen Bedarfs, Markenprodukten u.ä. beschäftigt, die von Privatpersonen gekauft werden. Gebrauchs- und Verbrauchsgüter werden dabei zunächst nach der Dauerhaftigkeit ihrer Nutzung unterschieden. Als *Kennzeichen von Konsumgütern* gelten weiterhin ihre Gegenständlichkeit oder die spezifische Transaktion durch Besitzwechsel. Produkte des Konsumgüterbereichs können vorgeführt und getestet werden, ihre Abnehmer treten in großer Zahl auf und bleiben als Kunden relativ anonym (Massenmarketing). Hoher Werbeaufwand, indirekter Vertrieb mit Point-of-Sale-Strategie sowie individualisierte Produktkomponenten kennzeichnen ein Konsumgütermarketing. Konsumgüter lassen sich anhand ihrer **Kaufgewohnheiten** bzw. nach Art des Einkaufs und Verbrauchs (Evoked Set) in folgende Untergruppen einteilen (Kotler et al 2011, 529 ff.; Kreutzer 2013, 19 ff./Abbildung 1.15):

- *Convenience Goods* oder Güter des täglichen Bedarfs sind Konsumgüter, die bei regelmäßigem, gelegentlichem und ungeplantem oder dringendem Bedarf erworben werden. Kennzeichnend hierfür sind häufiger Kauf, relativ

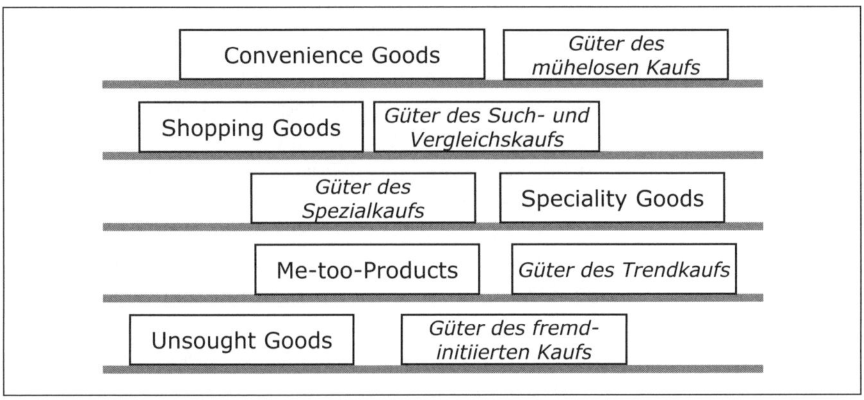


Abbildung 1.15: Konsumgüter nach Art des Einkaufs und Verbrauchs

niedriger Preis und hohe Distributionsdichte. Diese Güter verursachen vom Beschaffungsvorgang bis hin zur Nutzung geringen Aufwand und sind weitgehend standardisierte Produkte des täglichen Bedarfs, die auch als Fast-Moving-Consumer-Goods (FMCG) bezeichnet werden, wie z. B. Lebensmittel, Sanitär- oder Büroartikel, etc.

- *Shopping Goods* oder Suchgüter sind Güter, die weniger häufig und von Kunden mit mehr Aufwand bezüglich Information, Qualität und Preis, etc. gekauft werden. Diese Güter haben tendenziell einen höheren Preis und werden in selektiv ausgewählten Verkaufsstätten bezogen. Suchgüter werden über bestimmte Einkaufsrituale beschafft, also über Beratung, intensive Wahlentscheidungen oder spezifische Serviceleistungen, wie z. B. Kleidung, Möbel, elektrische Geräte, etc.
- *Speciality Goods* oder Sonder- und Spezialprodukte erfüllen besondere Bedürfnisse von Kunden, wie z. B. Markenpräferenz, herausragende Qualitätsmerkmale, Erlebniswerte, etc., unter Inanspruchnahme relativ hoher Transaktionskosten, die im Zusammenhang mit der Auswahl und Einkaufsprozedur anfallen können. Exklusivvertrieb und zielgerichtete Werbemaßnahmen kennzeichnen diese Produkte, wie z. B. Luxusgüter, Antiquitäten, Konsumgüter für die Freizeitgestaltung, etc.
- *Me-too-Products* oder Nachahmungsprodukte sind Konsumgüter, mit deren Hilfe die Hersteller über Imitationen von ausgereiften, markenähnlichen Produkten versuchen, Marktanteile zu gewinnen, indem sie Vergleichsprodukte zu relativ niedrigen Preisen anbieten, oder Produkte vertreiben, die einen hohen Community-Wert in Bezug auf den Kundennutzen besitzen, wie z. B. Trend-Produkte, Lifestyle-Produkte, emotionalisierte Konsumgüter für spezifische Zielgruppen, etc.
- *Unsought Goods* oder unbekannte bzw. unerwünschte Güter sind Produkte, deren Anschaffung bzw. Kauf nicht ausdrücklich geplant ist, entweder weil das Produkt unbekannt ist oder weil dessen Funktion zur Bedürfnisbefriedigung unklar bleibt. Die Preisgestaltung ist hierbei undifferenziert, häufig werden aggressive, aufmerksamkeitsstarke Werbemaßnahmen eingesetzt, wie z. B. bei Produkten des Zufalls- oder Impulsivkaufs (Instant Gratification), Quängelware, Versicherungen, emotionalisierten Produkten, etc.

Das *Käuferverhalten* gestaltet sich bezüglich des Angebots von Konsumgütern äußerst heterogen, gleichzeitig jedoch stark individualisiert (Egonomics, Personifizierung des Angebots). Aus diesem Grunde ist es erforderlich **Mass Customization** (Massenindividualisierung) zu betreiben und Massenmedien zur Marketingrealisierung einzusetzen, wie dies bei intensiven Werbeaufwendungen und Preiskämpfen der Fall ist. Die Verteilung der Güter erfolgt meist auf differenzierten Vertriebskanälen, wie z. B. Multi-Channel-Marketing, mehrstufiger Vertrieb, etc. Häufig werden Konsumgüter auch über die Einschaltung von Handelsbetrieben distribuiert (Handelsmarketing). Charakteristisch für Aktivitäten des Konsumgütermarketings sind ebenso der Einsatz von *Produktmanagern*, die sich um die Betreuung und Gestaltung von Produkten oder Marken kümmern sowie der Einsatz von *Key-Account-Managern*, die sich mit speziellen Kundengruppen (Key Accounts) beschäftigen. Ein spezifisches *Produktmarketing* durch die Zusammenfassung von einzelnen Produkten zu Produktgruppen führt dann entweder zum Key-Account-Management für spezifische Kundengruppen oder zum Category Management bzw. Category Marketing für spezifische Produktgruppen. (Schröder 2012, 17 ff., 206 ff.; Ahlert/ Kenning 2007, 203 ff.)

### 1.5.2 Industriegütermarketing

**Industriegütermarketing**, Investitionsgütermarketing oder auch Industrielles Marketing – im Unterschied hierzu unter Einbezug des Handels die Bezeichnung B2B-Marketing: Business-to-Business-Marketing – wird von Konsumgütermarketing insoweit abgegrenzt, als Kunden bzw. Nachfrager gewerbliche Verwender sind, also Unternehmen oder Organisationen, die ihrerseits mit den bezogenen Gütern Produkte herstellen oder Dienstleistungen erbringen. Man spricht daher auch von abgeleiteter Nachfrage. *Organisationale Kunden* sind entweder Produzenten, Industrie oder Dienstleister, Absatzmittler, wie Groß- und Einzelhandel, oder Gebietskörperschaften, wie Bund, Länder und Gemeinden, sowie Non-Profit oder nationale und supranationale Organisationen. *Produkte* des Industriegütermarketings werden zwischen Unternehmen verkauft und nicht direkt an Endverbraucher, darüber hinaus gehen sie häufig als Vorleistungen in andere Produkte ein. Märkte für Industriegüter besitzen spezifische Merkmale, wie aufwendige Kaufentscheidungsprozesse aufgrund der Spezifität und Komplexität der Produkte, formalisierte Beschaffungsvorgänge, Direktkäufe ohne Einschaltung von Mittlern, Gegenseitigkeit bei dauerhaften Geschäftsbeziehungen sowie Leasing als Alternativoption zum Kauf. (Büschken et al 2007, 3 ff.; Backhaus/Voeth 2010a, 5 f., 8 ff.; Backhaus/Voeth 2015, 20 ff.)

Professionelle Einkäufer oder Personengruppen (Buying Center/Multipersonalität) treffen die Kaufentscheidungen und entsprechende Beschaffungsprozesse besitzen meist einen ausgeprägten Phasenbezug von der Beschaffungsmarktforschung über ein Bestellverfahren bis hin zum tatsächlichen Einkauf. Dieser stark formalisierte Kaufentscheidungsprozess ist häufig interaktiv auf die Gestaltung einer dauerhaften Geschäftsbeziehung gerichtet. (Kuhlmann 2001, 116 ff.; Backhaus/Voeth 2010a, 185 ff.) Industriegütermarketing lässt sich durch folgende **Hauptcharakteristika** kennzeichnen:

(a) *Spezifität* und *Komplexität* der Leistung: Industrieanlagen, EDV-Anlagen oder Immobilien stellen häufig ein Bündel aus Technik, Hard- und Software oder Service dar und kennzeichnen eine entsprechende *Produktstruktur*, wie z. B. Wartung, Schulung, Managementunterstützung, etc. Produkte besitzen daher den Charakter von 'Unikaten'.

(b) *Direktvertrieb* durch persönlichen Verkauf: Technische Verkäufer, langfristige Verkaufsverhandlungen, komplexe Verträge, exklusive Kundenveranstaltungen und die untergeordnete Rolle einer massenmedialen Werbung kennzeichnen die *Vertriebsstruktur*.

(c) *Großkunden* mit komplexen Aufträgen: Großaufträge mit optionalen Erweiterungsaufträgen, umfangreiche Einzelaufträge statt Massenvermarktung sowie ein globales Marketing für weltweit tätige Unternehmen (Weltmarktorientierung) kennzeichnen die *Kundenstruktur.*

Der **Geschäftstypenansatz** des Industriegütermarketings unterscheidet spezifische Merkmale von Interaktionsprozessen, wie folgt (Backhaus/Voeth 2010, 206 f.; Pförtsch/Godefroid 2013, 30 ff./Abbildung 1.16):

- Im *Produktgeschäft* können die Abnehmer isolierte Lösungen für ihre Bedarfe beziehen und dabei entweder Einzelaggregate oder Komponenten erwerben. Marketing im Produktgeschäft bedeutet, dass vorgefertigte, überwiegend in Mehrfachfertigung erstellte Leistungen, die der Nachfrager zum isolierten Einsatz benötigt, bezogen werden.
  *Beispiele:* Einzelaggregate, wie Drehbänke, etc.; Komponenten, wie Speicherchips, etc.
- Im *Anlagengeschäft* werden Leistungen von einem oder mehreren Anbietern als geschlossenes Angebotspaket in Form von Individualtransaktionen vermarktet. Marketing im Anlagengeschäft bedeutet die Vermarktung von Angeboten, die auf komplexe, aber individuelle Kundenwünsche zugeschnitten sind, ein Kriterium, das Anlagen von Produkten unterscheidet.
  *Beispiele:* technische Bauwerke, Energieerzeugungsanlagen, etc.
- Im *Systemgeschäft* sollen Leistungen im Verbund mit anderen Technologien genutzt werden, der Bezug erfolgt meist in einer Abfolge von Teilbeschaffungsprozessen. Marketing im Systemgeschäft bedeutet die Vermarktung von sukzessiven Leistungen, die auf der Basis einer Systemarchitektur miteinander vernetzt werden sollen.
  *Beispiele:* Telefonsysteme, automatisierte Lagersysteme, etc.

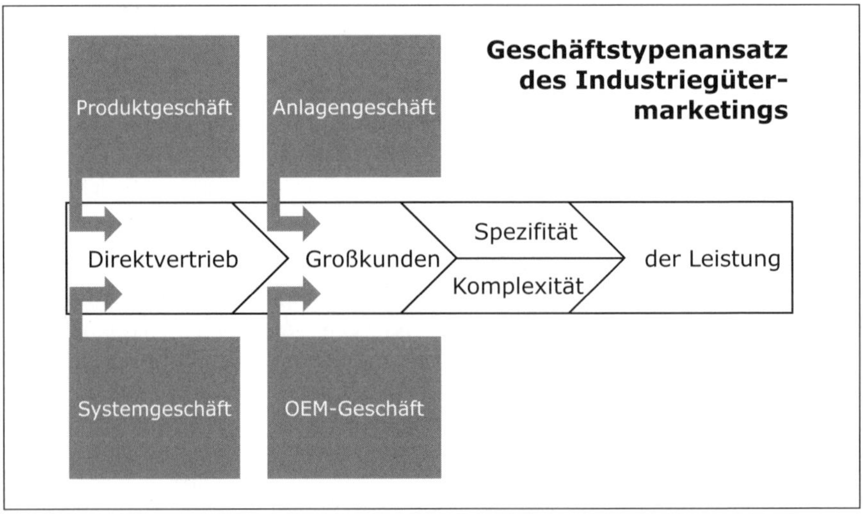


Abbildung 1.16: Geschäftstypen im Industriegütermarketing

- Im *OEM-Geschäft* (Original-Equipment-Manufacturer) werden die erstellten Leistungen zu Erstausrüstungen von Aggregaten verwendet. Es handelt sich um Transaktionen von Spezialkomponenten, die nur der Abnehmer bezieht. *Beispiele:* Kauf von Computerchips eines Computerherstellers, die dann in eigene Computer eingebaut werden, etc.

**Business-to-Business-Marketing** (Industriegütermarketing unter Einbeziehung des Handels) bezieht sich zwar überwiegend auf Geschäftsbeziehungen zwischen Unternehmen, betrifft aber neben den Industriegüterherstellern insbesondere auch die Beziehung zwischen Zulieferern und Herstellern, Herstellern und Handel sowie Groß- und Einzelhandel. Da sich Industriegütermärkte in der Gegenwart durch eine hohe branchenspezifische Internationalität des Wettbewerbs auszeichnen, finden hier Instrumente des internationalen Marketings eine besondere Anwendung. (Pförtsch/Godefroid 2013, 27 ff.) Ein stark **formalisierter Einkaufsprozess** im Industriegütermarketing lässt sich in drei spezifische Kaufsituationen einteilen (Backhaus/Voeth 2010a, 37 ff.):

(1) *Erstkauf als neu definierte Aufgabe* mit umfangreichen Recherche-, Auswahl- und Abstimmungsprozessen

(2) *Identischer Wiederholungskauf* als routinemäßig betriebene Nachbestellung, wenn Produktstandards beibehalten oder verbessert werden konnten

(3) *Modifizierter Wiederholungskauf* bei Abwandlung des Entscheidungsprozesses, wenn Veränderungen der Produktspezifikationen, Preise, Konditionen oder Lieferanten vorgenommen werden sollen

Aufgrund der *Komplexität der Einkaufslage* erfährt der Einkauf im Industriegütermarketing eine spezifische Ausgestaltung, wie etwa eine hierarchische Stellung der Einkaufsabteilung, eine Zentralisierung der Einkaufsaktivitäten, langfristige Verträge, eine Integration in Just-in-time-Systeme der Produktion sowie mitarbeiterbezogene Anreizsysteme zur Optimierung der Einkaufsaktivitäten. (Weiber/Kleinaltenkamp 2013, 125 ff.)

## 1.5.3 Dienstleistungsmarketing

**Dienstleistungen** sind selbstständige oder ein Produkt begleitende bzw. marktfähige Leistungen, die mit der Bereitstellung und dem Einsatz von Potenzialfaktoren verbunden sind *(Potenzialorientierung).* Zu den Besonderheiten von Dienstleistungen zählen die Immaterialität, die Bereitstellung von Leistungsfähigkeiten in Form von personellen, sachlichen oder immateriellen Ressourcen sowie die Integration eines externen Faktors, der häufig als Konsument der Dienstleistung selbst auftritt und in den Dienstleistungsprozess eingebunden ist. Interne und externe Faktoren werden dann im Rahmen des Leistungserstellungsprozesses kombiniert *(Prozessorientierung).* Die Faktorkombination des Dienstleistungsanbieters wird mit dem Ziel erbracht, an externen Faktoren, wie z. B. Menschen oder Objekten, nutzenstiftende Wirkungen zu erzielen *(Ergebnisorientierung).* (Meffert et al 2015a, 14)

Eine Übertragung von Instrumenten des allgemeinen Marketings auf Dienstleistungen wird insbesondere durch deren **Eigenschaften** problematisch: *Immaterialität* (Intangibilität) bzw. die Nicht-Gegenständlichkeit von Dienstleistungen erschwert sowohl die Werbung als auch den persönlichen Verkauf. *Integrativität* (Zusammenwirken mehrerer Faktoren) erschwert sowohl die Qualitätssicherung als auch die Produktion auf Vorrat. Die Tatsache, dass Dienstleistungen in *Auftragsfertigung* (Flüchtigkeit) erstellt werden, erschwert sowohl die Kapazitätsplanung als auch die Auftragsakquisition. (Haller 2015, 7 ff., 23 ff., 215 ff.; Meffert et al 2015a, 13 ff., 23 ff., 33 ff.)

Im Rahmen eines Prozesses der Dienstleistungserstellung werden in der Regel unternehmensinterne und -externe Faktoren miteinander kombiniert. Dieser Prozess setzt sich dann aus drei **Leistungsdimensionen** zusammen (Bruhn/Stauss 2013, 9 ff.; Haller 2015, 217/Abbildung 1.17; Meffert et al 2015a, 14 ff., 33 ff.):

- Das *Leistungspotenzial* eines Dienstleistungsunternehmens besteht aus Sachkapital, wie z. B. Anlagen, Immobilien, IT-Systeme, etc., und Humankapital, wie z. B. Qualifikation, Motivation, Kompetenz von Mitarbeitern, etc.
- Der *Leistungsprozess* wird durch das Leistungspotenzial aktiviert, indem gleichzeitig interne Produktionsfaktoren, wie z. B. Sach- und Humankapital, etc. mit externen Produktionsfaktoren, wie z. B. Kunden, Geschäftsprozesse, etc., kombiniert werden.
- Das *Leistungsergebnis* entspricht dem Nutzen, den die Dienstleistung für Kunden und Abnehmer stiften soll.

Für den Bereich des Dienstleistungsmarketings sind Einflussfaktoren auf die Qualität des Leistungspotenzials von besonderer Bedeutung: dazu zählen die Qualität des Sachkapitals, wie z. B. die Hard- und Software-Ausstattung, das Archiv einer Unternehmensberatung, Geschäftsräume eines Unternehmens, etc., die Qualität des Humankapitals, wie z. B. Fachkompetenz, Kundenorientierung, Motivation der Mitarbeiter, etc., sowie Standardisierungs- oder Individualisierungsprozesse, wie z. B. Investmentfonds versus Direktanlage in der Kapital- und Vermögensberatung, Pauschal- oder Individualreise im Tourismus, etc.

So wurden im Dienstleistungsmarketing die klassischen 4Ps (**P**roduct, **P**rice, **P**lace, **P**romotion) durch weitere 3Ps (Personalpolitik/**P**eople, Ausstattungspolitik/**P**hysical Facilities, Prozesspolitik/**P**rocesses) zu insgesamt **7Ps eines Dienstleistungsmarketings** ergänzt. Zu strategischen Zielen im Dienstleistungsmarketing gehören deshalb vor allem *immaterielle Zielgrößen*, wie Kompetenz und Image, ein evaluierbarer Zufriedenheitsgrad sowie die gehobene Bedeutung von mitarbeiterorientierten Marketingzielen, etc. *Kosten- und Qualitätsaspekte* eines Dienstleistungsmarketings müssen ebenfalls integrativ betrachtet werden. Zu den bedeutendsten Einflussgrößen auf die von Kunden wahrgenommene Dienstleistungsqualität zählen daher meist komplexe Strukturelemente (vgl. SERVQUAL-Ansatz) in der Produktion einer Dienstleistung. (Meffert et al 2015a, 10 ff., 25 ff.)

Angesichts der gestiegenen Bedeutung des Dienstleistungssektors kommt sowohl in der Praxis als auch in der Theorie einem Qualitätsmanagement von Dienstleistungen eine besondere Bedeutung zu. Spezifische **Qualitätssiche-**

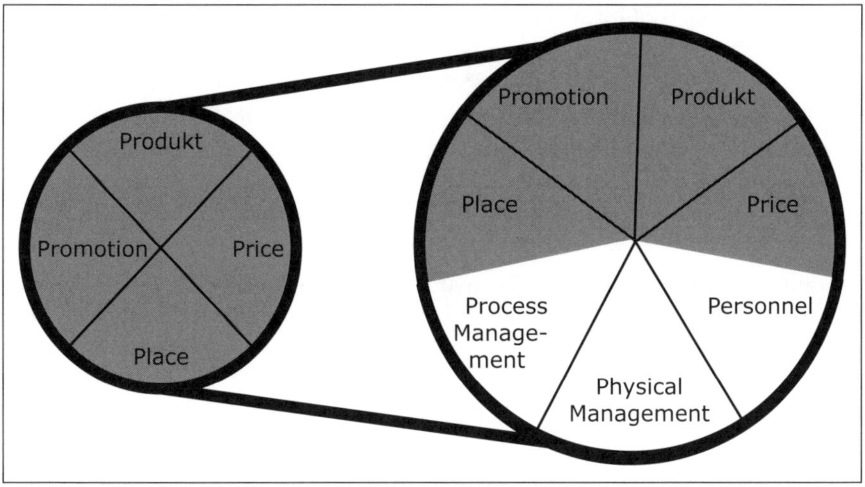


Abbildung 1.17: 7Ps des Dienstleistungsmarketings

**rungsprobleme** kennzeichnen das Qualitätsmanagement für Dienstleistungen (Meffert et al 2015a, 200 ff.):

- *Anreiz- und Kontrollprobleme*, die dadurch entstehen, dass sich bei komplexen Dienstleistungen Leistungspotenziale nicht hinreichend standardisieren oder kontrollieren lassen
- *Zurechnungsprobleme*, die sich dadurch ergeben, dass Dienstleistungen in Koproduktion mit dem Kunden als hochspezifische Leistungen (Unikate) erstellt werden und damit die Verantwortlichkeit für ein Qualitätsdefizit zur Disposition steht
- *Reparaturprobleme* entstehen bei Dienstleistungen insofern, als in vielen Fällen bei Defiziten durch die einmalige Leistungserstellung eine Reparatur allenfalls in Form einer Entschädigungsleistung erbracht werden kann

Zur **Sicherung der Qualität von Dienstleistungen** wird häufig das ganzheitliche Konzept des Total Quality Managements (TQM) eingesetzt, das auf der Mitwirkung aller Mitglieder einer leistungserstellenden Organisation zur Zufriedenstellung der Kunden basiert. Eine erste *Konzeptualisierung der Dienstleistungsqualität* kann dadurch erfolgen, dass entsprechend der drei Dimensionen einer Dienstleistungserstellung, nämlich Leistungspotenzial, Leistungsprozess und Leistungsergebnis auch entsprechende drei Qualitäten differenziert werden können sowie zusätzlich in eine von Kunden wahrgenommene und erwartete Qualitätsdimension unterschieden wird (Bruhn 2013, 55 ff.; Meffert et al 2015a, 201 f.):

(1) Die *Potenzialqualität* umfasst alle Leistungsvoraussetzungen der Leistungserstellung, die zur Erbringung einer Dienstleistung erforderlich sind. Das Qualitätsurteil erstreckt sich demnach auf Räumlichkeiten, Ausstattungen, Strukturierung des Ablaufs, Verwaltung und Organisation bzw. Infrastruktur des Dienstleisters, etc.

(2) Die *Prozessqualität* bezieht sich auf alle Aktivitäten, die während der Dienstleistungserstellung stattfinden: Kompetenz und Motivation der Mitarbeiter, Feedback-Kultur, Dauer des Dienstleistungsprozesses, etc.

(3) Die *Ergebnisqualität* bezieht sich darauf, inwieweit die erstellte Dienstleistung zu einem gewünschten Resultat für Unternehmen und Kunden führt. Die Qualität des Dienstleistungsergebnisses kann oft schwierig und erst nach längerer Zeit beurteilt werden, wie z. B. der Wert einer Versicherung, einer Beratung oder einer Reparaturleistung, etc.

Ein aufwendigerer Ansatz zur Konzeptualisierung und **Analyse von Dienstleistungsqualität** ist die sogenannte sequenzielle Ereignismethode, die auch als *Blueprinting* bezeichnet wird. Die Analyse der Dienstleistungsqualität konzentriert sich hierbei auf den gesamten Prozess der Dienstleistungserbringung, der wiederum in einzelne Teilschritte detailliert zerlegt wird. Diese Zerlegung erfolgt in der Regel durch ein grafisches Ablaufdiagramm, das den idealtypischen Verlauf einer Dienstleistungserbringung darstellt. Ein Blueprint (Blaupause für einen Dienstleistungsprozess) setzt sich zusammen aus dem Bereich von *Internal Interaction,* wie z. B. unterstützende Vorgänge, Kontaktpersonen/Onstage, etc., *Visibility,* wie z. B. Onstage/Backstage, Kontaktperson, etc. und *External Interaction,* wie z. B. Backstage/Kontaktperson, Kunde und tangible Bestandteile, etc. (Meffert et al 2015a, 225 f.)

Zur **Beurteilung von Dienstleistungsqualität** ist das Konzept des sogenannten *SERVQUAL-Ansatz*es entwickelt worden. Diese Konzeption unterscheidet 5 Dimensionen einer Dienstleistungsqualität, die über einen Fragebogen mit zweiundzwanzig Items erfasst werden kann (Bruhn 2013, 43; Meffert et al 2015a, 211 ff./Abbildung 1.18):

(1) Die *Annehmlichkeit* des tangiblen Umfelds (tangibles) umfasst die Umweltbedingungen, in denen eine Dienstleistung erstellt wird, wie z. B. Gebäude, Einrichtungen oder das Erscheinungsbild des Personals, etc.

(2) Die *Zuverlässigkeit* (reliability) bezieht sich auf die Einhaltung eines Leistungsversprechens, wie z. B. das Einhalten eines zugesagten Termins, etc.

(3) Die *Reaktionsfähigkeit* (responsiveness) besteht in der Fähigkeit und der Bereitschaft des Dienstleisters auf Kundenanfragen und Kundenbedürfnisse adäquat und zeitnah zu reagieren, wie z. B. korrekte Antworten auf spontane Fragen, etc.

(4) Die *Leistungskompetenz* (assurance) bezieht sich auf Fachwissen, Freundlichkeit und Vertrauenswürdigkeit des Personals des Dienstleisters, wie z. B. kommunikative Kompetenz in Konfliktsituationen, etc.

(5) Das *Einfühlungsvermögen* (empathy) bezieht sich auf die Bereitschaft und Fähigkeit des Personals des Dienstleisters auf individuelle Kundenwünsche einzugehen und sich in deren Lage zu versetzen, wie z. B. Flexibilität zu zeigen, etc.

Kritisch wird gegen die Anwendung des SERVQUAL-Ansatzes zur Messung der Dienstleistungsqualität angeführt, dass Leistungswahrnehmung und Leistungserwartung nicht ausreichend getrennt werden können, diese aber nach

SERVQUAL -Ansatz

5 Dimensionen im SERVQUAL-Fragebogen mit 22 Items

1) Annehmlichkeit des tangiblen Umfelds (tangibles)
   Optisch ansprechende Geschäftsräume und Einrichtungen
2) Zuverlässigkeit des Leistungsversprechens (reliability)
   Korrekte Durchführung der Aufträge
3) Reaktionsfähigkeit des Dienstleisters (responsiveness)
   Flexible Bereitschaft zu erweitertem Service
4) Leistungskompetenz des Dienstleisters (assurance)
   Mitarbeiter zeigen Fachwissen und Vertrauensvermittlung
5) Einfühlungsvermögen für Kundenwünsche (empathy)
   Aufmerksamkeit, kundenfreundliche Öffnungszeiten

Abbildung 1.18: Qualitätssicherung von Dienstleistungen

dem Confirmation-Disconfirmation-Konzept (vgl. Abschnitt 5.5.3) eine notwendige Voraussetzung zur Ermittlung von Kundenzufriedenheit darstellen. Durch sein ganzheitliches und einfaches Profil findet der SERVQUAL-Ansatz jedoch nach wie vor vielfältig Anwendung. (Bruhn 2011/2013, 154 ff.)

## 1.5.4 Customer Relationship Marketing

**Customer Relationship Marketing (CRM)** oder *Kundenbeziehungsmarketing* zielt auf ein ganzheitlich angelegtes Marketingkonzept und den Aufbau einer langfristigen Kundenbeziehung mit dem Unternehmen ab, um über individualisierte Kundenansprache (Kundendialog), differenzierte Vertriebs- und Servicestrukturen, etc. zu strategischen Wettbewerbsvorteilen zu gelangen (Beziehungsmarketing; Kundenbindungsmarketing versus Transaction Marketing/Bruhn 2014, 30 f./Abbildung 1.19). Im Vordergrund stehen deshalb nicht mehr eine permanente Akquisition neuer Kunden im Sinne des Transaction Marketings und die kurzfristige Erhöhung des Marktanteils, sondern eine kontinuierliche Optimierung bestehender und neuer Beziehungen zum Kunden. Explizite Ausprägungen eines Relationship Marketings haben sich insbesondere seit den 1990er Jahren im Zuge der Ausweitung der Internetnutzung, der dadurch erhöhten Transparenz der Märkte und einer Vergleichbarkeit der Produkte ergeben, als sich Unternehmen gezwungen sahen, auf dieses neue Szenario ein entsprechendes *'Reaktionsprogramm'* zu entwickeln. Die Vorteile von CRM bestehen in einer Senkung der Akquisekosten, einem erhöhten Cross-Selling-Potenzial sowie einer Produktdifferenzierung über Servicekomponenten mit erhöhter Kundenzufriedenheit als Folge, etc. Ein Fokus auf *Kundenorientierung* dient diesbezüglich der Verbesserung der Kundenbeziehungen, um die Bindungsrate zu erhöhen und die Abwanderungsrate zu senken. Kennzeichnend für ein Customer Relationship Marketing sind weiterhin die Idee eines Kundenlebenszyklus, der, angefangen von der Kundenakquise, über die Entwicklung zu profitabler und attraktiver Kundenbindung, bis hin zur Kundentrennung qualitativ unterschiedliche Interaktionsformen zwischen Kunden und Unternehmen abzubilden erlaubt. Die Interaktions- und Dialogorientierung führt im Idealfall dazu, dass der Kunde selbst kontinuierlich das gewünschte Produkt mitentwickelt (Customer Intelligence; Customer Experience). (Georgi/Hadwich 2010, 5 f.; Bruhn 2013, 12 ff.) Verschiedene Beziehungsqualitäten, wie Vertrauen, Commitment, Loyalität, etc. stehen als Konstrukte für die Ausgestaltung des Customer Relationship Marketings zur Verfügung, die zu Beziehungsqualitäten, wie z. B. zu Weiterempfehlungsverhalten, höheren Zahlungsbereitschaften, etc., und zu einer kalkulierbaren Planungssicherheit für Unternehmen führen sollen. (Bruhn 2012a, 13 ff.; Walsh et al 2014, 238)

| | **Transaction Marketing** | **Relationship Marketing** |
|---|---|---|
| **Ziel** | Einseitige Transaktion<br>Kunde kauft<br>Leistungsangebot | Langfristige<br>Kundenbeziehung<br>Interaktion |
| **Kundenverständnis** | Anonymer Kunde<br>Relative<br>Unabhängigkeit | Individuelle Kunden<br>Wertorientierung |
| **Marktsicht** | Produkt-Kosten-Kalkül<br>Neukundengewinnung | Problemlösungskompetenz |
| **Marketingverständnis** | Fokus auf Produkte<br>Kundenkontakt als<br>Episode | Fokus auf Service<br>Kontinuierlicher Dialog |

Abbildung 1.19: Unterschiede zwischen Transaction und Relationship Marketing

In ganzheitlichen CRM-Programmen, die als kundenorientierte Marketingphilosophien mit entsprechenden Denkhaltungen verstanden werden können, lassen sich unterschiedlichste Bindungsmodalitäten bzw. Beziehungsqualitäten durch folgende Marketing-Tools und dazugehörige Aktivitäten erfolgswirksam erzeugen (Bruhn 2015, 80 ff., 92 ff.):

- Produktprofilierung: Überzeugung und Stimulierung der Kunden
- Produktindividualisierung: Mass-Customization-Märkte/Produktdifferenzierung
- Kundenzufriedenheit: Erwartungsmanagement/Promise Concept
- Kundenbindung: Dialogmarketing/Permission Marketing
- Kundenloyalität: Vertrauen, Vertrautheit und Commitment/Loyalty Marketing
- Kundenbegeisterung: Event- und Erlebnismarketing.

**Produktprofilierung**, die sich insbesondere durch differenzierbare Produktkomponenten mit interaktiver Einbeziehung des Kunden auszeichnet, stellt ein erstes wichtiges Beziehungselement im Rahmen der Ausgestaltung des Customer Relationship Marketings dar. Durch den gezielten Einsatz von I- und K-Technologien kann einerseits **Mass Customization** realisiert werden, d.h. einer großen Anzahl von Kunden können individualisierte Produkte angeboten werden, die ihren persönlichen Bedürfnissen jeweils optimal entsprechen (Egonomics, Personifizierung des Angebots). **Kundenbindung** lässt sich mit verschiedenen Instrumenten realisieren, wie z. B. Kundenkarten und Kundenclubs, Bonusprogrammen, Kundenforen, etc. Möglichkeiten einer Kundenbindung werden aber auch durch folgende Tatbestände ermöglicht: *Monopolstellung,* wie z. B. Stromversorger, Regionalverkehrsbetriebe, etc., *proprietäre Systeme,* wie z. B. Telefonanlagen/Informationssysteme mit Serviceleistungen und Reparaturangeboten, etc., *Verträge,* wie z. B. Zeitverträge oder Tarifverträge, etc., schließlich *Kundenzufriedenheit bzw. 'Goldene Fesseln',* wie z. B. Wettbewerbsvorteile durch Qualität, Unique Selling Proposition/USP, etc. (Bruhn 2015, 86 ff.)

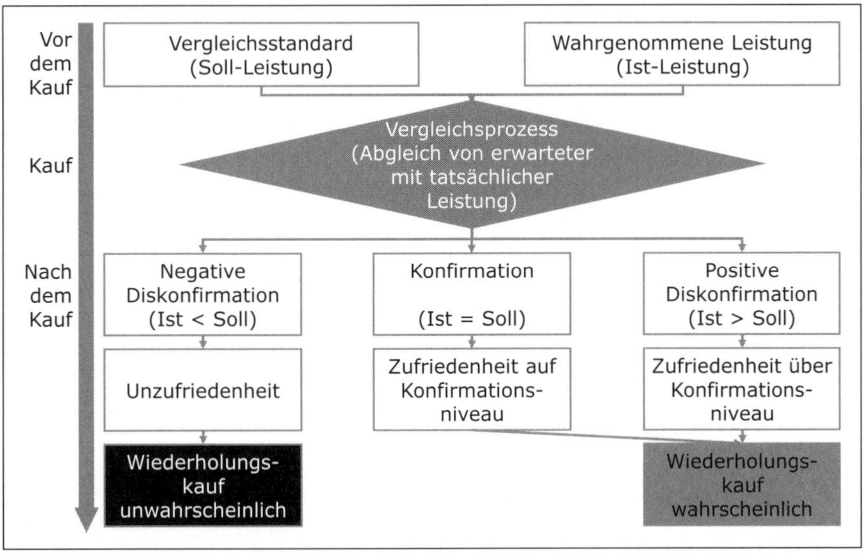


Abbildung 1.20: Kundenzufrieden und Kundenbindung

**Kundenzufriedenheit** bezeichnet eine Übereinstimmung von subjektiver Erwartung und tatsächlich wahrgenommener Produktleistung, die dann vorliegt, wenn eine positive Wahrnehmung der Leistung des Anbieters über einem Vergleichsstandard (Soll-Leistung/Ist-Leistung) verzeichnet wird und der Kunde bei positiver Wertung dem Unternehmen damit dauerhaft erhalten bleibt (Abwanderungsrate = 0). Damit besteht ein enger Zusammenhang zwischen Kundenzufriedenheit und Kundenbindung. Wird die affektive Komponente der Kundenzufriedenheit betont, spricht man vom Konzept des 'Customer Delight'. Wird die Erwartungs- und Erlebniskomponente fokussiert spricht man von

'Customer Experience'. Kundenzufriedenheit wirkt sich in der Regel ebenso positiv auf **Kundenloyalität** aus. Diese ist dann gegeben, wenn das bisherige Kaufverhalten über Vertrautheit und Vertrauen eine erneut positive Einstellung gegenüber dem Anbieter und dem Produkt erzeugt hat und Kaufabsichten auch in der Zukunft gegeben sind, wie z. B. durch Wiederkaufverhalten, Weiterempfehlung und Zusatzkaufabsicht, etc. **Kundenbegeisterung** schließlich gilt unter den Umständen emotionaler Bedürfnisstrukturen, eventorientierter Kommunikationsstrategien und elektronischer Multimediaelemente, im Sinne des 3E-Drives, als beziehungsrelevanter Sachverhalt zur Entwicklung erlebnisbezogener, dauerhafter Kundenbindung, zielgruppenorientiert auch via Internet, Online-Events, Online-Gästebücher, etc. (Winkelmann 2013, 323 ff.; Meffert et al 2015a, 206 ff./Abbildung 1.20)

Konzeptionell kann ein Customer Relationship Marketing weiterhin über einen **5-Phasen-Kundenlebenszeitzyklus** charakterisiert werden, beginnend mit: (1) *Kundenanalyse* und einer systematischen Erforschung der Zielgruppenstruktur, (2) *Kundenakquise* oder Kundengewinnung unter Einbezug von Interessens-, Informations- und Überzeugungsleistungen, (3) *Kundenbindung* mit der Erzeugung von Kundenzufriedenheit, Wiederkaufsraten, etc., (4) *Kundenentwicklung* mit einer spezifischen Erweiterung des Produktangebots und Erzeugung von Cross-Selling-Potenzial sowie schließlich (5) einer *Kundentrennung*, die sich durch Abwanderung und einer Orientierung des Kunden an Leistungen von Mitbewerbern auszeichnet. (Bruhn 2015, 60 ff.)

Mit der Umsetzung eines CRM-Konzepts in Unternehmen über sogenannte **CRM-Systeme** und unter Einbezug einer entsprechenden Informationstechnologie werden meist drei Arbeitsbereiche mit spezifischen Anwendungen unterschieden: (a) Im *operativen CRM-System* werden alle Direktkontakte zum Kunden installiert, insbesondere Marketing-, Vertriebs- und Servicekomponenten des Produktverkaufs, die in interaktiver Form eines Dialogs über die dafür erforderlichen Geschäftsprozesse integriert werden; (b) Im *analytischen CRM-System* sind alle Marktforschungsaktivitäten angesiedelt, die zur Analyse des Kundenverhaltens, zur Bestimmung von Kaufprofilen und Zielgruppenprofilierung benötigt werden; (c) Im *kommunikativen CRM-System* werden alle Instrumente und Optionen, die zur Steuerung und Koordination von Vertriebskanälen und Vertriebspartnern erforderlich sind, erfasst. (Winkelmann 2012, 249 ff.; Winkelmann 2013, 322 ff./Abbildung 1.21)

Die Zukunftsperspektiven eines Customer Relationship Marketings liegen einerseits in denkbaren Weiterentwicklungen eines systematischen Beziehungsmarketings, etwa in Richtung Business Relationship Marketing über die Einbeziehung weiterer Stakeholder, andererseits erfordert eine differenzierte Professionalisierung des Customer Relationship Marketings ebensolche empirische Forschungsmethoden, die Einzelkomponenten der Beziehungsorientierung eines solchen Marketings in kalkulierbaren Ursache-Wirkungs-Gefügen abzubilden erlauben. Hierzu sind sowohl Erkenntnisse aus interdisziplinär angelegten Forschungsergebnissen der Psychologie, wie z. B. neuere Beziehungstypologien, erforderlich als auch die Ergebnisse aus der Unternehmenspraxis eines Kundenbindungsmarketings. (Bruhn 2013, 407 ff.)

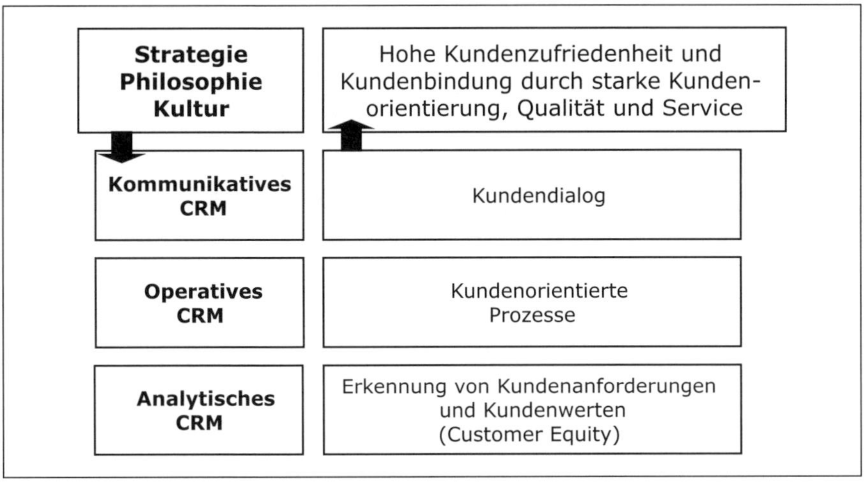


Abbildung 1.21: CRM als Konzept und System

## 1.5.5 Internationales Marketing

**Internationales Marketing** bezieht sich explizit auf absatzwirtschaftliche Aktivitäten von Unternehmen in mehreren Ländern und ist insgesamt geprägt durch eine höhere *Komplexität* (complexity) und *Dynamik*, ebenso durch einen höheren Differenzierungsgrad/Heterogenität (diversity) einzelner Sachverhalte und Aufgabenbereiche. Als herausragendes Merkmal gilt die Bedeutung unterschiedlicher **Kulturen** in den globalen Handlungsfeldern von multinationalen Unternehmen. Die Unterschiedlichkeit der globalen Umwelt mit ihren ökonomischen, sozio-kulturellen, rechtlichen und politischen Ausprägungen wird dabei zum Spezifikum der Rahmenbedingungen eines internationalen Managements von Marketingaktivitäten. Eine ständig *ansteigende Wettbewerbsintensität*, verbunden mit erhöhtem *Risikopotenzial von Auslandseinsätzen* und die *weltweite Integration der Märkte* in Form von komplexen Verflechtungsprozessen, etc. prägen weiterhin den Aktionsraum für internationales Marketing. (Huber 2007, 3 ff.; Kluxen 2012, 32 ff.)

Als **Orientierungskonzept** für internationale Marketingaktivitäten kann das in Abbildung 1.22 dargestellte *IGRL-Profil* gelten, das unter historisch-strukturellen Aspekten einen ersten Einblick in ökonomische Verflechtungszusammenhänge gibt und charakteristische Aktivitäten des *weltweiten Engagements* von Unternehmen im Marketing abzubilden erlaubt (Huber 2007, 6 ff./Abbildung 1.22):

- Internationales Engagement – im modernen Sinne – entwickelte sich verstärkt seit den 1980er Jahren im Zuge weltweiter wirtschaftlicher Verflechtung und im Kontext von IT-Entwicklung zunächst in Form von **Internationalisierung** (Problem der Grenze/problem of the border/Differenzierung) mit dem Fokus auf eine explizite Grenzerfahrung, die sich in divergierenden

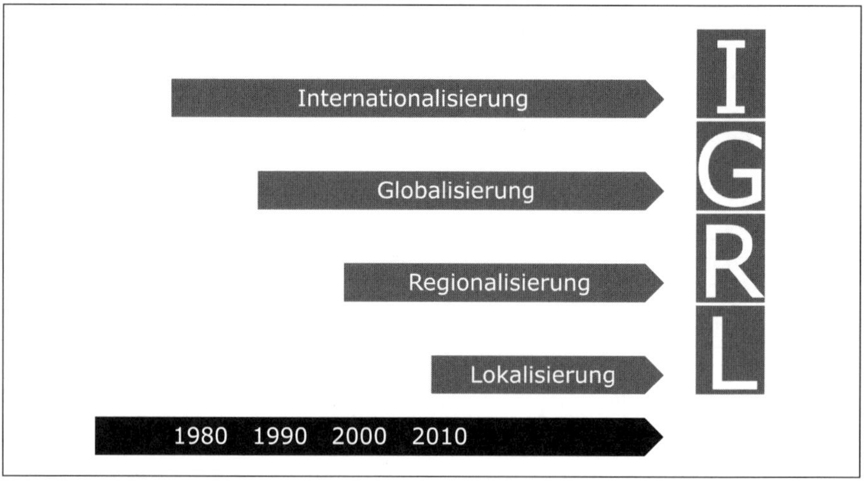


Abbildung 1.22: Orientierungskonzept für internationales Marketing

Kulturen, Sprachen, Rechtslagen, Mentalitäten, etc. widerspiegelt. Dies führt auch in den Handlungsfeldern und bezüglich der Strategieentwicklungen im internationalen Marketing zu Differenzierungen bzw. Divergenzen und Anpassungsleistungen, wie z. B. vorrangig im Produkt-, Preis- und Kommunikationsmanagement, etc.

- Eine vorangeschrittene Internationalisierung mit der Überwindung von Multinationalität wird seit den 1990er Jahren als **Globalisierung** bezeichnet und steht für das Problem weltweiter Abhängigkeit (Problem der Abhängigkeit/problem of dependency/Standardisierung). Mit der digitalen Revolution des World Wide Web, einer erhöhten Transparenz der Märkte und einer Vergleichbarkeit der Produkte geht dann eine Standardisierung vieler Marketingaktivitäten einher. Damit verbunden lässt sich eine steigende Konvergenz der Bedürfnisse der Konsumenten verzeichnen, Tendenzen zur Homogenisierung von Produkten (Güter und Dienstleistungen) sowie angeglichene Regelungen im Rechtsbereich, wie z. B. Normierungen, etc., Rechnungslegung, wie z. B. IFRS, etc. und Richtlinienvorgaben, wie z. B. Codes of Conduct, etc.
- Mit einem verstärkten Bezug zu **Regionalisierung** rückt seit den 2000er Jahren erneut die Wettbewerbsorientierung konkurrierender Branchen an einzelnen Standorten mit Clusterwirkung und regionalen Agglomerationsvorteilen in den Vordergrund (Problem industrieller Wettbewerbsvorteile/problem of industrial competition/Clusterbildung). Die Entstehung neuer regionaler Wettbewerbszonen mit branchenspezifischen Standortvorteilen gewinnen vor allem für marketingstrategische Gesichtspunkte und Marktbearbeitungsszenarien an Bedeutung und fördert spezifische Entwicklungsschübe in entsprechenden Branchen, wie z. B. Bankenzentren, Aviation-Hubs, Chemiestandorte, etc.

- Schließlich wird mit dem Bezug zu einer **Lokalisierung** seit den 2010er Jahren neueren Technologieentwicklungen, wie z. B. GPS, RFID, QR-Code, M-Marketing/Apps, und der Individualisierungsorientierung eines One-to-one-Marketings Rechnung getragen (Problem der Identifizierung/problem of identification/Dialogisierung), die sich als weiteres Ausdifferenzierungsszenario für Marketingaktivitäten darstellen. Zunehmende Mobilität und die Verwendung entsprechender Endgeräte mit Multimediafunktionen sowie die explizite Nutzung von sozialen Netzwerkstrukturen prägen diesen neuen Entwicklungsschub.

Als spezifische **Marktbearbeitungsaktivitäten im Ausland** lassen sich im internationalen Marketing folgende Optionen unterscheiden (Berndt et al 2010, 143 ff./Abbildung 1.23/Backhaus/Voeth 2010b, 9 ff.):

- *Indirekter und direkter Export:* Bei indirektem Export werden die Produkte an einen Exporteur geliefert, welcher diese dann im Ausland absetzt. Bei direktem Export betreibt ein Unternehmen demgegenüber eine eigene Verkaufs- oder Vertriebsorganisation im Ausland.

- *Lizenzvergabe:* Bei Lizenzvergabe genehmigt ein Hersteller einem ausländischen Lizenznehmer Produktion und/oder Verkauf auf einem ausländischen Markt gegen Zahlung einer Lizenzgebühr. Es handelt sich dann entweder um eine Herstellungs- und/oder Vertriebsgenehmigung.

- *Franchising:* Franchising stellt eine besondere Form der Lizenzierung dar, wenn einem ausländischen Unternehmen erlaubt wird, Produkte/Leistungen im Rahmen eines Gesamtkonzepts, wie z. B. Beschaffungs-, Absatz- und Organisationskonzept/Geschäftssystem, etc., als Businessformat über vertragliche Regelungen eines Franchisepakets zu vertreiben.

- *Strategische Allianz:* Strategische Allianzen bieten eine Möglichkeit, durch Kooperation in ausgewählten Unternehmensbereichen, wie z. B. Beschaffung, Produktion, Absatz, etc., den Eintritt in ausländische Märkte mit einer langfristigen, gemeinsamen Ausrichtung der Aktivitäten zu erleichtern. Sie erfordern vergleichsweise geringe vertragliche Restriktionen und ermöglichen hohe wirtschaftliche Selbstständigkeit der beteiligten Unternehmen.

- *Joint Venture:* Im Rahmen eines Joint Ventures gründen mindestens ein inländisches und ein ausländisches Unternehmen ein rechtlich selbstständiges Gemeinschaftsunternehmen für entsprechende wirtschaftliche Aktivitäten. Bindungsinstrument ist hierbei eine gemeinsame Kapitalbeteiligung, die Leistungserstellung erfolgt in der Regel (zumindest für ein Unternehmen) im Ausland.

- *Direktinvestitionen:* FDIs (Foreign Direct Investments) bedeuten entweder den Kauf eines Unternehmens, eine kapitalmäßige Beteiligung oder die eigenständige Gründung eines Unternehmens im Ausland, wie z. B. die Errichtung einer Produktionsstätte im Ausland. In den meisten Fällen ist mit der Kapitalbindung durch Direktinvestition auch ein höheres Risikopotenzial verbunden.

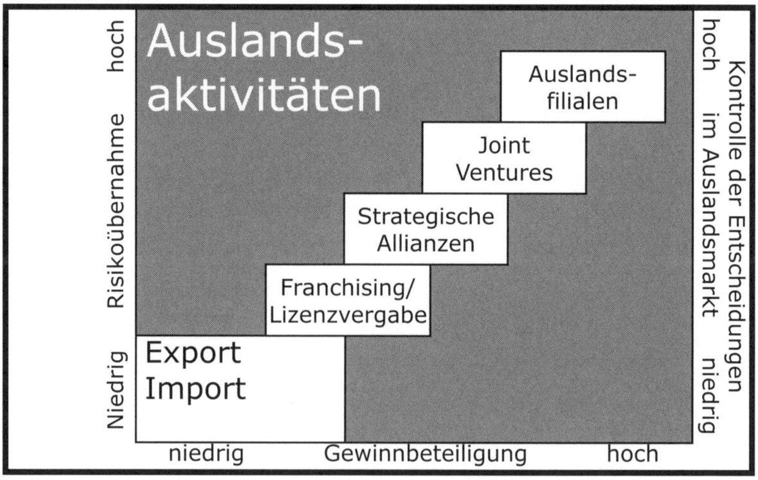


Abbildung 1.23: Auslandsaktivitäten im internationalen Marketing

Im Zusammenhang mit internationalem Marketing wird **Kultur** als kritische Einflussgröße in marketingorientierten Umweltanalysen erkannt. Ein grundsätzliches Problem des internationalen Marketings ergibt sich allerdings durch die Fragestellung, in welchem Ausmaß Kulturen eine Bedeutung für Marketingaktivitäten besitzen: Die *Culture-bound-These* geht davon aus, dass kulturelle Divergenz (Unterschiedlichkeit) zu einer Differenzierung marketingpolitischer Instrumente führen muss, während die *Culture-free-These* eine Konvergenz kultureller Entwicklung vermutet und daher eine Standardisierung von Marketingaktivitäten empfiehlt. Teilweise erfolgt deshalb die Berücksichtigung von Kultur in Form von Marktbearbeitungsstrategien durch Implementierung einer strategischen *Unternehmenskultur* (EPRG-Modell) oder durch eine spezifische Modellierung von *Landeskulturen* (Hofstede-Modell, u. a.). (Berndt et al 2010, 11 ff.; Müller/Gelbrich 2015, 75 ff.) Das **EPRG-Modell** als Unternehmenskulturmodell, von Perlmutter entworfen, weist die 4 folgenden Dimensionen auf:

(1) **E**thnozentrische Marktbearbeitungsstrategie: Ursprungslandbezogene Marketingkonzepte eines inländischen Markts werden hierbei auf die Auslandsmärkte übertragen *(Stammlandorientierung).*

(2) **P**olyzentrische Marktbearbeitungsstrategie: Gastlandbezogene Ausrichtung der Marktbearbeitung erfolgt in Bezug zu den spezifischen Erfordernissen der betreffenden Länder *(Ziellandorientierung).*

(3) **R**egiozentrische Marktbearbeitungsstrategie: Regionenbezogene Betrachtung von mehreren Ländern kann im Falle von kulturell mehr oder weniger ähnlichen Ländergruppen vorgenommen werden *(Ländergruppenorientierung).*

(4) **G**eozentrische Marktbearbeitungsstrategie: Weltmarktbezogene Sichtweise kennzeichnet ein Marketing auf globalisierten Märkten, die dann als Plattform für standardisierbare Strategien gesehen werden *(globale Orientierung).*

Die Berücksichtigung von Landeskulturen erfolgt im **Hofstede-Modell** explizit und universell über sogenannte Polaritätenprofile, die dann in Abhängigkeit von der jeweiligen Ausprägung in einem Land z. B. Produkt- oder Kommunikationsstrategien, etc. zu generieren erlauben (Walsh et al 2014, 487; Müller/Gelbrich 2015, 91 ff., 98 ff./Abbildung 1.24):

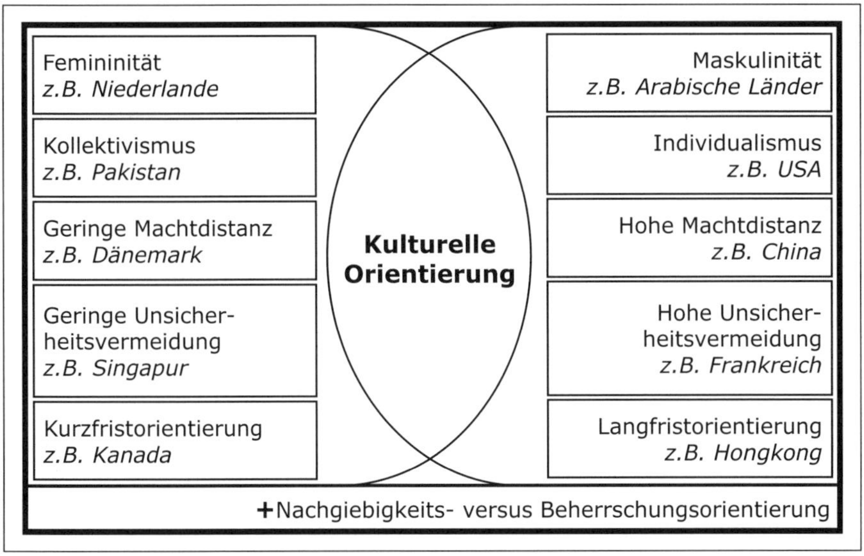


Abbildung 1.24: Kulturmodell von Hofstede

- *Femininität/Maskulinität* als Landeskultureigenschaft bedeutet, dass bei einer hohen Ausprägung von Maskulinität Menschen tendenziell bestimmt oder elitär auftreten und sich konkurrenzbetont verhalten, während bei einer Ausprägung von Femininität egalitäres Verhalten überwiegt und Werte, wie Bescheidenheit oder sozialorientiertes Verhalten, dominieren.
  *Beispiel:* hohe Ausprägung in Femininität (z. B. Niederlande) erfordert persönliche Verkaufsformen im Vertrieb
- *Kollektivismus/Individualismus* als Landeskultureigenschaft beinhaltet, dass in einer individualistischen Gesellschaft die Bindungen einzelner Mitglieder vergleichsweise locker und offen sind, während Mitglieder einer kollektivistischen Gesellschaft stärker in soziale Gruppen oder Verbände eingebunden sind.
  *Beispiel:* geringe Ausprägung in Individualität (z. B. China) erfordert eine Betonung des Produktnutzens für die Familie
- *Machtdistanz gering/hoch* als Landeskultureigenschaft bedeutet, dass bei hoher Machtdistanz schwächere Mitglieder einer Gesellschaft eine relativ ungleiche Machtverteilung erwarten bzw. akzeptieren, während sich Gesellschaften mit niedriger Machtdistanz durch 'soziale Gleichheit' auszeichnen.
  *Beispiel:* hohe Ausprägung in Machtdistanz (z. B. Russland) kann bedeuten, dass Luxusgüter bzw. die Werbung dafür, trotz verbreiteter Armut akzeptiert werden

- *Unsicherheitsvermeidung gering/hoch* als Landeskultureigenschaft signalisiert, dass bei hoher Ausprägung von Unsicherheitsvermeidung Menschen sich durch ungewisse oder unbekannte Situationen bedroht fühlen und deshalb ein hohes Maß an Sicherheit anstreben, während Menschen mit niedriger Unsicherheitsvermeidung eine hohe Risikobereitschaft zeigen.
  *Beispiel:* hohe Ausprägung von Unsicherheitsvermeidung (z. B. Griechenland) erfordert z. B. eine Betonung von Garantie und Service im Produktmanagement

Hofstedes vier Basisdimensionen Femininität/Maskulinität, Kollektivismus/Individualismus, Machtdistanz gering/hoch, Unsicherheitsvermeidung gering/hoch wurden in den letzten Jahren ergänzt um die *Dimensionen Kurzfrist- und Langfristorientierung*, die den zeitlichen Planungshorizont einer Kultur zum Ausdruck bringen sollen, wie dies vor allem in asiatischen Ländern Berücksichtigung findet. Mit den *Dimensionen Nachgiebigkeit versus Beherrschung* wird auf das Erreichen von Glück durch Muse oder Kontrollfokus rekurriert.

Ein explizit **interkulturelles Marketing**, in Abgrenzung zu internationalem Marketing, wird dem Umstand gerecht, dass sich nach wie vor bestimmte internationale Marketingaktivitäten weltweit nicht generell standardisieren oder vereinheitlichen lassen, sondern durch eine *kulturvergleichende Marktbearbeitung* oder interkulturelle Betrachtung der marketingrelevanten Sachverhalte gekennzeichnet sind. Interkulturelles Marketing lässt sich aber auch als Binnendifferenzierung des inländischen Marketings (Domestic Marketing) auf multikulturelle Gesellschaften beziehen, wenn sich ein sogenanntes *Ethno-Marketing* auf bestimmte kulturelle Minderheiten einer Gesellschaft als Zielgruppe von Marketingaktivitäten richtet. (Müller/Gelbrich 2015, 44 ff., 51 ff.)

### 1.5.6 Green und Non-Profit-Marketing

Weitere **Ausdifferenzierungen des Marketings** werden einerseits durch 'neue' Akzentuierungen von Marketingaktivitäten erwerbswirtschaftlicher Unternehmen gesehen, indem diese z. B. das Konzept eines ökologischen oder explizit umweltorientierten Marketings betreiben (Deepening des Marketings), andererseits gibt es eine Ausweitung von Marketingaktivitäten auf z. B. nichterwerbswirtschaftlich arbeitende Organisationen, welche als Non-Profit-Marketing bezeichnet werden (Broadening des Marketings). (Esch et al 2013, 14/ Abbildung 1.25)

Mit dem Ansatz eines **Green Marketings** oder eines ökologieorientierten **Marketings** wird eine Vertiefung des kommerziellen Marketings und seiner Zielinhalte betrieben und Marketingentscheidungen nicht ausschließlich nach rein ökonomischen Kriterien ausgerichtet. Bereits aus volkswirtschaftlicher Perspektive bahnt sich über Ressourcenknappheit und institutionelle Regelungen eine Neuausrichtung von Unternehmensstrategien in ökologischer Perspektive an. Hinzu kommen Problemsichten und Bedarfslagen durch ein gestiegenes Umweltbewusstsein der Öffentlichkeit und der Kunden, durch technologischen Fortschritt der Produzenten, einschließlich der daraus entwickelten, ökologiegerechten Produkte, wie z. B. Ökotechnologie, Biolebensmittel, etc., die ein neues Forschungs- und Praxisfeld für Marketingaktivitäten darstellen. (Balderjahn 2013, 75 ff., 163 ff.)

In einem entsprechend profilierten Öko-Marketing erfolgt die Ausrichtung der 4Ps dann spezifisch umweltgerecht (Dyckhoff/Souren 2008, 213 ff.):

(a) Ökologieorientiertes *Produktmanagement* erzeugt umweltgerechte Produkte und Produktkomponenten und legt ergänzend ökologiegerechte Servicebestandteile auf

(b) Ökologieorientiertes Preismanagement weist tendenziell höhere Kostenstrukturen durch entsprechend aufwendigere, ökologische Produktionsformen aus und nutzt explizit Quersubventionen

(c) Ökologieorientiertes Kommunikationsmanagement vermittelt über Biozertifizierungen, Gütesiegel und andere umweltgerechte Deklarierungen eine entsprechend ökologische Qualität

(d) *Ökologieorientiertes Distributionsmanagement* erfüllt mit umweltfreundlichen Transport- und Verteilungssystemen oder über eine Redistributions- und Recyclinglogistik entsprechende Auflagen und Erwartungen

Für Unternehmen ergibt sich die Ausrichtung ihrer ökologischen Marketingkonzeption oft bereits aus den allgemeinen Wertvorstellungen, die entweder in Basic Beliefs über ein *Bekenntnis zu sozialverantwortlichem Handeln* festgelegt sind und als *freiwillige Selbstbeschränkungen* umsetzt werden oder durch staatliche Auflagen über ein *integriertes Umweltschutzkonzept*, das auf vor- und nachgelagerte Prozesse der Leistungserstellung übertragen wird, wie dies z. B. bei einem ganzheitlichen *Biokonzept* der Fall ist.

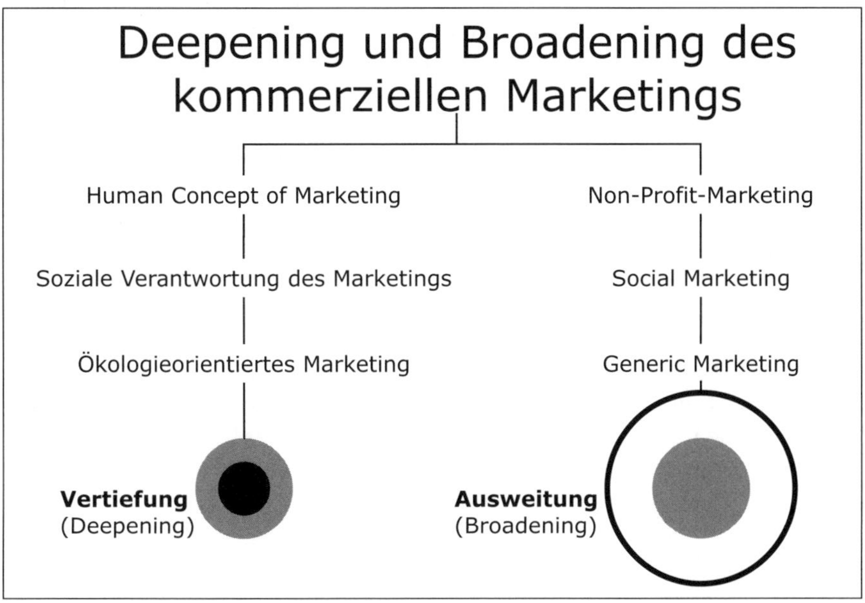


Abbildung 1.25: Vertiefung und Ausweitung des kommerziellen Marketings

Die **Idee eines Non-Profit-Marketings** als Ausweitung des Marketings auf den nicht-erwerbswirtschaftlichen Bereich bezieht sich zunächst auf jegliche Form sozialer Austauschprozesse (generisches Marketing). Als Social Marketing soll damit sozial erwünschtes, gesellschaftliches Verhalten beeinflusst werden, indem ein spezifischer Nutzen sowohl für Individuen als auch für Gruppen und die Gesellschaft insgesamt hervorgehoben wird. Schließlich findet Non-Profit-Marketing ebenfalls in öffentlichen Institutionen Anwendung. (Bruhn 2012b, 53 ff.)

*Handlungsfelder* für ein Non-Profit-Marketing sind demnach gemeinnützige bzw. karitative Einrichtungen, wie z. B. Rotes Kreuz, Malteser, etc., öffentliche Behörden und Bildungseinrichtungen, wie z. B. Ministerien, Hochschulen, etc., soziale Einrichtungen, wie z. B. Krankenhäuser, Altenheime, Kindergärten, etc., kulturelle Institutionen, wie z. B. Oper, Theater, Museen, etc., religiös geprägte Einrichtungen, wie z. B. Kirchen, Klöster, etc. und politische Organisationen, wie z. B. Parteien, Stiftungen, etc. (Bruhn 2012b, 21 ff.)

Non-Profit-Marketing zeichnet sich im Allgemeinen durch folgende *Besonderheiten* aus: problematische Abgrenzung relevanter Märkte und Leistungen, eine Vielzahl von teilweise sehr heterogenen Anspruchsgruppen, Adressaten der Leistung und Gegenleistung sind ambivalent zu bestimmen, eingeschränkte finanzielle Marketingbudgets sowie gewisse Vorbehalte von Non-Profit-Organisationen gegenüber einer Vermarktung ihres Profils, etc. (Bruhn 2012b, 60 ff.)

### 1.5.7 E-Marketing, M-Marketing and More

Unter **E-Marketing** (Electronic oder Onlinemarketing) versteht man den Einsatz neuer interaktiver, digitaler Informations- und Kommunikationsmedien und die darüber abgewickelten Marketingaktivitäten (Netzwerkorientierung). E-, Internet- oder Onlinemarketing umfassen zunächst alle Prozesse der Planung, Entscheidung, Organisation und Kontrolle von elektronischen oder internetbasierten Applikationen mit dem Ziel, den unternehmerischen Marketingerfolg durch die *Besonderheiten der elektronischen Kommunikation*, wie z. B. Multimedia, Interaktivität, Vernetzung, etc., zu optimieren. Unter *Internetmarketing* versteht man insbesondere die systematische und kommerzielle Nutzung der Internetdienste, die auf dem Internet Protocol (IP) basieren, wie z. B. E-Mail, Newsletter, Homepages, Bannerwerbung, Suchmaschinen, etc., und damit Optionen zu Marketingzwecken darstellen. Zu den Besonderheiten des Internetmarketings zählen die Schnelligkeit, Bequemlichkeit sowie unbeschränkte zeitliche Verfügbarkeit einer Internetnutzung. Das Internet erhöht explizit die Markttransparenz, ermöglicht gute Produkt- und Preisvergleiche, eine effiziente und effektive Suche nach (qualitativen) Informationen sowie Erfahrungsberichte anderer Nutzer, wie z. B. Evaluationen, Ratings, Rankings, etc. Durch die Tatsache, dass im Internet viele Angebote mit Netzeffekten existieren, wie z. B. Auktionshäuser, Diskussionsforen, Tauschbörsen, Informationsprodukte, etc., ergeben sich aber auch besondere Marketingprobleme, wie z. B. Unsicherheit bezüglich der Qualität der Information, selektive Zugangsoptionen für potenzielle Konsumenten, etc. Durch Hypermedialität lassen sich Kommunikationsmedien, wie z. B. Text, Ton, Film, etc., modulhaft anordnen und je nach individueller Präferenz entsprechend nutzen. (Meffert et al 2012, 653 ff.; Wirtz 2013a, 17 ff., 413 ff.)

**E-Marketing-Geschäftsbeziehungen** sind gegenwärtig ein fester Bestandteil der *Internet- oder Web-Ökonomie*, eine im Wesentlichen digital basierte Wirtschaftsform (Net Economy) und ein technologisch getriebener Ansatz, welche die computerbasierte Vernetzung nutzt, um Kommunikation, Interaktion und Transaktion in einem globalen Rahmen zu ermöglichen. Unter dem Begriff *E-Business* (Electronic Business) wird allgemein die Anbahnung sowie teilweise, respektive vollständige Unterstützung, Abwicklung und Aufrechterhaltung von Leistungsaustauschprozessen zwischen Unternehmen und Kunden mittels elektronischer Netze verstanden. *E-Commerce* (Electronic Commerce, ursprünglich Elektronischer Handel) bezeichnet in Abgrenzung dazu die digitale Anbahnung, Aushandlung und/oder Abwicklung von Transaktionen zwischen unterschiedlichsten Wirtschaftssubjekten. Abgeleitet aus Überlegungen eines Medien- und Internetmanagements, lassen sich systematisch folgende Geschäfts- und Erlösmodelle (E-Entrepreneurship) generieren und für Marketingstrategien bei Internetauftritten (Gestaltung der Homepage) fruchtbar machen (Bagusat/Hermanns 2008, 83 ff.; Wirtz 2013a, 720ff./vgl. Abbildung 1.26):

- *Geschäftsmodell Content:* Kompilierung (Packaging), Darstellung oder Bereitstellung von Inhalten auf einer eigenen Plattform über E-Information, E-Entertainment, E-Education, E-Infotainment und einer optionalen Nutzung von Text- und Bildformaten im Rahmen von Content Marketing
- *Geschäftsmodell Commerce:* Anbahnung, Aushandlung und/oder Abwicklung von Geschäftstransaktionen über Attraction, Bargaining/Negotiation, Transaction und einer Nutzung spezifischer Formen eines Payment Marketings

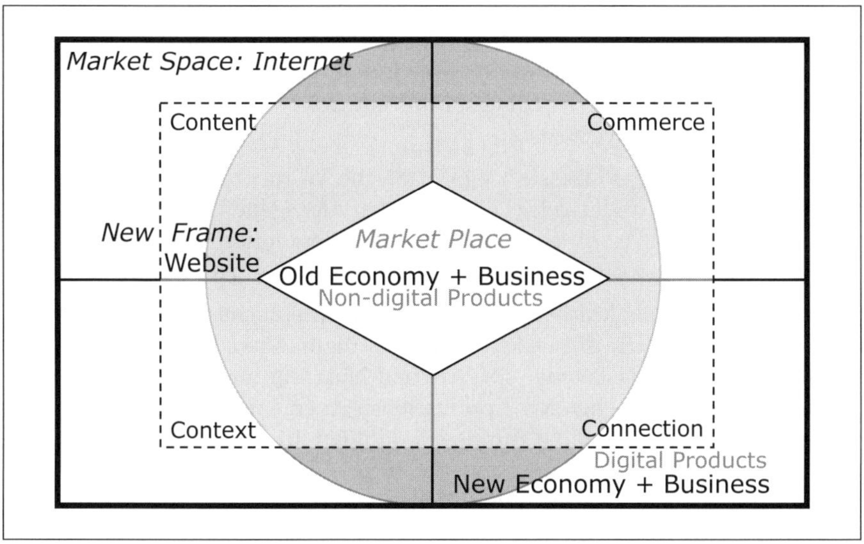


Abbildung 1.26: Space, Frame and Place im E-Marketing

- *Geschäftsmodell Context:* Klassifikation und Systematisierung von im Internet verfügbaren Informationen über Suchmaschinen und Web-Kataloge durch ein entsprechendes Suchmaschinenmarketing in Form von Search Engine Marketing (SEM) und Search Engine Optimization (SEO)
- *Geschäftsmodell Connection:* Herstellung der Möglichkeit eines Informationsaustausches in Netzwerken über Intra-Connection, Inter-Connection sowie der Nutzung von Verlinkungen und über ein Social-Media-Marketing

Der Bereich des E-Marketings besteht aus weiteren Teildisziplinen bzw. aus unterschiedlichsten Optionen des Einsatzes der **Instrumente des Onlinemarketings**, die in Abhängigkeit von neuen technologischen Möglichkeiten kontinuierlich weiterentwickelt werden (Kollmann 2013, 62 ff./Abbildung 1.27):

(a) *Website-Marketing* stellt die Basis jeglichen Onlinemarketings dar und betrifft zunächst den Aufbau der Website bzw. Homepage eines Unternehmens unter konzeptionell inhaltlichen Aspekten, Design und Layout, Navigationsstruktur, Gestaltungspotenziale von Onlinewerbung, wie z. B. Bannerwerbung, Werbebuttons, Pop-up- bzw. Pop-under-Banner, Interstitials, etc.

(b) *Suchmaschinen-Marketing* (Search Engine Marketing/SEM) – mit den weiteren Teilgebieten der Search Engine Optimization/SEO und Search Engine Advertising/SEA – verbessert über verschiedene Maßnahmen die Positionierung in den redaktionellen Ergebnisseiten von Suchmaschinen, wie z. B. Google, Bing, etc., zur Optimierung relevanter Suchbegriffe und optimierten Platzierung des Internetauftritts in den Ergebnislisten von Suchmaschinen. Zur systematischen Erhöhung einer Linkpopularität kann ein entsprechendes *Linkmarketing* eingesetzt werden.

(c) *Virales Marketing* nutzt die Einbindung von Internetusern in soziale Netzwerke im Sinne eines *Empfehlungsmarketings*, indem Prozesse der Weiterverbreitung gezielt über spezifische Anreize angestoßen werden.

(d) *Affiliate Marketing* beruht auf dem Prinzip der Vertriebs- und Netzwerkpartnerschaft von einzelnen Unternehmen, mit der Vereinbarung, dass entsprechende Partner (affiliates) Produkte des Kooperationspartners provisionsbezogen bewerben.

(e) *E-Mail-Marketing* addressiert elektronische Werbebriefe und Newsletter an potenzielle Kunden oder leitet diese auf die eigene Website, teilweise in Verbindung mit Permission Marketing und der Option, gestattete Umwerbungserlaubnisse durch Kunden widerrufen zu können.

**M-Marketing** (Mobile Marketing) bezieht sich auf einen erweiterten Entwicklungsbereich, nämlich die elektronisch gestützte Abwicklung von Onlinegeschäften auf der Basis einer spezifischen Nutzung mobiler Zugangs- oder Endgeräte mit entsprechenden Applikationsformen (Apps). Jeweilige Anbahnungen, Transaktionen und Zahlungsmodalitäten für Produkte werden dann als *M-Business* (Mobile Business) und *M-Commerce* (Mobile Commerce) bezeichnet. Die größten Umsatzpotenzialzuwächse des M-Business oder M-Commerce liegen nach Einschätzung von Experten im Bereich der *Mobile Advertising*. Über die Möglichkeiten der technologischen Multifunktionalität, mit Multimediadis-

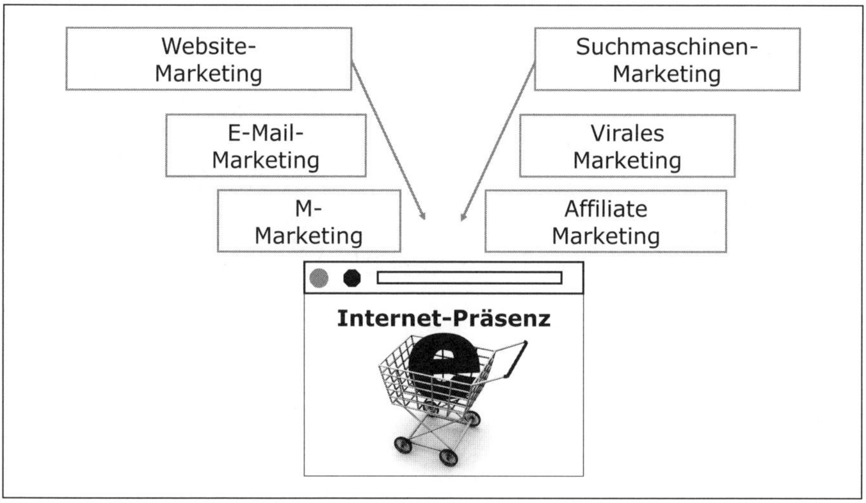


Abbildung 1.27: Optionen des E-Marketings

plays und grafischer Visualisierungen, sollen eine umfassende Kommerzialisierung und die gezielte Entwicklung eines *One-to-one-Marketings* herbeigeführt werden, um damit eine effiziente und effektive Individualisierung von Werbebotschaften im mobilen Kommunikationsmanagement des Marketings leisten zu können. (Olbrich et al 2015, 39 ff., 128 ff./Abbildung 1.28)

Da mobile Anwendungsformen in Verbindung mit einer Internetnutzung einen beträchtlichen Mehrwert für alle Beteiligten schaffen, entwickelten sich im Rahmen einer App-Economy spezifische Formen eines App-Marketings und einer App-Werbung mit entsprechenden Instrumenten. Abgesehen von Mobile Messaging durch Werbe-SMS und -MMS und anderen Optionen des Mobile Marketings, ermöglicht vor allem *Mobile Couponing* durch die elektronische Übermittlung von Gutscheinen oder Rabattaktionen eine hohe Kundenbeziehungsqualität, deren Messbarkeit sowie zahlreiche Cross-Selling-Potenziale. Ebenso werden über *Mobile Tagging* durch QR-Codes (Quick-Response-Code) interaktive Verlinkungen mit mobilen Onlineauftritten des Unternehmens hergestellt, über die dann z. B. Werbebotschaften, Servicekomponenten, Produktnutzungshinweise, etc. kommuniziert werden können. Mit *Mobile Gaming* schließlich werden Info- oder Edutainment-Formate für zu bewerbende Produkte angeboten, die aufgrund ihres Spielecharakters eine besondere Eignung für (jüngere) Zielgruppen darstellen. (Holland/Bammel 2006, 69 ff.; Holland 2014, 447 ff.)

Im Kontext von E- und M-Marketing besitzen kontinuierliche Innovationsentwicklungen eine besondere Bedeutung. **Social Media** stellen dabei Ausprägungsformen von Web 2.0 dar und ermöglichen über diverse Internet-Plattformen oder Applikationen ein hohes Gestaltungspotenzial (Content Marketing). Über Web 2.0 werden neue Verhaltensweisen von Internetnutzern beschrieben, die als primär interaktiv bezeichnet werden können, weil Inhalte eigenständig generiert werden und in direktem Bezug zu anderen Nutzern stehen. Diese

Abbildung 1.28: Optionale mobile Zugangs- oder Endgeräte

eigenständig produzierten Inhalte werden als User Generated Content (UGC) bezeichnet und sind gleichzeitig das herausragende Merkmal von sozialen Medien. Von Digital Natives mit spezifischem Nutzerverhalten spricht man etwa, wenn Social-Media-Nutzer bereits als Communiteens (14 bis 29 Jahre) mit diesem neuen Medium aufgewachsen sind und sich deshalb durch charakteristische Verhaltensweisen in der Nutzung von Social Media von sogenannten Digital Immigrants (30 Jahre und älter) unterscheiden. Durch Interaktion zwischen Nutzern oder durch kooperative Partizipationsformen zwischen Nutzern und Anbietern wird damit ein systematischer Aufbau von sozialen Netzwerken initiiert und zahlreiche Word-of-mouth-Effekte erzeugt. (Meffert et al 2012, 665 ff.; Wirtz 2013a, 44 ff.)

**Social-Media-Marketing** beinhaltet eine gezielte Nutzung von Social-Media-Anwendungen zur Verbreitung von vielfältigen Marketingaktivitäten innerhalb entsprechender sozialer Netzwerke. Spezifische Vorteile des Social-Media-Marketings für Unternehmen bestehen etwa im Web Monitoring, um Stimmungslagen von Konsumenten zu erfassen oder in der interaktiven Entwicklung neuer Produkte auf der Basis von Kundenbedürfnissen. Social Media wird ebenso auch als Potenzial für bereitgestellte Informationen, Sichtweisen und Erfahrungen gesehen, die interaktiv einer Vielzahl von Communities zugänglich gemacht werden können (Many-to-many-Kommunikation). Social-Media-Marketing lässt sich darüber hinaus für Marktforschung, Kommunikation und im Vertrieb verwenden. Bezüglich einer Kategorisierung von Inhalten und Nutzerkreisen liegen bisher kaum systematische Kriterien vor. **Instrumente des Social-Media-Marketings** sind (Wirtz 2012, 362 ff.; Ceyp/Scupin 2013, 23 ff., 69 ff.; Bruhn 2014, 1043 ff.; Olbrich et al 2015, 132 ff./Abbildung 1.29):

(a) *Weblogs bzw. Blogs*, wie z. B. Corporate Blogs, Microblogs, mit geringen Ähnlichkeiten auch Podcasts, etc., mit teils integrierten Onlineformen zur persönlichen oder ungefilterten Veröffentlichungsmöglichkeit eines breiten Publikums, ermöglichen einerseits den direkten Austausch mit Zielgruppen oder die Beeinflussung der Meinungsbildung, andererseits steht die Qualität der Information mitunter zur Disposition.

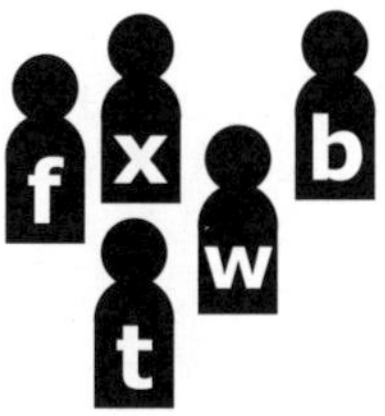


- **Blogs & RSS Feeds**
  Publikationsmöglichkeit
- **File Exchange & Sharing**
  Broadcasting
- **Wikis**
  Informationsbereitstellung
- **Podcasts**
  Konsum von Inhalten
- **Tagging**
  Individuelle Bearbeitung
- **Social Networking**
  Interaktion und Kontakte
- **Bewertungsportale**
  Entscheidungsunterstützung

Abbildung 1.29: Instrumente des Social-Media-Marketings

(b) *Online-, Foto- und Video-Communities bzw. Webforen* stellen Plattformen für bestimmte Personengruppen zum Austausch gemeinsamer Interessen dar, die einerseits entweder einen hohen Interaktions- oder Unterhaltungswert besitzen, individualisierte Kommunikation ermöglichen und in der Regel eine starke emotionale Bindung zu Nutzern erzeugen, wie z. B. *Filesharing-Communities*, sich andererseits durch schwankende Qualität und eine rechtliche Problematik bezüglich der veröffentlichten Inhalte auszeichnen.

(c) *Microblogging-Dienste* dienen der Veröffentlichung von minimalisierten Textnachrichten (max. 140 Zeichen/Tweets), die durch Verfolgung von anderen Nutzern (Follower) eine entsprechende Häufigkeit (Traffic) erzeugen und zu schneller Informationsverbreitung und Weiterleitung von Nachrichten genutzt werden können (Retweets).

(d) *Soziale Netzwerke* dienen der digitalen Vernetzung von Personen und einer expliziten Freigabe von personalisierten Informationen an Mitglieder des jeweiligen Netzwerks unter Nutzung von Interaktionsanwendungen, wie z. B. Chats, Tweets, etc. Die Gestaltung von Nutzerbeziehungen lässt sich durch Marketingoptionen, wie z. B. Fan Pages, Like Buttons, etc., in Verbindung mit interaktiven Anwendungen (Apps) zur produktspezifischen Kommunikation (Seeding) nutzen. Eine Einschränkung der Privatsphäre und eine besondere Verifikation stellen Nachteile dieser Instrumente dar.

(e) *Exchange- und Sharing-Plattformen* dienen zur Verbreitung von Dokumenten, Fotos oder Videos, gleichzeitig können diese auch bewertet oder kommentiert werden. *Knowledge-Communities bzw. Wikis* ermöglichen Veröffentlichungen von Wissensrepertoiren, die für Experten oder Laien qualitativ unterschiedlichen Informationsgehalt besitzen. Diese Informationsplattformen dienen zur Erstellung und Editierung von Inhalten oder usergeneriertem Wissen, welche in der Regel hohe Aktualität, umfangreiche Information und kostenlose Verfügbarkeit bieten, wobei auch hier eine durchwegs hohe Qualität der Information nicht gewährleistet werden kann. *Mash-ups* stellen eine

Zusammenführung von mehreren Produktkonfigurationen dar und dienen der Verknüpfung produktrelevanter Informationen. *Consumer-Communities* dienen dem Austausch von Wissen über Produkten unter Konsumenten. Für Informationen über Aktualisierung und Entwicklungslinien innerhalb sozialer Plattformen werden ergänzend *RSS-Feeds* genutzt.

Charakteristisches **Kriterium** für Social-Media-Marketing ist, dass alle Instrumente *interaktiv* bzw. *integrativ* verwendet werden, um Networking, Interaktion, Personalisierungsbedarf sowie neue Wertschöpfungspotenziale entsprechend nutzen zu können. Eine deutliche Vorteilspositionierung wird in der Wirkungs- oder Reichweitenmessung gesehen sowie in guten Potenzialdimensionen, die durch den hohen Informations- und Partizipationsgrad der Nutzer begründet werden. Eine eindeutige oder zweckmäßige Systematisierung des Social-Media-Marketings bzw. seiner Erscheinungsformen existiert gegenwärtig noch nicht, vielmehr werden Merkmale zur Kategorisierung entsprechender Instrumente unter dem Aspekt von geringer oder hoher Interaktion, geringer oder hoher Individualität sowie geringem oder hohem öffentlichen Zugang vorgenommen. Die *Einschätzungen tatsächlicher Erfolgsfaktoren* von Social Media reichen von kritischen Statements, wie einer eingeschränkten Kontrollierbarkeit, einem schnellen Verbreitungsrisiko oder einer Botschaftsverwässerung. Gefordert wird daher häufig eine umfassende kollektive Partizipation, um Kundenzufriedenheit, Reputation und Imageprofile von Unternehmen oder Produkten auch glaubwürdig nachweisen zu können. Gleichzeitig wird der Ruf nach einer Etablierung von Sicherheiten durch umfassende rechtliche Regelungen lauter, verbunden mit einer stärkeren Entanonymisierung der Netzkommunikation in Bewertungsszenarien. Uneingeschränkte Bedeutung verzeichnet die Social-Media-Kommunikation hingegen bei direkten Dialogen, bei schneller, umfassender Informationsverbreitung (Virales Marketing) sowie der Möglichkeit aktiven und passiven Informationsaustausch effizient und effektiv betreiben zu können. (Bruhn/Hadwich 2013, 6 ff.; Bruhn 2014, 1060 ff.)

## 1.6 Aufgaben und Literaturhinweise

### 1.6.1 Aufgaben

Nachfolgend werden einige **Bearbeitungshinweise** zum Erstellen einer umfassenden Lösungsstruktur der Aufgaben gegeben:

- Zunächst sollten die einzelnen Aufgaben aus einer *problemorientierten Sichtweise* heraus, quasi als *Problem-Lösungs-Ansatz* bearbeitet werden.
- Zweckmäßig ist es, eine *perspektivische Vielfalt* aufzuzeigen, d. h. unterschiedliche Konzepte, Entwürfe, Optionen zur Lösung der Problemstellung heranzuziehen.
- Schließlich sollte ergänzend die *Dynamik der Entwicklung* von Lösungsansätzen berücksichtigt, d. h. die Bedeutung traditioneller, gegenwärtiger und zukünftiger Konzepte aufgezeigt werden.

**Aufgaben**

- **[1]** Welche wesentlichen Vorstellungen über Marketing entnehmen Sie den Marketingdefinitionen und -paradigmen? Geben Sie typische Beispiele dafür aus der Praxis.
- **[2]** Welche Bedeutung haben Mission-Vision-Vorgaben im Marketing? Erläutern Sie kurz den Unterschied von quantitativen und qualitativen Zielen sowie mögliche Zielbeziehungen mit Skizzen und Beispielen.
- **[3]** Vergleichen Sie Grundgedanken, Produktstruktur und Anwendungsmodalitäten von B2C- und B2B-Marketing.
- **[4]** Erläutern Sie wesentliche Merkmale des Dienstleistungsmarketings, Eigenschaften und Dimensionen von Dienstleistungen sowie Aspekte eines entsprechenden Qualitätsmanagements und Verfahren seiner Sicherung.
- **[5]** Welche Besonderheiten zeichnen ein explizit internationales Marketing aus? Benennen Sie wesentliche Merkmale von Green Marketing und Non-Profit-Marketing.

Aufgaben zu Kapitel 1

- Ergänzend kann außerdem eine auf die *Märkte*, auf *Unternehmen* oder auf *Kunden* fokussierte Dimension herausgestellt werden.

Stichworte zu konkreten Lösungshinweisen für die Aufgaben von Kapitel 1 finden Sie auf Seite 277 f.

## 1.6.2 Literaturhinweise

Die nachfolgenden Titel stellen Basisquellen zur thematischen Breite des 1. Kapitels dar, gleichzeitig können die folgenden Lehrwerke und Literaturangaben ergänzend als relevante Verweise zur vertiefenden Nachbereitung der Inhalte des vorangegangenen Kapitels herangezogen werden:


- *Backhaus, Klaus/Voeth, Markus (2010a):* Industriegütermarketing, 9., überarbeitete Auflage, München 2010
- *Becker, Jochen (2013):* Marketing-Konzeption. Grundlagen des zielstrategischen und operativen Marketing-Managements, 10., überarbeitete und erweiterte Auflage, München 2013
- *Bruhn, Manfred (2015):* Relationship Marketing. Das Management von Kundenbeziehungen, 4., überarbeitete Auflage, München 2015
- *Ceyp, Michael/Scupin, Juhn-Petter (2013):* Erfolgreiches Social Media Marketing. Konzepte, Maßnahmen und Praxisbeispiele, Wiesbaden 2013
- *Esch, Franz-Rudolf/Herrmann, Andreas/Sattler, Henrik (2013):* Marketing. Eine managementorientierte Einführung, 4., überarbeitete Auflage, München 2013
- *Homburg, Christian (2015):* Marketingmanagement. Strategie – Instrumente – Umsetzung – Unternehmensführung, 5., überarbeitete und erweiterte Auflage, Wiesbaden 2012

- *Kreutzer, Ralf T. (2013):* Praxisorientiertes Marketing. Grundlagen – Instrumente – Fallbeispiele, 4., vollständig überarbeitete und erweiterte Auflage, Wiesbaden 2013
- *Olbrich, Rainer/Schultz, Carsten D./Holsing, Christian (2015):* Electronic Commerce und Online-Marketing. Ein einführendes Lehr- und Übungsbuch, Berlin u. a. 2015
- *Meffert, Heribert/Bruhn, Manfred/Hadwich, Karsten (2015a):* Dienstleistungsmarketing. Grundlagen – Konzepte – Methoden, 8., vollständig überarbeitete und erweiterte Auflage, Wiesbaden 2015
- *Meffert, Heribert/Burmann, Christoph/Kirchgeorg, Manfred (2015b):* Marketing. Grundlagen marktorientierter Unternehmensführung. Konzepte – Instrumente – Praxisbeispiele, 12., überarbeitete und aktualisierte Auflage, Wiesbaden 2015
- *Wirtz, Bernd W. (2013a):* Electronic Business, 4., aktualisierte und überarbeitete Auflage, Wiesbaden 2013
- *Zentes, Joachim/Swoboda, Bernhard/Schramm-Klein, Hanna (2013):* Internationales Marketing, 3., überarbeitete Auflage, München 2013


### 1.6.3 Creative Case Choice I

Mit dem ersten *Creative Case Choice I* zum Thema **Dynamik und Dimensionen** des Marketings sollen die im 1. Kapitel behandelten Themen *exemplarisch* an einem selbst gewählten *Fallbeispiel* veranschaulicht werden. Ausgewählt werden sollte im Idealfall **ein** Unternehmen, **eine** Organisation, etc., die dann stellvertretend in allen Creative Case Choices der nachfolgenden Kapitel aus der jeweiligen thematischen Perspektive des einzelnen Kapitels beleuchtet werden.

Favorisierte Auswahl eines Unternehmens/Projekts nach folgenden Kriterien:

- Interesse an Produkten oder Positionen des Unternehmens, z.B.: IT-Unternehmen, Sportverband, Modefirma, etc.
- Auswahl der Informations- und Datenquellen über das Unternehmen/Projekt, z.B.: Website, Broschüren, interne Quellen, etc.
- Sammeln von Kurzinformationen über:
  1. Mission/Vision-Konzept
  2. Kurzprofil der 4Ps oder 3Rs mit 3E-Drive-Komponenten
  3. Einordnung in einen Evolutionsbereich des Marketings
  4. Identifizierung von Marketingkonzepten, Grundorientierungen, Basisprodukten, etc.
  5. Identifizierung von Branchen- und Marktstrukturen, Zielgruppen, Entwicklungstrends, etc.

Abbildung 1.30: Creative Case Chart I

Mit der erfolgreichen Erstellung des Creative Case Choice I soll durch **ein** selbst gewähltes Fallbeispiel die Möglichkeit gegeben werden, für alle, in den nachfolgenden Kapiteln behandelten Themen bereichsspezifische Problemlagen und Lösungsszenarien quasi auf **eine** Plattform (ausgewählter Fall) zu projizieren. Aus **Creative Case Chart I** können die für die Bearbeitung erforderlichen Aspekte entnommen werden:

Über die Profilierung eines exemplarischen Falls wird einerseits – *in ganzheitlicher Absicht* – ein systemisch-übergreifendes Denken initiiert, andererseits entsteht damit ein aktueller *Praxisbezug*, der Dynamik und Dimensionen des Marketings bereichsübergreifend veranschaulicht.

# 2. Strategisches Marketingmanagement

## 2.1 Struktur und Lernziele des Kapitels

### 2.1.1 Gestaltungsdimensionen des Marketings

Mit der strategischen Gestaltungsdimension des Marketingmanagements werden Elemente einer *Strategiebildung* und *Strategiekonzepte* auf den Plan gerufen, die für eine grundsätzliche Orientierung und Positionierung von Marketingaktivitäten in Unternehmen herangezogen werden. Die Entwicklung und eine Ausrichtung von *Marketingstrategien* basiert dabei auf allgemeinen Unternehmenszielen und den Erfordernissen aus der Umwelt des entsprechenden Unternehmens. Eine konkrete *Strategieentwicklung* beginnt mit der Analyse und Planung in der strategischen Ausgangssituation sowie einer ersten Sondierung von Instrumenten des strategischen Marketings, die optional herangezogen werden sollen. Die daraufhin ausgewählten Einzelstrategien dienen der Sicherung des langfristigen Unternehmenserfolgs.

Struktur von Kapitel 2

Mit der **Strategiebildung** wird im Rahmen des strategischen Marketingmanagements zunächst ein Prozess aufgesetzt, der, beginnend mit der Analyse der strategischen Ausgangssituation, über Markt- und Unternehmensanalysen in eine Positionierung von strategischen Geschäftseinheiten mündet. Differenziert werden hier zukünftige strategische und teilweise taktische Handlungsausrichtungen konzipiert und für eine entsprechende Umsetzung vorbereitet.

Als **Strategiekonzepte** werden ausgewählte und profilierte Optionen für Marketingstrategien bezeichnet, die für eine entsprechende Marktbearbeitung erforderlich sind und von Unternehmen dann für einzelne Märkte angepasst werden. Das koordinierte Zusammenspiel unterschiedlichster Strategieansätze wird explizit über eine Optimierungsgestaltung im strategischen Marketing geleistet.

## 2.1.2 Lernziele und Berufsperspektiven

Im Rahmen der Lernziele dieses Kapitels sollen sowohl ein grundlegender Über**blick** über die strategischen Gestaltungspotenziale des Marketingmanagements ermöglicht als auch die **Fähigkeit** erworben werden, den Prozess der Strategiebildung zu verstehen sowie unterschiedliche konzeptionelle Ausrichtungen des strategischen Marketings anwenden zu können. Folgende Lernziele stehen dabei im Vordergrund:

**Lernziele**

- **Strategisches Marketing** als umfassende Gestaltungsaufgabe **verstehen** sowie einzelne **Schritte zur Entwicklung** von Marketingstrategien **kennen**
- **Analyse und Planung** der strategischen Ausgangssituation **reflektieren** und die Entwicklung von **Marketingstrategien vorbereiten** können
- Wesentliche **Instrumente** des strategischen Marketings **kennen**, für spezifische Marktsituationen **auswählen und** exemplarisch **erarbeiten können**
- Konzeptionelle **Marketingstrategien** und Optionen zu ihrer Auswahl **unterscheiden** und festlegen **können**
- **Markt**feld-, Marktstimulierungs-, Marktparzellierungs- und Marktareal**strategien** kennen und **anwenden können**
- **Marktsegmentierungsmodelle** verstehen und **anwenden können**
- **Optimierungsgestaltung** bei Strategien **kennen**

Lernziele von Kapitel 2

Um einen Eindruck von bestimmten Handlungsfeldern der beruflichen Praxis zu geben, sollen im Folgenden exemplarische **Tätigkeitsprofile**, die mit der Anwendung von Kenntnissen aus dem strategischen Marketingmanagement in Verbindung stehen, dargestellt werden. Tendenziell sind für berufliche Tätigkeiten im Bereich des strategischen Marketings **generalistische Kompetenzprofile** von Vorteil, die sowohl die *allgemeine Markt- und Unternehmensentwicklung* anvisieren als auch die grundlegenden Zielperspektiven *einzelner Funktionsbereiche* von Unternehmen abbilden. Folgende Tätigkeitsbereiche lassen sich hierüber benennen:

- *Strategische Marketingberatung* umfasst Aufgaben der Analyse, Planung und Implementierung von Marketingstrategien, basierend auf umfassenden

Markt-, Unternehmens- und Zielgruppenanalysen sowie eine differenzierte Umsetzung entsprechender Strategieoptionen, einschließlich relevanter Organisations- und Controllingaufgaben.

- *Marketingkonzeption und -entwicklung* stellt einen umfassenden, generalistisch ausgerichteten Tätigkeitsbereich dar, der mit der Konfiguration von Zieldimensionen beginnt, diese in Strategien umsetzt und entsprechende Auswirkungen auf den Marketing-Mix analysiert, plant und korrespondierende Budgets festlegt sowie Marktpositionierungsanalysen für Unternehmen und Produkte fixiert.
- *Management Marketingplanung* umfasst ein Tätigkeitsfeld, das eine systematische Markt- und Wettbewerbsbeobachtung mit der Analyse geeigneter Markt- und Marketingaktivitäten verbindet und unter Berücksichtigung von quantitativen Szenarienanalysen und dem Einsatz von Controllinginstrumenten entsprechende Strategiekonzepte ausarbeitet.

Die oben aufgeführten Tätigkeitsfelder lassen sich gleichermaßen in Unternehmen verschiedener Branchen und deren eigenständiger Marketingabteilungen finden als auch in Agenturen sowie in privaten und öffentlichen Organisationen.

**Literaturhinweise:** Zur Vorbereitung auf die Inhalte des 2. Kapitels können ergänzend folgende Lehrwerke und Internetseiten als relevante Quellen herangezogen werden:

*Becker (2013)*, 2. Teil: Konzeptionsebene der Marketingstrategien

*Fischer/Pfeffel (2014)*, Kapitel 1: Zur Notwendigkeit systematischer Unternehmensführung

www.bdu.de, Bundesverband Deutscher Unternehmensberater e.V. (BDU)

www.kontakter.de, Plattform für (inter-)nationale Nachrichten und Trends

## 2.2 Ziele und Planung im strategischen Marketing

### 2.2.1 Gestaltungsintentionen durch Marketingstrategien

Die **Generierung von Marketingstrategien** stellt den ersten grundlegenden Schritt für die Entwicklung von Marketingaktivitäten dar. Es handelt sich hierbei um eine *langfristige Perspektive*, die, beginnend mit einer systematischen Analyse von Markt und Unternehmen, in Form einer Bildung von Marktabgrenzungskriterien, einer Analyse der Unternehmenssituation, schließlich der Positionierung und Profilierung von strategischen Geschäftseinheiten sowie der Festlegung eines Plans zur Umsetzung der entsprechenden Vorgehensweisen, also insgesamt ein *konzeptionelles Prozessmanagement* erfordert. Zum Ausgangspunkt für die Profilierung von Marketingstrategien wird damit eine genaue Analyse der Ist-Situation erforderlich. Aufgrund der Tatsache, dass es sich bei Strategien um *grundlegende Steuerungsmechanismen* handelt, bleibt es bedeutsam, dass Marketingstrategien trotz oder gerade wegen ihrer Langzeitorientierung

*'Issues'* aufgreifen, mitunter 'Bauchentscheidungen' abwägen und damit potenzialorientiert, flexibel und auch kreativ gehalten werden. (Gigerenzer 2008, 49 ff.; Bergmann/Bungert 2012, 55 ff., 77 ff.; Becker 2013, 140 ff./Abbildung 2.1)

**Marketingstrategien** sind Instrumente zur Erreichung von marketingspezifischen Unternehmenszielen. In der Regel werden *inhaltliche Fragen* von Strategien, wie z. B. die konkrete Ausgestaltung der strategischen Vorgehensweise, etc., unterschieden und von tendenziell *verfahrensbezogenen Fragen* oder marketingstrategischen Instrumenten, wie z. B. Portfolioanalysen, Benchmarking, etc., abgegrenzt. Strategien legen demnach den Handlungsrahmen fest, der sicherstellt, dass die eingesetzten Instrumente zu zweck- und zielorientiertem Handeln führen. Strategien besitzen insofern auch Lenkungsleistung, als sie zukunftsgerichtet und potenzialorientiert eingesetzt werden. Sie kanalisieren unternehmerische Entscheidungen und den Mitteleinsatz (Budgetplanung) im Hinblick auf eine bestimmte Handlungsrichtung und Handlungsfolge. Während **Strategien** selbst als Grundsatzregelungen eher *strukturbestimmend* sind, bezeichnet man mit **Taktiken** teils operative Handlungen, also laufende Dispositionen, die tendenziell *ablaufbestimmenden* Charakter besitzen. Strategien orientieren sich in der Ausrichtung am Effektivitätskriterium, als Maß für die Zielerreichung (Wirksamkeit bzw. Output) im Verhältnis zum definierten Ziel ('die richtigen Dinge tun'), während über Taktiken das Effizienzkriterium, als Maß für die Wirtschaftlichkeit (Kosten-Nutzen-Relation) angesprochen wird ('die Dinge richtig tun'). (Becker 2013, 143; Oehlrich 2013, 7)

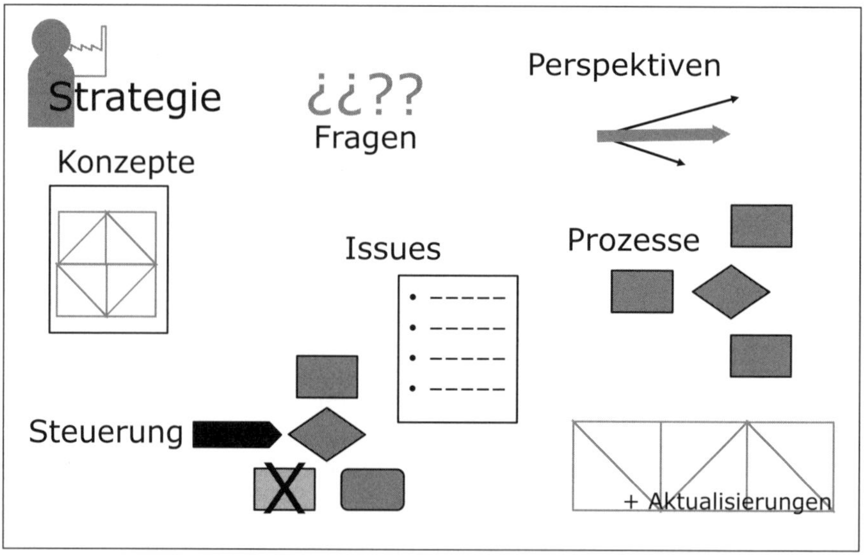


Abbildung 2.1: Aspekte der Gestaltungsintention von Marketingstrategien

Im Vorfeld der Bestimmung von Marketingstrategien werden oftmals **Konzepte** entwickelt, die bereits konkrete Überlegungen über das Profil und die Ausführungen von Marketingaktivitäten beinhalten. Häufig handelt es sich hierbei um einen schlüssigen und praktikablen *Handlungsplan*, der sich an den gewünschten Zielen orientiert und bereits geeignete Routen vorgibt, die dann als Strategien konkretisiert werden. Die dazugehörigen Instrumente dienen dabei der denkmöglichen Umsetzung dieser Konzepte unter Berücksichtigung des Marketingbudgets in Höhe und Verteilung. Ein allgemeines *Leitkonzept*, in dem konkrete Analysevorhaben und (erste) Planungsschritte verankert bzw. abgebildet werden, nennt man in der Praxis häufig *House of Strategy*.

### 2.2.2 Analyse und Planung in der strategischen Ausgangssituation

Analyse und Planung im strategischen Marketing erfolgen zunächst über eine systematische *Erforschung der Marktbedingungen* für den Absatz von Produkten, die in der Regel einen Gesamtmarkt mit aktuellen und potenziellen Konsumenten oder Abnehmern über verschiedene Marktsegmente in Teilmärkte zerlegt. Eine **differenzierte Marktanalyse** fokussiert hierbei zunächst Nachfrage bzw. Kunden im Markt, schließlich relevante Mitbewerber und allgemeine Marktcharakteristika, wie z. B. aktuelles und potenzielles Marktwachstum, etc. Dabei lassen sich *Kriterien für die Marktsegmentierung* einteilen nach verhaltensorientierten Kriterien, wie z. B. Preisverhalten, Mediennutzung, Einkaufstättenwahl, Produktwahl, etc., nach psychografischen Kriterien, wie z. B. Persönlichkeitsmerkmale von Konsumenten, Einstellungen, Motivation, Werte, etc., nach soziodemografischen Kriterien, wie z. B. Alter, Geschlecht, Familienstand, etc. und sozioökonomischen Merkmalen, wie z. B. Bildung, Beruf, Einkommen, etc. sowie nach geografischen Kriterien, wie z. B. makrogeografische Merkmale in Form von Bund, Ländern, Gemeinden und mikrogeografische Merkmale in Form von Stadtteilen, Wohngebieten, Straßenzügen, etc. (Benkenstein/Uhrich 2009, 25 ff.)

In Zusammenhang mit der strategischen **Unternehmensanalyse** werden verschiedene Bezugsebenen berücksichtigt. Zunächst wird auf der *Unternehmensebene* selbst – abgeleitet aus bestehenden Zielsetzungen – eine allgemeine Unternehmensstrategie profiliert. Praktikable Umsetzungen, die daraus wettbewerbsfähig konzipiert werden, bezeichnet man auf der *Geschäftsfeldebene* als Geschäftsfeldstrategien. Die in organisierten Geschäftseinheiten dargestellten, strategischen Geschäftsfelder (SGF) des Unternehmens stellen Planungseinheiten dar, die den Außenbezug von Produkten (Produkt-Markt-Kombination) abbilden und mit spezifischen Kompetenzen des Unternehmens ausgestattet sind. Schließlich wird auf der *Funktionsebene* das strategische Vorhaben in Einzelbereichen des Unternehmens zur konkreten Ausführung und Umsetzung mit Marketinginstrumenten versehen. Im Rahmen der Unternehmensanalyse kann unter Bezug zur Wertschöpfungskette die Identifizierung von Ressourcen und Kernkompetenzen genutzt werden oder das Konzept des Benchmarkings mit systematischen Vergleichen zwischen Unternehmen und Geschäftseinheiten eingesetzt werden. Herausragende Vergleichseinheiten werden hier als Best Practices bezeichnet. (Homburg 2015, 430 ff.)

Mit der Bildung von strategischen Geschäftseinheiten erfolgt ein entsprechendes Organisationsmanagement in Unternehmen zur Abgrenzung relevanter, zu bearbeitender Märkte. Eine **strategische Geschäftseinheit (SGE)** profiliert damit den abgrenzbaren Tätigkeitsbereich eines Unternehmens mit jeweils eigenständig zu erfüllenden Aufgaben, der je nach Ausrichtung produkt-, regionen- bzw. kundenbezogen oder mit einer anderen, für den Unternehmenserfolg wichtigen Bündelung von Aufgaben ausgestattet ist. Innerhalb von strategischen Geschäftseinheiten werden dann meist ergänzend eigene Ausprägungen der strategischen Marketingplanung mit dem notwendigen organisatorischen, personellen und finanziellen Ausstattungspotenzial erforderlich. (Oehlrich 2013, 49)

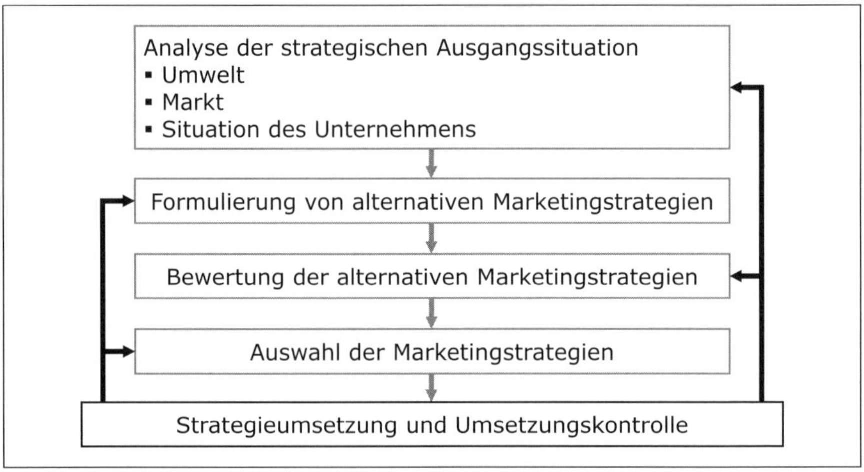


Abbildung 2.2: Strategieentwicklungsprozess

Im Rahmen einer strategischen Perspektive des Marketings lässt sich dieser **Prozess** der Entwicklung von Marketingstrategien wie folgt darstellen (Bruhn 2014a, 53 f.; Homburg 2015, 457 ff./Abbildung 2.2):

(1) Mit der **Analyse der strategischen Ausgangssituation** wird zunächst die (globale) *Umwelt* eines Unternehmens in Form von wirtschaftlichen, kulturellen, rechtlichen und politischen Rahmenbedingungen erfasst, ergänzend *Märkte,* in denen das Unternehmen tätig ist oder sein will, z. B. in Form von Veränderungen des Kunden- bzw. Wettbewerbsverhaltens, schließlich die *Situation des Unternehmens* selbst, wie z. B. die Entwicklung von Image, Bekanntheitsgrad, Produkte, etc.

(2) Im Rahmen der **Strategieformulierung** werden alternative Marketingstrategien ausgewählt oder entwickelt, die sich z. B. auf Aspekte von Zielen oder Zielgruppen, einen angestrebten Kundennutzen, die grundsätzliche Gestaltung des Marketing-Mix beziehen sowie Innovationsorientierung, Wettbewerbs- oder Kooperationsverhalten, etc. beinhalten.

Grundsätzlich gibt es zwei verschiedene **Gruppen von Lösungsansätzen** zur Bewältigung einer integrierten Planung im Marketing:

(1) *Analytische Planungsmethoden* sind durch eindeutige Lösungsvorschriften, sogenannte Optimierungsalgorithmen, gekennzeichnet. Problemstrukturen und Zielsetzungen müssen nummerisch erfassbar und damit quantifizierbar sein. Formal lassen sich dann optimale Marketing-Mix-Kombinationen mit *Marginalanalyse* (Differenzialrechnung) oder mit *Verfahren der mathematischen Programmierung* (LP) realisieren.

(2) *Heuristische Planungsmethoden* zerlegen Frage- und Problemstellungen des Marketing-Mix in eine Reihe von Teilproblemen und generieren über systematische, problemvereinfachende Prinzipien (Heuristiken/Findeverfahren) eine Lösung. Hierdurch erfolgt eine *Reduktion der Problemkomplexität,* in Analogie zum systemischen Denken in der Unternehmensführung.

Der idealtypische **Prozess der Planung** setzt sich dann zusammen aus 4 Phasen: *(a) Analysephase:* Marketingsituationsanalyse, *(b) Planungsphase:* Festlegung der Marktsegmente und Marketingziele, Formulierung der Marketingstrategie, Bestimmung des Marketingbudgets, Festlegung der Marketingmaßnahmen, *(c) Umsetzungsphase:* Umsetzung bzw. Implementierung der Marketingmaßnahmen, *(d) Kontrollphase:* Kontrolle bzw. Korrektur der Marketingergebnisse. **Planungskriterien**, verstanden als konkrete Vorgehensweisen bei der Vorwegnahme zukünftiger Handlungen, orientieren sich darüber hinaus an den Grundsätzen von Zweckmäßigkeit, Vollständigkeit, Kontinuität, Flexibilität, Machbarkeit, etc. (Oehlrich 2013, 120 ff.)

## 2.3 Analyse- und Planungsinstrumente im strategischen Marketing

### 2.3.1 Instrumente deskriptiver strategischer Situationsanalyse

Die im Folgenden dargestellten **Instrumente zur Analyse und Planung** von langfristigen Marketingaktivitäten dienen der *Identifizierung von strategischen Erfolgsfaktoren.* Eine eindeutige Zuordnung von Methoden zu Analyse- und Planungsverfahren soll hier nicht erfolgen, da sich beide Bereiche teilweise ergänzen bzw. überschneiden. Zur konkreten *Umsetzung der Planungsvorhaben* werden Planungseinheiten gebildet, die sich inputorientiert oder kostenstellenbezogen, z. B. als Vertriebsbereich, Ressort, Sparte, etc. darstellen und outputorientiert oder kostenträgerbezogen, z. B. als Artikel, Produktgruppe, Marktsegment, etc. ausweisen lassen. Folgende drei **Analyse- und Planungsinstrumente** werden unter den Gesichtspunkten einer (tendenziellen) Betrachtung der IST-Situation vorgestellt: (1) Der lange Zeit als bekanntestes Konzept der Erfolgsfaktorenforschung geltende *PIMS-Ansatz* weist branchenübergreifend Einflussfaktoren des Geschäftserfolgs aus. (2) Mit der *SWOT-Analyse* als einem integrierenden Ansatz werden unternehmensexterne (Chancen und Risiken) und unternehmensinterne (Stärken und Schwächen) Faktoren gegenübergestellt. Schließlich werden (3) mit der *PESTLE-Analyse* spezifische Umweltfaktoren des Unternehmens analysiert und interpretiert. (Homburg 2015, 437 ff.)

Der **PIMS-Ansatz** (**P**rofit **I**mpact of **M**arket **S**trategies) basiert im Wesentlichen auf der Idee der Gewinnung von branchenübergreifenden Aussagen über Einflussfaktoren auf den Geschäftserfolg in strategischen Geschäftseinheiten. Ziel ist es, durch Anwendung quantitativer Methoden (empirischer Ansatz), die für den strategischen Erfolg entscheidenden Bestimmungsgrößen zu identifizieren.

Die *empirische Basis* des PIMS-Ansatzes bezieht sich im Wesentlichen auf folgende Bereiche und wurde auf Korrelationen zu ROI (Return on Investment), ROS (Return on Sale) als Erfolgsmaße untersucht: (a) *Merkmale des geschäftlichen Umfelds/Marktstruktur,* wie z. B. lang- oder kurzfristiges Marktwachstum, Preisentwicklung, Anzahl, Größe und Kaufverhalten der Kunden, etc., (b) *Wettbewerbspositionen der strategischen Geschäftseinheit,* wie z. B. Marktanteil in Relation zu den drei stärksten Mitbewerbern, relative Produktqualität, etc., (c) *Merkmale der Leistungserstellung,* wie z. B. Investitionsintensität, Ausmaß vertikaler Integration, Kapazitätsauslastung, etc., (d) *Budgetaufteilung,* wie z. B. Budget für Werbung, Verkaufsförderung, persönlichen Verkauf, etc., (e) *Strategie der strategischen Geschäftseinheit,* wie z. B. Änderung bei Variablen, wie relativer Preis und Marktaufwendungen, etc. Die PIMS-Studie postuliert insbesondere auch einen korrelativen Zusammenhang zwischen ROI und relativem Marktanteil (positive Korrelation in Verbindung mit anderen Variablen, wie z. B. Managementkompetenz, Unternehmenskultur/Image, diverse Prozesseffizienzen), Produktqualität (positive Korrelation) und Investitionsintensität (negative Korrelation). (Homburg 2015, 438 ff.)

*Kritisch* wird gegen die PIMS-Studie vorgebracht, dass die Datengrundlage subjektive Bewertungen, eine kurzfristige Betrachtung oder mangelnde Repräsentation besitze, bezüglich der Untersuchungsmethodik wird eingewandt, dass kausale Beziehungen nicht eindeutig gelten könnten (Existenz von Scheinkorrelationen), Interdependenzen zwischen einzelnen Variablen bestünden u. a., hinsichtlich der Strategieempfehlungen erfolge eine einseitige Orientierung am ROI als Erfolgsgröße, außerdem sei keine Berücksichtigung branchenspezifischer Besonderheiten gegeben. (Homburg 2015, 440 f.)

Die **SWOT-Analyse** (**S**trength-**W**eakness-**O**pportunities-**T**hreats-Analysis) stellt ein strategisches Planungs- bzw. Analyseinstrument des Marketings dar, die im Ergebnis auf einer ganzheitlichen und regelmäßigen Untersuchung der internen, beeinflussbaren (Stärken/Schwächen) und externen, nicht direkt beeinflussbaren (Chancen/Risiken) Bestimmungsfaktoren eines Unternehmens basiert. Ziel einer SWOT-Analyse ist es demnach, relativ einfach und flexibel Chancen und Risiken aus dem unternehmensexternen Umfeld und Stärken und Schwächen als besondere Eigenschaften des Unternehmens systematisch aufzuzeigen und kombinierte Szenarien dieser vier Optionen zu analysieren, um damit relevante (kritische) Handlungsfelder besser identifizieren zu können. Dabei lassen sich sowohl qualitative als auch quantitative Faktoren berücksichtigen und die Ausgestaltung im Einzelnen sowohl vom Inhalt, vom

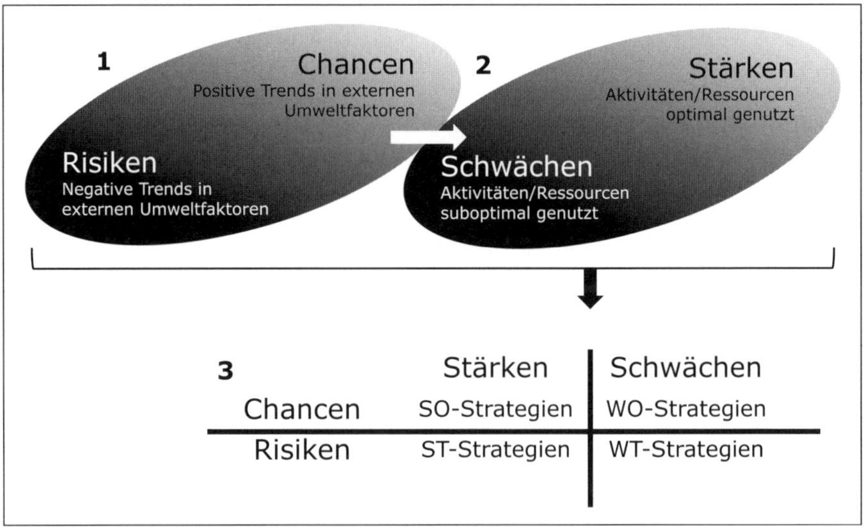


Abbildung 2.3: Struktur einer SWOT-Analyse

Detaillierungsgrad oder von der Form her unterschiedlich handhaben. Es werden dabei drei Analyseschritte unterschieden (Benkenstein/Uhrich 2009, 42 ff./Abbildung 2.3):

(1) *Ermittlung des Chancen-Risiken-Szenarios:* Mit der Erstellung eines Chancen- bzw. Risikoprofils werden Einflussfaktoren der externen Unternehmensumwelt zunächst über Chancen, wie z. B. wirtschaftliches Umfeld, demografische Veränderungen, Markttrends, neue Technologien, etc. als günstige Rahmenbedingungen erfasst. Diesen sind dann Risiken, wie z. B. Konkurrenzaktivitäten, restriktive Gesetzgebung, Kostenfaktoren, etc. gegenüber zu stellen.

(2) *Ermittlung des Stärken-Schwächen-Szenarios:* Mit der Erstellung eines Stärken-Schwächen-Profils werden Einflussfaktoren aus der internen Unternehmenssituation zunächst als Stärken, wie z. B. Kernkompetenzpotenzial, Mitarbeiterqualifikation, Imageprofil, etc. im Sinne von herausragend positiven Merkmalen des Unternehmens erfasst. Diese sind gegen die Schwächen, wie z. B. unflexible Organisationsstruktur, mangelnde Erfahrung in Einzelbereichen, geringes Kompetenznetzwerk, etc. zu positionieren.

(3) *Ermittlung einer Verknüpfungsmatrix zwischen unternehmensexternen und unternehmensinternen Einflussfaktoren* mit vier Ausprägungen: ST-Situationen (Strenghts-Threats-Situationen) erfordern den Einsatz von Stärken zur Abwehr von Risiken. SO-Situationen (Strenghts-Opportunities-Situationen) verlangen den Einsatz von Stärken zur Nutzung von Chancen. WT-Situationen (Weaknesses-Threats-Situationen) empfehlen den Abbau von Schwächen zur Vermeidung von Risiken, schließlich WO-Situationen (Weaknesses-Opportunities-Situationen) erfordern den Abbau von Schwächen zur Nutzung von Chancen.

*Kritisch* bleibt für die Anwendung jeglicher Art von SWOT-Analyse anzumerken, dass diese ohne Verwendung weiterer Begründungselemente, Wirkungsanalysen oder einer entsprechenden Datenbasis bisweilen zu sehr von der subjektiven Einschätzung der sie anwendenden Personen abhängt und im Einzelfall eventuell ein Überschuss an optimistischer oder pessimistischer Einschätzung zu verzerrten Wahrnehmungsstrukturen führen kann. (Benkenstein/Uhrich 2009, 42 ff.; Oehlrich 2013, 102 ff.)

Die sogenannte **PESTLE-Analyse** (**p**olitical, **e**conomical, **s**ocio-cultural, **t**echnological, **l**egal, **e**nvironmental analysis) dient zur Identifizierung und Interpretation von relevanten Merkmalen aus einem größeren (globalen) Kontext des Unternehmensumfelds. Unter Einbezug von Entwicklungen und Trends, wie z. B. aus Gesellschaft, Stakeholder-Szenario, etc., werden sechs charakteristische Umweltbereiche analysiert und prognostiziert:

(1) Im politischen Umfeld/*political factors* werden Faktoren, wie z. B. Parteieinflüsse, Regierungsperioden, politische Stabilität, etc., berücksichtigt; (2) Im ökonomischen Umfeld/*economical factors* finden sich allgemeine wirtschaftliche Größen, wie z. B. Preise, Inflationsraten, Kostenniveaus, etc.; (3) Im soziokulturellen Umfeld/*socio-cultural factors* stehen Aspekte, wie z. B. demografische, mentalitäts- oder wertebezogene Entwicklungen und Trends, etc., im Fokus; (4) Im technologischen Umfeld/*technological factors* werden Tendenzen, wie z. B. aktuelle, innovative oder potenzielle Technologie- und Produktentwicklungen, etc., abgebildet; (5) Im rechtlichen Umfeld/*legal factors* kommen Tatbestände, wie z. B. Gesetzgebung, Gesetzesinitiativen, Rechtssicherheit, etc., zum Tragen; (6) Im ökologischen Umfeld/*environmental factors* werden Sachverhalte, wie z. B. Entwicklungen und Trends der natürlichen Umwelt, etc., erfasst. (Müller-Stewens/Lechner 2011, 188/Abbildung 2.4)

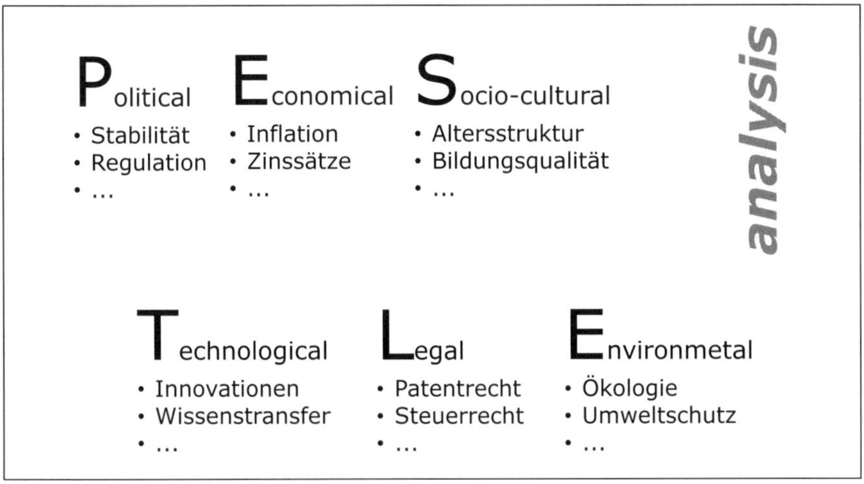


Abbildung 2.4: Segmente der PESTLE-Analyse

Insbesondere vor dem Hintergrund globaler Markt- und Produktentwicklungen ermöglicht der PESTLE-Ansatz die Analyse und Planung wichtiger Ausgangskriterien zur Strategiebildung für nationale und internationale Marketingaktivitäten.

### 2.3.2 Instrumente konzeptioneller Strategieanalyse

Die **Instrumente einer konzeptionellen Strategieanalyse** zeichnen sich dadurch aus, dass sie, stärker als die oben ausgeführten Analyse- und Planungsinstrumente der Ist-Situation, normierenden Charakter besitzen, d. h. als Resultat bzw. infolge von vorangegangenen Analysen eingesetzt werden. Teilweise implizieren sie bereits bestimmte Entwicklungen, die im Einzelfall mit entsprechend empirisch erhobenem Datenmaterial unterlegt werden müssen. Zwei **Instrumente** werden stellvertretend hierfür erläutert: (1) Das *Erfahrungskurvenmodell* mit dem (rückläufige) Kostenentwicklungen von Produkten im Zeitablauf dargestellt werden, die aufgrund von Unternehmenserfahrungswerten und Lerneffekten erzeugt wurden. (2) Das *Marktwachstums-Marktanteils-Portfolio,* das auch als BCG-Matrix (Boston Consulting Group) bekannt ist, stellt den Ausgangspunkt für die Entwicklung von normierenden Portfoliomodellen dar. Marktpositionen von Unternehmen und selektive Investitionsstrategien werden darin anhand ihres relativen Marktanteils im Verhältnis zum größten Mitbewerber bewertet.

Das **Erfahrungskurvenmodell** orientiert sich an den *Kostenentwicklungen* von Produkten im Zeitablauf und postuliert einen Rückgang der Kosten in Abhängigkeit von kumulierter Erfahrung (experience curve effect). Berücksichtigt werden dabei alle einem Produkt direkt zurechenbaren Kosten, die im unternehmensinternen Prozess der Wertschöpfung anfallen. Das Erfahrungskurvenmodell liefert somit teilweise eine Erklärung für die höhere Profitabilität bei hohem Marktanteil: Unternehmen mit einem hohen Marktanteil haben, gemäß der Logik des Erfahrungskurvenmodells, tendenziell niedrigere Kosten als ihre Mitbewerber, was zu einer höheren Profitabilität beitragen kann. Als Gründe für *Kostensenkungspotenziale* werden im Wesentlichen Lerneffekte postuliert. Kritisch ist dabei anzumerken, dass Produkte über einen längeren Zeitraum genau abgegrenzt werden müssen, um Kostensenkungspotenziale eindeutig zurechnen zu können, da sich ansonsten die Gefahr fehlender Berücksichtigung von Erfahrungstransfers zwischen Produkten ergeben kann. (Homburg 2015, 441 ff.)

Eine limitierte und damit *kritische Perspektive* für das Erfahrungskurvenmodell ergibt sich teilweise ebenfalls dadurch, dass als einzige Einflussgröße auf den wirtschaftlichen Erfolg Kostenaspekte herangezogen werden. Die Bedeutung dieses Modells hängt ebenso von den Merkmalen des Marktumfelds ab, wie z. B. von Einflüssen des Preises, der Preissensitivität der Kunden, dem Marktwachstum, etc.

Als unterstützendes Konzept für die Formulierung von Produkt-Markt-Strategien stellt das **Marktwachstums-Marktanteils-Portfolio** der Boston Consulting

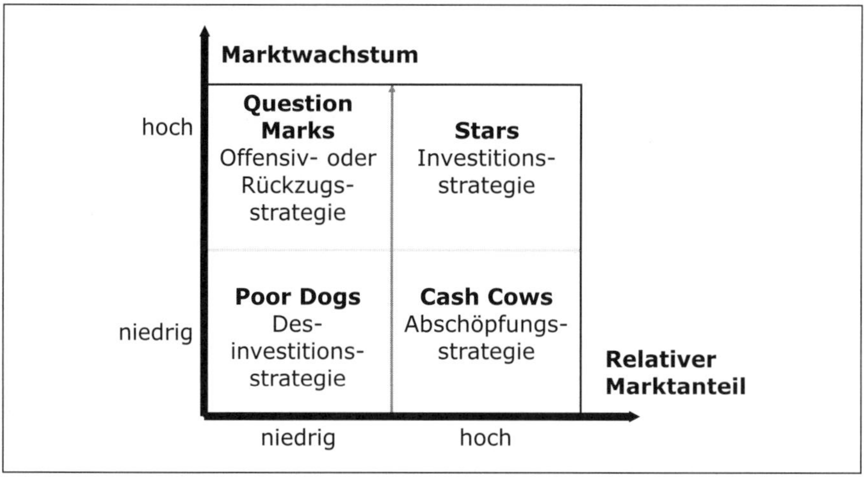


Abbildung 2.5: Marktwachstums-Marktanteils-Portfolio

Group **(BCG-Matrix)** den bedeutsamsten Ansatz unter den Portfoliomodellen dar. *Portfoliomodelle* versuchen die Entwicklung von Erträgen, Chancen und Risiken von Produkten, Produktgruppen oder Unternehmensbereichen unter speziellen Gesichtspunkten, wie z. B. Marktanteilen, Marktwachstum oder Wettbewerbsbedingungen, etc., transparent zu machen. Während unter historischen Bedingungen die optimal riskante Investitionsstrategie (Allokationsgedanke eines ausgewogenen Portfolios) tendenziell im Vordergrund stand, werden gegenwärtig in kritischer Ergänzung Kernkompetenzen von Unternehmen über Kundennutzen, Imitationsschutz und Reproduzierbarkeit favorisiert. Gegenstand des Marktwachstums-Marktanteils-Portfolios ist eine Sichtweise von Unternehmen als Portfolio strategischer Geschäftseinheiten (SGE), die jeweils die strategische Situation der darin positionierten Geschäftseinheiten beschreiben soll. Aus der Zuordnung von relativen Marktanteilen, als von Unternehmen direkt beeinflussbare Größen, zu Marktwachstum, als nicht unmittelbar beeinflussbarer Größe, lassen sich vier grundsätzliche Empfehlungen (Strategien) für die jeweiligen Geschäftseinheiten unter dynamischen Aspekten beschreiben (Bergmann/Bungert 2012, 172 ff.; Oehlrich 2013, 88 ff., 97 ff./Abbildung 2.5):

(1) *Stars/Sterne* (SGE mit hohem Marktanteil bei hohem Marktwachstum): Starprodukte sind sehr profitable Marktpositionen, die gehalten und ausgebaut werden sollten. Ressourcenzuwendung, Wachstumsstrategien, Neuproduktentwicklung und Neukundengewinnung zählen zu den bedeutsamsten Instrumenten in diesem Geschäftsfeld. Im Rahmen einer *Investitionsstrategie* sollten Sortimente ausgebaut und eine Preisführerschaft angestrebt werden.

(2) *Question Marks/Fragezeichen* (SGE mit niedrigem Marktanteil bei hohem Wachstum): Nachwuchsprodukte liegen in Geschäftseinheiten, die entweder durch Offensivstrategien ausgebaut werden sollten, wobei erhebliche Marketingressourcen benötigt werden, oder im Falle einer aussichtslosen Marktsituation reduziert werden sollten. Mit Produktspezialisierung, einer

Niedrigpreispolitik und einer stark forcierten Vertriebspolitik lässt sich gegebenenfalls eine profitable Entwicklung im Sinne einer *Selektionsstrategie* einleiten.

(3) *Poor Dogs/Arme Hunde* (SGE mit niedrigem Marktanteil bei schwach wachsendem oder schrumpfendem Markt): Problem- bzw. Auslaufprodukte stellen prinzipiell eine finanzielle Belastung für das Unternehmen dar. Als Handlungsoptionen ergeben sich entweder ein allmählicher Rückzug oder eine Beschränkung von Unternehmensaktivitäten auf einzelne Marktnischen. Marketingpolitische Instrumente werden im Sinne einer *Desinvestitionsstrategie* tendenziell zurückgefahren.

(4) *Cash-Cows/Melkkühe* (SGE mit hohem Marktanteil und geringem Marktwachstum): Zahlmeister-Produkte des Unternehmens besitzen eine starke Position, die weitere Investitionen zur Behauptung dieser Marktposition erforderlich machen können. Gewinne aus diesen Bereichen sollten für Investitionen in Wachstumsmärkte (Stars oder Question Marks) im Sinne einer *Abschöpfungsstrategie* für Produktimitation oder zur Preisniveaustabilisierung verwendet werden.

Die Portfolioanalyse besitzt als relativ einfaches Modell folgende *Vorteile:* Durch die Begrenzung auf zwei Dimensionen von Marktanteil und Marktwachstum können vielfältige Informationen für die Ableitung von gezielten Normstrategien eingebracht werden. Stärken und Schwächen des Unternehmens, wie Faktoren, die auf Produktqualität oder die Qualität des Vertriebsnetzes wirken, können ergänzend berücksichtigt werden oder anhand von Durchschnittswerten für relevante Markteigenschaften herangezogen werden. Als gravierende *Nachteile* gelten die begrenzte Datengrundlage für eine denkbare Ressourcenallokation, die Annahme idealtypischer Produktlebenszyklen, eine statische Betrachtung sowie die Abgrenzung der SGE. In der einfachen Form eines Vierfelderschemas lassen sich kaum präzise Ausprägungsgrade oder differenzierte Positionierungen lokalisieren bzw. Programm- und Sortimentsanalysen entwickeln. Hierfür sind erweiterte Verfahren über multifaktorielle Eigenschaftsräume bzw. multidimensionale Skalierungsverfahren nötig. (Benkenstein/Uhrich 2009, 70 ff.)

## 2.4 Konzeptionelle Marketingstrategien

### 2.4.1 Optionen zur Auswahl von Marketingstrategien

Aufgrund der **Vielfalt** der bestehenden Marketingstrategien obliegt es einem Unternehmen eine in sich konsistente **Auswahl** an Strategien zu treffen und ein möglichst in sich geschlossenes **System** der ausgewählten Strategie(n) insgesamt zu implementieren. Daher ist es erforderlich **Kriterien** für die Bewertung von Marketingstrategien zu berücksichtigen: Unter *qualitativem Aspekt* ist die Konsistenz von Marketingstrategien zu beachten, wenn Bereiche, wie z. B. Marketingziele, Zielgruppen, Wettbewerbsgruppen, etc., betroffen sind. Des Weiteren ist es bedeutsam, dass eine ausreichende Kommunikationsgrundlage verfügbar ist, welche eine Quantifizierung der Ziel-Mittel-Ergebnisbeziehungen ermöglicht. Strategieinhalte müssen daraufhin geprüft werden, inwieweit sie Leitfragen der Unternehmenspolitik beantworten können; bezüglich der Realisierbarkeit von Strategien muss eine Einschätzung unter Gesichtspunkten, wie z. B. Akzeptanz, Ressourcen, etc., erfolgen. Unter *quantitativem Aspekt* sind wirtschaftliche Auswirkungen von Marketingstrategien zu berücksichtigen, wie z. B. hinsichtlich ihrer Wirkungen auf das Umsatzvolumen, auf die Profitabilität oder auf Marktpotenzialzuwächse, etc. Die nachfolgend ausgewählten **Strategien** beziehen sich jeweils auf eine bestimmte Art der strategischen Festlegung: *Marktfeldstrategien* auf Produkt/Markt-Kombinationen, *Marktstimulierungsstrategien* auf die Art und Weise der Marktbeeinflussung, *Marktparzellierungsstrategien* auf Art und Ausmaß der Marktbearbeitung, schließlich *Marktarealstrategien* auf Art und Stufen des Marktraums. (Homburg 2015, 529 ff.; Becker 2013, 147 f.)

## 2.4.2 Marktfeld- und Marktstimulierungsstrategien

Aus der **Vielfalt marketingstrategischer Ansätze** werden zunächst *Marktfeld- und Marktstimulierungsstrategien* über eine inhaltliche Strategieebene unterschieden:

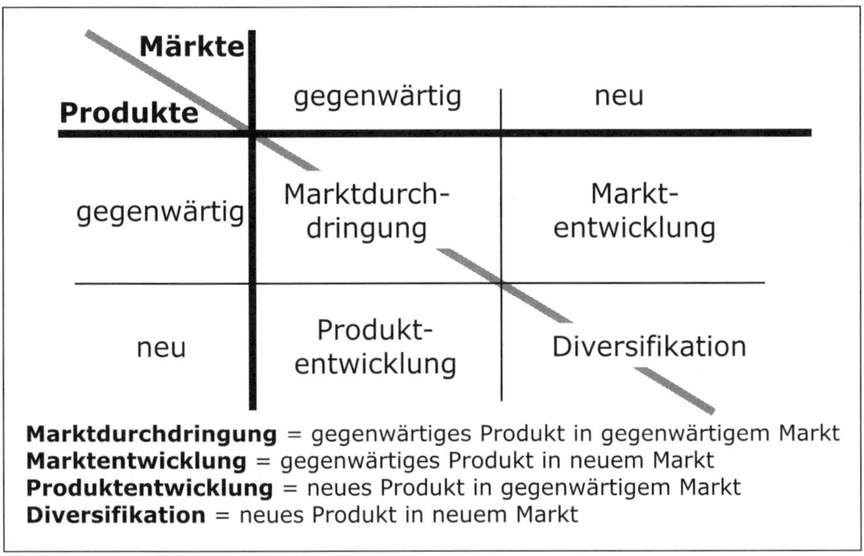


Abbildung 2.6: Marktfeldstrategien/Ansoff-Matrix

**Marktfeldstrategien** sind unter abnehmerorientiertem Aspekt zu verstehen als strategische Stoßrichtungen und Entwürfe in Bezug auf alternative Produkt-Markt-Kombinationen (Marktfelder). Als strategische Optionen werden die Platzierungen von gegenwärtigen und neuen Produkten in gegenwärtigen und neuen Märkten unterschieden. Marktfeldstrategien differenzieren zwischen vier grundlegenden, marktfeldstrategischen Varianten für Unternehmen in der sogenannten Ansoff-Matrix (Becker 2013, 147 ff., 174 ff./Abbildung 2.6):

(a) *Marktdurchdringung* bezieht sich auf den erhöhten Einsatz von Marketinginstrumenten zum Absatz gegenwärtiger Produkte auf gegenwärtigen Märkten und wird deshalb als 'plausibelste Strategie' eines Unternehmens bezeichnet.

(b) *Marktentwicklung* bedeutet für bereits existierende Produkte einen oder mehrere neue Märkte zu finden bzw. zu entwickeln, d. h. die bisherigen Marktgrenzen müssen für bestehende Produkte aufgebrochen werden.

(c) *Produktentwicklung* als Strategie besteht darin, für bestehende Märkte neue Produkte durch eine systematische Innovationspolitik zu generieren bzw. eine Beschleunigung der Alterung von bestehenden Produkten voranzutreiben, d. h. entweder eine Verkürzung des Produktlebenszyklus oder eine Programmerweiterung einzuleiten.

(d) *Diversifikation* wird als Strategie der Risikostreuung angesehen, wenn auf neuen Märkten neue Produkte platziert werden. Wachstumsgrenzen in bestehenden Märkten zwingen Unternehmen dazu, sich neuen Märkten zu öffnen, um einen unternehmerischen Wachstums- oder Erfolgsbeitrag leisten zu können.

Zunächst impliziert die Produkt-Markt-Kombination der Marktfeldstrategien tendenziell eine Entscheidung für eine dieser Optionen. In der **Praxis** werden jedoch unterschiedliche *Strategiemuster*, d. h. eine gleichzeitige oder aufeinanderfolgende Anwendung einzelner Strategieoptionen angewendet bzw. *Strategiekombinationen* ausgearbeitet.

**Marktstimulierungsstrategien** legen die Art und Weise der Marktbeeinflussung bzw. Marktsteuerung (Stimulierung) fest. Ausgangspunkt ist die Vorstellung einer Schichtung von Märkten, in die sich das Unternehmen einpasst. Dabei sind Märkte grundsätzlich durch Dynamik und Entwicklungsprozesse gekennzeichnet, die etwa durch Preis- und Qualitätswettbewerb ausgelöst werden. Zwei grundlegende Strategiemuster hierzu sind (Becker 2013, 179 ff.):

(1) *Präferenzstrategie* (Hochpreispolitik oder Markenimagekonzept)

(2) *Preis-Mengen-Strategie* (Niedrigpreispolitik oder Discountkonzept)

Beide Marktstimulierungsstrategien beziehen sich auf bestimmte Abnehmergruppen, die durch ihr spezifisches Präferenzverhalten oder charakteristische Auswahlkriterien bezüglich ihrer Kaufentscheidungen unterschieden werden können. Während mit der Präferenzstrategie ein Qualitätsanspruch signalisiert und auch realisiert werden kann, dominiert im Falle der Preis-Mengen-Strategie der sogenannte Preiskäufer mit der Bereitschaft eine niedrige Qualität zu einem niedrigen Preis erwerben zu wollen.

## 2.4.3 Marktparzellierungs- und Marktarealstrategien

**Marktparzellierungsstrategien** betreffen die Art und Weise der Differenzierung bzw. der Abdeckung eines Markts, in dem ein Unternehmen tätig werden möchte. Damit werden sowohl Segmentierungskriterien bestimmt (Segmenting), die Zielgruppen festgelegt (Targeting) und ein Positionierungskonzept

(3) Mit der **Bewertung der alternativen Marketingstrategien** erfolgt bereits in einer frühen Phase des Strategieentwicklungsprozesses eine Gewichtung unterschiedlicher Marketingstrategien oder einzelner Komponenten dieser Strategien, um Risiko- und Unsicherheitsdimensionen integrieren und gegebenenfalls erste Korrekturen vornehmen zu können.

(4) Mit der **Auswahl einer bestimmten Marketingstrategie** wird schließlich, unter Bewertung aller vorliegenden Alternativen, eine relevante bzw. optimalriskante Version einer Alternativen im Sinne einer Einzel- oder Gesamtstrategie ausgewählt.

(5) Mit der **Strategieumsetzung** und **Umsetzungskontrolle** wird eine implementationsbezogene Perspektive für Marketingstrategien eröffnet. Aus der Umsetzungskontrolle ergeben sich dann permanent Neubewertungen und Aktualisierungen aus früheren Prozessphasen, aus denen entsprechende Rückkopplungsprozesse für zukünftige Entwicklungen abgeleitet werden müssen.

Nach erfolgter Analyse umfasst die **Planung** von Aktivitäten für einzelne Marketingbereiche die Bestimmung der Marketingziele und Strategien sowie Abstimmungen aller Maßnahmen zur Koordination innerhalb der Marketingabteilung und mit anderen betrieblichen Funktionsbereichen auf der Basis einer permanenten Optimierung sämtlicher Instrumente. *Systemisches Denken* in der Unternehmensführung kann hier die strukturelle Komplexität der Ausgangslage konstruktiv reduzieren und den Fokus auf relevante Teilbereiche der strategischen Planung schärfen. Marketingplanung bedeutet also in Anlehnung an eine allgemeine **Vorgehensweise des Business-Plannings** die Festlegung von Zielen, Aktivitäten und Budgets für einen klar definierten Zeitraum durch die *Erstellung eines Handlungsplans* für die Bereiche des strategischen und operativen Marketings (Runia et al 2011, 8 ff.):

- Ein *strategischer Marketingplan* ist langfristig orientiert: als realistische Zeithorizonte werden in der Unternehmenspraxis drei bis fünf Jahre angesehen. Der Detaillierungsgrad dieser Planung ist eher gering, vielmehr geht es darum, die inhaltlichen Aussagen der Marketingstrategie in ein konsistentes Gerüst von Zielen, Aktivitäten und Budgets zu überführen, wie z. B. die Etablierung unter den fünf größten Anbietern am Markt, Steigerung des Anteils der Dienstleistungen am Gesamtumsatz auf 40 % in den nächsten fünf Jahren, etc.
- Ein *operativer Marketingplan* dient zur weiteren Konkretisierung und Detaillierung der strategischen Marketingplanung. Häufig beziehen sich operative Marketingpläne auf ein einzelnes Geschäftsjahr, wie z. B. den erfolgreichen Markteintritt in südostasiatische Länder bis Jahresende, die Steigerung des Dienstleistungsanteils auf 25 % bis Jahresende, etc.

**Ziel** der Marketingplanung ist es, mit der Vorwegnahme zukünftiger Handlungen die optimale Kombination absatzpolitischer Instrumente, d. h. eines Marketing-Mix im Hinblick auf die Einhaltung von Unternehmens- und Marketingzielen zu erreichen. Dazu gehören die Entwicklung marktteilnehmerbezogener Strategien, der Prozess der Ressourcenallokation bzw. der Budgetierung.

für Marketingaktivitäten bestimmt (Positioning), auf die sich entsprechende Strategien dann richten sollen. Grundsätzlich lässt sich hier ein auch für die Praxis relevantes Spektrum mit einer kontinuierlichen Abstufung für Marketingaktivitäten unterscheiden: Dieses reicht von undifferenziertem, anonymem Massenmarketing über ein segmentorientiertes bzw. zielgruppenspezifisches Target-Marketing bis hin zu einem kundenindividuellen One-to-one-Marketing. (Freter 2008, 44 ff.) Marktparzellierungsstrategien greifen in der Regel vier Basisalternativen in Abhängigkeit von der Differenzierung des Marketingprogramms (differenziert/undifferenziert) und der Abdeckung des Markts (vollständig/total oder teilweise/partiell) auf. In der Praxis läuft Marktparzellierung auf zwei **Marktbearbeitungsalternativen** hinaus (Becker 2013, 237 ff.):

(1) *Massenmarktstrategien* realisieren das Prinzip der 'Unifizierung' durch die Erzeugung von Standardprodukten mit Individualisierungskomponenten (Mass Customization), welche den durchschnittlichen Bedürfnissen von Durchschnittskäufern genügen. Durch eine Massenmarktstrategie soll überwiegend eine totale Marktabdeckung erfolgen und die größtmögliche Zahl von Abnehmern angesprochen werden. Alternativ konzentrieren sich Massenmarktstrategien mit partieller Marktabdeckung auf bestimmte Abschnitte eines Markts und berücksichtigen deshalb generelle Bedarfsunterschiede.

(2) *Marktsegmentierungsstrategien* fokussieren eine Aufteilung des Gesamtmarkts in Teilmärkte, wobei dadurch eine Zerlegung in intern homogene und extern heterogene Untergruppen erreicht werden soll. Bevor eine endgültige Marktsegmentierung erfolgt, müssen Abgrenzungskriterien des relevanten Markts festgelegt werden: Eine Unterscheidung der Art von Leistungen führt zur sachlichen Abgrenzung. Aspekte der Abgrenzungsdauer führen zur zeitlichen Abgrenzung. Eine Unterscheidung von lokalen, regionalen, nationalen oder internationalen Märkten führt zur räumlichen Abgrenzung. Aufgrund einer gewandelten Sichtweise von einer traditionellen Marktperspektive hin zu einer Kundenperspektive wird im Zusammenhang mit Marktsegmentierungsstrategien auch von Kundensegmentierung gesprochen, um einer Berücksichtigung des Kundenwerts besser gerecht werden zu können. Aus der Vielzahl von denkbaren Marktsegmentierungskriterien werden die folgenden **Segmente** mit entsprechenden Kriterien klassifiziert (Freter 2008, 53 ff., 93; Meffert et al 2015, 176 ff., 182 f.):

   (a) *Sozio-demografische Marktsegmentierung* erfolgt entweder nach sozio-ökonomischen Merkmalen, wie z. B. nach Beruf, Ausbildung, Einkommen, etc., oder nach demografischen Merkmalen, wie z. B. nach Geschlecht, Alter, Lebenszykluskriterien, Haushaltsgröße, etc.

   (b) *Geografische Marktsegmentierung* erfolgt entweder makrogeografisch nach regionaler Abgrenzung, wie z. B. Bundesländer, Landkreise, Gemeinden, etc., oder mikrogeografisch nach Ortsteilen, Wohngebieten oder Straßenabschnitten. Als Beispiel einer makrogeografischen Abgrenzung können die sieben Nielsen-Gebiete des Marktforschungsinstituts A.C. Nielsen herangezogen werden. Teilweise werden hier wegen regionaler Besonderheiten, Bundesländer unterschiedlicher Größe zu einem Nielsen-

Gebiet zusammengefasst. Als Beispiel mikrogeografischer Abgrenzung gilt die Regio-Wohngebietstypologie, wie sie etwa durch die AZ Direct Marketing Bertelsmann GmbH angeboten wird. (Freter 2008, 108 ff.)

(c) *Psychografische Marktsegmentierung* erfolgt zunächst nach allgemeinen Persönlichkeitsmerkmalen, wie z. B. Aktivitäten, Interessen, allgemeine Einstellungen bzw. AIO-Kriterien (activities, interests, opinions), etc., die insgesamt zu einer Unterscheidung über Lebensstilsegmentierung führen. Weiterhin werden produktspezifische Merkmale herangezogen, wie z. B. Wahrnehmungen, Motive, Nutzenvorstellungen, Kaufabsichten, etc. Als Beispiele für Lebensstilsegmentierungen bzw. Lifestyle-Typologien gelten der *Sinus-Milieu-Ansatz* der Sociovision Group mit einer zweidimensionalen Darstellung von Lebensstilen über die soziale Lage in Form von Schichten (Oberschicht; obere, mittlere, untere Mittelschicht; Unterschicht) und einer Grundorientierung über Werte von konservativer bis postmoderner Ausrichtung. Dies führt zu einer Typenbildung in konservativ-etabliertes und liberal-intellektuelles Milieu, Milieu der Performer und expeditives Milieu, sozial-ökologisches und adaptiv-pragmatisches Milieu sowie traditionelles, bürgerliches, hedonistisches und schließlich prekäres Milieu. Der *Ansatz der Sigma-Milieus* der SIGMA Gesellschaft für internationale Marktforschung und Beratung unterscheidet ebenfalls zwei Dimensionen für eine Milieugruppierung unter Berücksichtigung sozio-ökonomischer Klassen und Werte. Im *Ansatz der Euro-Socio-Styles* der GfK (Gesellschaft für Konsumforschung e.V., Nürnberg werden Segmentierungskriterien wie Schein versus Realität/Wandel versus Beständigkeit zugrunde gelegt, die zu acht unterscheidbaren Euro-Socio-Styles führen. Im *Ansatz der Eurostyles* des Centre de Communication Avancée (CCA), Paris werden ebenfalls zwei Dimensionen über Güter versus Werte/Bewegung versus Beharrung unterschieden. Schließlich differenziert der *Ansatz des Values and Lifestyle Survey* (VALS) der SRI Consulting Business Intelligence ebenfalls zwei Dimensionen mit Ressourcen und Innovation/primäre Motivation. (Homburg 2015, 50) *Neuere Lifestyle-Typologien* werden gegenwärtig unter fortschreitenden, disparaten Lebensäußerungen von Käufern weiter ausdifferenziert. Dies zeigen plakative Zielgruppensegmentierungen, wie z. B. Smart-Shopper, Best-Ager, Lohas, Generation Golf, XYZ, Neue Spießer, Spaßgesellschaft, Yuppies, Digitale Bohème, Metrosexuelle sowie Girlies, etc., die teilweise zu einem neuen Ethno- oder Szene-Marketing führen. (Winkelmann 2013, 27; Langwieser/Kirig 2010, 112 ff.; Dziemba/Wenzel 2011, 27 ff., 89 ff., 152 ff./Abbildung 2.7)

(d) *Verhaltensorientierte und neuere kaufverhaltensbezogene Marktsegmentierung* erfolgt zunächst verhaltensorientiert über spezifisches Preisverhalten, Mediennutzung, Einkaufsstätten oder Produktwahl. Hier werden aufgrund eines spezifischen Informations- und Kommunikationsverhaltens, einer identifizierbaren Meinungsführer- und Meinungsfolgerschaft, etc. segmentbildende Kriterien generiert. Eine neuere kaufverhaltensbezogene Marktsegmentierung unter Einbezug von sogenannten Neuromarke-

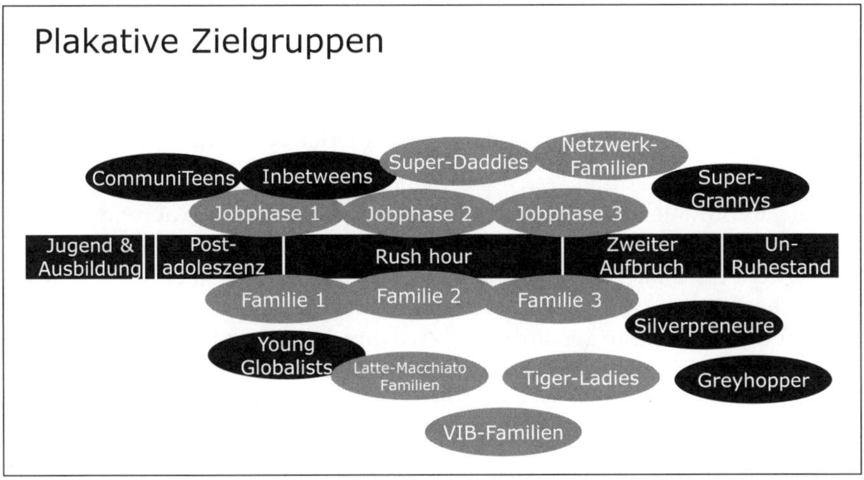


Abbildung 2.7: Plakative Zielgruppensegmentierung

ting-Ansätzen nutzt Erkenntnisse einer Identifizierung von Motiv- und Emotionsbereichen im limbischen System des Gehirns, um unbewusste biologische Kaufbeeinflussungen (Instruktionen) zu erklären. Mit der sogenannten 'Limbic Map' werden diesbezüglich drei Hauptemotionssysteme identifiziert und erfasst: Stimulanz durch Exploration/Entdeckung, Dominanz durch Konkurrenz/Verdrängung, Balance durch Sicherheit/Stabilität. Im Balance-System lassen sich dann etwa spezifische Bedürfnisse nach Gesundheits- oder Bioprodukten, Versicherungen, Ratgeberbücher, etc. verorten. Im Stimulanz-System werden Bedürfnisse nach Unterhaltungselektronik, Genussmittel, Musik, etc. aktiviert. Im Dominanz-System werden entsprechende Bedürfnisse nach Automobilen, Computern, Sportgeräten, etc. aufgerufen (Häusel 2012, 96 ff.; Raab et al 2009, 245 ff.; Bittner/Schwarz 2015, 81 ff.)).

Insgesamt werden im Zusammenhang mit Marktparzellierungsstrategien einerseits kontinuierlich weitere Differenzierungen vorgenommen, die im Rahmen eines *Nischenmarketings* oder als kundenindividuelles Marketing entwickelt werden, andererseits zeichnet sich eine Tendenz zu differenziertem Massenmarketing oder *Varianten-Marketing* ab, die aufgrund einer fortwährenden Fragmentierung der Märkte von zahlreichen Unternehmen favorisiert werden.

**Marktarealstrategien** wirken auf alle anderen Strategieentscheidungen und Strategieebenen zurück. Gegenstand von Marktarealstrategien ist eine weiterführende Abgrenzung des Markts bzw. Absatzraums eines Unternehmens. Sowohl geopolitische als auch kulturelle Faktoren spielen hierbei eine Rolle. Differenziert werden diesbezüglich zwei Entscheidungsfelder (Becker 2013, 299 ff.):

(1) *Nationale Gebietsstrategien (Domestic Marketing)* umfassen lokale, regionale, überregionale und nationale Markterschließungen. Gebietsausweitende Prozesse beziehen sich hierbei in der Regel auf eine längere Zeitperiode

und betreffen oft stark konkurrierende Wettbewerbszonen. Nicht spezifisch markengestützte Gebietsausdehnungskonzepte, wie z. B. Getränke- oder Spirituosenhersteller, etc., dehnen sich in erster Linie distributiv aus, während markengestützte Gebietsausdehnungskonzepte auf einem gezielten Markenaufbau und einem präferenzorientierten Marketing-Mix beruhen.

(2) *Übernationale Gebietsstrategien (International Marketing)* umfassen internationale, multinationale oder globale Markterschließungen. Während in internationalen Strategien ein oder einige wenige ausländische Märkte bedient werden, beinhaltet die multinationale Strategie mehrere bis viele ausländische Märkte, eine globale Weltmarktstrategie agiert schließlich in allen wichtigen Ländern der Erde. Im Zusammenhang mit den strategischen Besonderheiten eines Standardisierungs- oder eines Differenzierungskonzepts marketingpolitischer Gestaltung lassen sich gleichzeitig entsprechende Kostensenkungs- und Erlöserhöhungspotenziale realisieren.

Unter dem *Aspekt erweiterter Marktarealkonzepte* erlangen Strategien zwischen lokaler und nationaler Markterweiterung eine entsprechende Bedeutung: Bei konzentrischer Marktexpansion werden neue Gebiete in Nähe des traditionellen Stammgebiets erschlossen, wie z. B. regionale Getränkemärkte, etc. Bei selektiver Marktexpansion werden bestimmte attraktive Absatzzonen außerhalb des Kerngebiets bedient, wie z. B. Metropolenregionen mit entsprechender Käuferdichte, etc., schließlich werden bei inselförmiger Marktexpansion bestimmte Lokalitäten, wie z. B. Bahnhöfe, Flughäfen, etc., produktspezifisch erschlossen. (Becker 2013, 304 ff.; Walsh et al 2014, 184 ff.)

### 2.4.4 Optimierungsgestaltung im strategischen Marketing

Eine **Optimierungsgestaltung** im strategischen Marketing ist zunächst eng mit der *Implementierung* von Marketingstrategien verbunden. Mit dem Ziel die Erfolgsvoraussetzung bei einer entsprechenden Umsetzung zu sichern, ist zur *Professionalisierung* der Strategieimplementierung zunächst ein Prozess festzulegen, in welchen Schritten die erarbeitete Marketingstrategie realisiert werden soll. Festzulegen sind dabei zunächst die *Implementierungsziele* bzw. eine Hierarchie von Implementierungszielen, die wiederum in Durchsetzungs- und Umsetzungsziele zu unterscheiden sind. Entsprechende *Durchsetzungsziele,* die z. B. auf die Schaffung einer breiten Akzeptanzbasis im Unternehmen setzen können, werden ergänzt um spezifische *Umsetzungsziele,* die eine gesonderte Anpassung von Strategien an Unternehmensstrukturen oder umgekehrt zu berücksichtigen haben. Schließlich wird der Prozess der Implementierung durch eine *Implementierungskontrolle* begleitet, die im Sinne eines Regelkreises Ist- und Soll-Größen als Referenzbasis für *Korrekturstrategien* nutzen kann. (Bruhn 2014a, 82 ff./Abbildung 2.8)

Weitere Faktoren für das erfolgreiche **Umsetzen von Marketingstrategien** sind das Ausmaß des Identifikationspotenzials von Implementierungsträgern, das dann zu einer engagierten Realisierung der Marketingstrategien beitragen kann. *Führungsstil* und *Unternehmenskultur* sowie strategische *Kommunikations-*

Abbildung 2.8: Optimierung und Umsetzung von Marketingstrategien

*formen* leisten hier ebenso Erfolgsbeiträge für eine Implementierung. Schließlich wird über einen entsprechenden *Organisationsrahmen* und ergänzende *Projektteams* sowie über eine unternehmensinterne *Vermarktung* (internes Marketing) ein entscheidender Beitrag zur konstruktiv-kritischen Umsetzung von Marketingstrategien geleistet. Eine *ganzheitliche Gestaltungsoptimierung* für Marketingstrategien beinhaltet außerdem den Einbezug des Personalmanagements zur Entwicklung einer strategiegerechten Mitarbeiterorientierung, weiterhin die Entwicklung einer expliziten Kundenorientierung, um Synergieeffekte aus der Unternehmenskultur effizient und effektiv nutzen zu können. (Becker 2013, 975 ff.)

## 2.6 Aufgaben und Literaturhinweise

### 2.6.1 Aufgaben

Nachfolgend werden einige **Bearbeitungshinweise** zur umfassenden Lösung der Aufgaben gegeben:

- Zunächst sollten die einzelnen Aufgaben aus der Sicht der *Gestaltung von Ganzheitlichkeit* in Unternehmen betrachtet und bearbeitet werden.
- Zweckmäßig ist es dann, *Differenzierungsaspekte* herauszuarbeiten, die für die Planung von Strategien fruchtbar gemacht werden können.
- Schließlich sollte eine *konzeptionelle Neuausrichtung* von strategischem Marketingmanagement berücksichtigt werden, die sich durch verstärkten Wettbewerb für Unternehmen ergibt.
- Ergänzend können außerdem Kriterien für eine *Strategieauswahl* erarbeitet werden, unter besonderer Berücksichtigung der *Konsequenzen*, die sich daraus für Unternehmen ergeben.

**Aufgaben**

- **[1]** Erläutern Sie kurz den allgemeinen Weg der Entwicklung, Auswahl und Anwendung von Einzelstrategien im Marketing anhand eines ausgewählten Beispiels.
- **[2]** Stellen Sie kurz, aber kritisch Sinn und Zweck der Anwendung einer SWOT-Analyse und das Marktwachstums-Marktanteils-Portfolio der BCG an einem selbst gewählten Beispiel dar.
- **[3]** Beschreiben Sie kurz die vier Optionen einer Marktfeldstrategie an einem Beispiel sowie die Elemente einer Marktstimulierungsstrategie.
- **[4]** Skizzieren Sie allgemeine Ausprägungen von Marktparzellierungsstrategien und insbesondere neuere Ansätze von Marktsegmentierungsstrategien unter Berücksichtigung aktueller, gesellschaftlicher Entwicklungen.
- **[5]** Diskutieren Sie Probleme und Lösungsmöglichkeiten zur Optimierung einer Gesamtstrategie-Struktur.

Aufgaben zu Kapitel 2

Stichworte zu konkreten Lösungshinweisen für die Aufgaben von Kapitel 2 finden Sie auf Seite 278.

## 2.6.2 Literaturhinweise

Die nachfolgenden Titel stellen Basisquellen zur thematischen Breite des 2. Kapitels dar, gleichzeitig können folgende Lehrwerke und Literaturangaben ergänzend als relevante Quellen zur vertiefenden Nachbereitung der Inhalte des vorangegangenen Kapitels herangezogen werden:


- *Backhaus, Klaus/Schneider, Helmut (2009):* Strategisches Marketing, 2., überarbeitete Auflage, Stuttgart 2009
- *Becker, Jochen (2013):* Marketing-Konzeption. Grundlagen des zielstrategischen und operativen Marketing-Managements, 10., überarbeitete und erweiterte Auflage, München 2013
- *Benkenstein, Martin/Uhrich, Sebastian (2009):* Strategisches Marketing. Ein wettbewerbsorientierter Ansatz, 3., aktualisierte und überarbeitete Auflage, Stuttgart 2009
- *Bergmann, Rainer/Bungert, Michael (2012):* Strategische Unternehmensführung. Perspektiven, Konzepte, Strategien, 2., aktualisierte und erweiterte Auflage, Berlin u. a. 2012
- *Dziemba, Oliver/Wenzel, Eike (2011):* Marketing 2020. Die elf neuen Zielgruppen – wie sie leben, was sie kaufen, Frankfurt/New York 2011
- *Fischer, Jörg/Pfeffel, Florian (2014):* Systematische Problemlösung in Unternehmen. Ein Ansatz zur strukturierten Analyse und Lösungsentwicklung, 2., ergänzte Auflage, Wiesbaden 2014
- *Häusel, Hans-Georg (2012):* Brain View. Warum Kunden kaufen, München 2012

- *Homburg, Christian (2015):* Marketingmanagement. Strategie – Instrumente – Umsetzung – Unternehmensführung, 5., überarbeitete und erweiterte Auflage, Wiesbaden 2012
- *Kotler, Philip/Keller, Kevin Lane/Bliemel, Friedhelm (2007):* Marketing-Management: Strategien für wertschaffendes Handeln, 12., aktualisierte Auflage, München 2007
- *Langwieser, Corinna/Kirig, Anja (2010):* Konsument 2020, herausgegeben vom Zukunftsinstitut GmbH, 1. Auflage, Kelkheim 2010
- *Müller-Stewens, Günter/Lechner, Christoph (2011):* Strategisches Management. Wie strategische Initiativen zum Wandel führen?, 4., überarbeitete Auflage, Stuttgart 2011

### 2.6.3 Creative Case Choice II

Mit der Fortführung des Konzepts *Creative Case Choice II* zum Thema **Strategieplanung und Strategiebildung** sollen die in diesem 2. Kapitel behandelten Themen, wie Planung und Analyse des strategisch relevanten Umfelds, der Kernkompetenzen und der Geschäftsfelder von Unternehmen, einschließlich der identifizierbaren Marketingstrategien herausgearbeitet werden und an dem eingangs selbst gewählten Fallbeispiel veranschaulicht werden. Idealerweise wird deshalb das Unternehmen, die Organisation, etc. aus dem Creative Case Choice I des ersten Kapitels übernommen. Die konkreten Arbeitsschritte können dem **Creative Case Chart II** entnommen werden:

CREATIVE CASE CHOICE

Strategische Analysen zum selbst gewählten Unternehmen/Projekt nach folgenden Kriterien:

- Entwicklung eines Strategy Papers mit folgenden Komponenten: Umwelt- und Marktanalyse, Unternehmensprofil, strategische Geschäftsfelder, Kernkompetenzen, etc.
- Auswahl der Informations- und Datenquellen über das Unternehmen/Projekt, z.B.: Website, Broschüren, interne Quellen, etc.
- Sammeln von Kurzinformationen für:

1. PESTLE- oder SWOT-Analyse für einen Standort
2. Unternehmensprofil: Zahlen – Daten - Fakten
3. Darstellung der strategischen Geschäftsfelder
4. Identifizierung von Kernkompetenzen, Innovationspotenzialen, Zukunftsszenarien
5. Gesamtdarstellung und Bewertung

Abbildung 2.9: Creative Case Chart II

Die erfolgreiche Bearbeitung des *Creative Case Choice II* in diesem Abschnitt soll dazu beitragen, Kompetenzen im Bereich des strategisch-konzeptionellen Denkens, der Generierung flexibler Handlungsalternativen und profitabler Zukunftsperspektiven zu entwickeln.

# 3. Marktforschung

## 3.1 Struktur und Lernziele des Kapitels

### 3.1.1 Informationsdimensionen des Marketings

Mit den Informationsdimensionen des Marketings wird auf die Ausstattung eines Unternehmens mit jenen Daten abgestellt, die im Rahmen der Markt- oder Marketingforschung für marketingspezifische Entscheidungen erforderlich sind. In der Markforschung geht es primär darum auf der Basis von Datenerhebungen mit statistischen Messgrößen Entscheidungsparameter für Märkte und Marktbeeinflussungsmöglichkeiten zu bestimmen. Hierfür werden Daten systematisch gesammelt, aufbereitet, analysiert und interpretiert. Innerhalb der klassischen Marktforschung lassen sich Verfahren der Datenerhebung, der Datenerfassung und der Datenanalyse unterscheiden. Marketingforschung stellt demgegenüber wesentliche unternehmensexterne und unternehmensinterne Informationen für Marketingaktivitäten bereit, wie z. B. über die Entwicklung der Märkte und über das Verhalten der Marktteilnehmer sowie über die Auswirkung von Marketinginstrumenten und weiterer unternehmensbezogener Marketingfaktoren.

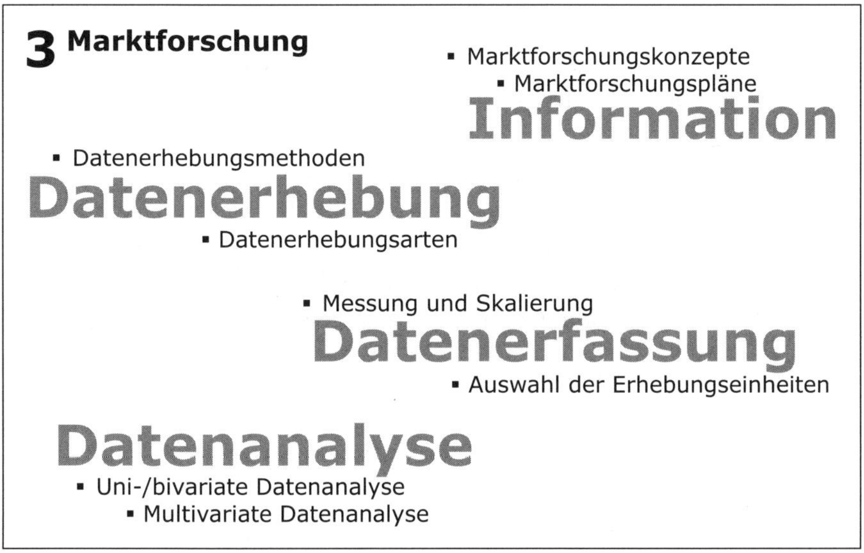


Struktur von Kapitel 3

Die Beschaffung von **Information** für marketingspezifische Unternehmensentscheidungen und zur Bestimmung von entsprechenden Handlungsalternativen basiert auf der Generierung oder Nutzung unternehmensexterner und unternehmensinterner Daten, wobei hier ein systematisches Daten- und Informationsmanagement zugrunde gelegt wird.

Zu den Methoden der **Datenerhebung** zählen Primär- und Sekundärerhebungen sowie Panelerhebungen als Erhebungsarten. Für diese Erhebungsarten gibt es weitere Optionen von Erhebungsverfahren, wie Beobachtung, Befragung oder Experiment, die je nach Verfahren eine unterschiedliche Erhebungseignung besitzen.

Mit der **Datenerfassung** müssen Entscheidungen über die Anwendung einzelner Messverfahren, wie Statistik oder Skalierung, getroffen werden. Skalenniveaus und Gütekriterien der Messung werden festgelegt, außerdem das Verfahren der Stichprobenauswahl sowie die Ausgestaltung von Erhebungsverfahren bestimmt.

Die Festlegung von Verfahren der **Datenanalyse** richtet sich nach dem Umfang der jeweiligen Variablen und der Art und Weise des an ein Analyseverfahren gestellten Anspruchs: deskriptiv oder induktiv. Letztere Verfahren ermöglichen einen Rückschluss von der Struktur der Stichprobe auf eine Grundgesamtheit.

## 3.1.2 Lernziele und Berufsperspektiven

Im Rahmen der Lernziele dieses Kapitels soll ein grundlegender **Überblick** über quantitative und qualitative Aspekte der Markt- und Marketingforschung gegeben werden, um damit **Fähigkeiten** zu erwerben, Aufgaben der Datenerhebung, der Datenerfassung und der Datenanalyse im Rahmen der Marktforschung zu erfüllen. Folgende Lernziele stehen dabei im Vordergrund:

**Lernziele**

- Aufgaben der **Marktforschung verstehen** und **Unterschiede** von Meinungsforschung, Marktforschung und Marketingforschung **kennen**
- Elemente eines **Marktforschungsdesigns** und die eines Marktforschungsplans **aufstellen können**
- **Verfahren der Datenerhebung kennen**, Primär- und Sekundärdatenerhebungen sowie Panelerhebungen mit Beispielen unterscheiden können
- **Methoden der Datenerfassung**, wie Messung und Skalierung, **kennen** und bewerten sowie eine **Stichprobenauswahl und** ein **Erhebungsverfahren vornehmen können**
- **Gütekriterien** der Messung **unterscheiden können** und **Auswahl** der Erhebungseinheiten **treffen können**
- **Verfahren der Datenanalyse** mit uni-, bi- und multivariaten Daten **kennen** und **anwenden können**

Lernziele von Kapitel 3

Berufliche Tätigkeitsfelder, die sich im weitesten Sinne mit Markt- oder Marketingforschung beschäftigen, sind vielfältig. Sie erfordern ein **Kompetenzprofil**, das sowohl konzeptionell marketingorientiert ausgerichtet ist als auch über umfassende Kenntnisse bezüglich statistischer **Analysemethoden**, einschließlich entsprechender Programmapplikationen, wie z. B. SPSS, etc., verfügt. Für ein Tätigkeitsfeld im Rahmen eines unternehmensinternen Daten- und Informationsmanagements ist es erforderlich, sowohl bestehende als auch zu erhebende Daten zu kombinieren, um zu entsprechend aussagefähigen *Handlungsempfehlungen* zu kommen. Dadurch, dass Marktforschungsaktivitäten häufig outgesourct sind oder als Dienstleistungsprodukt zugekauft werden, wird eine *Urteilskompetenz* über die Qualität von Datenstrukturen und Informationsprodukten erforderlich. Folgende Tätigkeitsbereiche lassen sich hierüber abbilden:

- *Marktforschungsberatung* erfordert ein Kompetenzprofil, das Unternehmen über innovative Beschaffungsverfahren für erforderliche Daten und über Ad-hoc-Informationen instruiert. Professionelle Marktforschungsberatung setzt Unternehmen in Kenntnis, inwieweit Eigenerzeugung oder Fremdbezug von Information unter Kosten- und Effizienzaspekten geboten ist.
- *Management Marketinginformation oder Database-Management* setzt Erfahrungen und Kompetenzen interdisziplinärer Art unter Einbezug von IT-Kenntnissen und Datenbanksachwissen als Erfolgsprofil eines entsprechenden Berufsfelds voraus. Kenntnisse über Markt- und Kundendatenbanken sowie deren gezielte Nutzung und Entwicklung runden das Tätigkeitsprofil hierzu ab.
- *Marktdatenanalysten* besitzen umfangreiche Kenntnisse und Erfahrungen mit der Gewinnung, Auswertung und Interpretation von Datenmaterial unterschiedlichster Herkunft. Erforderlich hierfür sind kritische Urteilskompetenzen bezüglich der Aussagefähigkeit von Datenmaterial hinsichtlich dessen Informationsgehalts, Informationswerts und Informationsnutzens.

Die oben aufgeführten Tätigkeitsfelder lassen sich gleichermaßen in Unternehmen verschiedener Branchen und deren eigenständiger Marketingabteilungen finden als auch in privaten oder öffentlichen Marktforschungsinstituten.

**Literaturhinweise:** Zur Vorbereitung auf die Inhalte des 3. Kapitels können ergänzend folgende Lehrwerke und Internetseiten als relevante Quellen herangezogen werden:

- *Herrmann/Homburg/Klarmann (2008)*: Erster Teil. Grundlagen und Prozess der Marktforschung. Marktforschung: Ziele, Vorgehensweise und Nutzung.
- *Pepels (2014):* Kapitel 1: Grundlagen der Marktforschung.
- www.bvm.org, Bundesverband Deutscher Markt- und Sozialforscher e.V. (BVM), Berlin
- www.adm.ev.de, Arbeitskreis Deutscher Markt- und Sozialforschungsinstitute (ADM), Frankfurt am Main

## 3.2 Gegenstand und Aufgaben der Marktforschung

### 3.2.1 Dimensionen der Marktforschung

Unter **Marktforschung** versteht man ganz allgemein die systematische Sammlung, Aufbereitung, Analyse und Interpretation von *Daten* über Märkte und Marktbeeinflussungsmöglichkeiten vorrangig von Beschaffungs- und Absatzmärkten zum Zweck der *Informationsgewinnung* für Unternehmensentscheidungen. **Marketingforschung** umfasst demgegenüber die Gewinnung, Auswertung und Interpretation von Informationen teilweise über Datenerhebungen sowie die Analyse und Weitergabe von Befunden an die Entscheidungsträger des Marketings. *Internationale Marktforschung* und damit die Informationsgewinnung über ausländische Märkte für Marketingentscheidungen ist wegen komplexer Umweltbedingungen partiell komplizierter und umfassender als eine vergleichbar national angelegte Marktforschung. Zu den Besonderheiten der internationalen Marktforschung gehört u. a. eine länderübergreifende Koordination des Marktforschungsdesigns, weiterhin ergeben sich Probleme der Vergleichbarkeit und Äquivalenz von Ergebnissen, etc. (Pepels 2014, 390 ff.; Meffert et al 2015b, 91 ff./Abbildung 3.1)

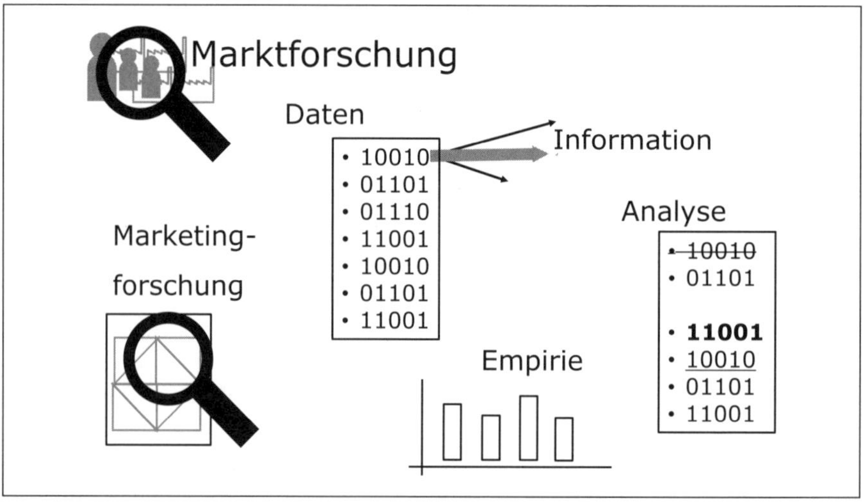


Abbildung 3.1: Dimensionen der Marktforschung

**Marketingentscheidungen** werden in der Regel unter den Bedingungen eines unvollkommenen Informationsstands getroffen. Die Beschaffung umfassender Marktinformationen mithilfe der Markt- oder Marketingforschung stellt daher ein wichtiges Instrument zur Optimierung von Marketingentscheidungen dar. *Unternehmensexterne Informationen* beziehen sich auf allgemeine, ökonomische Größen, wie z. B. die gesamtwirtschaftliche Entwicklung, ausgewählte Branchen-, Konsumenten-, Konkurrenz- und Lieferantenprofile, etc., sowie technische Informationen, Prognosen und Ergebnisse über die Wirkung der eingesetzten marketingpolitischen Instrumente. *Unternehmensinterne Informationen* werden z. B. aus den Dokumentationen im Rechnungswesen und Controlling, aus dem Absatz- und Produktionsbereich, dem Beschaffungs- und Personalbereich, etc. genommen. Bevor der Informationsbeschaffungsprozess eingeleitet wird, ist zu prüfen, inwieweit durch geeignete Maßnahmen Aktualität, Vollkommenheit und Relevanz der Daten gewährleistet werden kann. Gleichzeitig müssen Informationsgehalt, Informationswert und Informationsnutzen weiteren *Wirtschaftlichkeitskriterien* unterzogen werden, die sicherstellen, dass die entstehenden Kosten der Informationsbeschaffung den Wert der Information an sich nicht übersteigen. (Homburg 2015, 294 ff.)

Je nach Fokus, auf den sich die Informationsbeschaffung innerhalb der Marktforschung bezieht, lassen sich folgende **Marktforschungsbereiche** abgrenzen: In Bezug auf (a) *unternehmensspezifische Funktionsbereiche* ergibt sich dann z. B. eine Absatz-, Beschaffungs- oder Finanzmarktforschung, etc.; bezüglich (b) *marketingspezifischer Funktionsbereiche* resultiert z. B. eine Konsumgüter-, Investitionsgüter- oder Dienstleistungsmarktforschung, etc.; eine (c) räumliche Markt*abgrenzung* führt z. B. zu lokaler, regionaler, nationaler oder internationaler Marktforschung, etc.; eine (d) *marktteilnehmerbezogene Marktforschung* unterscheidet z. B. Konsumenten-, Wettbewerbs- oder Produzentenforschung, etc.; schließlich führt eine (e) *Marktanalyse marketingpolitischer Instrumente* zu einer Produkt-, Preis-, Kommunikations- oder Distributionsforschung. (Hammann/Erichson 2000, 33 ff.; Weis/Steinmetz 2008, 19 ff.)

### 3.2.2 Marktforschungsarten und Marktforschungsplan

Die wesentliche **Aufgabe der Marketingforschung** besteht in der Sicherung eines aktuellen bzw. zukünftig zu erwartenden Informationsbedarfs, wobei je nach Art des Untersuchungsobjekts zwischen demoskopischer und ökoskopischer Marketingforschung unterschieden wird. *Demoskopische Marketingforschung* ermittelt objektive Tatbestände, die mit den Probanden untrennbar verbunden sind, wie z. B. Alter, Geschlecht, Beruf, etc., und Tatbestände subjektiver Art, wie z. B. Einstellungen, Meinungen, Bedürfnisse, etc. Ök*oskopische Marketingforschung* erfasst demgegenüber objektive, von Probanden losgelöste Marktgrößen, wie z. B. Umsätze, Gewinnmargen, Distributionsquoten, etc. (Meffert et al 2012, 149/Abbildung 3.2)

Im Bereich der Marktforschung unterscheidet man quantitative und qualitative **Forschungsansätze.** *Quantitative Marktforschung* untersucht über numerische Werte bzw. Wahrscheinlichkeiten spezifisch objektive Gegebenheiten, die über zahlenmäßig erfassbare Daten erhoben und zum Gegenstand eines Marktforschungsdesigns gemacht werden. Zu den entsprechenden Verfahren zählen z. B. Befragungen, experimentelle Beobachtungen, Panels, Internetauswertungen, Kauftests, etc. Zu den ermittelten Gegebenheiten zählen Marktvolumen, Marktanteil, Käufergruppen, etc. *Qualitative Marktforschung* ermittelt bestimmte Eigenschaften, Motive für bestimmte Verhaltensweisen, Erwartungen oder Ein-

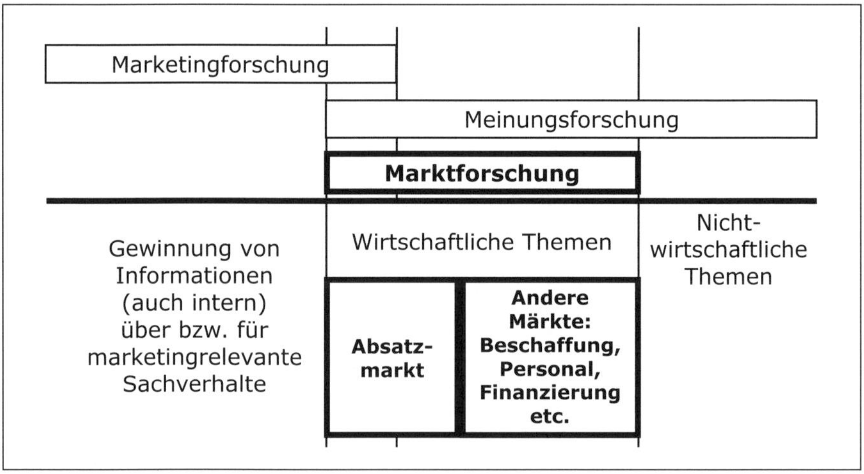


Abbildung 3.2: System der Marktforschung

stellungen von Probanden bzw. Konsumenten. Zu den qualitativen Verfahren der Marktforschung zählen insbesondere das explorative und fokussierende Interview, Gruppendiskussionen, gelenkte Kreativgruppen, projektive oder assoziative Verfahren, etc. Diese Verfahren dienen häufig auch einer ersten Strukturierung im Forschungsvorhaben (Pilotstudie), einer Ideengenerierung, einem Screening, zur Hypothesenbildung oder als Grundlage für eine weitere quantitative Marktforschung und -analyse mit sogenannten Mixed-Method-Ansätze. (Weis/Steinmetz 2008, 34 ff.; Fantapié Altobelli 2011, 33 ff.)

Die verschiedenen Phasen des Beschaffungsprozesses für Marktinformationen lassen sich durch folgende **Elemente eines Marktforschungsplans** angeben. Die Vorgehensweise einer systematischen Datenerfassung kann daher über folgende Prozessschritte bestimmt werden (Homburg 2014, 61 ff./Abbildung 3.3):

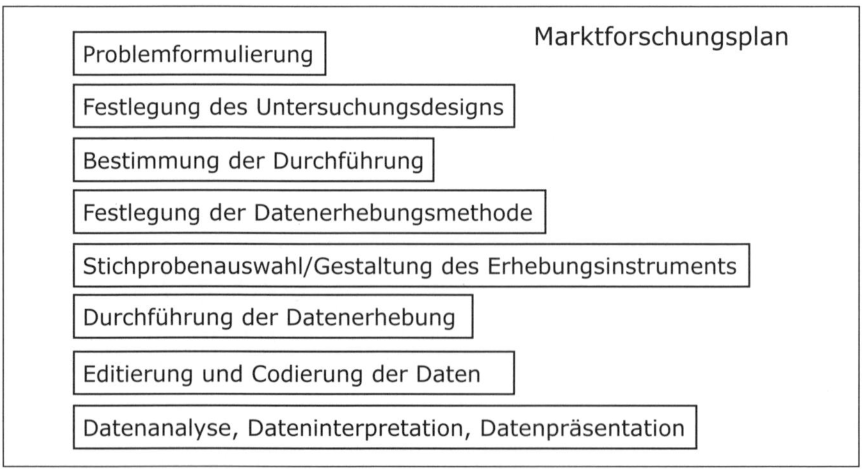


Abbildung 3.3: Elemente eines Marktforschungsplans

Durch die *Problemformulierung* werden Fragestellungen und Ziele einer Marktforschungsstudie festgelegt, wie z. B. Marktchancen eines neuen Produkts, etc., und eine Grundgesamtheit definiert. Mit der *Festlegung des Untersuchungsdesigns* werden exploratorische, deskriptive, explikative oder prognostische Zielsetzungen der Marktstudie fixiert. Die Suche nach Information zur Strukturierung und Formulierung einer noch relativ unerforschten Thematik bezeichnet man dann als *Exploration.* Eine möglichst genaue Erfassung und Beschreibung, ohne Untersuchung der Zusammenhänge zwischen den erhobenen Variablen als Ziel der Marktforschung, wird *Deskription* genannt. Wird eine kausale Begründung von Zusammenhängen angestrebt, spricht man von *Explikation.* Die Vorhersage von Wirkungen und Zusammenhängen schließlich bezeichnet man als *Prognose.* Mit der *Bestimmung der Durchführung* einer Marktforschungsstudie wird die Möglichkeit festgelegt, dies in Unternehmen selbst zu tun oder ein Marktforschungsinstitut (Outsourcing) einzuschalten. Bei der *Festlegung der Datenerhebungsmethode* liegt die Auswahl zwischen qualitativen Methoden, wie z. B. Interviews, etc., und quantitativen Methoden, wie z. B. gezielten Messungen über Fragebögen, etc., bzw. einer Kombination von beiden durch die Unterscheidung von qualitativen Vorstudien und quantitativen Hauptstudien. Spezifische *Verfahren der Messung und Skalierung* werden für den Untersuchungsgegenstand zunächst über die Auswahl der zu messenden Untersuchungseinheiten festgelegt. Mit dem Skalenniveau (mathematische Eigenschaft einer Skala) wird gleichzeitig auch der Informationsgehalt der zu erhebenden Daten bestimmt und in Form einer Nominal-, Ordinal-, Intervall- und Verhältnisskalierung ermittelt. Mit der *Stichprobenauswahl* fällt die Entscheidung, ob alle entsprechenden Untersuchungsobjekte (Vollerhebung) oder nur einige dieser Objekte (Teilerhebung) berücksichtigt werden sollen. Für die *Gestaltung des Erhebungsinstruments* kann unterschieden werden zwischen Interviews, Fragebögen oder experimentellen Designs. Im Rahmen der *Editierung und Kodierung von Daten* können (fehlerhafte) Antworten identifiziert und entfernt werden (Editierung) sowie Daten für die Auswertung aufbereitet werden (Kodierung). Mit der *Datenanalyse und Interpretation* schließlich kommen die statischen Analyseverfahren zur Anwendung, wobei insbesondere durch explorative, deskriptive, explikative oder prognostische Untersuchungsdesigns die Entscheidung für das zu verwendende Analyseverfahren festgelegt wird. (Homburg 2015, 251)

## 3.3 Verfahren der Datenerhebung

### 3.3.1 Auswahl von Datenerhebungsmethoden

In Abhängigkeit von der **Erhebungsart** unterscheidet man Primärerhebung bzw. Primärforschung, d. h. Neugewinnung von Marktdaten aus gezielten Frage- und Problemstellungen, und Sekundärerhebung bzw. Sekundärforschung, d. h. Gewinnung und Auswertung von Informationen aus bereits vorhandenen Marktdaten (Weis/Steinmetz 2008, 62 ff., 74 ff./Abbildung 3.4):

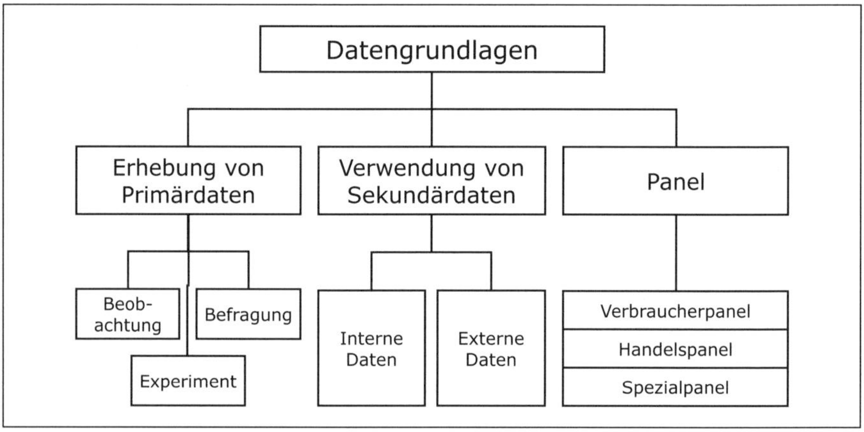


Abbildung 3.4: Verfahren der Datenerhebung

*Primärerhebungen* sind immer dann erforderlich, wenn vorhandene Datenquellen nicht ausreichen, um die für Marketingaktivitäten benötigten Informationen zu erhalten. Im Rahmen der Primärforschung werden jene Marktdaten ermittelt, welche entweder subjektbezogene subjektive Sachverhalte, wie z. B. Motive, Einstellungen, Meinungen, etc., aufgreifen oder subjektbezogene objektive Sachverhalte, wie z. B. Kaufverhalten, Käufergruppen, etc., darstellen. Primärforschung unterscheidet zwischen Vollerhebungen, bei denen die Einbeziehung aller Probanden der Grundgesamtheit beabsichtigt wird, und Teilerhebungen, bei denen durch spezifische Auswahlverfahren Untergruppen der Grundgesamtheit gebildet werden. *Vollerhebungen* sind in der Regel dann gut möglich, wenn die Zahl der zu untersuchenden Einheiten relativ klein ist und ein entsprechender Kosten- und Zeitaufwand vertreten werden kann. *Teilerhebungen* stellen Datenerhebungsmethoden dar, bei denen nur ein Teil der Grundgesamtheit erfasst wird; diese werden erforderlich, weil entweder die Grundgesamtheit nicht vollständig zugänglich ist oder aus Kosten- und Zeitaufwandsgründen keine umfassende Erhebung vorgenommen werden kann. (Fantapié Altobelli 2011, 184 ff.)

*Sekundärerhebungen* setzen bei bereits vorhandenen Daten an, die zum Zwecke der Entscheidungsgewinnung aufbereitet, analysiert und ausgewertet werden. Daten der Sekundärforschung sind meist schneller und kostengünstiger zugänglich. Man unterscheidet hier insbesondere unternehmensexterne und unternehmensinterne Datenquellen, konventionelle Quellen der Sekundärforschung, wie z. B. Verbände oder Marktforschungsinstitute, sowie Onlinedatenbanken und Internetquellen.

Spezielle *Institutionen der Marktforschung* werden teilweise oder vollständig aus Effizienz- oder Kostengründen von Unternehmen im Sinne eines Outsourcings mit der Datenerhebung beauftragt. Diese Institute, wie z. B. A.C. Nielsen GmbH, Frankfurt, GfK SE, Nürnberg, Institut für Demoskopie Allensbach GmbH, Allensbach, ISN Emnid, Bielefeld, sind meist auf bestimmte Fragestellungen, Branchen oder Sachverhalte spezialisiert. (Winkelmann 2013, 161 ff.)

### 3.3.2 Primärdatenerhebung und Sekundärdatennutzung

Zu den klassischen **Verfahren der Primärforschung** gehören Beobachtung, Befragung, Experiment und weitere Spezialformen der Primärforschung.

Die **Beobachtung** als Verfahren der Primärforschung wird als von Personen oder mithilfe von technischen Instrumenten vollzogene, systematische Erfassung von wahrnehmbaren Sachverhalten zum Zeitpunkt ihres Geschehens verstanden. Zu diesen wahrnehmbaren Sachverhalten zählen beispielsweise Sortimentsbestände, Platzierung von Produkten u.ä., physische Aktivitäten, Verhaltensweisen oder soziodemografische Merkmale, etc. *Beobachtungsformen* unterscheidet man nach der *Art des Beobachtungsrahmens*, wie z.B. Feldbeobachtung, Laborbeobachtung, etc., nach *Art der Beobachtungsperspektive*, wie z.B. Fremd- oder Selbstbeobachtung, teilnehmende und nicht-teilnehmende Beobachtung, etc., oder nach *Art der Beobachtungssituation*, wie z.B. offene, durchschaubare, nicht-durchschaubare, quasi-biotische oder ungewisse Situationen, etc. (Berekoven et al 2009, 87 ff.; Koch 2009, 69) Zu weiteren Arten der Beobachtung gehören auch psycho-biologische und neuromarketing-orientierte Verfahren sowie Internetbeobachtungen, wie z.B. Chat-Beobachtungen, etc. Im Rahmen der internetbasierten Beobachtung (Web Analytics) werden folgende Kennzahlen zur Informationsgewinnung herangezogen: Seitenaufrufe (Page Impressions, Page Views, Ad Impressions, Clickthrough-Rate, Besuche (Visits), Besucher (Unique Visitors), Neue Besucher (New Visitors), Besuchsdauer (Usetime), Absprungrate (Bounce Rate) sowie Umwandlungsrate (Conversion Rate). (Meffert et al 2012, 170 ff.; Pepels 2014, 161 ff.)

Die **Befragung** gilt als wichtigste Art der Informationsbeschaffung im Marketing, die wiederum nach zahlreichen Kriterien unterschieden werden kann, wie etwa nach den folgenden *Kommunikationsformen*: Die *schriftliche Befragung* wird dann gewählt, wenn der Befragungsinhalt standardisiert ist und ein vergleichsweise geringes finanzielles Budget zur Verfügung steht. Auf eine *mündliche oder persönliche Befragung* wird zurückgegriffen, wenn in einem Gespräch oder Interview die Möglichkeit von Rückfragen als entscheidend erachtet wird. Eine *telefonische Befragung* wird eingesetzt, wenn Ergebnisse der Befragung schnell und skizzenhaft verfügbar sein sollen. Eine *Onlinebefragung* wird schließlich durchgeführt, wenn eine multimediale Unterstützung der Befragung als sinnvoll erachtet und eine hohe Teilnehmerzahl erwartet wird. (Bruhn 2014, 98 ff.) Weiterhin gibt es Befragungen nach Umfang, wie z.B. Gesamtbefragung, Teilbefragung, etc., nach der Häufigkeit, wie z.B. Einmal-, Mehrfach-, Panelbefragung, etc., nach der Befragungsstrategie, wie z.B. standardisiert, offen, etc., nach Befragungsumfeld, wie z.B. real, experimentell, etc., oder nach der Befragungsmethode, wie z.B. persönlich-apparativ, computerbasiert, etc. Weitere Befragungsarten sind Onlineversionen einer Marktforschung, wie z.B. Befragungen per E-Mail oder Intranet, Online-Panels, Online-Focus-Groups, etc. (Weis/Steinmetz 2008, 111 ff.; Pepels 2014, 129 ff.)

Das **Experiment** gilt forschungstechnisch als die anspruchsvollste Methode. Es besteht aus einer wiederholbaren, unter kontrolliert festgelegten Umweltbedingungen durchgeführten Versuchsanordnung. Ziel ist es, mithilfe der

Messung der Wirkung von einem oder mehreren unabhängigen Faktoren auf jeweils abhängige Variablen entsprechende Hypothesen generieren zu können, um diese dann empirisch zu überprüfen. (Kuß et al 2014, 115 ff.) Entsprechend ihrem Untersuchungsdesign lassen sich vier *Experimenttypen* unterscheiden, je nachdem ob, die

- *Messung* an nur einer Gruppe oder an verschieden zusammengesetzten Gruppen vorgenommen wird, oder ob der
- *Zeitpunkt* der Messung vor oder nach der Ein- bzw. Auswirkung des Testfaktors erfolgt.

Zur Kennzeichnung der vier Experimenttypen wird folgende Symbolik verwendet (Berekoven et al 2009, 149 ff.): **E** = Versuchs-/Experimentalgruppe (experimental group); **C** = Kontrollgruppe (control group); **B** = Messung vor (before) Einsatz bzw. Einflussnahme des unabhängigen Faktors; **A** = Messung nach (after) Einsatz bzw. Einflussnahme des unabhängigen Faktors.

Die daraus abgeleiteten Typen ergeben sich wie folgt:

(1) *EBA-Typ* bzw. *Sukzessivexperiment.* Messung der Werte der abhängigen Variablen zeitlich vor und nach Einsatz der unabhängigen Variablen in einer Testgruppe
*Beispiel*: Messung und Vergleich von Umsätzen für ein Produkt in ausgewählten Geschäften vor und nach einer Preissenkung, wie Paneluntersuchungen, Store-Tests, etc.

(2) *EB-CA-Typ* bzw. *Sukzessivexperiment.* Messung der Werte der abhängigen Variablen zeitlich vor Einsatz der unabhängigen Variablen in einer ersten Testgruppe und zeitlich nach dem Einsatz in einer zweiten Kontrollgruppe
*Beispiel*: Tendenzumfrage bzw. Befragung eines unterschiedlich repräsentativen Querschnitts mit gleichem Fragewortlaut, wie Parteienpräferenz vor und nach einer Fernsehdiskussion, etc.

(3) *EA-CA-Typ* bzw. *Simultanexperiment.* Messung der Werte der abhängigen Variablen in Test- und Kontrollgruppe nach Einsatz der unabhängigen Variablen
*Beispiel*: Probeaktion in ausgewählten Testgeschäften und Vergleich der Umsatzzahlen mit nicht in die Aktion einbezogenen Geschäften

(4) *EBA-CBA-Typ* bzw. *simultanes Sukzessivexperiment.* Messung der Werte der abhängigen Variablen vor und nach Einsatz der unabhängigen Variablen in der Testgruppe sowie Vorher- und Nachhermessung in der Kontrollgruppe, die nicht dem Einfluss der unabhängigen Variablen ausgesetzt wird
*Beispiel*: Versuchsanordnung wie bei EBA-Typ, jedoch wird eine weitere Gruppe von Geschäften ausgewählt, in der keine Preisaktion erfolgte

In verschiedenen *Testtypen der Praxis* finden folgende Forschungsansätze mit experimentellem Charakter eine spezifische Anwendung: Bei regionalen *Markt-Tests* wird versuchsweise die Einführung von Produkten in einem regional begrenzten Teilmarkt unter kontrollierbaren Bedingungen geprüft. Bei *Minimarkt-Tests* wird beispielsweise in einer kleinen Stadt ein Produkt im Hinblick auf die Effizienz von marketingpolitischen Instrumenten getestet. Bei *Laden-Tests*

(Store-Test) werden bestimmte Produkte in einer begrenzten Anzahl von Läden versuchsweise zum Kauf angeboten. (Weis/Steinmetz 2008, 216 ff.)

*Apparative Verfahren* basieren im Vergleich zu den durch Befragung erhobenen Informationen von Testpersonen auf spezifisch objektiven Messungen durch technische Apparaturen. Einsatzmöglichkeiten hierfür bestehen im Bereich von allgemeinen Verhaltensbeobachtungen, aber auch in der Messung von Wahrnehmungs-, Entscheidungs- und Handlungsabläufen oder bei der Beobachtung von psychischen Reaktionen, wie z. B. Erregung oder Ablehnung, als Ausdruck einer bestimmten physischen oder psychischen Aktivität. Bei *computergestützten Systemen* unterscheidet man zwischen persönlichen Verfahren, wie CAPI (Computer Assisted Personal Interview) und CATI (Computer Assisted Telephone Interview), und unpersönlichen Verfahren, wie CSA (Computer Self-Administered Questionnaire). (Weis/Steinmetz 2008, 119)

Bei einer *internationalen Ausrichtung* von Verfahren der Primärforschung beschränkt sich eine entsprechende Marktforschung aus Kosten- und Aufwandsgründen häufig auf Varianten, wie z. B. explorative Projektstudien mit Fokusgruppe, Teilmarkterhebungen mit Übersetzungen und Anpassungen von Fragebögen sowie auf Testmarkterhebungen für lokale und regionale Besonderheiten, etc.

Bei der **Verwendung von Sekundärdaten**, häufig auch als Desk Research bezeichnet, werden vorzugsweise Informationen aus bereits vorhandenen Daten bzw. Datenquellen gewonnen. In der Regel handelt es sich dabei um *unternehmensinterne Daten,* wie z. B. Absatz- oder Kundenstatistiken, Kundendienstberichte, Beschwerdemanagement, Kostenrechnung, etc. Für *unternehmensexterne Daten* kann einerseits auf öffentlich zugängliche Daten und Datenquellen von statistischen Ämtern, wie z. B. Statistisches Bundesamt, Wirtschaftsforschungsinstitute, Universitäten, Verbände und sonstige politische oder internationale Organisationen, etc., zurückgegriffen werden. Andererseits werden kommerziell nutzbare Daten zur Verfügung gestellt, wie z. B. Daten von Marktforschungsunternehmen, von privat zugänglichen Datenbanken spezialisierter Dienstleistungsunternehmen, etc. (Weis/Steinmetz 2008, 64 ff.)

Bei einer *internationalen Ausrichtung* von Verfahren der Sekundärforschung können qualitativ hochwertige Informationen aus bereits vorhandenen Daten bzw. Datenquellen von internationalen Organisationen oder multinationalen Unternehmen verwendet werden. Demgegenüber zeichnen sich sekundärstatistische Daten ungesicherter Quellen häufig durch unsystematische Erhebungsverfahren oder eine geringe Vergleichsmöglichkeit aus. Auch das *Internet* lässt sich für die Gewinnung und Auswertung von Information über globale Märkte nutzen mit den *Vorteilen* von z. B. globalem Zugang zu potenziellen Probanden, geringen Kosten, kurzen Reaktionszeiten, etc. Jedoch gibt es auch eine Reihe von *Nachteilen,* wie z. B. kulturelle und zeitliche Barrieren bei Befragungen, geringe Antwortquoten sowie beschränktes Interesse der Probanden an Onlinebefragungen aufgrund eines generellen Information Overloads bei Probanden in der digitalisierten Welt. (Bauer 2009, 22 ff., 77 ff., 167 ff.; Kluxen 2012, 44 ff.)

### 3.3.3 Panelerhebungen

Zu den bekanntesten **Spezialformen der Marktforschung** im Marketing gehören Varianten von *Panelerhebungen*. Verstanden werden darunter Untersuchungen, die bei einem bestimmten, konstanten Kreis von Untersuchungseinheiten, wie z. B. Personen, Einkaufstätten, Unternehmen, etc., in regelmäßigen, zeitlichen Abständen wiederholt zum gleichen Untersuchungsgegenstand durchgeführt werden. Panels stellen keine eigene Erhebungstechnik dar, sondern eine besondere Art der Forschungsanordnung unter Zuhilfenahme der bereits dargestellten Erhebungsmethoden. *Ziel* von Panelerhebungen ist die Erforschung von Veränderungen des Marktgeschehens im Zeitablauf bzw. die Erklärung von Verhaltensänderungen der Endverbraucher. Unterschieden werden z. B. Verbraucherpanel, Handelspanel oder Unternehmenspanel, etc., die sich jeweils aus repräsentativen Stichproben entsprechender Verbraucher, Handelsbetriebe oder Unternehmen zusammensetzen. Zu den bekanntesten *Formen von Panels* gehören im Rahmen der Verbraucherpanels z. B. Haushaltspanel bzw. Verbrauchs- und Gebrauchsgüterpanel, Individualpanel, Großverbraucherpanel, etc. Bei Handelspanels unterscheidet man zwischen Einzelhandels- und Großhandelspanel, Food- und Non-Food-Panel sowie bei Spezialpanels z. B. Scannerpanel, Anzeigen- und Fernsehpanel, Onlinepanel, etc. (Weis/Steinmetz 2008, 185 ff.)

**Panelerhebungen** gehören zu den wichtigsten Datenquellen des Marketings, die den Absatz von Gütern und Dienstleistungen an Endverbraucher erfassen. Durch Panelerhebungen erhalten Hersteller *kontinuierliche Informationen* über den Absatz ihrer Produkte an Konsumenten sowie über die Größe ihrer Marktanteile, einschließlich ihrer Konkurrenten. Panelerhebungen sind Teilerhebungen, die in regelmäßigen Abständen unter Einbezug der gleichen Teilauswahl (Panel) sowie zum gleichen Untersuchungsgegenstand vorgenommen werden. Damit soll erreicht werden, dass durch periodische Erhebungsfolgen kontinuierliche Veränderungen des Markts sichtbar werden und damit eine Grundlage für prognostische Trendentwicklungen gegeben werden kann. Panelerhebungen werden überwiegend von besonderen *Marktforschungsinstituten*, wie z. B. der GfK (Gesellschaft für Konsum-, Markt- und Absatzforschung e.V.) Nürnberg oder von A.C. Nielsen GmbH Frankfurt am Main, etc., für eine Vielzahl von Nutzern durchgeführt. Im Allgemeinen handelt es sich hierbei um sekundäre Daten, gesonderte Problemstellungen hingegen können für spezielle Nutzer in die laufenden Panelerhebungen miteinbezogen werden (primäre Daten). (Weis/Steinmetz 2008, 192 ff.)

Durch die *Auswertungen* der Panelerhebungen können Unternehmen ihre Marktposition kontrollieren, Trendentwicklungen prognostizieren und die Wirkung von Marketingaktionen analysieren. Zu den gebräuchlichsten Kennzahlen und Analysen gehören die (1) *Käuferkumulation*, bei der die Anzahl der Käufer eines Produkts über die Zeit angegeben wird, die (2) *Penetration* (Käuferreichweite), bei welcher der kumulierte Anteil der Käufer einer Marke an der Menge aller Käufer einer Produktklasse gemessen wird, die (3) *Wiederkäuferrate*, mit welcher der Markterfolg eines Produkts durch Wiederkaufverhalten als

Indikator der Kundenzufriedenheit ermittelt wird. Schließlich die (4) *Wiederkaufrate,* als Maß für den mengenmäßigen Wiederholungskauf durch Käufer bezüglich einer Marke, die (5) *Bedarfsdeckungsraten und -klassen,* die in der Regel identisch sind mit der Wiederkaufrate einer bestimmten Marke unter Berücksichtigung des Marktanteils. Weiterhin die (6) *Kaufintensitätsrate,* eingeteilt nach Kauffrequenz (Kaufakte pro Zeitraum) sowie Kaufintensität selbst (Kaufmenge pro Zeitraum) und schließlich die (7) Käuferwanderung, d. h. Änderungen von Marktanteilen als Folge eines Marken- oder Produktwechsels der Konsumenten. (Hammann/Erichson 2000, 170 ff.)

*Probleme von Panelerhebungen* ergeben sich aufgrund erheblicher Durchführungskosten, wie z. B. der Gewinnung von Mitgliedern eines Verbraucherpanels über monetäre Anreize, etc. sowie bei der Durchführung von Handelspanels, welche die Unterstützung durch Außendienstmitarbeiter erfordert. Die Repräsentanz von Panelerhebungen (externe Validität) ist durch Verweigerungsraten und Coverage sowie Panelsterblichkeit eingeschränkt. Die Gültigkeit von Panelerhebungen (interne Validität) wird begrenzt durch die teilweise bewusst rationale Berichterstattung über das Kaufverhalten von Teilnehmern, durch die Vergabe bestimmter Checklisten bezüglich der Warengruppen oder durch ein Over-Reporting bzw. ein Under-Reporting der Befragten. Schließlich kann die Auswahl von Panelerhebungen häufig nur durch eine systematische Aufteilung in Regionen, Bezirke oder Haushaltsgruppen gewährleistet werden und nicht über Einzelerhebungen mit einem besseren Detaillierungsgrad erfolgen. (Weis/Steinmetz 2008, 186 f.)

## 3.4 Verfahren der Datenerfassung

### 3.4.1 Messung und Skalierung

Im Rahmen der Marktforschung erfolgt zunächst über die **Datenerhebung** die Gewinnung von Information und entscheidungsrelevantem Wissen, sodann eine **Datenverarbeitung** durch die gezielte Nutzung dieser Information als eine Erhöhung des Gehalts der gewonnenen Daten insbesondere durch deren Aufbereitung und Verdichtung. Unter **Daten** versteht man zum einen numerisches Informationsmaterial, also große Zahlenmengen, welche durch Messung, Befragung oder Beobachtung gewonnen werden, oder verbales Informationsmaterial, also verbale Aussagen, die durch selektive Befragung ermittelt worden sind. Mit der *Datenerfassung* eng verbunden ist der Begriff des Messens bzw. der *Statistik* (statistics) oder der *Skalierung* (scaling) sowie die Verwendung spezifischer Messinstrumente, einschließlich der Berücksichtigung von Gütemaßen der Messverfahren. **Messung** bezeichnet ganz allgemein die *Zuordnung* von Zahlen zu bestimmten Objekten zur Kennzeichnung dieser Objekte hinsichtlich bestimmter Eigenschaften oder *Merkmale* bzw. Merkmalsausprägungen. Das *Ergebnis* der Messung sind Daten, also zahlenmäßig erfasste Merkmalsausprägungen von Untersuchungseinheiten (Merkmalsträger), d. h. Messwerte einer bestimmten Variable oder eines bestimmten Merkmals. Bereits unter dem Aspekt einer wirtschaftlichen und effektiven Durchführung der Messung sind Aspekte unternehmensspezifischer Erfahrung, Vertraulichkeit und Akzeptanz, Kostenvorteile oder Kapazitätsrestriktionen als Kriterium der Messungsdurchführung zu berücksichtigen. (Hammann/Erichson 2000, 75 ff., 86 ff.)

Mit der **Skalierung** wird ein Maßstab zur Messung der Merkmalsausprägungen festgelegt. Das Skalenniveau bestimmt den Informationsgehalt und damit den Interpretationsmodus der zu erhebenden Daten. Folgende **Skalenniveaus** werden unterscheiden (Fantapié Altobelli 2011, 169; Esch et al 2013, 102/Abbildung 3.5; Homburg 2015, 306 f.):

- *Nominalskala.* Bei einer Nominalskalierung ('Identität') werden Merkmalsausprägungen ausschließlich klassifiziert, also in Kategorien eingeteilt oder Attributen zugeordnet. Nominalskalierte Daten ermöglichen eine statistische Auswertung im Hinblick auf Häufigkeiten oder Modus, d. h. einer Kategorisierung nach der höchsten Anzahl von Merkmalsträgern. Vergleiche von Merkmalsausprägungen beschränken sich auf die Feststellung der Übereinstimmung oder Differenz zweier Merkmalsausprägungen.
  *Beispiele:* Geschlecht, Steuerklassen, Familienstand, etc.
- *Ordinalskala.* Bei der Ordinalskalierung ('Ordnung') werden Ordnungsrelationen angegeben, wie z. B. A>B>C, etc., die sich dann entsprechend interpretieren lassen, nämlich im Sinne eines Vergleichs hinsichtlich höherer bzw. niedrigerer Merkmalsausprägungen. Die Angabe eines Abstands zwischen den Rängen der eingestuften Merkmalsträger ist dabei nicht möglich. Ordinalskalierte Daten ermöglichen weitergehende statistische Auswertungen mit sogenannten Positionsmaßen, wie Median und Quantilen.
  *Beispiele:* Angabe einer Präferenzrangfolge wie 'sehr zufrieden', 'zufrieden', 'unzufrieden', 'sehr unzufrieden', etc.
- *Intervallskala.* Mit der Intervallskalierung ('Additivität') erfolgt eine Messung von Skalenwerten, deren Differenzen (Intervalle) als numerische Relationen gemessen werden können, wie z. B. $(x_1-x_2) > (x_3-x_4)$, etc. Eine Interpretation ist wie folgt zulässig: Die Merkmalsausprägungen des Objekts eines Merkmalsträgers A übertrifft die eines Merkmalsträgers B um einen bestimmten Betrag. Unzulässig ist hingegen die Interpretation: A sei ein Vielfaches der Ausprägung von B. Der Skalennullpunkt ist willkürlich gewählt.
  *Beispiele:* Intelligenzquotient, Kalenderzeit, etc.
- *Verhältnisskala.* Bei der Verhältnisskalierung ('Natürlicher Nullpunkt') oder Ratioskalierung erfolgt die Messung in konstanten Einheiten und mit festem, natürlichem Nullpunkt. Die Verhältnisskala stellt das höchste Skalierungsniveau dar und bietet eine Interpretationsmöglichkeit dergestalt, dass etwa die Merkmalsausprägungen des Merkmalsträgers A ein Vielfaches der Merkmalsausprägungen von B sei. Eine Verhältnisskalierung erlaubt die umfassendste Anwendbarkeit von Datenanalysemethoden (metrische Skalierung).
  *Beispiele:* Alter, Einkommen, Umsatz, etc.

**Skalierungsverfahren** versuchen im Vergleich zur Statistik Daten durch Skalen direkt zu messen, indem Merkmalsausprägungen von Objekten miteinander

| Skalenniveau | Beispiel |
|---|---|
| Nominalskala (binär) | Kennen Sie die Firma XYZ?<br>□ Ja □ Nein |
| Nominalskala | Von welchem Hersteller würden Sie am ehesten ein Produkt kaufen?<br>□ ABC □ RST □ XYZ |
| Ordinalskala | In welcher Reihenfolge präferieren Sie Produkte folgender Hersteller? *Rang* *Hersteller*<br>_____ ABC<br>_____ RST<br>_____ XYZ |
| Intervallskala<br>Rating-Skala | Die Firma XYZ-Firma hat einen zuverlässigen Kundenservice.<br>□ stimme voll zu □ stimme zu □ unentschieden □ stimme nicht zu □ stimme gar nicht zu |
| Verhältnisskala<br>Ratioskala | Wie hoch ist die Wahrscheinlichkeit, in nächster Zeit ein Produkt von XYZ zu kaufen?<br>□ 0% □ 20% □ 40% □ 60% □ 80% □ 100% |

Abbildung 3.5: Skalierung und Skalenniveaus

verglichen werden. Unterschieden werden dabei komparative (vergleichende) und nicht-komparative (nicht vergleichende) Skalierungsverfahren. *Komparative Skalierungsverfahren* ermöglichen die Messung von Merkmalsausprägungen für ein Objekt aus dem Vergleich mit einem oder mehreren anderen Objekten (Homburg 2015, 311 f./Abbildung 3.6):

(a) Im *Verfahren der paarweisen Vergleiche* entsteht eine Paarvergleichsmatrix dadurch, dass Probanden jeweils zwei von *n* Objekten beurteilen und sich dann für ein Objekt bevorzugt entscheiden. Daraus ergeben sich dann ordinal skalierte Präferenzdaten für die untersuchten Objekte.

(b) Beim *Rangordnungsverfahren* bringen die Probanden eine Reihe von vorgegebenen Objekten in eine bestimmte Reihenfolge, wie z. B. nach abnehmendem Nutzen, etc., wodurch wiederum ordinal skalierte Präferenzdaten erzeugt werden, indem den Objekten Rangplätze zugewiesen werden.

(c) Beim *Konstantsummenverfahren* verteilen die Probanden eine konstante Anzahl von Einheiten, wie z. B. 100 Punkte, etc., auf verschiedene Objekte oder Eigenschaften von Objekten. Die Punkteverteilung gibt dann Auskunft über die Präferenz oder die Bedeutung einzelner Objekte im erhobenen Kontext.

Die Anwendung der komparativen Skalierungsverfahren empfiehlt sich immer dann, wenn es um die Ermittlung von Präferenzen oder Präferenzbewertungen geht. Würde man in diesem Fall nicht-komparative Skalierungsverfahren verwenden, bestünde die Gefahr einer Nivellierung von Antworten.

**Nicht-komparative Skalierungsverfahren** verfolgen demgegenüber die Bewertung von Untersuchungsobjekten nicht im Vergleich, sondern isoliert. In der Marktforschung sind diese Verfahren überwiegend als *Ratingskalen* (Einschätzungs- oder Zuordnungsskalen) bekannt. Dabei wird die Bewertung von Un-

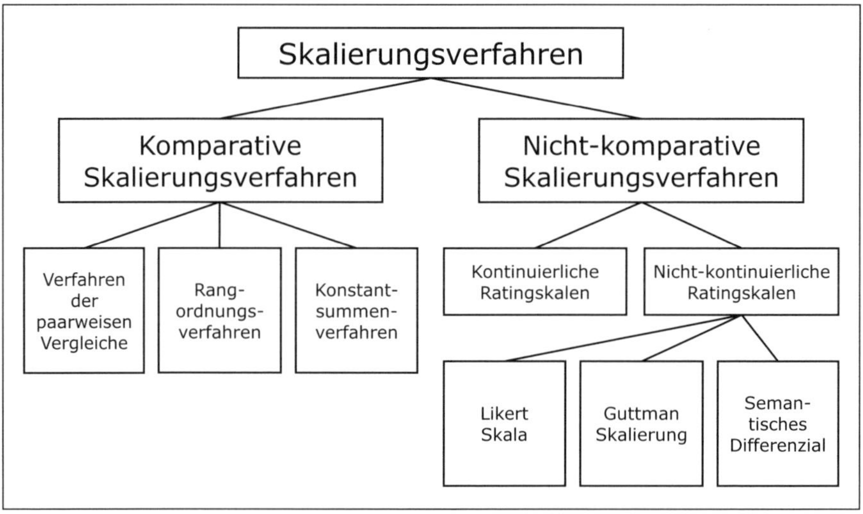


Abbildung 3.6: Alternative Skalierungsverfahren

tersuchungsobjekten auf einem Kontinuum zwischen zwei Extrempunkten vorgenommen. Bei *kontinuierlichen Ratingskalen* wird die Bewertung von Objekten auf einem Kontinuum zwischen zwei Extrempunkten vorgenommen. Aufgrund der unendlich vielen Bewertungsmöglichkeiten prinzipiell aller Punkte eines Kontinuums finden kontinuierliche Ratingskalen in der Praxis weniger Anwendung. Bei sogenannten *nicht-kontinuierlichen, diskreten Ratingskalen* gibt es eine begrenzte Anzahl von Bewertungspunkten, die ordinale Daten liefern. Solchen Ordinalskalen wird in der Regel die Hypothese zugrunde gelegt, dass die semantischen Abstände zwischen den Bewertungspunkten prinzipiell gleich sind oder zumindest subjektiv so eingeschätzt werden. In diesem Falle können den semantischen Ausprägungen des Beurteilungskriteriums feste Zahlenwerte mit gleichbleibendem Intervall zugeordnet werden, wodurch sich quasi eine Transformation der Skala in eine Intervallskala ergibt (Homburg 2015, 312 f./ Abbildung 3.6):

(a) Bei der *Likert-Skala* (Measurement of Attitudes/Einstellungsmessung) werden die Probanden gebeten, zu bestimmten Fragen oder Statements über eine Einstellung oder ein Objekt Stellung zu nehmen. Auf einer bipolaren Skala wird dann das Ausmaß der Zustimmung zu einem Statement ermittelt. In der Likert-Skalierung werden die benutzten Ratingskalen wie Intervallskalen behandelt. Im Ergebnis führt dies zu einer Unterscheidung der Versuchspersonen nach ihrer Einstellung, faktisch jedoch auf Ordinalskalenniveau bezüglich des Untersuchungsgegenstands.

(b) Im *Skalierungsverfahren* von Guttman (Scaling/Skalogramm-Methode), das über die Likert-Skalierung hinausgeht, werden qualitative Aussagen, Fragen und Personen skaliert. Ergebnis ist eine ordinale Skalierung von Aussagen, wenn aus dem Rang einer Versuchsperson ihre Antworten unmittelbar rekonstruiert werden können, d. h. eine vollständige Reproduzierbarkeit vorliegt. Die Bedeutung der Skalogramm-Analyse liegt nicht so sehr in der Konstruktion von Einstellungsskalen, sondern vielmehr in einer Prognose der Reaktion von Versuchspersonen auf inhaltliche Einzelheiten von Aussagen, wenn der Rang der Testperson bekannt ist.

(c) Die *Methode des semantischen Differenzials* von Osgood/Suci/Tannenbaum ist als Variante einer mehrdimensionalen Einstellungsmessung hervorzuheben, bei der adjektivische Gegensatzpaare, also bipolare Ratingskalen, zugrunde liegen. Das semantische Differenzial lässt dabei keine freie Assoziation zu. Die Assoziationsstärke zwischen fixierten Begriffspaaren wird mit einer Ratingsskala verknüpft. Es dient z. B. als Instrument zur Imagemessung, zum Vergleich von Marken, etc. In einer Erweiterung der Stapelskalierung können Bewertungen von Probanden zu Adjektiven und Aussagen separat entwickelt werden.

Im Bereich der *Skalierungsverfahren* sind eine Reihe von Methoden und Modellen entwickelt worden, die eine noch stärkere Ausdifferenzierung von Einstellungskomponenten erfassen, wie etwa das Modell von Fishbein, das Modell von Trommsdorff oder die multidimensionale Skalierung (MDS), einschließlich einer Ausweitung durch die Facettentheorie.

Die Qualität der gemessenen Daten und der denkbaren bzw. möglichen Ableitungen hängt von folgenden **Gütekriterien der Messung** ab (Weis/Steinmetz 2008, 30; Pepels 2014, 61 ff.):

- *Objektivität* (Unabhängigkeit) bedeutet, dass Messvorgang und Messergebnisse unabhängig vom Durchführenden sind: *Durchführungsobjektivität* betrifft dabei die Unabhängigkeit des Verhaltens oder der Antworten der Versuchsperson vom Marktforscher. *Auswertungsobjektivität* bezieht sich auf möglichst geringe Freiheitsgrade durch den Modus der Auswertung, schließlich fordert die *Interpretationsobjektivität* möglichst geringe Bewertungsspielräume bezüglich der Messergebnisse.
- *Validität* (Gültigkeit) bezieht sich auf die Frage, inwieweit ein Messverfahren genau das misst, was gemessen werden sollte; das Messverfahren ist bei hoher Validität frei von systematischen Fehlern: *Inhaltsvalidität* (content validity) betrifft die inhaltlich-semantische Übereinstimmung zwischen den Ergebnissen und der Anwendung des Messinstruments im Hinblick auf das zu messende Konstrukt. Mit der *Kriteriumsvalidität* (criterion validity) und der *Konstruktvalidität* (construct validity) soll die Übereinstimmung der Messung eines Konstrukts mit einem gemessenen Kriterium erreicht werden.
- *Reliabilität* (Zuverlässigkeit) bedeutet, dass bei identischer Wiederholung der Messung, d. h. bei gleichen Rahmenbedingungen, auch das gleiche Messergebnis erzielt werden kann. Reliabilität betrifft die formale Genauigkeit der Datenerfassung ohne Zufallsfehler. *Wiederholungsreliabilität* (test-retest-reliability) bezieht sich auf den Vergleich zeitlich aufeinander folgender Messungen eines identischen Objekts mit identischem Instrument; *Paralleltestreliabilität* (alternative-forms-reliability) bezieht sich auf den Vergleich von Messungen mit ähnlichen Messinstrumenten.

Die Auswahl von Skalierungsverfahren und Gütekriterien im Rahmen der Datenerfassung wirkt sich unmittelbar auf die systematische Vorgehensweise bei der *Erstellung von standardisierten Fragebögen* aus.

### 3.4.2 Auswahl der Erhebungseinheiten

Grundsätzlich unterscheidet man in der Marktforschung bei Verfahren der Stichprobenauswahl zwischen zwei Erhebungsformen im Sinne einer **Feststellung der Auswahlbasis** für den Stichprobenumfang, nämlich zwischen Vollerhebungen und Teilerhebungen. Unter einer *Stichprobe* versteht man eine Menge von Objekten aus einer Grundgesamtheit, über die dann Informationen eingeholt werden sollen, die ebenfalls diese Merkmale in der Grundgesamtheit abbilden sollen. *Vollerhebungen* stellen eine Stichprobenauswahl dar, die dem Umfang der Grundgesamtheit entspricht. Sie sind durchführungstechnisch aus wirtschaftlichen, organisatorischen oder zeitlichen Gründen oft nicht praktikabel. (Homburg 2015, 297 f., 305/Abbildung 3.7)

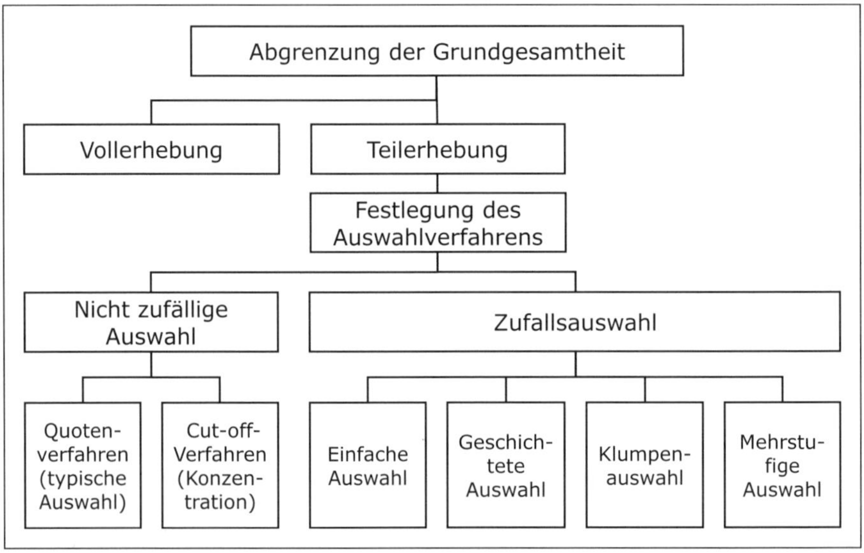


Abbildung 3.7: Grundgesamtheit, Voll- und Teilerhebung

In der Praxis der Marktforschung werden Daten in der Regel in Form von **Teilerhebungen** erfasst. Im Rahmen dieser Teilerhebungen muss zunächst festgelegt werden, wie groß die Stichprobe sein soll, d. h. der Stichprobenumfang ermittelt und bestimmt werden, wie die Stichprobe gebildet werden soll, d. h. das Verfahren der Stichprobenauswahl gewählt werden. Der potenzielle *Stichprobenumfang* wird in der Regel entweder geschmälert durch die effektive Antwortquote, die zur effektiven Stichprobe führt, oder es wird aufgrund von Budgetrestriktionen und Kostenkalkülen auf den Stichprobenumfang einer bestimmten Größe verzichtet. Die Präzision der Ergebnisse einer Marktforschungsstudie korreliert üblicherweise mit steigendem Stichprobenumfang. Mit der *Repräsentativität* der Stichprobe wird im Idealfall die Abbildung von Erhebungsmerkmalen entsprechend ihrem Vorhandensein in der Grundgesamtheit bezeichnet. Relevant ist hier insbesondere die Repräsentativität einer effektiven Stichprobe. Bezüglich der Grundgesamtheit können sich für die Repräsentativität der effektiven Stichprobe zwei zentrale *Fehlerquellen* ergeben. Ein Stichprobenfehler oder Zufallsfehler kann dann entstehen, wenn bestimmte Teilmengen der Grundgesamtheit in der Stichprobe unter- oder überrepräsentiert sind. Dies lässt sich durch eine Vergrößerung des Umfangs der Teilerhebung teilweise ausgleichen. Systematische Fehler können sich beim Übergang von der tatsächlichen Stichprobe zur effektiven Stichprobe in zweifacher Hinsicht ergeben. Durch einen Non-Response-Fehler, d. h. durch eine ungleichmäßige Antwortverweigerung, und durch einen Erfassungsfehler, wie z. B. bei verzerrten Auswahlverfahren, Ziehungs-, Zählungs- und Aufnahmefehlern, etc. (Homburg 2015, 298 ff.)

Nach Feststellung der Auswahlbasis durch Verfahren der Stichprobenauswahl erfolgt eine **Festlegung des Auswahlprinzips** in Form von Verfahren nichtzufälliger Auswahl oder Verfahren der Zufallsauswahl (Homburg 2015, 304 ff.):

Zum *Verfahren der nicht-zufälligen Auswahl* zählt man das *Quotenverfahren*, das die Kenntnis der Verteilung entsprechender Merkmale in der Grundgesamtheit voraussetzt und eine äquivalente Repräsentanz in der Teilmenge erreichen soll. Nach diesem Verfahren werden Quoten für die Stichprobe vorgegeben, die proportional zu einer entsprechenden Verteilung in der Grundgesamtheit sind. Im *Cut-off-Verfahren* (Konzentrationsverfahren) dagegen beschränkt man sich ebenso wie im *Verfahren typischer Auswahl* auf relevante Merkmale, die bewusst der Stichprobe angehören sollen, wie z. B. die Auswahl von Großbetrieben unter Vernachlässigung von klein- und mittelständischen Betrieben, etc.

Zu den *Verfahren der Zufallsauswahl* (*random sampling*) gehört zunächst die *einfache Zufallsauswahl*, bei der jedes Element der Grundgesamtheit die gleiche Wahrscheinlichkeit besitzt in die Stichprobe zu gelangen; dies ist in der Regel bei kleinen Grundgesamtheiten gut möglich. Bei der *geschichteten Zufallsauswahl* wird die Grundgesamtheit in homogene und heterogene Teilgesamtheiten aufgeteilt, aus welchen dann Zufallsstichproben gezogen werden, die eine Gesamtstichprobe ergeben. In der *Klumpenauswahl* wird die Grundgesamtheit in einem ersten Schritt in Klumpen (Cluster) aufgeteilt, die eine heterogene Zusammensetzung besitzen. Anschließend werden dann zufällig eine oder mehrere dieser Cluster ausgewählt, die in die Gesamtstichprobe aufgenommen werden. *Mehrstufige Auswahlverfahren* werden bei großen und unüberschaubaren Grundgesamtheiten angewendet, indem unterschiedliche Verfahren der Zufallsauswahl miteinander oder untereinander kombiniert werden. Dieses Verfahren kommt z. B. bei allgemeinen Bevölkerungsumfragen mit einer Abgrenzung in sogenannte Stimmbezirke zur Anwendung.

Für die **Gestaltung eines Erhebungsinstruments**, wie z. B. den Entwurf eines standardisierten Fragebogens, etc., sind ausführliche Planungsschritte erforderlich, konkret eine Entscheidung über Frageninhalte, Fragenformate, Formulierung und Reihenfolge der Fragen, Entscheidungen über die äußere Gestaltung des Fragebogens sowie über einen Pretest zum Einsatz des Fragebogens. Für die *Frageninhalte* bzw. *Fragenformulierung* gelten folgende Prinzipien: *Einfachheit*, z. B. Vermeidung von komplexen Sätzen und schwierigen Ausdrücken, etc., *Neutralität*, z. B. Verzicht auf Suggestivformulierungen mit einer Tendenz zu sozial erwünschten Antworten, etc., *Eindeutigkeit*, z. B. Itemdiskriminierung durch Weglassen von Doppelfragen, etc., und *Relevanz*, z. B. Nichtverwendung von Fragen, die inhaltlich weder auf die Zielgruppe, noch auf das theoretische Konstrukt Bezug nehmen, etc. Hinsichtlich der *Fragenformate* kann unterschieden werden zwischen offenen und geschlossenen Fragen. Vorteile geschlossener Fragen sind deren einfache Beantwortung, Kodierung und Analyse, etc., Nachteile bestehen in den impliziten Antwortstrukturen bei geschlossenen Fragen, einer Tendenz oberflächliches Antworten zu fördern oder im Ausschluss von originellen Antworten. Bezüglich der *Reihenfolge der Fragen* sollte eine innere Dramaturgie berücksichtigt werden, um möglichst niedrige Abbruchquoten zu gewährleisten. Des Weiteren sollten Ausstrahlungseffekte von Fragen und Reihenfolgeeffekte verhindert werden. Für die äußere Gestaltung von Fragebögen sollte ein einheitlicher Schrifttyp, eine übersichtliche Anordnung, der Einbezug optischer Hilfsmittel, etc., berücksichtigt werden. (Kuß et al 2014, 115 ff.; Homburg 2015, 314 ff.)

Im Rahmen der *Editierung* von Daten wird sichergestellt, dass die benötigten Daten vorhanden, lesbar und fehlerfrei sind. Diesbezüglich müssen Fragebögen auf Vollständigkeit, Richtigkeit, Widersprüchlichkeit oder Verfälschung, etc., überprüft werden. Mit der *Kodierung* werden die Daten kategorisiert, d. h. in Antworten eingruppiert und in Zahlen umgewandelt, damit eine Auswertung der Daten mithilfe statistischer Programme, wie z. B. SPSS, etc., möglich ist.

## 3.5 Verfahren der Datenanalyse

### 3.5.1 Uni- und bivariate Datenanalyse

Das Spektrum der **Datenanalysemethoden**, das für Zwecke der Marktforschung zur Verfügung steht, differenziert zunächst nach der Zahl der in der Analyse berücksichtigten Variablen (Homburg 2014, 89/Abbildung 3.8).

Je nachdem, ob eine, zwei oder mehr als zwei Variablen berücksichtigt werden, unterscheidet man *uni-*, *bi-* und *multivariate Verfahren*. Eine weitere Kategorisierung bezieht sich auf die Zielsetzung der Verfahren insgesamt. Demnach werden deskriptive oder induktive Methoden der Statistik unterschieden:

*Deskriptive (beschreibende) Verfahren* erlauben ausschließlich Aussagen über die erhobene Datenmenge bzw. deren Strukturen, die unter anderem mit bestimmten Maßzahlen beschrieben werden. *Induktive (schließende) Verfahren* beruhen auf der Wahrscheinlichkeitstheorie, mit ihr werden Rückschlüsse von der Struktur der Stichprobe auf die Struktur in der Grundgesamtheit (Population) gezogen. (Homburg 2015, 326 ff.)

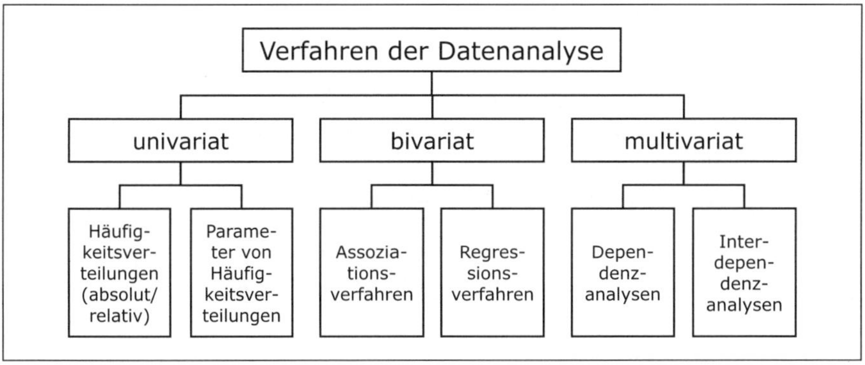


Abbildung 3.8: Datenanalyseverfahren

Im Rahmen von deskriptiv **univariaten Verfahren** werden zunächst absolute und relative Häufigkeiten der verschiedenen Ausprägungen eines Merkmals ermittelt. Liegt ordinales Skalenniveau vor, können diese zu kumulierten absoluten oder relativen Häufigkeiten addiert werden. *Häufigkeitsverteilungen* werden in der Marktforschung der Anschaulichkeit wegen grafisch, mit Balken- oder Kreisdiagrammen für absolute und relative Häufigkeiten dargestellt. Die **Ermittlung von Parametern** der Häufigkeitsverteilungen ist eine weitere Methode univariater, deskriptiver Verfahren (Homburg 2014, 91/Abbildung 3.9; Homburg 2015, 330 ff.):

| Konsument | A | B | C | D | E | F | G | H | I |
|---|---|---|---|---|---|---|---|---|---|
| Alter in Jahren | 25 | 28 | 28 | 21 | 26 | 19 | 27 | 24 | 29 |

Arithmetisches Mittel:

(25+28+28+21+26+19+27+24+29)/9 = 25,22

Median: (19; 21; 24; 25; 26; 27; 28; 28; 29) = 26

Modus: (19; 21; 24; 25; 26; 27; 28; 28; 29) = 28

Quantile:

0,25-Quantil = 22,5 (=(21 + 24)/2); 0,5-Quantil = 26;
0,75-Quantil = 28 (=(28 + 28)/2)

Abbildung 3.9: Berechnung von Lageparametern

(1) *Lageparameter* geben spezifische Positionen der Häufigkeitsverteilung auf einer Merkmalsskala an. Das *arithmetische Mittel* (Mittelwert) ist der Durchschnitt aller Merkmalsausprägungen:

$$\bar{x} = \frac{1}{n}\sum_{i=1}^{n} x_i$$

Die Berechnung des arithmetischen Mittels erfordert metrisches Skalenniveau. Bei der Interpretation des Mittelwerts ist zu berücksichtigen, dass extreme Merkmalsausprägungen (Ausreißerwerte) zu einer Verzerrung führen können. Der *Median* ist der mittlere Wert, der in einer geordneten Reihe von Beobachtungswerten nach der Größe in der Mitte steht. Dies bedeutet, dass oberhalb und unterhalb des Medians gleich viele Beobachtungswerte liegen. Der Median ist relativ stabil gegenüber von extremen Merkmalsausprägungen. Der *Modus* ist der Wert der Merkmalsausprägung, der am häufigsten auftritt, er wird auch als Modalwert bezeichnet. *Quantile* sind Verallgemeinerungen des Medians und unterteilen die nach Größe angeordneten Merkmalsausprägungen so in zwei oder mehrere Gruppen, dass ein angegebener Prozentsatz der Beobachtungswerte unter (25 %), ein anderer über (75 %) dem Quantil liegt.

(2) *Streuungsparameter* sind Maßzahlen für die Verteilung einzelner Merkmalsausprägungen über den Bereich der Merkmalsskala. Die in der Praxis am häufigsten verwendeten Streuungsparameter basieren auf der Messung des Abstands der Merkmalsausprägungen zum Mittelwert: Die *Varianz* berechnet sich aus der Summe der quadrierten Abweichungen der einzelnen Beobachtungswerte vom arithmetischen Mittel (Homburg 2014, 92/Abbildung 3.10):

$$s^2 = \frac{\sum_{i=1}^{n}\left(x_i - \bar{x}\right)^2}{n-1}$$

Die *Standardabweichung*, die auch als Streuung oder mittlere Abweichung bezeichnet wird, ist die Quadratwurzel aus der Varianz. Der *Variationskoeffizient* ist ein relatives Streuungsmaß und ist definiert als Quotient der Standardabweichung und des Mittelwerts. Der Variationskoeffizient ermöglicht den Vergleich von Stichproben mit unterschiedlichen Mittelwerten hinsichtlich ihrer Streuungen. Die *Spannweite* ist definiert als Differenz zwischen dem kleinsten und dem größten Merkmalswert. Auch bei der Spannweite besteht die Gefahr ihrer Verzerrung durch Ausreißerwerte.

(3) *Formparameter* geben Auskunft über die Form der Verteilung und werden nach *Schiefe-* bzw. *Wölbungsmaßen* unterschieden. Schiefemaße beschreiben die Ausprägungen der Symmetrie einer Verteilung, während Wölbungsmaße die Steilheit (Exzess) erfassen.

(4) *Konzentrationsparameter* beschreiben das Ausmaß der Ungleichverteilung der Merkmalsausprägungen auf die Merkmalsträger einer Gesamtheit. Die Ungleichverteilung beschreibt dann das Ausmaß der Abweichung in Bezug auf eine Gleichverteilung, wie z. B. der Gini-Koeffizient.

Mit den deskriptiv **bivariaten Verfahren** lassen sich Beziehungen zwischen zwei Variablen quantitativ beschreiben. Bei den sogenannten *Assoziationsverfahren* wird der Zusammenhang zwischen zwei Variablen untersucht, ohne zwischen

| Konsument | A | B | C | D | E | F | G | H | I |
|---|---|---|---|---|---|---|---|---|---|
| Alter in Jahren | 25 | 28 | 28 | 21 | 26 | 19 | 27 | 24 | 29 |

Mittelwert = 25,22

Empirische Varianz = $((25 - 25{,}22)^2 + (28 - 25{,}22)^2 + (28 - 25{,}22)^2 + (21 - 25{,}22)^2 + (26 - 25{,}22)^2 + (19 - 25{,}22)^2 + (27 - 25{,}22)^2 + (24 - 25{,}22)^2 + (29 - 25{,}22)^2) / (9 - 1) = 11{,}44$

Empirische Standardabweichung = $\sqrt{11{,}44} = 3{,}38$

Variationskoeffizient = 3,38 / 25,22 = 0,13

Spannweite = 29 - 19=10

Abbildung 3.10: Berechnung von Streuungsparametern

abhängiger und unabhängiger Variable zu unterscheiden. Bei der *Regressionsanalyse* erfolgt demgegenüber eine Unterscheidung zwischen abhängiger und unabhängiger Variable. Beispiele für Verfahren der **Ermittlung der Beziehung zweier Variablen** sind (Homburg 2015, 232 ff.):

(1) *Assoziationsverfahren, (a) Kreuztabellierung* für nominales Skalenniveau der Merkmalsausprägungen. In diesem Verfahren werden in einer Matrix die absoluten bzw. relativen Häufigkeiten aller möglichen Kombinationen der Merkmalsausprägungen zweier Merkmale angegeben. Aus den Ausprägungen entsprechender Häufigkeiten lassen sich dann quantitative Zusammenhänge zwischen den einzelnen Merkmalen ablesen. Anhand von weiteren induktiven Verfahren können die beobachteten Zusammenhänge, die über die Kreuztabelle als Häufigkeit ermittelt wurden, bewertet werden. Die Kreuztabellierung ermöglicht keine Rückschlüsse der vorliegenden Stichprobe auf die Grundgesamtheit. Ein weiteres Beispiel für die Assoziationsanalyse ist die *(b) Korrelationsanalyse* bei metrischem Skalenniveau der untersuchten Merkmale. Dieses Verfahren analysiert die Stärke eines möglichen linearen Zusammenhangs zwischen zwei Variablen als Ausmaß einer gemeinsamen Variation der Variablen. Untersucht wird, inwieweit die Änderung der Werte einer Variablen mit der Änderung der Werte der anderen Variablen verbunden (korreliert) ist.

Die Korrelationsanalyse basiert auf der *Berechnung eines Korrelationskoeffizienten r,* der das Ausmaß des Zusammenhangs der Variablen x und y angibt:

$$r = \frac{\sum_{i=1}^{n}(x_i - \bar{x}) \cdot (y_i - \bar{y})}{\sqrt{\left(\sum_{i=1}^{n}(x_i - \bar{x})^2\right) \cdot \left(\sum_{i=1}^{n}(y_i - \bar{y})^2\right)}}$$

Die Ausprägungen des Korrelationskoeffizienten liegen im Bereich von –1 bis +1: Positive Werte des Korrelationskoeffizienten (maximal +1) zeigen einen gleichgerichteten Zusammenhang zwischen den untersuchten Merkmalen an (je größer x, desto größer y). Negative Werte des Korrelationskoeffizienten (minimal –1) zeigen einen gegensätzlichen Zusammenhang an (je kleiner x, desto größer y). Beträgt der Wert des Korrelationskoeffizienten $r = +1$ oder $r = -1$ liegen alle Punkte auf einer Geraden, im ersten Fall mit positiver Steigung und im zweiten Fall mit negativer Steigung. Bei einem Korrelationskoeffizienten $r = 0$ liegt kein messbarer Zusammenhang zwischen x und y vor.

(2) *Regressionsverfahren*. Mit der bivariaten *Regressionsanalyse* können die Auswirkungen von unabhängigen Variablen auf abhängige Variablen untersucht werden, die auf metrischem Skalenniveau gemessen sind. Die Art und Weise des Zusammenhangs kann durch entsprechende Funktionen dargestellt werden, z. B. mit einer Geraden durch die Gleichung $\hat{y}_i = a + x_i$. Durch die Regressionsanalyse werden dann die sogenannten *Regressionsparameter* a und b so geschätzt, dass sich die Gerade der empirischen Punkteverteilung möglichst gut anpasst. Diese optimal angepasste Gerade wird *Regressionsgerade* genannt. Die Schätzung der Regressionsparameter erfolgt unter Anwendung der Methode der kleinsten Quadrate. Dies bedeutet, dass die Summe der Fehlerquadrate minimiert wird. Der Regressionsparameter b als Steigungsparameter der Regressionsgeraden kann als Maß für die Stärke des Zusammenhangs der Variablen interpretiert werden. Um zu prüfen, wie gut die Regressionsfunktion zur Beschreibung der empirisch erhobenen Daten geeignet ist, wird die Güte der Regressionsfunktion durch das *Bestimmtheitsmaß* $r^2$ geprüft. Bei der Berechnung des Bestimmtheitsmaßes werden die Abweichungen zwischen den durch die Regressionsfunktion geschätzten Werten berücksichtigt und die empirisch beobachteten Werte der abhängigen Variablen einbezogen. Diese *Gesamtabweichung* der abhängigen Variablen von ihrem Mittelwert (Gesamtstreuung) setzt sich zusammen aus erklärter Streuung, die auf die unabhängige Variable zurückzuführen ist, und der nicht erklärten Streuung, die auf andere Einflussfaktoren zurückgeht. Die Werte von $r^2$ liegen zwischen 0 und 1, wobei ein Wert von 1 angibt, dass die Streuung vollständig durch die unabhängige Variable erklärt wird.

Auch bei den *induktiven (schließenden) Verfahren* gibt es eine Unterscheidung zwischen uni- und bivariaten Methoden. Bei den univariaten induktiven Verfahren werden Rückschlüsse von einer Variablen der Stichprobe auf die Grundgesamtheit vorgenommen. Diese Rückschlüsse erfolgen mithilfe statistischer Signifikanztests, also Methoden, mit deren Hilfe Hypothesen aus einer Stichprobe über die Verteilung von Merkmalen in der Grundgesamtheit gebildet werden. Unter Angabe einer Irrtumswahrscheinlichkeit (Signifikanzniveau) wird die Wahrscheinlichkeit einer statistischen Aussage gegenüber einer statistischen Alternative geprüft. Die zu testende Aussage bezeichnet man als Nullhypothese, die Alternative als Gegenhypothese. Bei der Durchführung eines Signifikanztests geht man nach folgenden Schritten vor (Bleymüller/Weisbach 2015, 133 ff., 147 ff./Abbildung 3.11):

6 Schritte S 1 – S 6 **Prozess eines Signifikanztests**

S 1: Formulierung der Nullhypothese $H_0$ und der Gegenhypothese $H_1$

S 2: Festlegung des Signifikanzniveaus $\alpha$ (Wahrscheinlichkeit für den Fehler erster Art / Nullhypothese wird abgelehnt, obwohl sie richtig ist

S 3: Auswahl eines statistischen Testverfahrens

S 4: Ermittlung des Ablehnungsbereichs

S 5: Berechnung des Werts der Prüfgröße

S 6: Auswertung und Interpretation der Ergebnisse

Abbildung 3.11: Schritte zur Durchführung eines Signifikanztests

Eine Auswahl von eigneten Testverfahren (Signifikanztests) mit entsprechenden Testwerttabellen können über Spezialquellen oder Literatur zu Testverfahren bezogen werden.

## 3.5.2 Multivariate Datenanalyse

Multivariate Verfahren lassen sich in zwei Gruppen einteilen: Dependenzanalysen und Interdependenzanalysen. **Dependenzanalysen** arbeiten mit gleichgerichteten Abhängigkeiten, dies bedeutet, abhängige Variablen werden metrisch oder nicht-metrisch erhoben. (Kuß et al 2014, 245 ff.; Homburg 2015, 358 f., 381 ff./ Abbildung 3.12):

- Mit der *multiplen Regressionsanalyse* wird der Einfluss mehrerer unabhängiger Variablen auf eine abhängige Variable unter folgenden typischen Fragestellungen analysiert: Welche Leistungsparameter beeinflussen die Zufriedenheit der Kunden? Von welchen Faktoren wird die Zahlungsbereitschaft der Käufer beeinflusst? Von welchen Einflussgrößen hängt die Kaufentscheidung der Kunden ab? Im Grundmodell der multiplen Regressionsanalyse wird ein linearer Zusammenhang zwischen *n* unabhängigen Variablen und der abhängigen Variable unterstellt. Ähnlich wie bei uni- oder bivariaten Verfahren erfolgt dann eine Schätzung der Regressionsparameter:

  $$y = a + b_1 \cdot x_1 + b_2 \cdot x_2 + \ldots + b_J \cdot x_J + e.$$

  Bei der *multiplen Diskriminanzanalyse* werden, wie bei der multiplen Regressionsanalyse, gerichtete Abhängigkeiten untersucht mit dem Unterschied, dass die Merkmalsausprägungen der abhängigen Variablen (Gruppierungsvariable) zu Gruppen zusammengefasst werden, wie z. B. Marktsegmente, Warengruppen, etc.

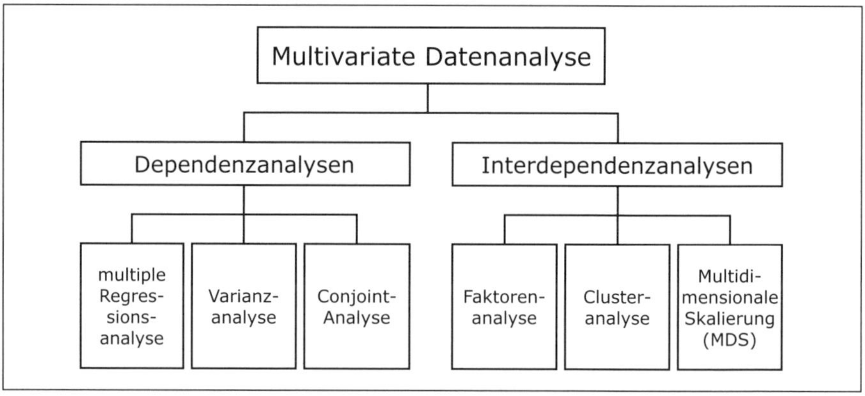


Abbildung 3.12: Multivariate Datenanalyseverfahren

- Die *Varianzanalyse* stellt ein Verfahren der Dependenzanalyse dar, das die Wirkung von nominal skalierten unabhängigen Variablen auf metrisch skalierte abhängige Variablen untersucht. Zu untersuchende Fragestellungen beziehen sich auf signifikante Unterschiede der abhängigen Variablen zwischen verschiedenen Gruppen mit etwa folgenden Fragestellungen: Welche Wirkung haben verschiedene Formen der Preisgestaltung auf das Kaufverhalten der Kunden? Wie wirken sich unterschiedliche Zahlungssysteme auf das Kaufverhalten aus? Die grundlegende Idee der Varianzanalyse besteht darin, dass eine Varianzzerlegung wie folgt vorgenommen wird: totale Streuung = erklärte Streuung + nicht-erklärte Streuung. Die Zerlegung erfolgt in eine abhängige, vom Modell erklärte Komponente und in eine zufällige, vom Modell nicht erklärte Komponente. Im Vergleich zur uni- oder bivariaten Varianzanalyse werden bei der multivariaten Varianzanalyse nicht nur die Beziehung zwischen den abhängigen und unabhängigen Variablen, sondern auch die Zusammenhänge zwischen den abhängigen Variablen analysiert.
- Die *Conjoint-Analyse* untersucht, wie z. B. einzelne Merkmale bzw. Merkmalsausprägungen eines Produkts zum Gesamtnutzen dieses Produkts für Kunden beitragen. Man kann damit ermitteln, wie sich die Präferenzen der Kunden ändern, wenn einzelne Merkmale des Produkts verändert werden. Die Conjoint-Analyse kann z. B. im Rahmen der Produktpolitik entscheidungsunterstützend sein, bei der Gestaltung neuer Produkte oder bei einer Anpassung bereits existierender Produkte richtungsweisende Informationen geben. Im Rahmen der Preispolitik können mit der Conjoint-Analyse z. B. Zahlungsbereitschaften ermittelt werden, wenn sich die Produktqualität, der Service oder andere Eigenschaften des Produkts ändern.

**Interdependenzanalysen** beziehen sich auf ungerichtete Abhängigkeiten zwischen Variablen. Es werden keine Hypothesen bezüglich der Richtung des Zusammenhangs postuliert. (Homburg 2015, 360 ff./Abbildung 3.12; Backhaus et al 2015, 349 ff.)

- Die *Faktorenanalyse* untersucht bezüglich einer Gruppe von Indikatorvariablen, wie z. B. Anschaffungspreis, Reparaturkosten, Wiederverkaufswert, etc., die ihnen zugrundeliegende Struktur, wie z. B. Bewertungskonstrukt 'Wirtschaftlichkeit', etc. Insofern handelt es sich um eine Komplexitätsreduktion auf einige wenige, grundlegende Faktoren durch Merkmalsverdichtung. Im Rahmen der *exploratorischen Faktorenanalyse* wird a priori keine bestimmte Faktorenstruktur unterstellt, beispielsweise werden in der Erforschung des Konsumentenverhaltens marketingspezifische Persönlichkeitsprofile erst erstellt. In der Produktpolitik werden z. B. bei Positionierungsanalysen, etc. Produkte bzw. Marken im Eigenschaftsraum angeordnet, um sie vergleichbar zu machen. Zu Beginn einer Faktorenanalyse erfolgt die Erhebung von Ausgangsdaten für entsprechende Fragestellungen und die Berechnung einer Korrelationsmatrix, um bereits unterschiedliche Zusammenhänge zwischen den untersuchten Variablen auszuweisen. Hier zeigt sich, welche Variablen aufgrund ihres Korrelationszusammenhangs 'zusammengehören' (*Faktorladungsmatrix*). Variablen mit hohen Korrelationen werden deshalb zu spezifischen Faktoren zusammengefasst, die anschließend inhaltlich interpretiert werden müssen/können (*Interpretation der extrahierten Faktoren*).

- Die *Clusteranalyse* ist ein Verfahren zur Reduktion eines Datensatzes von Objekten zu Gruppen, sogenannten Clustern, wie z. B. Markt- oder Kundensegmente, etc., die in sich möglichst homogen und untereinander möglichst heterogen sind oder sein sollen. Den Ausgangspunkt einer Clusteranalyse stellt eine Datenmatrix dar, in der die Merkmalsausprägungen für Objekte in Gruppen aufgelistet werden. Befragungsergebnisse beziehen sich auf mehrere Aspekte, wie z. B. die Einstellung von Kunden, etc., die wiederum auf mehrstufigen Ratingskalen erhoben werden. Durch Paarvergleiche werden Ähnlichkeits- und Distanzmaße der Untersuchungsobjekte hinsichtlich ihrer Unterschiedlichkeit vergeben. Ziel einer jeden Clusteranalyse ist es, wie z. B. in der Marktforschung bei der Marktsegmentierung, die beobachteten Objekte (Produkte), für welche die zu untersuchenden Merkmale ermittelt wurden, zu gruppieren, wie z. B. nach Nutzenkriterien, Kaufverhaltenskriterien, etc. Dies bedeutet, es werden in sich homogene und untereinander heterogene Gruppen zusammengefasst.
- Die *multidimensionale Skalierung (MDS)* versucht Untersuchungsgegenstände oder Objekte in einem geometrischen Raum möglichst niedriger Dimension durch Ähnlichkeitsrelationen abzubilden. Die Positionierung dieser Objekte soll die Ähnlichkeitsbeziehungen zwischen den Objekten möglichst gut darstellen. Im Bereich der Marktforschung können damit Positionen von Produkten oder Marken in der Wahrnehmung der Kunden analysiert werden. Untersucht werden kann damit etwa, welche Produkte oder Marken dem Kunden durch eine ähnliche Positionierung als Konkurrenzangebote erscheinen und deshalb auch entsprechend angeboten werden können oder sollten. Die multidimensionale Skalierung wird immer dann angewendet, wenn generelle Ähnlichkeitsurteile abgegeben werden können, aber keine Informationen darüber vorliegen, welche Merkmale für die Ähnlichkeitsurteile verantwortlich sind.

Verfahren der Interdependenzanalyse zeichnen sich im Vergleich zu Verfahren der Dependenzanalyse durch *ungerichtete Abhängigkeiten* aus. Dies bedeutet, dass alle zugrunde gelegten Variablen ohne Berücksichtigung einer Richtungshypothese bezüglich der Zusammenhänge unter ihnen untersucht werden. Dies ist bei Dependenzanalysen nicht der Fall. Im Falle von Dependenzanalysen spricht man von *gerichteten Abhängigkeiten,* wenn konkrete Einflüsse von unabhängigen Variablen auf abhängige Variablen untersucht werden.

## 3.6 Aufgaben und Literaturhinweise

### 3.6.1 Aufgaben

Nachfolgend werden einige **Bearbeitungshinweise** zur umfassenden Lösung der Aufgaben gegeben:

▶ Aufgaben

- **[1]** Beschreiben Sie kurz Gegenstand und Aufgaben der Marktforschung sowie relevante Abgrenzungen.
- **[2]** Erläutern Sie kurz 3 Verfahren der Datenerhebung, einschließlich deren Vor- und Nachteile sowie durch Beispiele Skalenniveaus der Messung und ihre Bedeutung.
- **[3]** Diskutieren Sie Kriterien der Gestaltung von Fragebögen über deren Vor- und Nachteile.
- **[4]** Die *Young Consumers,* bestehend aus 9 Mitgliedern, haben folgende Altersverteilung 26, 29, 29, 22, 27, 20, 28, 25, 30. Berechnen Sie für die Altersverteilung Lagemaße, wie arithmetisches Mittel, Median, Modus 0,25/ 0,5/ 0,75-Quantil und Streuungsparameter, wie empirische Varianz, Standardabweichung, Variationskoeffizient und Spannweite.
- **[5]** Beschreiben Sie kurz die Vorgehensweise bei der Anwendung sogenannter multivariater Datenanalysen.

Aufgaben zu Kapitel 3

- Zunächst sollte die Bearbeitung der einzelnen Aufgaben aus der Sicht einer Unterscheidung von *quantitativen* und *qualitativen Methodenaspekten* erfolgen.
- Zweckmäßig ist es dann, Verfahren der Datenerhebung vor dem Hintergrund ihrer *Bedeutung* für eine Datenauswertung zu berücksichtigen.
- Schließlich sollte bei der Bearbeitung der Aufgaben nach der *Herkunft* der Daten aus unternehmensexternen und unternehmensinternen Quellen unterschieden und bei ihrer Interpretation berücksichtigt werden.
- Ergänzend sollten *Methoden der Datenanalyse* kritisch unter dem Aspekt ihrer *Aussagefähigkeit* und Übertragbarkeit für ein Informationsmanagement beurteilt werden.

Stichworte zu konkreten Lösungshinweisen für die Aufgaben von Kapitel 3 finden Sie auf Seite 279.

### 3.6.2 Literaturhinweise

Die nachfolgenden Titel stellen Basisquellen zur thematischen Breite des 3. Kapitels dar, gleichzeitig können folgende Lehrwerke und Literaturangaben ergänzend als relevante Quellen zur vertiefenden Nachbereitung der Inhalte des vorangegangenen Kapitels herangezogen werden:


- *Backhaus, Klaus/Erichson, Bernd/Weiber, Rolf (2015):* Fortgeschrittene Multivariate Analysemethoden, Eine anwendungsorientierte Einführung, 3., überarbeitete und aktualisierte Auflage, Berlin 2015
- *Bauer, Erich (2009):* Internationale Marketingforschung. Informationsgewinnung für das internationale Marketing, 4., überarbeitete und aktualisierte Auflage, München 2009
- *Berekoven, Ludwig/Eckert, Werner/Ellen, Peter (2009):* Marktforschung. Methodische Grundlagen und praktische Anwendung, 12., überarbeitete und erweiterte Auflage, Wiesbaden 2009
- *Bleymüller, Josef/Weisbach, Rafael (2015):* Statistik für Wirtschaftswissenschaftler, 17., überarbeitete Auflage, München 2015
- *Fantapié Altobelli, Claudia (2011):* Marktforschung. Methoden – Anwendungen – Praxisbeispiele, 2., überarbeitete und erweiterte Auflage, Konstanz/ München 2011
- *Grunwald, Guido/Hempelmann, Bernd (2012):* Angewandte Marktforschung. Eine praxisorientierte Einführung, München 2012
- *Hammann, Peter/Erichson, Bernd (2000):* Marktforschung, 4., überarbeitete und erweiterte Auflage, Stuttgart 2000
- *Herrmann, Andreas/Homburg, Christian/Klarmann, Martin (Hrsg.) (2008):* Marktforschung: Methoden – Anwendungen – Praxisbeispiele, 3., vollständig überarbeitete und erweiterte Auflage, Wiesbaden 2008/2014
- *Koch, Jörg (2012):* Marktforschung. Grundlagen und praktische Anwendungen, 6., überarbeitete und aktualisierte Auflage, München 2012
- *Kuß, Alfred/Wildner, Raimund/Kreis, Henning (2014):* Marktforschung: Grundlagen der Datenerhebung und Datenanalyse, 5., vollständig überarbeitete und erweiterte Auflage, Wiesbaden 2014
- *Pepels, Werner (2014):* Moderne Marktforschung. Systematische Einführung mit zahlreichen Beispielen und Praxisanwendungen. Auswahlverfahren, Erhebungsmethoden, Datenauswertung, Absatzprognose, 3., komplett überarbeitete Auflage, Berlin 2014
- *Schneider, Willy (2013):* Marketing-Forschung und Käuferverhalten. Effiziente Beschaffung und Analyse von Markt- und Kundeninformationen, München 2013
- *Schnettler, Josef/Wendt, Gero (2011):* Marketing und Marktforschung. Lehr- und Arbeitsbuch für die Aus- und Weiterbildung, 4., aktualisierte und erweiterte Auflage, Berlin 2011

*Weis, Christian/Steinmetz, Peter (2012):* Marktforschung, 8., verbesserte und aktualisierte Auflage, Herne 2012

### 3.6.3 Creative Case Choice III

Mit dem *Creative Case Choice III* des Themenschwerpunkts **Marktforschung** sollen aus dem 3. Kapitel für das ausgewählte Fallbeispiel informationsrelevante Sachverhalte systematisch für Marketingaktivitäten aufbereitet werden. Folgende konkrete Arbeitsschritte sollen dabei aus dem **Creative Case Chart III** berücksichtigt werden:

Sammlung von strukturiertem Datenmaterial des ausgewählten Unternehmens/Projekts nach folgenden Kriterien:

- Primär- und Sekundärerhebungen zu ausgewählten Sachverhalten des betreffenden Fallbeispiels
- Auswahl der Informations- und Datenquellen über das Unternehmen/Projekt, z.B.: Website, Broschüren, interne Quellen, etc.
- Sammeln von Kurzinformationen über:

1. Umsatz, Gewinn, Produktvolumen, Kundenzahlen, etc.
2. Sekundärdaten über Branche, Wirtschaftszweig, etc.
3. Primärdaten (soweit verfügbar)
4. Prognostizierte Daten, Zukunftsszenarien, etc.
5. Berechnung eigener ausgewählter Kennzahlen

Abbildung 3.13: Creative Case Chart III

Durch die erfolgreiche Bearbeitung des vorliegenden Creative Case Choice III sollte eine Komplexitätsreduktion der relevanten Informationsquellen erfolgen, eine Kategorisierung entsprechenden Zahlenmaterials vorgenommen sowie eine Interpretation der ermittelten Daten erreicht werden.

# 4. Kunden und Konsumentenverhaltensforschung

## 4.1 Struktur und Lernziele des Kapitels

### 4.1.1 Verhaltensdimensionen des Marketings

Mit den Verhaltensdimensionen des Marketings werden Faktoren beschrieben, die zur Analyse und Optimierung der Beziehung zwischen Unternehmen und Kunden dienen. Neben relevanten Umweltdeterminanten des Verhaltens gehören vorrangig *psychische Determinanten* in Form von aktivierenden und kognitiven Prozessen sowie deren Zusammenwirken zu Bestimmungsgrößen für Konsumentenverhalten. Darüber hinaus werden ökonomische Determinanten des Konsumentenverhaltens berücksichtigt, wie z. B. relevante Handlungsalternativen, Anspruchsniveaus, Einkommensbudgets für Kaufentscheidungsprozesse, etc. Unter Berücksichtigung von spezifischen *Verhaltensaspekten* werden aus *interdisziplinärer Perspektive* sowohl psychologische als auch ökonomische Modelle des Kaufverhaltens integriert. Ergänzend werden *Anwendungsbezüge* von Kaufverhaltensmodellen und die *Praxis* von Kaufentscheidungsprozessen dargestellt.

**4 Kunden und Konsumentenverhaltensforschung**

- Kundenmanagement **Kunden**
- Konsumentenforschung
- Consumer-Behaviour-Ansätze

**Kaufverhalten**

- Psychologische Modelle
- Ökonomische Modelle
- Kaufverhalten von Organisationen
- Praxis von Kaufentscheidungen

**Kaufentscheidung**

Struktur von Kapitel 4

Mit dem Fokus auf **Kunden** und Kundenmanagement wird zunächst die Bedeutung und der Status von Kunden als Konsumenten sowie die darauf gerichteten

Optionen eines Kundenmanagements aufgezeigt. Um Bestimmungsgründe für Kaufverhaltensentscheidungen angeben zu können, wird das Profil einer Konsumentenforschung beschrieben sowie Determinanten des Verhaltens von Konsumenten dargestellt.

Im Rahmen von Modellen zur Erklärung von **Kaufverhalten** werden aus psychologischer Sicht Determinanten des Verhaltens und Erlebens berücksichtigt, aus ökonomischer Sicht Rationalitätskriterien und Dimensionen des Nutzens dargestellt.

Die spezifische, realisierte **Kaufentscheidung** von privaten Haushalten und organisationalen Kunden ist schließlich Gegenstand einer kritischen Begrenzung der theoretischen Modelle, charakteristisch für die Praxis von Kaufentscheidungsprozessen.

## 4.1.2 Lernziele und Berufsperspektiven

Im Rahmen der Lernziele dieses Kapitels sollen sowohl ein grundlegender **Überblick** über Bereiche der Konsumentenverhaltensforschung gegeben als auch differenzierte Erklärungsansätze für Konsumentenverhalten dargestellt werden. Darüber hinaus sollen die **Fähigkeiten** erworben werden, Erklärungsansätze für Konsumentenverhalten über psychologische und ökonomische Modelle zu kennen. Ein Anwendungsbezug soll durch Verwendung der wissenschaftlichen Verhaltensmodelle zur Gestaltung von konkreten Kaufentscheidungsprozessen der Praxis ermöglicht werden. Folgende Lernziele stehen dabei im Vordergrund:

**Lernziele**

- **Kunden**, **Konsumenten** und **Verbraucher** begrifflich **kennen** und unterscheiden sowie die **Idee eines Kundenmanagements** verstehen und **anwenden** können
- Kundenbeziehungs- und **Kundenbindungsqualitäten** beschreiben und **erklären** können
- **Ansätze der Konsumentenforschung** und **neuere Erklärungsmodelle des Konsumentenverhaltens kennen** und exemplarisch **anwenden können**
- **Aktivierende, kognitive und interaktive Prozesse** als Determinanten des Konsumentenverhaltens **verstehen und bewerten** können
- **Psychologische und ökonomische Modelle des Kaufverhaltens** allgemein und speziell von Privatkunden und Organisationen **kennen** und die **Praxis von Kaufentscheidungsprozessen** kritisch **beurteilen** und anwenden können

Lernziele von Kapitel 4

Um den erfolgreichen Einsatz in einem Berufs- oder Handlungsfeld, das sich mit Kundenverhalten beschäftigt, gewährleisten zu können, ist es erforderlich, ausgeprägte **Kompetenz- und Erfahrungswerte** in einer ganzheitlichen

Betrachtung von Kunden, Kundengruppen, Kundenbedürfnissen, aber auch von Kundennutzendimensionen zu erwerben. Dafür sind sowohl umfassende *Kenntnisse der Kultur- und Gesellschaftsentwicklung* erforderlich als auch *Kenntnisse bezüglich neuerer Kunden- und Zielgruppensegmentierungsans*ätze, um im Ergebnis die **Dynamik des Kaufverhaltens** von Konsumenten analysieren und im Sinne von *Handlungsempfehlungen* generalisierend anwenden zu können. Folgende Tätigkeitsbereiche lassen sich hierüber abbilden:

- *Customer Relationship Management* umfasst Aufgaben und Gestaltungsoptionen, die mit einem konzeptionellen oder systematischen Kundenbeziehungsmanagement über den gesamten Kundenbeziehungszyklus hinweg verbunden sind. Das Management potenzieller Kunden, die Analyse von Kundenbindungsstrategien, Kundenzufriedenheitsfaktoren oder die Entwicklung von Rückgewinnungsstrategien für abgewanderte Kunden stehen hier im Mittelpunkt.
- *Key-Account-Management Leitung* fokussiert das Handlungsfeld für ertragreiche Kundengruppen mit einer Analyse von Markt- und Kundenpotenzialen, in dem einzelne Kundenuntergruppen eine gezielte Betreuung erfahren, um letztendlich die Wertschöpfungsposition des jeweiligen Unternehmens zu profilieren. Eine ausgeprägt kundenorientierte Sichtweise bestimmt dieses Berufsfeld.
- *Leitung* oder *Assistenz Kundenberatungsmanagement* stellt ein Handlungs- und Berufsfeld dar, das sich quasi als Querschnittsfunktion von Kundennutzenanalysen und Produktentwicklung, Feedback-Kultur und Dialogmarketing darstellen lässt und Erfahrung sowie differenzierten Einblick in kundengerechtes Potenzialmanagement für Marketingkonzepte erfordert.

Die oben aufgeführten Tätigkeitsfelder lassen sich gleichermaßen in Unternehmen verschiedener Branchen und deren eigenständiger Marketingabteilungen finden als auch in Agenturen oder privaten und öffentlichen Organisationen.

**Literaturhinweise:** Zur Vorbereitung auf die Inhalte des 4. Kapitels können ergänzend folgende Lehrwerke und Internetseiten als relevante Quellen herangezogen werden:

- *Kroeber-Riel/Gröppel-Klein (2013):* Erster Teil: Grundlagen der Konsumentenforschung
- *Foscht/Swoboda (2011)*, Kapitel 1: Grundlagen
- www.ddv.de, Deutscher Direktmarketing Verband e.V. (DDV), Wiesbaden
- www.marketingreview.ch, Zeitschrift Marketing Review St. Gallen

## 4.2 Kunden und Kundenmanagement

### 4.2.1 Kunden, Kundenkonzepte und Consumer Behaviour

Marketingaktivitäten sind auf **Kunden- und Konsumentenverhalten** gerichtet. Als *Käufer* werden Nachfrager bezeichnet, die ein Produkt erworben haben, aus Anbietersicht erhalten sie dadurch den Status eines *Kunden*. Verallgemeinernd bezeichnet man **Nachfrager** auch als *Verbraucher, Nutzer* oder *Konsumenten,* die sich durch ein spezifisches Kaufverhalten auszeichnen. Durch die Revitalisierung einer *Kundenorientierung* in Verbindung mit der Generierung von spezifischen Kundenbeziehungsqualitäten erfährt Kundenverhaltensforschung gegenwärtig unter klassischen und modernen Prämissen kontinuierlich einen Bedeutungszuwachs. Um auf Märkten **Austauschbeziehungen** von Produkten zwischen Anbietern und Nachfragern effektiv und effizient gestalten zu können, ist es wichtig, die Bestimmungsgründe (Determinanten) des Verhaltens von Kunden oder Konsumenten im weitesten Sinne ein Consumer Behaviour vielschichtig zu analysieren. Die ursprünglich über die ökonomische **Verhaltenstheorie** zugrunde gelegte *Annahme einer rationalen Verhaltenssteuerung* wird heute vielfältig kritisiert. Eine partielle Umorientierung unter Zuhilfenahme psychologischer Verhaltensmodelle zur Erklärung von Konsumentenverhalten erscheint indes vielversprechender. Der begrenzte Erklärungsgehalt von sowohl ökonomischen als auch psychologischen Verhaltensmodellen zwingt allerdings unweigerlich zur kontinuierlichen Entwicklung weiterer Erklärungsansätze für Konsumentenverhalten, wie z. B. zu versuchen, über den *Einbezug neuerer Wissenschaftserkenntnisse* (Neuromarketing) oder über Impulse aus dem Konsumentenumfeld (Social Media) erweiterte Zugänge zur Verhaltensprognose zu gewinnen, um damit in Teilbereichen einen kalkulierbaren Erkenntnisfortschritt liefern zu können. Uneingeschränkt stellt die gezielte Analyse des Verhaltens von Marktteilnehmern weiterhin einen wichtigen Bereich der Marketingforschung dar, deren Ergebnisse für alle am Marktgeschehen Beteiligten Informationsgrundlagen liefern, um erfolgskritisch mit entsprechend kundenverhaltenswirksamen Aktivitäten am Markt partizipieren zu können. (Balderjahn/Scholderer 2007, 1 ff.; Landes/Steiner 2013, 3 ff./Abbildung 4.1)

Als **Kunden** werden zunächst sowohl tatsächliche als auch potenzielle Marktteilnehmer mit spezifischen Bedürfnissen und Bedarf auf der Nachfrageseite bezeichnet, die sowohl als Einzelpersonen, Institutionen oder Organisationen in Form von Entscheidungsträgern auftreten können. In Abhängigkeit vom Kundenstatus lassen sich in der Kundenfokussierung *Prospects* als aussichtsreiche Bedarfsträger, *Leads* als identifizierte Interessenten, *Erstkunden* oder *gelegentliche Kunden, Stamm- und Schlüsselkunden*, die regelmäßig kaufen oder eine besondere Bedeutung für das Unternehmen haben sowie *verlorene* und *wiedergewonnene Kunden* unterscheiden und über *Normprofile* darstellen. In ökonomischer Perspektive spielt bei der Betrachtung von Kunden der **Kundenwert**, also das *Ertragspotenzial des Kunden* für ein Unternehmen eine besondere Rolle sowie der sogenannte **Kundenlebenszyklus**, der die *Dynamik der Geschäftsbeziehung*

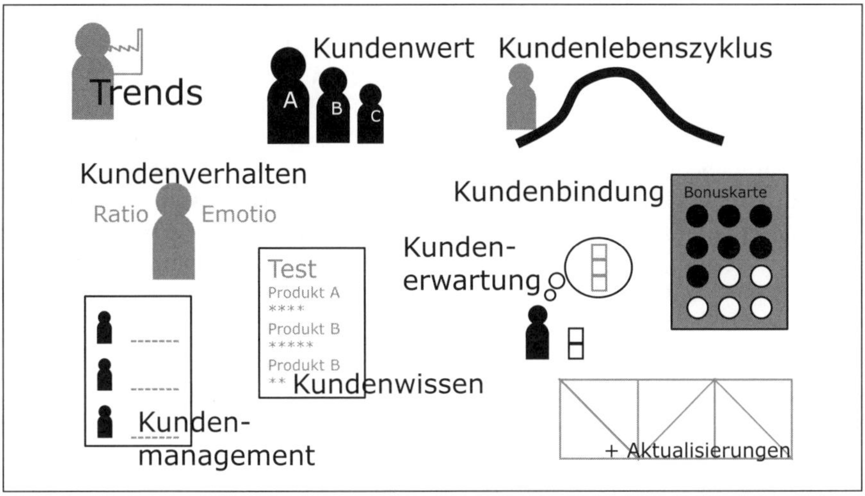


Abbildung 4.1: Kunden und Kundenmanagement

zwischen dem Unternehmen und den Kunden beschreibt. Über beide erfolgt letztendlich eine **Kundenpriorisierung**, d.h. eine Zuweisung von unternehmensspezifischen *Ressourcen für kundenbezogene Aktivitäten*. Eine erfolgreiche Kundenorientierung zeichnet sich unter anderem dadurch aus, dass ein spezifisches **Kundenverständnis** in Form von *Customer Insights* ein kundenzentriertes Vorgehen ermöglicht. Die Summe aller kundenwirksamen Aktivitäten eines Unternehmens (Kundenbeziehungen) werden im **Kundenmanagement** über strategische und operative Analyse, Planung und Kontrolle geleistet. Kundenmanagement generiert und entwickelt dabei ertragsreiche Kundenbeziehungen in interaktiven Prozessen zwischen Unternehmen und tatsächlichen oder potenziellen Kundengruppen. Das für ein erfolgreiches Kundenmanagement erforderliche **Kundenwissen** wird in *Kundendatenbanken* gesammelt, analysiert, ausgewertet und für die Gestaltung der Kundenbeziehungen eingesetzt. Über die gezielte Nutzung von Kundendaten kann dann eine Individualisierung der **Kundenbearbeitung** im Sinne von Mass Customization erfolgen. (Diller et al 2005, 147 ff.; Diller et al 2011, 98 ff., 125 ff.)

### 4.2.2 Konsumentenverhalten und Konsumentenforschung

Mit dem Begriff und Phänomen **Konsumentenverhalten**, im weitesten Sinne als Consumer Behaviour bezeichnet, werden alle beobachtbaren Handlungen von Individuen oder Institutionen zusammengefasst, die mit dem Konsum oder Kauf von Produkten, also wirtschaftlichen Gütern und Dienstleistungen, verbunden sind. Ausgangspunkt eines jeglichen Kaufverhaltens sind **Bedürfnisse**, die als innere Antriebskräfte oder Mangelzustände einen ersten Impuls, ein Verlangen oder Interesse im Kaufprozess darstellen. Mit der *Bedürfnishierarchie von Maslow* sind sowohl statisch als auch hierarchisch angeordnete Bedürfnisse unterschiedlichster Ausprägung generiert worden, die stufenweise von physiologischen Grundbedürfnissen ausgehend bis zu Selbstverwirklichungsbedürfnissen befriedigt werden wollen. Der hierarchische Aufbau von Maslows Bedürfnisstruktur lässt sich dadurch dynamisieren, dass man die Entwicklung einzelner Bedürfnisebenen im Zeitablauf betrachtet. Von **Bedarf** wird grundsätzlich immer dann gesprochen, wenn sich Bedürfnisse konkretisieren und erste Selektionen bezüglich der Kaufabsicht stattfinden sowie auch die entsprechenden finanziellen Mittel zur Verfügung stehen. **Nachfrage** signalisiert bereits die unter Kaufintention und finanziellen Mitteln stehende Verhaltensabsicht, dass Produkte tatsächlich auch verlangt werden. (Walsh et al 2014, 57; Winkelmann 2013, 1 ff./Abbildung 4.2)

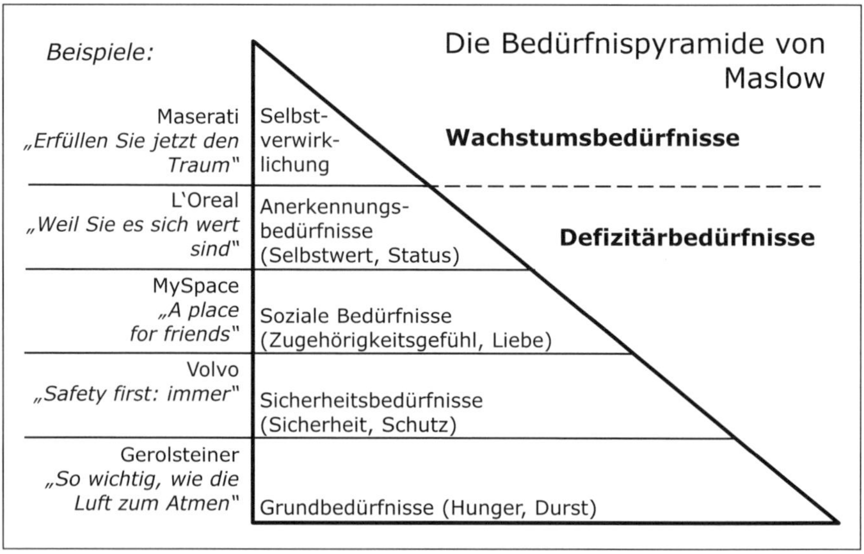


Abbildung 4.2: Hierarchie der Bedürfnisse

Konsumentenverhalten wird überwiegend im Rahmen eines interdisziplinär angelegten Wissenschaftsgebiets der Konsumentenverhaltensforschung oder **Konsumentenforschung** mit Erkenntnissen und Methoden aus der Psychologie, Soziologie, der biologischen Verhaltensforschung und einer spezifizierten Marketingforschung ermittelt und analysiert. **Verhalten** stellt dabei traditionell zunächst den zentralen Forschungsfokus für zahlreiche Verhaltenswissenschaften dar, vorrangig der Psychologie, aber auch der Sozialpsychologie und der Soziologie, deren Aufgaben darin bestehen, Bedingungsfaktoren für Verhaltens- und Erlebnisprozesse zu untersuchen. Unter **Konsumentenverhalten** versteht man ein beobachtbares, äußeres und ein nicht beobachtbares, inneres Verhalten des Menschen beim Kauf von Produkten (Kaufentscheidung). Ersteres wird allgemein als *Verhalten*, Letzteres als *Erleben* bezeichnet. Dem grundsätzlich begrenzten Erklärungspotential von Einzelwissenschaften zur **Verhaltensforschung** wird gegenwärtig dadurch entgegengewirkt, dass zur Erfassung des komplexen, menschlichen Verhaltens einerseits *interdisziplinäre Forschungsweisen* berücksichtigt werden, andererseits eine *Vertiefung der Erforschung von Einzelaspekten* in den Vordergrund von entsprechenden Forschungsabsichten rückt. Als nachteilig an dieser Entwicklung muss sicherlich der Umstand bezeichnet werden, dass es bis heute *keine umfassende Theorie* zur Erklärung menschlichen Verhaltens gibt, sondern eine Fülle von Einzeltheorien die Forschungslandschaft beherrscht. Gefordert ist daher ein *kritisch-konstruktiver Umgang* mit der Reichweite einzelner Ansätze zur Erklärung von menschlichem Verhalten, eine Bereitschaft neuere Entwicklungsstände zu sondieren und im Kanon vielschichtiger Erklärungspotenziale Möglichkeiten und Grenzen von Einzelbeiträgen zu würdigen. (Foscht/Swoboda 2011, 5 ff.; Kroeber-Riel/Gröppel-Klein 2013, 3 ff.)

Einen aktuellen *Forschungsschub* aus interdisziplinären Wissenschaften liefern in diesem Zusammenhang Rezeptionen von Erkenntnissen aus den Kognitions- und Neurowissenschaften, respektive der medizinischen Gehirnforschung. Für Anwendungen im sogenannten **Neuromarketing** stellt dies einen noch nicht vollständig zu bewertenden Erkenntniszuwachs durch eben diese interdisziplinäre Forschungsausrichtung dar. Mit der Bezeichnung 'Neuromarketing' – bestehend aus den Teildisziplinen Ökonomie bzw. Kognitions- und Neurowissenschaften – werden für bestimmte Teilbereiche des Marketings, wie z. B. Markenmanagement, Produktwahrnehmung, Kaufverhalten, etc., *neue Verhaltenserklärungsmodelle* generiert. Spezifische, medizinische Diagnoseverfahren, wie z. B. die Elektroenzephalographie (EEG), die Positronen-Emissions-Tomographie (PET) oder auch die (funktionale) Magnet-Resonanz-Tomographie (MRT) können zur Analyse der Aktivierung von relevanten Gehirnarealen eingesetzt werden. Verfahren des Neuromarketings beziehen sich heute auf beobachtbare, neuronale Aktivitäten, über die auf bestimmte Verarbeitungsmodalitäten im Gehirn und entsprechende Auswirkungen auf das Verhalten von Konsumenten geschlossen werden kann. Neuromarketing dürfte jedoch weniger als eigenständiger Wissenschaftsbereich mit entsprechendem Aussagegehalt für die Konsumentenverhaltensforschung im Marketing zu profilieren sein, sondern wird vielmehr als eine spezifische Quelle für ergänzende Beobachtungen kognitiver Verarbeitungsprozesse gelten können. (Kroeber-Riel/Gröppel-Klein 2013, 18 ff.)

### 4.2.3 Determinanten des Konsumentenverhaltens

Als Bestimmungsgründe bzw. **Bestimmungsgrößen des Verhaltens** (Determinanten) werden innere psychische Vorgänge unterschieden, die als Impulse für ein spezifisches Kaufverhalten ausschlaggebend sind. Man unterscheidet dabei *aktivierende, psychische Prozesse*, die mit Erregungen und Spannungen verbunden sind und ein Verhalten initiieren können, weiterhin *kognitive, psychische Prozesse*, die primär mit Informationsverarbeitung verbunden werden, schließlich *interaktive, psychische Prozesse*, die als spezifische Wechselwirkungen zwischen aktivierenden und kognitiven Vorgängen oder als eigenständige Auslöser für ein bestimmtes Verhalten eintreten können. Zu aktivierenden Prozessen, zählen u. a. Motivation, Emotionen, Einstellungen, zu kognitiven Prozessen Informationsaufnahme, Informationsverarbeitung, Informationsspeicherung und Informationsstrukturierung sowie zu stärker interaktiven Prozessen Involvement, Erlebnis, Konflikt, Irritation und Reaktanz. (Kroeber-Riel/Gröppel-Klein 2013, 51 ff., 55 ff./Abbildung 4.3)

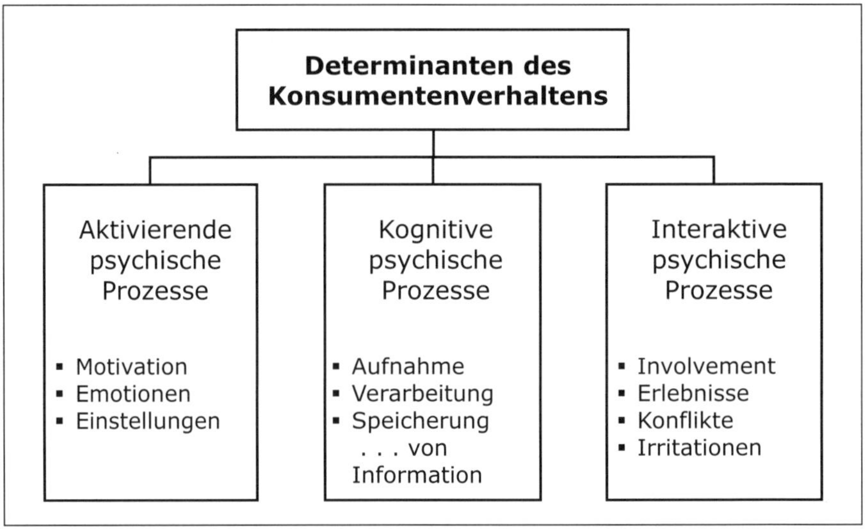


Abbildung 4.3: Bestimmungsgründe des Konsumentenverhaltens

- **Aktivierende, psychische Prozesse** beziehen sich auf menschliche Antriebskräfte, die zu Handlungen stimulieren und den Organismus in einen Zustand der Leistungsfähigkeit versetzen (Aktivierungsgrad). In Abhängigkeit von der Intensität der Aktivierung lassen sich eine Reaktionsbereitschaft und Leistungsfähigkeit des Konsumenten ableiten. Aufmerksamkeit bezeichnet dabei zunächst die Bereitschaft einer Person, bestimmte Reize aus ihrer Umwelt auszuwählen und selektiv aufzunehmen. Folgende aktivierende Prozesse stellen relativ komplexe Sachverhalte dar (Kroeber-Riel/Gröppel-Klein 2013, 100 ff., 178 ff., 232 ff.):

  (a) *Motivation* besteht in einer aktivierenden Ausrichtung eines Individuums auf ein Ziel und stellt somit die Ursache für ein bestimmtes Verhalten dar. Zur Beschreibung verhaltenswirksamer Motive kann die Bedürfnispyramide von Maslow mit einer Unterscheidung von Defizitärbedürfnissen und Entwicklungs- oder Wachstumsbedürfnissen herangezogen werden. Motive bezeichnen charakteristische Wert- und Handlungsdispositionen, die mit bewussten oder unbewussten Prozessen verbunden sein können und umgangssprachlich auch als innere Beweggründe eines bestimmten Verhaltens gesehen werden.

  (b) *Emotionen* werden als augenblickliche oder anhaltende Gefühlszustände von Individuen verstanden, die mit unterschiedlichen Ausprägungen von Aktivierungen und psychischen Erlebnisqualitäten verbunden sein können. In der Regel wird die Entstehung von Emotionen durch kognitive Interpretation zum subjektiv erlebten Ereignis und daher positiv oder negativ bewertbar. Während mit Gefühl (feeling) die erlebnisbezogene Seite einer Emotion gemeint ist, bezeichnen Emotionen an sich innere Erregungszustände in Form von subjektiv erlebten Ereignissen, die sowohl durch interne als auch durch externe Reize auslöst werden. Emotionen werden häufig im Zusammenhang mit Erlebnissen (starken Eindrücken) oder über innere Bilder (imagery) aktiviert.

(c) *Einstellungen* sind innere Haltungen von Individuen gegenüber Personen, Ideen oder Sachen, die häufig mit Wertungen oder Erwartungen verbunden sind und drei Komponenten besitzen: affektive Komponente (Affekt oder Gefühl bezüglich eines Objekts), kognitive Komponente (Wissen, Denken, Lernen oder Erfahrung in Bezug auf einen Reiz), schließlich verhaltensbezogene Komponente (Handlungsbereitschaft in Bezug auf ein Ergebnis).

Die Kenntnis von aktivierenden psychischen Prozessen und Variablen ist insbesondere für die *Praxis der Marketingforschung* von Bedeutung, weil diese als ursächliche Impulse für Kaufverhalten einen wichtigen Beitrag zur Generierung von Bedürfnissen und zur Ausstattung von Produktkomponenten leisten oder eine Erklärung für Verhaltensreaktionsketten geben können.

- **Kognitive, psychische Prozesse** sind mehr oder weniger rationale Vorgänge, durch die Individuen ihre Umwelt zur Kenntnis nehmen und eine entsprechende Steuerung und Kontrolle ihres Verhaltens ermöglichen. Sie bestehen aus *Gedächtnisleistungen,* die an der Speicherkapazität wahrgenommener Reize und über Sinneseindrücke, wie z. B. sensorisch, kurz- und langzeitig, etc., gemessen werden können. Kognitive Prozesse lassen sich auch als *gedankliche Vorgänge* (Wissenszustände, Kognitionen) bezeichnen und können in Informationsaufnahme, Wahrnehmen und Beurteilen, Lernen und Denken eingeteilt werden. Wissensvorräte werden in der Vorstellung von Mehrspeichermodellen in sensorische Register, Arbeitsspeicher, Kurzzeit- oder Langzeitgedächtnis unterschieden (Foscht/Swoboda 2011, 85 ff.):

(a) *Informationsaufnahme,* wie z. B. impulsiv, bewusst, gewohnheitsmäßig, etc., bezieht sich auf die Art und Weise, wie Informationen in welchen Gedächtnisspeicher gelangen. Man unterscheidet hierbei zwischen aktiver Informationssuche, bei der Konsumenten nach ihren persönlichen Informationsneigungen Informationen aufnehmen und einer passiven Informationsaufnahme, bei welcher Konsumenten reaktive Informationen teilweise gewohnheitsmäßig, unbewusst oder zufällig bzw. latent bereits verarbeiten.

(b) *Informationsverarbeitung* erfolgt als subjektive und selektive Wahrnehmung der Umwelt, wobei hier Wechselbeziehungen zu bereits bestehenden Wissensstrukturen vielfältig verarbeitet werden. In diesem Zusammenhang führt eine explizite Informationsstrukturierung, wie z. B. semantische Einheiten, Vorstellungen, assoziative Verknüpfungen zwischen diesen Einheiten, etc., zu einer dauerhaften Anordnung des

Wissens im Kurz- oder Langzeitgedächtnis mit einer entsprechenden Informationsstruktur (semantische Netzwerke).

(c) *Informationsspeicherung* beinhaltet Prozesse des Lernens von Wissens- und Emotionseinheiten, einschließlich entsprechender Ausdifferenzierungen, wie z. B. klassische und instrumentelle Konditionierung, Lernen am Modell (soziales Lernen), etc. Charakteristisch für Lernprozesse, die auch als dauerhafte Verhaltensänderung bezeichnet werden, sind Reiz-Reaktions-Konfigurationen, welche diese Verhaltensänderung bewirken. Lernen ist mit dem Erwerb von Wissen verbunden, kann verbal oder bildlich erfolgen, durch Stimulus-Response-Verknüpfungen bedingt sein oder über kognitive Prozesse erfolgen. Wichtige Bedingungen für erfolgreiches Lernen sind Wiederholung und Motivation. Gedächtnisleistungen schließen dabei auch Vergessensprozesse mit ein, die durch Wiederholung vermieden werden können.

Bei kognitiven psychischen Prozessen handelt es sich um *komplexe interne Strukturen der Informationsverarbeitung*, die auch als kognitive Programme bezeichnet werden. Dazu zählen etwa eine subjektive *Psycho-Logik*, bei der individuelle Schlussfolgerungen getätigt werden, die *Attribution*, mit der Ursachenzuschreibungen vorgenommen werden, sogenannte *Konfigurationen*, mit denen integrierende Gestaltungsprozesse erzeugt werden oder einfache bzw. komplexe *Denklogiken*, wie Denkschablonen oder Algorithmen, mithilfe derer gedankliche Strukturen generiert werden.

- **Interaktive, psychische Prozesse** bezeichnen das Zusammenwirken von aktivierenden und kognitiven Prozessen im Zusammenhang mit dem Entscheidungsverhalten von Konsumenten. Zu berücksichtigen sind hier explizit *Konstrukte*, welche dieses Entscheidungsverhalten beeinflussen, wie etwa Involvement und Erlebnisse, aber auch Störfaktoren aktivierender und kognitiver Art, wie Konfliktstrukturen, Irritation und Reaktanz (Trommsdorff/Teichert 2011, 41 ff., 172 ff.; Kroeber-Riel/Gröppel-Klein 2013, 458 ff.):

(a) *Involvement* wird als das Ausmaß der Ich-Beteiligung einer Person bezeichnet, sich für bestimmte Dinge zu interessieren oder einzusetzen. Dies kann sich im Kaufentscheidungsverhalten für bestimmte Produkte auswirken, wobei mit hohem Involvement in der Regel ebenfalls ein starkes emotionales Engagement verbunden ist. In Abhängigkeit von hohem oder niedrigem Involvement lassen sich für die Marketingkommunikation hinsichtlich des Einsatzes der Kommunikationsmittel und der Anzahl der Wiederholungen von Werbebotschaften entsprechende Aussagen treffen.

(b) *Erlebnisse* werden als Ausdrucksweisen im Konsumverhalten thematisiert, die sich durch einen hohen emotionalen Gehalt auszeichnen, Individualität profilieren und Spielarten von moderner Gesellschaftsentwicklung, wie z. B. Aktivität, Umweltbewusstsein, Kritikfähigkeit, etc., zum Ausdruck bringen. Die Vielfalt der Erlebnisorientierung zeigt sich sowohl bei einfachen Kaufprozessen, wie z. B. Schnäppchen-Jägertum, Luxuserlebnissen (need for uniqueness/hedonistischer Konsumtrend), etc., aber auch bei Erlebnissen durch einzelne mediale Sinneswirkungen, wie z. B. Musik, Bilder, Filme, etc., wie auch im Erleben von Mixed Emotions. Letztere können durch Irritation, Ambivalenzen, Disharmonien von affizierten Wahrnehmungsprozessen sowie Kontrastwirkungen oder Konfliktstrukturen, die das emotionale Befinden allgemein stören, ausgelöst werden (Mood Management).

(c) *Konfliktstrukturen* entstehen immer dann, wenn Verhaltenssequenzen in Widerspruch geraten, wie etwa bei motivationalen und kognitiven Konflikten: Appetenz-Appetenz-Konflikte entstehen bei zwei positiv ausgerichteten Interessenlagen. Appetenz-Aversion-Konflikte liegen bei einem anziehenden und einem abstossenden Aspekt vor. Aversion-Aversion-Konflikte bestehen bei zwei gleichgerichteten negativen Angeboten. Konfliktstrukturen (kognitive Dissonanzen) ergeben sich aber auch durch Information Overload und einem dadurch zu leistenden Orientierungsbedarf. Kognitive Gleichgewichte, die durch Coping-Strategien erzeugt werden, können erneut zu Dissonanzen führen, die wiederum sowohl affektive als auch kognitive Prozesse beeinflussen.

(d) *Irritation* als Folge unterschiedlichster Konflikte kann zu vielfältigen Formen emotionaler oder rationaler Verunsicherung führen, als auch in Form von *Reaktanz* auftreten, welche als befreiende Reaktion z. B. auf affektive und kognitive Einengung, Bedrängung, etc. erfolgt.

Ein Zusammenwirken von kognitiven und affektiven Prozessen wird insbesondere im Entscheidungsverhalten der Konsumenten immer dann relevant, wenn im Produktauswahlverhalten sowohl rationale als auch emotionale Faktoren gemeinsam zur Geltung kommen.

Zur systematischen Erklärung und *Erforschung* von Verhaltensweisen von Kunden und Konsumenten ist es – wie oben dargestellt – erforderlich, die Determinanten der Verhaltensweisen systematisch zu trennen, um deren Einflüsse besser abschätzen zu können. In der *Praxis* von Kaufentscheidungen erweist sich die Quantifizierung einzelner Einflussdeterminanten und die Bestimmung von Wechselwirkungen weitaus schwieriger.

Konsumentenverhalten wird nicht nur durch ein Set aus psychischen Variablen und Bedingungen bestimmt, sondern ist maßgeblich auch durch **Determinanten eines Systems von Umweltvariablen** geprägt mit den zwei Hauptbereichen der *Erfahrungsumwelt* (direkte Umwelterfahrungen) und der *Medienumwelt* (indirekte Umwelterfahrungen). Unter dem Aspekt von **Erfahrungsumwelt** unterscheidet man physische und soziale Umwelt sowie nähere und weitere Umwelt (Kuß/Tomczak 2007, 179 ff.; Foscht/Swoboda 2011, 146 ff., 159 ff.; Kroeber-Riel/Gröppel-Klein 2013, 499 ff./Abbildung 4.4):

- Die *physische Umwelt* besitzt direkten Einfluss auf Kaufverhaltensprozesse in Form von Einkaufsumgebung in Läden, Regionen oder bezüglich der Positionierung von Produkten an bestimmten Orten. Zu den physischen Elementen der Umwelt des Konsumenten zählen Gebäude, Landschaften, Einrichtungsgegenstände, die in ihrer Materialität menschliches Verhalten beeinflussen

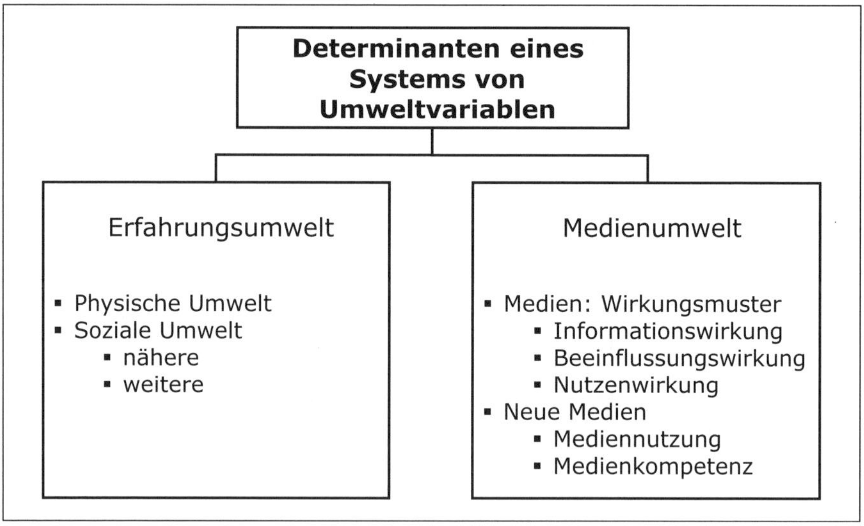


Abbildung 4.4: Verhaltensdeterminanten durch Umweltvariablen

können. Indirekt gilt dies auch für eine Abbildung über Onlineshops und Applikationsformen, wie Apps auf mobilen Endgeräten.

- Die *soziale Umwelt*, die das Verhalten der Konsumenten beeinflusst, lässt sich einteilen in nähere und weitere Umweltbedingungen. Einflüsse aus der *näheren sozialen Umwelt* bestehen über Familie und sonstige Bezugsgruppen, die Konsumverhalten entscheidend prägen. Unter dem Aspekt sozialer Gruppierung unterscheidet man diesbezüglich Primärgruppen, wie z. B. Familie, Spielgruppen, Freundeskreis, etc., sowie Sekundärgruppen, die das weitere Umfeld der Konsumenten bestimmen, wie z. B. Gemeinde, Verbände, Nationen, etc. Unterschiedliches Konsumentenverhalten zeigen Personen in Abhängigkeit ihrer Generationszugehörigkeit oder ihrer Kohorte, ihres Alters, wie z. B. Kinder, Jugendliche, Erwachsene, Senioren, etc., oder in ihrer Rolle in verschiedenen Lebenssituationen, in ihrer Bezugsgruppe oder durch andere Bezugsgruppenkriterien, wie z. B. Kollegen, Mitbewohner, etc. Die *weitere soziale Umwelt* der Konsumenten besteht zunächst aus dem Kulturkreis und den darin gemeinsam geteilten Werten, Vorstellungen und Handlungsweisen, die spezifische Auswirkungen auf das Konsumverhalten haben. Neben der allgemeinen kulturellen Bestimmung des Verhaltens existieren Subkulturen, Lebensstile und soziale Schichten oder Milieus, Meinungsführer, etc. mit jeweils spezifischen Ausprägungen eines Konsumentenverhaltens.

Die **Medienumwelt**, die das Verhalten der Konsumenten nachdrücklich prägt, zählt aufgrund ihrer konstruierten Realitätsabbildung zu den indirekten Umwelterfahrungen. Bezüglich der Medienumwelt lassen sich Medienarten und Medienwirkung unterscheiden, ebenso Medienmärkte sowie das Medienangebot und die Mediennachfrage, einschließlich der spezifischen, individuellen und situativen Rezeptionsbedingungen der Konsumenten. Entscheidende Bedeutung für das Konsumentenverhalten haben unterscheidbare *Wirkungsmuster* der Medien, die als Informationswirkung, Beeinflussungswirkung und Nutzenwirkung auftreten (Beck 2012, 8 ff.; Kroeber-Riel/Gröppel-Klein 2013, 657 ff.):

- Mit der *Informationswirkung* ist in Abhängigkeit vom Bildungsstand, Vorwissen oder Verstehenskategorien, die Vermittlung von Kenntnissen verbunden.
- Mit der *Beeinflussungswirkung* werden Meinungen, Auffassungen und Einstellungen profiliert.
- Mit der *Nutzenwirkung* werden Social-Reward-Kategorien freigesetzt, die Bedürfnisse nach individueller oder sozialer Gratifikation (Belohnung) wecken oder andere Vorteilsaspekte, wie z. B. über Edutainment, Infotainment, etc., generieren.

Insbesondere **Neue Medien**, wie das Internet in Verbindung mit mobilen Endgeräten, Multimedia und virtuelle Welten zeigen in Abhängigkeit einer individuellen und sozialen *Mediennutzung* und *Medienkompetenz* spezifische Einflüsse auf das Konsumentenverhalten.

**Umweltdeterminanten**, die bisher als *Erfahrungsumwelt* und *Medienumwelt* der Konsumenten unterschieden wurden, zeichnen sich durch eine starke *Vernetzung* aus, die wiederum differenzierte Einflussnahmen auf das Verhalten von Kunden und Konsumenten zeigen. In der konkreten Einflussnahme beider Umwelten auf Individuen lassen sich eindeutige Zuordnungen nicht mehr vornehmen, vielmehr führen multifunktionale Einflussnahmen, Clusterstrukturen sowie selbstverstärkende Reizmuster, etc. zu einer konvergenten Standardisierung (Mainstream). So gesehen gerät eine *Konsumentensouveränität* zunehmend in Bedrängnis oder muss durch einen entsprechenden Verbraucherschutz bzw. eine Verbraucherpolitik unterstützt werden. (Kroeber-Riel/Gröppel-Klein 2013, 652 ff., 750 ff.)

### 4.2.4 Komplexe Optimierung der Analyse des Kaufverhaltens

Für die Optimierung von Marketingentscheidungen sind Kenntnisse über das **Verhalten von Marktteilnehmern** von besonderer Bedeutung. Strategisches Marketingmanagement fokussiert dabei das Zusammenwirken folgender Faktoren: das *reale Marktverhalten* (Marktbedürfnisse, Marktreaktionen), die *Marketingforschung* (Informationsprogramme zur Überprüfung der Marktreaktionsfunktionen), die *Marketingtheorie* (Markt- bzw. Verhaltensmodelle) sowie *Marketingentscheidungen* (Aktionsprogramme für Marketingangebote und Marketingbedürfnisse). (Vgl. hierzu auch Abschnitt 9.2 und 9.4) Dem Käuferverhalten kommt bei der Analyse von Marktreaktionen eine zentrale Stellung zu. Modelle des Kaufverhaltens und der Kaufentscheidung, die als *Paradigmen des Kaufverhaltens* bezeichnet werden können, sollen diesbezüglich Antworten auf folgende Fragestellungen geben:

- **Wer kauft?** Kaufakteure, Träger der Kaufentscheidung
- **Was wird gekauft?** Kaufobjekte
- **Warum wird etwas gekauft?** Kaufmotive

- **Wie wird etwas gekauft?** Kaufentscheidungsprozesse, Kaufpraktiken
- **Wie viel wird gekauft?** Kaufmenge
- **Wann wird gekauft?** Kaufzeitpunkt, Kaufhäufigkeit
- **Wo bzw. bei wem wird gekauft?** Einkaufstättenwahl, Lieferantenwahl

Interdisziplinäre Perspektiven und ganzheitliche Lösungsansätze sind für die Beantwortung dieser Frage- und Problemstellungen erforderlich. Modelle des Kaufverhaltens und der Kaufentscheidung lassen sich zunächst vereinfacht einteilen in *psychologische Modelle* des Kaufverhaltens (behaviouristische Modelle) und ökonomische Modelle des Kaufverhaltens (Nutzen-Auswahl-Modelle) sowie in Typologien der Praxis von Kaufentscheidungen.

## 4.3 Modelle des Kaufverhaltens und der Kaufentscheidung

### 4.3.1 Psychologische Modelle des Kaufverhaltens

Zur **Erklärung des Verhaltens von Konsumenten** wurden aus verhaltenswissenschaftlicher Perspektive vielfältige Theorie- und Modellansätze entwickelt. *Behaviouristische Erklärungsansätze* als bedeutsame Varianten psychologischer Verhaltensmodelle basieren auf entsprechend begründeten Reiz-Reaktions-Mustern, um beobachtbare und/oder messbare Variablen des Kaufverhaltens zu ermitteln. Aus der psychologischen Verhaltensforschung stammen die drei nachfolgend dargestellten Modelle: das **Black-Box-Modell**, das **S-O-R-Modell** und das **Totalmodell**. In der einfachsten Form werden beobachtbare Reizreaktionen untersucht. Zugrunde liegende, nicht-beobachtbare psychische Prozesse werden meist über die Annahme einer 'Black-Box' dargestellt (*Black-Box-Modelle*), deren unbekannter Inhalt, wie z. B. individuelle, kurzfristige oder stark variierende Kaufmotive, etc., nicht Gegenstand von Analysen ist. Über *S-O-R-Modelle* (Stimulus-Organismus-Response-Modelle) werden einfache Verhaltensannahmen bezüglich des Organismus (Mensch als Handlungswesen) in Form von kognitiven und affektiven bzw. aktivierenden Verhaltensprozessen gemacht. Rationale und emotionale Verarbeitungsmechanismen von Reizmustern können hier bereits als Erklärungsmodus für entsprechende Reaktionen angesehen werden. Schließlich werden über *Totalmodelle* komplexe Zusammenhänge und Ursache-Wirkungsbeziehungen abgebildet, indem der Mensch als komplexes System von Verarbeitungsmechanismen betrachtet wird. (Balderjahn/Schloderer 2007, 5 ff.)

**Black-Box-Modelle** stellen als *S-R-Modelle* die einfachsten Erklärungsansätze für menschliches Verhalten im Sinne einer Consumer-Behaviour-Theorie dar. Zu den Black-Box-Modellen zählen die sogenannten Markov-Modelle (Fluktuationsmodelle), die im Zusammenhang mit Wiederkauf- bzw. Markenwechselwahrscheinlichkeiten bei Konsumenten eingesetzt werden und lineare Lernmodelle, welche die Kaufwahrscheinlichkeit für ein Produkt in der Periode t als Funktion einer entsprechenden Kaufwahrscheinlichkeit in der Vorperiode t-1 ausdrücken. Das *Grundmodell* einer Black-Box-Struktur interpretiert das Verhalten des Menschen als Reaktion (R: Response) auf beobachtbare Stimuli/Reize (S: Stimuli). Die Käufer selbst werden als 'Black-Box' betrachtet, da über deren Psyche (Kategorien des Verhaltens und Erlebens) nichts bekannt ist. Der Erklärungswert dieser Modelle ist deshalb teilweise relativ gering, weil (modellbedingt) eine einfache Input-Output-Kausalität zwischen Stimuli, Umwelteinflüssen, Marketinginstrumenten (Input) und entsprechenden Reaktionen im Kauf- oder Konsumentenverhalten (Output) unterstellt wird. (Foscht/Swoboda 2011, 23 ff., 28 ff./Abbildung 4.5)

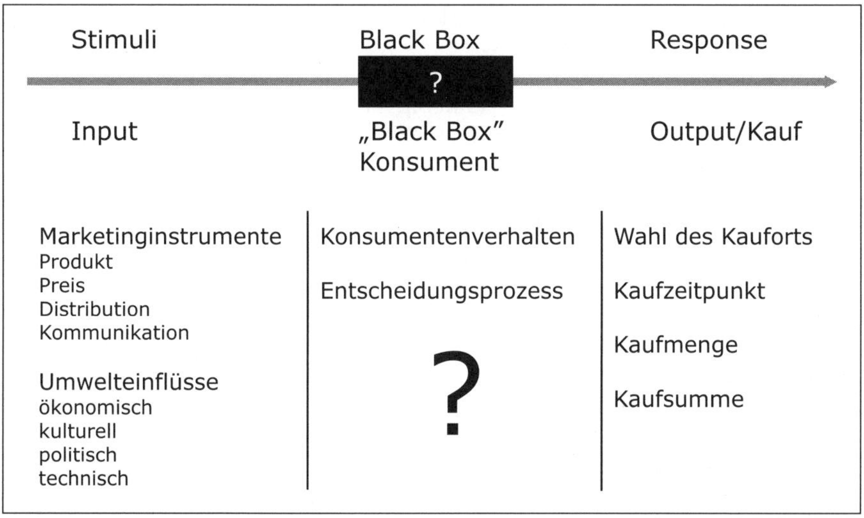


Abbildung 4.5: Black-Box-Modelle

*Neobehaviouristische Strukturmodelle* verstehen sich als Erweiterungen einfacher, verhaltensbezogener Theorie- und Modellansätze (Black-Box-Modelle) mit der Absicht einer differenzierteren Erklärung von Entscheidungsvorgängen bei Käufern und Konsumenten. **Stimulus-Organismus-Response-Modelle** (S-O-R-Modelle) lassen sich in Partial- und Totalmodelle einteilen, wobei letztere das gesamte Kauf- und Entscheidungsverhalten eines Konsumenten abzubilden versuchen, während Partialmodelle lediglich Ausschnitte dieses Gesamtprozesses detailliert und weniger abstrakt darstellen. Der Aufbau der S-O-R-Modelle besteht aus Stimuli/Reizmustern (S), die als Produkte, Preise, Kommunikationsformen oder andere marketingpolitische Instrumente, etc. auftreten und den Organismus/psychischer Apparat (O), charakterisiert durch Motive, Einstellungen, Aktivierungsprozesse und kognitive Vorgänge, etc. beeinflussen. Als Reaktion/Handlungsbezug (R) kann dann ein entsprechender Kauf, die Beschäftigung mit einem Produkt oder die Inanspruchnahme einer Dienstleistung, etc. dargestellt werden. (Kuß/Tomczak 2007, 2 ff.)

**Totalmodelle** stellen komplexe Erklärungsversuche für Konsumentenverhalten dar, zu ihnen gehört das Modell von Engel/Kollat/Blackwell sowie das Modell von Howard/Sheth. Im Engel/Kollat/Blackwell-Modell steht der Ablauf eines Kaufentscheidungsprozesses im Mittelpunkt, der spezifische Vorgänge vor und nach dem Kauf berücksichtigt, wobei Persönlichkeitsmerkmale sowie aktivierende und kognitive, psychische Prozesse einwirken und deshalb berücksichtigt werden können. Der gesamte Kaufprozess wird dabei in fünf Stufen dargestellt: (1) Erkennen des Problems, (2) Suche nach Alternativen, (3) Bewertung der Alternativen, (4) Kaufakt sowie (5) nachträgliche Evaluation des Kaufs. Demgegenüber versucht das *Howard/Sheth-Modell* als konsequenteste Umsetzung eines umfassenden Kaufverhaltensmodells in ein S-O-R-Modell eine detaillierte Erklärung von Kaufentscheidungen abzubilden. Es basiert auf endogenen oder Inputvariablen, wie z. B. Reizkonfigurationen, die auf Käufer wirken, sowie Outputvariablen, wie z. B. Aufmerksamkeit, Markenkenntnis, Einstellung, Kauf, etc., schließlich hypothetischen Konstrukten, wie z. B. Wahrnehmungskonstrukten in Form von quantitativer und qualitativer Reizaufnahme, weiterhin werden Lernkonstrukte, wie z. B. Programme zur Lösung von Kaufentscheidungsproblemen, etc., sowie exogene Variablen, wie z. B. Einkommen, Persönlichkeitsmerkmale, Bedeutung des Kaufs, etc., berücksichtigt. (Balderjahn/Schloderer 2007, 10 ff./Abbildung 4.6)

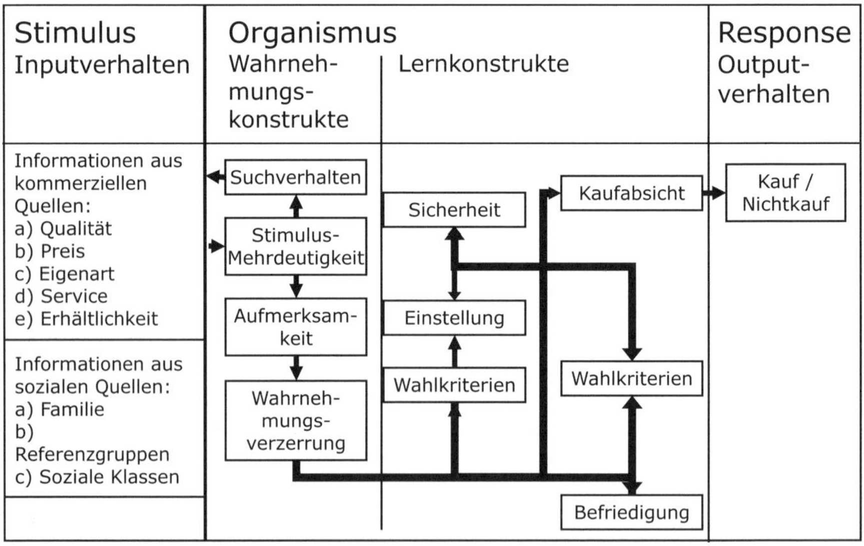


Abbildung 4.6: Totalmodelle des Kaufverhaltens

*Kritische Einwände* lassen sich trotz einer 'guten' Strukturierung der Erklärungsvariablen innerhalb der behaviouristischen Modellansätze sowie ihres heuristischen Potenzials vorbringen, insbesondere wegen der Berücksichtigung einer begrenzten, meist abstrakten Anzahl von Variablen, einer geringen multikausalen Wirkungsanalyse sowie einer nicht exakt möglichen, experimentellen Überprüfung derselben.

## 4.3.2 Ökonomische Modelle des Kaufverhaltens

Ökonomisch begründete Modelle des Kaufverhaltens stellen tendenziell Nutzenabwägungen, explizites Kaufentscheidungsverhalten oder Zweck-Mittel-Beziehungen, etc. in den Mittelpunkt ihrer Erklärungsansätze. Die ursprünglich in der Mikroökonomie entwickelten Verhaltensmodelle lassen sich gegenwärtig in zahlreichen erweiterten Formen, unter Berücksichtigung vielfältiger kognitiver bzw. rationaler Verhaltensoptionen darstellen und über spezifisch modellierte Verhaltenskomponenten, wie z. B. Auswahlentscheidungen, Einstellungen, etc., begründen. Aus der Vielzahl der in diesem wissenschaftlichen Umfeld existierenden Ansätze sollen im Folgenden **Nutzen-Auswahl-Modelle**, eine erweiterte **Profilierung des Nutzenkonzepts** sowie die aus der Einstellungsforschung stammenden **Means-end-Modelle** dargestellt werden. (Balderjahn/Schloderer 2007, 19 ff., 73 ff.)

Ökonomische **Nutzen-Auswahl-Modelle** beziehen sich auf *Grundgedanken der Mikroökonomie* und bilden das Verhalten von Konsumenten im Sinne der *neoklassischen Haushaltstheorie* ab. Diese Modelle basieren auf den Prämissen des vollkommenen Markts und der rationalen Entscheidungen von Konsumenten, die einzelne Handlungsalternativen über eine Nutzenmaximierung bewerten. Auf der Basis individueller Nachfragefunktionen (Preis-Mengen-Relationen) wird durch Aggregation zur Gesamtnachfragefunktion die Kaufmenge eines Guts in Abhängigkeit von Preissignalen dargestellt. Ergänzend verwendet wird ein *Modell von Indifferenzkurven,* als geometrischer Ort aller Gütermengenkombinationen bei konstanter Bedürfnisstruktur und gleichem Nutzen sowie ein *Modell der Budgetrestriktion,* als alternative Preis-Mengen-Kombinationen, die bei gleichem Einkommensumfang alternativ gekauft werden können. Wirtschaftssubjekte des neoklassischen Nachfragemodells, vor allem Haushalte und ihre Entscheidungen, bewerten eine Mengenkombination von Produkten anhand einer Nutzenfunktion. Diese Entscheidung unterliegt einem beschränkten Einkommensbudget ($B^0$). Das Nutzenmaximum des Konsumenten (Haushalt) liegt im Tangentialpunkt von Budgetgerade und der Nutzenindifferenzkurve mit dem höchsten erreichbaren Niveau. Die Grenzrate der Substitution von Gut 1 durch Gut 2 ist im Tangentialpunkt gleich dem umgekehrten Preisverhältnis der Güterpreise zueinander (Steigung der Budgetgeraden gleich Steigung der Indifferenzkurve; $B^0/p$). (Engelkamp/Sell 2013, 59 ff.; Piekenbrock/Henning 2013, 92 ff., 99 ff./Abbildung 4.7)

*Kritik* erfährt die hypothetische Modellkonstruktion für das Verhalten von privaten Haushalten (Konsumenten) aus der mikroökonomischen Theorie insofern, als sie vom realen Verhalten der Haushalte bei Kaufentscheidungen oft abweicht. Die Prämisse des vollkommenen Markts, die ausschließliche Berücksichtigung von rationalem Verhalten, die Beschränkung auf quantitative Reaktionen der Konsumenten auf Preisänderungen und wenige Handlungsalternativen, etc., schmälern grundsätzlich den Erklärungswert dieser abstrakten Modelle. Andere verhaltensbeeinflussende Variablen, wie z. B. Werbung, Güterqualität, etc., bleiben ebenso, wie z. B. Motive, Emotionen und Einstellungen der Konsumenten, etc., unberücksichtigt.

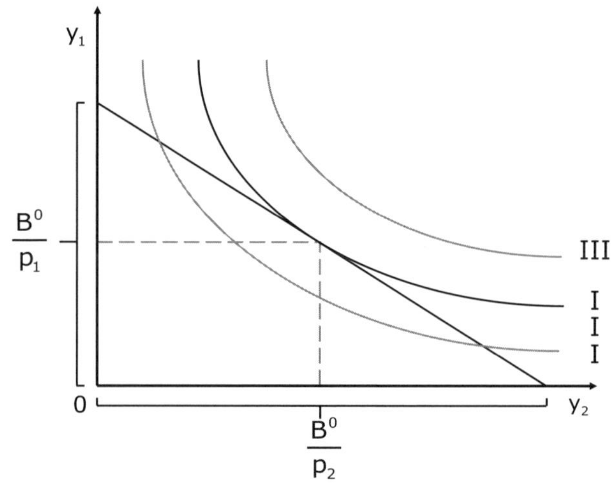


Abbildung 4.7: Nutzen-Auswahl-Modelle

Im Rahmen der 'Neuen Mikroökonomie', insbesondere im Ansatz von *Lancaster,* werden Produkte präziser durch ihre Eigenschaften abgebildet. Diese sogenannten *multiattributiven Modelle* eignen sich besser zur Bewertung eines differenzierten Einsatzes von Marketinginstrumenten. Im Rahmen weiterer Nutzen-Auswahl-Modelle werden durch *Ansätze der mathematischen Psychologie* Variablen des Kaufverhaltens von Entscheidungsträgern als teilstochastisch (zufallsbeeinflusst) angesehen. Sowohl Kaufverhalten als auch Nutzenwahrnehmung können dabei deterministisch oder stochastisch ausgeprägt sein. Bei *Konstantnutzenmodellen,* wie z. B. das Luce-Modell, etc., zeichnet sich jede Produktalternative durch einen deterministischen Nutzen aus, wobei jeweils Produkte mit höherem Nutzen Produkten mit geringerem Nutzen vorgezogen werden. Die Nutzendifferenz stellt dann gleichzeitig ein Maß für die Präferenz dar. Kritisiert wird hier vor allem die Annahme konstanter und dem Konsumenten bekannter Nutzenwerte der Produktalternativen (deterministischer Nutzen). Aus der Kritik daran sind wiederum *Zufallsnutzenmodelle,* wie z. B. das Logit-Probit-Modell, etc., hervorgegangen. In solchen Modellen wird der Nutzen eines Produkts als Summe aus einer deterministischen und einer stochastischen Komponente dargestellt. Die Beschreibung von Produkten durch eine Vielzahl von Attributen liegt auch den *Produkt-Markt-Raum-Modellen* zugrunde, die zur Modellierung des Produktwahlverhaltens von Konsumenten die Eigenschaftsalternativen von Produkten in einem Wahrnehmungsraum abbilden.

Im Zusammenhang mit einer erweiterten **Profilierung des Nutzenkonzepts,** die weit über den rein ökonomischen Gebrauch im Sinne der mikroökonomischen Theorie hinausgeht und Erwartungen oder Einstellungen eines Konsumenten aufnimmt, sich für ein bestimmtes Produkt zu entscheiden, lassen sich zwei Ansätze benennen: (1) das *Nutzenleiterkonzept von Vershofen* und (2) das *Means-end-Modell von Reynolds und Gutman.* Wiewohl beide Ansätze nicht in der Tradition der mikroökonomischen Theorie stehen, werden sie aufgrund ihrer erweiterten Bedeutung für die Nutzenkonzeptentwicklung ergänzend dargestellt. (Esch et al 2013, 231 ff.)

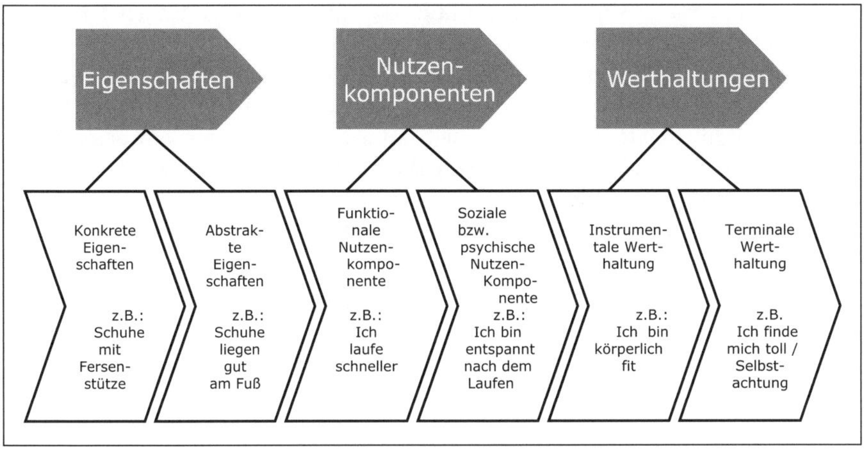


Abbildung 4.8: Struktur von Means-end-Modellen

Der **Nutzenleiteransatz** von Vershofen basiert auf der Überzeugung, dass jedes Produkt einen *Grundnutzen* stiftet, der aus seinen Kerneigenschaften und funktionalen Qualitäten besteht. Im Sinne einer Nutzenleiter werden, auf dem Grundnutzen basierend, einzelne Stufen von *Zusatznutzen* angeordnet, die mentale Kategorien mit Erlebnissen und verhaltenswirksamen Komponenten aufnehmen, wie z. B. Geltungs- und Erbauungsnutzen, Schaffensfreude und Zuversicht, Ästhetik und Transzendenz, schließlich Ethik und Fantasie. Auf der Basis dieser *Hierarchie von Nutzenarten* lässt sich eine Heuristik zur Beschreibung des Kundenverhaltens beim Kaufakt ableiten. Dadurch wird die *Vielschichtigkeit von Nutzenarten*, die einen Käufer zu einer entsprechenden Produktentscheidung bewegen können, berücksichtigt.

Die Vielschichtigkeit von Bedeutungskomponenten, die implizit oder explizit in einem Produkt verankert sind, wird durch sogenannte **Means-end-Modelle** abgebildet. Durch sie lassen sich Kaufmotive von Konsumenten identifizieren (Kaufmotivfindung), indem bestimmte Leistungen (means) des Produkts mit den erwünschten Nutzenkomponenten und Werthaltungen (end) verbunden werden. Damit werden konkrete Eigenschaften mit Nutzenkomponenten und allgemeinen Werthaltungen zu einem Gesamtkonzept verbunden, die es wiederum erlauben, in der Praxis der Produktprofilgestaltung die Ebene der Leistungserstellung mit der Wahrnehmung und Beurteilung des Nutzens sowie entsprechend wünschenswerten Werthaltungen zu verbinden. (Kuß/Tomczak 2007, 67 ff./Abbildung 4.8)

Der *dreiteilige Aufbau* aus Eigenschaften, Nutzenkomponenten und Werthaltungen mit jeweils zweiwertigen Ausprägungen lässt sich folgendermaßen verstehen: Eine *Produkteigenschaft* wird als konkret bezeichnet, sofern sie die reine

Beschaffenheit des Produkts betrifft, während umfassendere Produktmerkmale über abstrakte Eigenschaften erfasst werden. *Nutzenkomponenten* bestehen sowohl aus dem rein funktionalen Nutzen, welcher die Zwecktauglichkeit des Produkts beschreibt, als auch aus dem sozialen oder psychischen Nutzen, der als erweiterte (erlebnisbezogene) Funktionskomponente) ergänzt wird. *Werthaltungen* schließlich unterteilen sich in instrumentale Komponenten, mit denen wünschenswerte Bezugskategorien des Verhaltens zum Ausdruck gebracht werden, und in terminale Werthaltungen, welche allgemeine, wünschenswerte Seinszustände reklamieren. Die Absicht eines Konsumenten ein bestimmtes Produkt zu kaufen wird danach auf einer ersten Stufe des Means-end-Modells über konkrete und abstrakte Nutzenkomponenten begründet, die um funktionale und soziale bzw. psychische Nutzenkomponenten ergänzt werden und dann schließlich – in letzter Instanz – durch eine instrumentale und terminale Werthaltung motiviert sind. (Herrmann/Huber 2013, 181 ff.)

### 4.3.3 Consumer-Behaviour-Ansätze von Organisationen

Kaufverhalten und **Entscheidungsprozesse von Organisationen** können prinzipiell mit korrespondierenden Ansätzen privater Haushalte verglichen werden. Für eine *Typologisierung organisationaler Kunden* lassen sich folgende 3 Gruppen unterscheiden (Foscht/Swoboda 2011, 298 ff.):

(1) *Staatliche Einrichtungen* fragen Güter und Dienstleistungen durch ein spezifisches Verfahren der Ausschreibung (Submission) nach. Damit wird das Kaufverhalten einer Vielzahl von restriktiven und formalen Rechtsvorschriften unterworfen, welche die Vergabe öffentlicher Aufträge regeln.

(2) *Privatwirtschaftliche Unternehmen* setzen als sogenannte *Verwender* die bezogenen Produkte unterstützend in ihren eigenen Produktionsprozessen ein oder integrieren als *Original Equipment Manufacturer (OEM)* gekaufte Produkte in Form von Bestandteilen neu zu produzierender Fabrikate. *Händler* schließlich veräußern gekaufte Produkte in nahezu unveränderter Form an weitere organisationale Kunden (Verwender und OEMs).

(3) Öffentliche Institutionen, wie z. B. Kirchen, Krankenhäuser, Schulen, Universitäten, etc., regeln ihren Kaufprozess unter Berücksichtigung von z. B. politischen und sozialen Überlegungen oder auf der Basis von spezifischen Rechtsvorschriften.

Individuelle oder kollektive Entscheidungen von privaten und öffentlichen Organisationen weisen insgesamt einige **Besonderheiten** auf (Kuß/Tomczak 2007, 250 f.):

(a) *Bedarfsstrukturen* sind weniger ursprünglich (direkt), sondern abgeleitet (indirekt), d. h. sie beziehen sich auf den Bedarf der Kunden der Organisationen und nicht auf diese selbst.

(b) *Führungsorgane* treffen selbstständig oder über Delegation, also z. B. durch mehrere Personen über Multipersonalität, Multiorganisationalität oder Buying Center, etc., rationale Entscheidungen. Sie beziehen sich dabei auf

Entscheidungsmodelle unter Sicherheit, Risiko und Unsicherheit oder Operations-Research-Verfahren.

(c) *Entscheidungsprozesse* sind stärker formalisiert (hoher Formalisierungsgrad), aber auch eher individualisiert durch die geringere Anzahl von Kunden (Individualmarketing), Firmenkundenbeziehungen sind komplexer und stabiler (Langfristigkeit der Geschäftsbeziehungen) mit meist hohem Interaktionsgrad.

(d) *Systemlösungen*, wie Produktpakete (Produkt- und Serviceleistung), einschließlich ein Direktvertrieb und ein hoher Anteil an internationalen Geschäftsbeziehungen kennzeichnen Unternehmen und Organisationen als Kunden.

Insgesamt ergeben sich aus dem Umstand, dass es sich häufig um Industriegütermärkte handelt, einige marketingspezifische Besonderheiten; ein entsprechendes Kaufverhalten versteht sich dann zudem als strategisch ausgerichtete Aktivität mit explizit kooperativer Gestaltung zwischen den Vertragspartnern, ebenso als ein Konzept zur global ausgerichteten Wertschöpfungsorientierung.

### 4.3.4 Praxis von Kaufentscheidungsprozessen

Die **Praxis von Kaufentscheidungsprozessen** ist in der Regel von unterschiedlichsten, teilweise sehr komplexen Kriterien abhängig, die sich nur unzureichend durch vereinfachte Modelle des Kaufverhaltens abbilden lassen, wie z. B. Zielsubjekt, Verhalten, Produkt, Struktur und Dauer des Kaufentscheidungsprozesses, etc. Häufig werden für Kaufentscheidungen auch Prozesse sehr spezifischer Art, wie z. B. mit Ausschließlichkeitscharakter, etc., verantwortlich sein. Für die Praxis von **Kaufentscheidungen privater Haushalte**, also nichtorganisationaler Kunden, lassen sich folgende Typen von Kaufentscheidungen in abnehmender Rationalität angeben (Kroeber-Riel/Gröppel-Klein 2013, 470 ff., 485 ff.):

(a) *Extensive Kaufentscheidungen* sind bezogen auf kognitiv engagierte Käufer mit offenem Anspruchsniveau und teils emotionalem Kaufverhalten unter Berücksichtigung des Reizwerts der Entscheidungssituation (choice set).
*Beispiele:* neue technische Produkte, Modeerzeugnisse, etc.

(b) *Limitierte Kaufentscheidungen* sind geplant und überlegt, beruhen auf Erfahrung und Wissen sowie Schlüsselinformationen (evoked sets) bei begrenzter Anzahl und Auswahl von Produkten oder wenn finanzielle Restriktionen vorliegen.
*Beispiele:* Schuhe, Urlaubsreisen, Handwerkerleistungen, etc.

(c) *Habitualisierte Kaufentscheidungen* entsprechen einem gewohnheitsmäßigen Kaufverhalten für bestimmte Produkte durch vorgefertigte Entscheidungsmuster oder Persönlichkeitsmerkmale, die eine einfache Entscheidung begünstigen.
*Beispiele:* Verbrauchs- und Gebrauchsgüter, Markenprodukte, etc.

(d) *Impulsive Kaufentscheidungen* liegen dann vor, wenn Käufer weder rational noch gewohnheitsmäßig handeln, sondern ungeplant und unmittelbar auf bestimmte Reize hin einen Kauf tätigen oder sich durch Kaufsucht auszeichnen.
*Beispiele:* Spontankäufe, Direktverkauf, Empfehlungskauf, etc.

Insgesamt lassen sich die oben genannten Kaufentscheidungen privater Haushalte folgenden Kategorien zuordnen: (a) stärker kognitiv orientierte (extensives und limitiertes Kaufverhalten) und (b) geringer kognitiv orientierte Entscheidungen (habituelles und impulsives Kaufverhalten); diese können für weitere Kaufentscheidungstypologien genutzt werden. (Kroeber-Riel/Gröppel-Klein 2013, 423 ff., 439 ff.; Foscht/Swoboda 2011, 169 ff./Abbildung 4.9)

Konsumentenverhalten von privaten Haushalten verändert sich durch gesellschaftlichen Wandel bisweilen stark, insbesondere durch eine veränderte Bevölkerungsstruktur durch die Zunahme von Singlehaushalten sowie eine gewachsene Individualisierung und Anspruchshaltung bei der Auswahl von Produkten (Bedürfnisprogression). Diesbezüglich wandelte sich das **Konsumentenverhalten** von einem eher *konsistenten Kaufverhalten*, das durch eine hohe Stabilität und Homogenität geprägt war, hin zu einem *hybriden Kaufverhalten*, das durch merklich differenzierte Verhaltensweisen, etwa dem gleichzeitigen Kauf von alltäglichen Gütern zu niedrigen Preisen, aber auch dem Erwerb von Luxusgütern zu hohen Preisen, gekennzeichnet ist. Neuere Entwicklungen im Konsumentenverhalten lassen sich in Richtung *multioptionales Kaufverhalten* beobachten, das sich durch weitere Divergenz, Vielschichtigkeit und Widersprüchlichkeit auszeichnet und folgende Ausprägungen annehmen kann: *Variety Seeking* kennzeichnet dabei ein Kaufmotiv, das von hohem Abwechslungsbedürfnis, Neugierde, Mixed Emotions, etc., geprägt ist. *Smart Shopping*

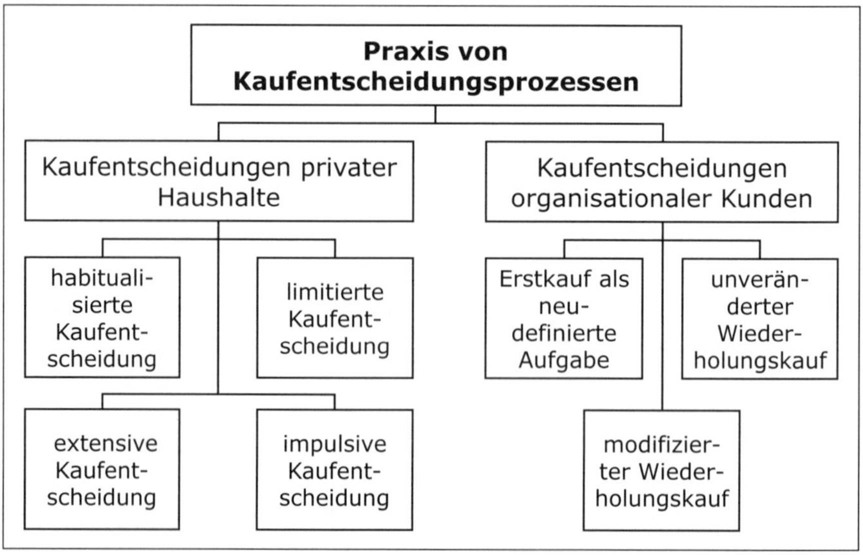


Abbildung 4.9: Kaufentscheidungsprozesse in der Praxis

basiert auf hohem Erfahrungswissen der Konsumenten in Sachen Produkt- und Preiskategorien. Vorteilshafte Käufe wirken stark emotional und besitzen Multiplikatorwirkungen für entsprechende Zielgruppen: *Convenience Shopping* bezeichnet ein durch knappe Zeitbudgets oder limitierte Öffnungszeiten eingeschränktes Kaufverhalten, das auf der Nutzung von Annehmlichkeiten spezifischer Verkaufskanäle, wie z. B. Online-Shopping, Verkehrsknotenpunkten, Tankstellen, Kioske, etc., beruht. (Wirtz 2013c, 46 ff.)

Für die Praxis von **Kaufentscheidungen organisationaler Kunden** lässt sich folgende Struktur in Abhängigkeit von der Kaufsituation, Neuartigkeit und Komplexität des Kaufs darstellen (Kuß/Tomczak 2007, 252 f.; Meffert et al 2012, 143 ff.):

(a) *Erstkauf* für eine neu definierte A*ufgabe* stellt die größte Wahlmöglichkeit und eine entsprechende Herausforderung dar, da die Anzahl der Entscheidungsteilnehmer, der Informationsbedarf und die zu erwartenden Risiken noch unbekannt sind oder steigen können. Hierbei handelt es sich um Kaufsituationen mit sehr spezifischen Anforderungen, wie z. B. unternehmensspezifische Bauten, komplexe Anlagekäufe, etc.

(b) *Unveränderter Wiederholungskauf* als Routinekauf liegt dann vor, wenn die Einkaufsabteilung zwar zwischen mehreren Lieferanten wählen kann, jedoch versucht, Produkt- und Servicequalität auf einem bestimmten Standard beizubehalten und deshalb routinemäßige Überprüfungen der Alternativen vornimmt, wie z. B. vereinfachtes Bestellverfahren für Büromaterial, Elektrizität, etc.

(c) *Modifizierter Wiederholungskauf* liegt vor, wenn Veränderungen bei Produktspezifikationen, bei Preisen, Konditionen oder bei Lieferanten vorgenommen werden müssen. In der Regel sind dabei mehrere Personen und Prozesse involviert und eine differenziertere Prüfung der Handlungsalternativen nötig als beim unveränderten Wiederholungskauf, wie z. B. im Falle von neuen Fahrzeugen, spezifischen Beraterdiensten, etc.

Zur Erklärung des Kaufverhaltens von Organisationen lassen sich *monoorganisationale* und *multiorganisationale Ansätze* unterscheiden. Bei monoorganisationalen Ansätzen wird das Beschaffungsverhalten von einzelnen Unternehmen betrachtet, das institutionell häufig über ein *Buying Center* erfolgt. Bei multiorganisationalen Ansätzen werden Kaufentscheidungen durch wechselseitige Beziehungen oder *Interaktionen* erklärt, diese können dann personell oder organisationell bedingt sein. (Meffert et al 2012, 144 ff.)

## 4.4 Aufgaben und Literaturhinweise

### 4.4.1 Aufgaben

Nachfolgend werden einige **Bearbeitungshinweise** zu einer umfassenden Lösung der Aufgaben gegeben:

- Zunächst sollten die einzelnen Aufgaben unter dem Gesichtspunkt einer grundsätzlichen Bewertung von *Kundenverhalten* und *Unternehmenserfolg*, quasi als Grundsatzposition, bearbeitet werden.
- Zweckmäßig ist es dann, Erklärungsansätze zum Kundenverhalten sowohl unter wissenschaftstheoretischen als auch strukturellen Gesichtspunkten zu interpretieren und diese als Komponenten in einer *ganzheitlichen Sichtweise* der Erklärung von Konsumentenverhalten zu bewerten.
- Schließlich sollte die Bearbeitung der Aufgaben zum Kundenverhalten differenziert werden in *theoretisch-konzeptionelle* und *praxisbezogene Aspekte* sowie kritisch unter quantitativen und qualitativen Gesichtspunkten diskutiert werden.
- Ergänzend sollte die Berücksichtigung von neueren *Individualisierungstendenzen* in Kultur und Gesellschaft bei spezifischen Personengruppen erfolgen, dies unter Einbezug neuerer *Kundensegmentierungskonzepte.*

**Aufgaben**

- **[1]** Unterscheiden Sie Kunden, Konsumenten, Verbraucher und Nachfrager. Skizzieren Sie Probleme, die sich bei der Erforschung des Konsumentenverhaltens ergeben.
- **[2]** Charakterisieren Sie kurz den Forschungsbereich des Neuromarketings. Welche Erkenntnisse lassen sich daraus für die Praxis von Marketingaktivitäten ableiten?
- **[3]** Erläutern Sie kurz die wesentlichen psychologischen Modelle des Kaufverhaltens sowie die zugrunde liegenden Annahmen. Unterziehen Sie die Modelllogik einer kritischen Analyse und Bewertung.
- **[4]** Erklären Sie das Kaufverhalten nach ökonomischen Modellen. Welche bedeutsamen Determinanten des Verhaltens werden dabei nicht berücksichtigt?
- **[5]** Vergleichen Sie kritisch die rein deskriptive Sichtweise von Kaufentscheidungen in der Praxis von privaten Haushalten mit denen von organisationalen Kunden.

Aufgaben zu Kapitel 4

Stichworte zu konkreten Lösungshinweisen für die Aufgaben von Kapitel 4 finden Sie auf Seite 281.

### 4.4.2 Literaturhinweise

Die nachfolgenden Titel stellen Basisquellen zur thematischen Breite des 4. Kapitels dar, gleichzeitig können folgende Lehrwerke und Literaturangaben ergänzend als relevante Quellen zur vertiefenden Nachbereitung der Inhalte des vorangegangenen Kapitels herangezogen werden:


- *Balderjahn, Ingo/Scholderer, Joachim (2007):* Konsumentenverhalten und Marketing. Grundlagen für Strategien und Maßnahmen, Stuttgart 2007
- *Diller, Hermann/Haas, Alexander/Ivens, Björn (2005):* Verkauf und Kundenmanagement. Eine prozessorientierte Konzeption, Stuttgart 2005
- *Dziemba, Oliver/Wenzel, Eike (2011):* Marketing 2020. Die elf neuen Zielgruppen – wie sie leben, was sie kaufen, Frankfurt/New York 2011
- *Foscht, Thomas/Swoboda, Bernhard (2011):* Käuferverhalten. Grundlagen – Perspektiven – Anwendungen, 4., überarbeitete und erweiterte Auflage, Wiesbaden 2011
- *Häusel, Hans-Georg (2012):* Brain View. Warum Kunden kaufen, München 2012
- *Kroeber-Riel, Werner/Gröppel-Klein, Andrea (2013):* Konsumentenverhalten, 10., überarbeitete, aktualisierte und ergänzte Auflage, München 2013
- *Kuß, Alfred/Tomczak, Torsten (2007):* Käuferverhalten. Eine marketingorientierte Einführung, 4., überarbeitete Auflage, Stuttgart 2007
- *Langwieser, Corinna/Kirig, Anja (2010):* Konsument 2020, herausgegeben vom Zukunftsinstitut GmbH, 1. Auflage, Kelkheim 2010
- *Raab, Gerhard/Gernsheimer, Oliver (2009):* Neuromarketing. Grundlagen – Erkenntnisse – Anwendungen, 2., überarbeitete Auflage, Wiesbaden 2009
- *Schneider, Willy (2013):* Marketing-Forschung und Käuferverhalten. Effiziente Beschaffung und Analyse von Markt- und Kundeninformationen, München 2013
- *Trommsdorff, Volker/Teichert, Thorsten (2011):* Konsumentenverhalten, 8., vollständig überarbeitete und erweiterte Auflage, Stuttgart 2011


### 4.4.3 Creative Case Choice IV

Mit dem *Creative Case Choice IV* zum Thema **Kunden und Konsumentenverhaltensforschung** im 4. Kapitel sollen über das selbst gewählte Fallbeispiel relevante Verhaltensweisen von Zielgruppen, Kriterien des Kaufverhaltens sowie spezifische Merkmale für Kaufentscheidungsprozesse in ökonomischer und psychologischer Perspektive identifiziert werden. Konkrete Arbeitsschritte können dabei aus dem **Creative Case Chart IV** entnommen werden.

Die erfolgreiche Bearbeitung des vorliegenden Creative Case Choice IV soll insbesondere unter Bezug auf eine interdisziplinäre Perspektive, wie z. B. Ökonomie, Psychologie, Kognitionswissenschaft, Soziologie, etc., eine ganzheitliche Sicht auf Frage- und Problemstellungen im Zusammenhang mit Konsumentenverhalten ermöglichen.

CREATIVE CASE CHOICE

Analyse von allgemeinen und speziellen Aspekten des Kundenverhaltens und der Umweltsituation nach folgenden Kriterien:

- Analyse relevanter Gesellschaftsformate, der engeren und weiteren Umwelt, des Medienverhaltens sowie weiterer, psychologischer und sozialer Determinanten des Kaufverhaltens

- Auswahl der Informations- und Datenquellen über das Unternehmen/Projekt, z.B.: Website, Broschüren, interne Quellen, etc.

- Sammeln von Kurzinformationen über:

  1. Allgemeine und spezielle Gesellschaftstrends
  2. Verhalten von spezifischen Zielgruppen
  3. Anwendungsmöglichkeiten von Modellen zur Vorhersage des Kaufverhaltens
  4. Identifizierung von Moden, Trends und Megatrends
  5. Anwendung und Identifikation des 3E-Drives

Abbildung 4.10: Creative Case Chart IV

# 5. Produktmanagement

## 5.1 Struktur und Lernziele des Kapitels

### 5.1.1 Leistungsdimensionen des Marketings

Mit Leistungs- und Servicedimensionen des Marketings werden Formen des Produktmanagements beschrieben, welche zur *Kompetenzprofilierung* der betrieblichen Leistungserstellung beitragen. Das *Spektrum des Produktmanagements* umfasst dabei zunächst Produktpolitik im engeren Sinne, wie Produktkonzepte und Gestaltungspotenziale für Produkte (Sachgüter und Dienstleistungen), darunter *Innovationen* und *Qualitätsmanagement*. Eine besondere Stellung im Produktmanagement erfährt das *Markenmanagement*, vorrangig Markenstrategien und Aspekte der Markenführung. *Servicemanagement* wird im Rahmen der Gestaltung von Produktkomponenten durch primäre und sekundäre Serviceleistungen in das Produktmanagement mit der Absicht einer Produktdifferenzierung und Produktoptimierung einbezogen.

Struktur von Kapitel 5

Die Erstellung und Vermarktung des betrieblichen Leistungsprogramms über **Produkte** erfolgt durch Profilierung des Kernprodukts sowie einzelner Produktkomponenten. Produktgestaltung bedeutet hierbei die Berücksichtigung aller (funktionaler) Einzelmerkmale auf Anbieterseite, die einen produktspezifischen Kundennutzen über differenzierte Nutzenkomponenten auf der Nachfrageseite stiften können.

Die **Potenziale** des Produktmanagements werden explizit ausgeschöpft über ein entsprechendes Innovationsmanagement für Produkte, eine systematische Gestaltung von bestehenden Produkten sowie über unterschiedlichste Zugänge zur Qualitätsentwicklung und -sicherung von Produkten im Sinne von Sachgütern und Dienstleistungen.

Ein traditionelles 'Herzstück' des Produktmanagements stellen **Marken** und das Markenmanagement mit der Entwicklung von Markenstrategien und einer entsprechenden Markenpolitik dar. Spezialgebiete des Markenmanagements sind die Markenführung, die Markenentwicklung sowie der Markenrechtsschutz.

Mit einem explizit produktdifferenzierenden Servicemanagement wird **Service** als Produktkomponente oder ergänzende Dienstleistung ausgewiesen, die sich über Primär- und Sekundärleistungen generieren lässt. Eine besondere Bedeutung erfahren hier Value-Added-Services (Produktdifferenzierung) und die Institutionalisierung eines Kundendialogs oder -feedbacks bzw. eines Beschwerdemanagements (Produktoptimierung).

## 5.1.2 Lernziele und Berufsperspektiven

Im Rahmen der Lernziele dieses Kapitels sollen sowohl ein grundlegender **Überblick** über Aspekte des Produktmanagements gegeben als auch unterschiedliche Gestaltungspotenziale für Produkte (Güter und Dienstleistungen) dargestellt werden. Darüber hinaus sollen die **Fähigkeiten** erworben werden, Optionen für Produktinnovationen, ein Marken-, Qualitäts- und Servicemanagement anzuwenden. Folgende Lernziele stehen dabei im Vordergrund:

**Lernziele**

- **Produkte** und Produktdimensionen als **Leistungsprogramm** eines Unternehmens **verstehen** sowie Dynamik und **Entwicklungspotenziale erläutern können**
- **Gestaltungspotenziale** des Produktmanagements unter Aspekten von **Innovation, Entwicklung, Management** und **Qualität** kennen, **verstehen** und anwenden können
- **Marken** als spezielles Produktmanagement **darstellen können** und über **Optionen des Markenmanagements**, wie Markenprofilierung, Markenstrategien, Markenführung, Markenpotenziale, Markenentwicklung und Markenschutz, **verstehen** und bewerten können
- **Servicemanagement** über Primär- und Sekundärleistungen **erklären können und exemplarisch** an Komponenten von Value-Added-Services und einem Kundenfeedback bzw. Beschwerdemanagement **aufzeigen können**
- **Produktpolitik** an Praxisbeispielen **aufzeigen können**

Lernziele von Kapitel 5

Um in der beruflichen Praxis in den entsprechenden Berufs- und Handlungsfeldern erfolgreich agieren zu können, müssen jene produktbezogenen **Kompetenzen** erworben werden, die zur Gestaltung markt- und kundengerechter Produktprofilierung in Frage kommen: Entscheidend hierbei ist die Fähigkeit ein innovationsorientiertes, auf Kundennutzen gerichtetes **Produktverständnis** zu entwickeln, Kenntnisse für *potenzielle Marken- und Qualitätsprofile* zu schaffen oder kunden- und produktspezifische Servicekomponenten zu entwickeln. *Konzeptionelles Produktverständnis*, hohe *Innovationsorientierung* und ein *professionelles Servicedenken* stellen herausragende Fähigkeiten in diesem Bereich dar. Folgende Tätigkeitsbereiche lassen sich hierüber abbilden:

- *Produktmanagement Leitung/Assistenz* zeichnet sich im Aufgabenprofil durch markt- und kundenorientierte Aktivitäten aus, die für bestimmte Produkt- oder Kundengruppen entsprechende Produktprogramme oder Produktinnovationen generieren und betreuen. Erforderlich hierfür sind ebenso Kenntnisse in spezifischen Marktforschungs-, Produktlebenszyklus- und Portfolioanalysen.
- *Servicemanagement Leitung/Assistenz* entwickelt produktspezifische Servicekomponenten über Kundenbedürfnisanalysen (Kundenmonitoring) und flexible, individualisierte Serviceelemente, um kundengerechte Serviceeinheiten mit hohen Kundenzufriedenheits- und Kundenbindungswerten zu erzeugen. Serviceberatungstätigkeit steht dabei in engem Kontakt mit Kundenfeedbackergebnissen.
- *Qualitätsmanagementbeauftragte in Leitung/Assistenz* werden betraut mit der Institutionalisierung und Implementierung eines Qualitätsmanagements in Unternehmen oder Marketingabteilungen. Dabei sind Kenntnisse über einschlägige Rechtsvorschriften ebenso erforderlich wie eine Vertrautheit mit KPI (Key Performance Indicators) und der qualitätsorientierten Kontrolle eines Prozessmanagements sowie der Ergebnisanalyse für Produkte.

Die oben aufgeführten Tätigkeitsfelder lassen sich gleichermaßen in Unternehmen verschiedener Branchen und deren eigenständiger Marketingabteilungen finden als auch in Agenturen oder privaten und öffentlichen Organisationen.

**Literaturhinweise:** Zur Vorbereitung auf die Inhalte des 5. Kapitels können ergänzend folgende Lehrwerke und Internetseiten als relevante Quellen herangezogen werden:

- *Aumayr (2013)*, Teil I. Produktmanagement: Positionierung, Kernkompetenzen und organisatorische Einbindung
- *Bruhn/Hadwich (2006)*, Kapitel 1: Gegenstand und theoretische Grundlagen des Produkt- und Servicemanagements
- www.markenverband.de, Markenverband e.V., Berlin
- www.horizont.net, HORIZONT Marketing-Branchen-Zeitung

## 5.2 Dimensionen des Produktmanagements

### 5.2.1 Begriffe und Konzepte im Produktmanagement

**Produkte** stellen die *'Herzstücke des Marketings'* dar und werden über die Optionen einer Produktpolitik mit umfassenden Gestaltungsalternativen profiliert. Als produzierte Leistungen von Unternehmen sind Produkte auf wahrnehmbare Nutzenerwartungen von Kunden gerichtet und stellen gleichzeitig ein *Bündel von meist technisch-funktionalen Eigenschaften* dar, die bestimmten Zielgruppen auf entsprechenden Märkten angeboten werden. (Bruhn/Hadwich 2006, 11 ff.) Mit der Bezeichnung **Produktmanagement** hat sich gegenüber der überkommenen Bezeichnung 'Produktpolitik' (Gestaltungsaspekt) tendenziell ein managementorientierter Fokus (Entwicklungsaspekt) für einen der bedeutsamsten Bereiche des Marketings durchgesetzt, der einerseits den herausragenden Stellenwert des Produkts an sich betont, andererseits eine Bündelung von weiteren Aktivitäten des Marketing-Mix *'um das Produkt herum'* für notwendig erachtet. Produktmanagement beschäftigt sich unter strategischen und operativen Aspekten mit sämtlichen Entscheidungen, die im Zusammenhang mit der **Gestaltung des Leistungsprogramms** eines Unternehmens stehen, oder das Leistungsangebot in Form von Sach- und Dienstleistungen eines Unternehmens betreffen. Dazu gehören dann auch alle spezifischen Gestaltungsoptionen für Produkte, wie z. B. Überlegungen, Entscheidungen und Handlungen, etc., die in unmittelbarem Zusammenhang mit der Kombination bzw. Variation von Produkteigenschaften oder der Produktprogramme stehen. Im Rahmen des Produktmanagements oder der Produktpolitik werden insbesondere folgende **Dimensionen des Leistungsprogramms** festgelegt (Bruhn 2014a, 124 f./Abbildung 5.1; Aumayr 2013, 2 ff.; Herrmann/Huber 2013, 1 ff.):

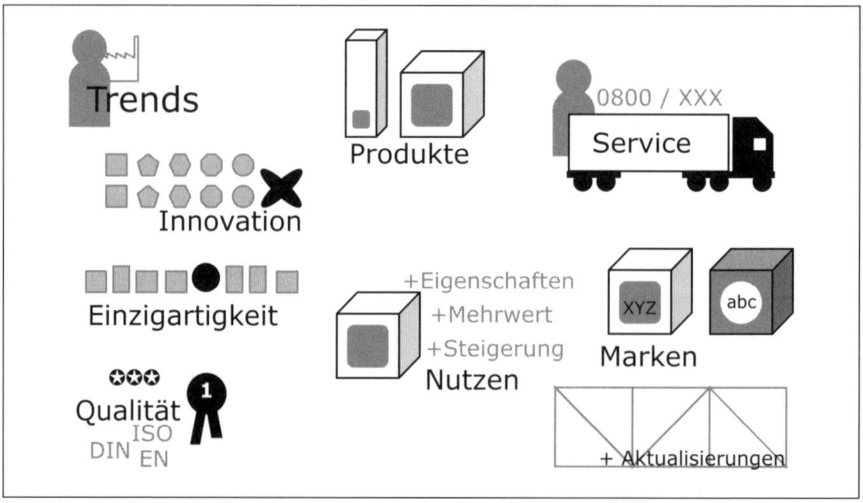


Abbildung 5.1: Dimensionen des Produktmanagements

- *Produktpositionierung* mit einer Profilierung von Zielgruppenstruktur und Marktsegmentierung, einschließlich der Bestimmung von Bedürfnis-, Bedarf- und Nachfragestrukturen sowie eines entsprechenden Konsumentenverhaltens
- *Einzigartigkeit des Produkts* über die Festlegung und Konzipierung einer Unique Selling Proposition (USP), eines sogenannten Alleinstellungsmerkmals, ergänzt um die Entwicklung von optimalen Produktpositionierungen, mit dem Ziel, potenziellen Kundengruppen einen einfachen, klaren und gegenüber von Mitbewerbern dominanten Nutzen zu versprechen
- *Gestaltung des Produkts* über Grundfunktionen und Eigenschaften (Kernfunktionen/Core Elements) eines Produkts ergänzt um die Gestaltung ästhetischer Eigenschaften, wie z. B. Design, Farbe, Form, etc., physikalischer und funktionaler Eigenschaften, wie z. B. Materialart, Qualität, Haltbarkeit, etc., symbolischer Eigenschaften, wie z. B. Markenname, Assoziationen, etc., sowie Value-Added-Services, wie z. B. Kundendienst, Finanzierung, etc.

Produkte stellen quasi die Summe wahrnehmbarer **Nutzenerwartungen** von Leistungsmerkmalen dar, also einen wahrgenommenen **Kundennutzen**, über den die konkreten und abstrakten Bedürfnisse von Kunden befriedigt werden können. Als spezifische Leistungsbündel, die von Unternehmen zur Verfügung gestellt und vermarktet werden, stehen Produkte in Verbindung mit den *Kernkompetenzen* von Unternehmen, welche sich durch Kundennutzen, Imitationsschutz und Reproduzierbarkeit auszeichnen und welche durch die besonderen Fähigkeiten, Erfahrungen oder Ressourcen eines Unternehmens gegenüber Mitbewerbern erzeugt werden können. Als Leistungsmerkmale lassen sich Sachgüter im Sinne von originären Produkten, produktbegleitende Leistungen im Sinne von Value-Added-Services und eigenständige Dienstleistungen im Sinne von Services unterscheiden. (Bruhn/Hadwich 2006, 18; Aumayr 2014, 176 ff.) Aus der Perspektive einer **Vermarktung** von Produkten durch Unternehmen sowie aus der Kundenperspektive leitet Kotler verschiedene **Produktbegriffe** und damit Sichtweisen auf ein Produkt ab (Kotler et al 2007, 492 ff./Abbildung 5.2):

(a) Der *substanzielle Produktbegriff* bezeichnet das sogenannte Kernprodukt (Core Product) im Sinne eines Bündels von physischen Produktmerkmalen, die überwiegend auf funktionale Kundenbedürfnisse zugeschnitten sind. Diese physisch-technischen Eigenschaften beziehen sich primär auf den Bereich von Sachgütern.

(b) Der *erweiterte Produktbegriff* ergänzt das Kernprodukt in der Regel um ein Leistungspaket, das sowohl aus materiellen Produktkomponenten als auch aus immateriellen Leistungskomponenten (Services) besteht. Ein erweitertes Produktverständnis dient der Zufriedenstellung von funktionalen Bedürfnissen in Bezug auf das Produkt, wie z. B. Qualitätsgarantie, Kundendienstleistungen, etc.

(c) Der *generische Produktbegriff* schließlich beinhaltet sämtliche materielle und immaterielle Produktdimensionen, aus denen ein umfassender Kundennutzen abgeleitet werden kann. Gegenüber dem funktionalen Nutzen werden hier insbesondere Nutzenkategorien, wie emotionale oder soziale Qualitäten

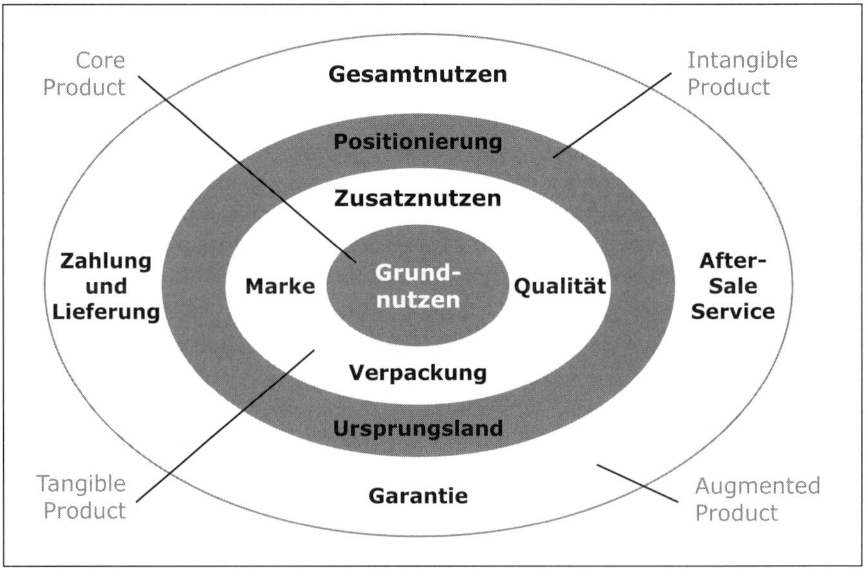


Abbildung 5.2: Produktbegriff und Produktnutzen

berücksichtigt, wie dies bei renommierten Marken oder Prestigeobjekten der Fall ist.

Neben der allgemeinen Definition des Produktbegriffs lassen sich *anbieter- oder nachfragerbezogene Produktbegriffe* (produktionsleistungs- versus konsumnutzenorientierte Bezeichnungen) unterscheiden oder branchenspezifische Ausdifferenzierungen in begrifflichen Verwendungen, wie Gebrauchs- und Verbrauchsgüter für mehr- oder einmalige Nutzung von Produkten der Konsumgüterbrache finden. Zuliefer-, OEM-, System- oder Anlageprodukte der Industriegüterbranche werden ebenso wie investive oder konsumtive Dienstleistungen für gewerbliche oder private Produktnutzungen in der Dienstleistungsbranche verwendet und als zu beobachtende Erscheinungsformen von Produkten zu charakteristischen Produkttypen kategorisiert. (Bruhn/Hadwich 2006, 14 ff.)

Der generische Produktbegriff impliziert, dass ein Produkt als ein Bündel von Eigenschaften aufgefasst werden kann, das dem Konsumenten einen **Nutzen** stiftet bzw. dieser dem Zweck einer Problemlösung für den Kunden entspricht, der sich dann auch in entsprechenden Zahlungsbereitschaften äußert. Während im Kernprodukt der *Grundnutzen* eines Produkts zum Ausdruck kommt, stiften alle weiteren Produktkomponenten einen *Zusatznutzen*, der sich rein funktional, aber auch emotional oder sozial profilieren kann. Der gesamte Produktnutzen besteht dann letztendlich aus der Summe all dieser Nutzenkomponenten eines Produkts, von den primär gebrauchsorientierten Komponenten, bis hin zu umfassenden Wirkungskomponenten, wie z. B. ästhetischen, emotionalen oder sozialen Kriterien. (Meffert et al 2012, 387)

### 5.2.2 Dynamik des Produktmanagements

Das Konzept des Produktlebenszyklus verleiht der Produktauffassung eine dynamische Komponente in Form eines zeitlichen Entwicklungsprozesses in strategischer Absicht. Die **Produktlebenszyklusanalyse** basiert auf einem *zeitbezogenen Marktreaktionsmodell,* bei dem die Entwicklung der Umsätze, Kosten, Gewinne oder Deckungsbeiträge eines Produkts über eine bestimmte Zeitspanne (Lebenszyklus des Produkts) abgebildet werden. Der Entwurf eines Produktlebenszyklus geht von der Überlegung aus, dass Produkte eine begrenzte Lebensdauer am Markt aufweisen. Idealtypisch durchläuft ein Produkt dabei charakteristische **5 Produktlebenszyklusphasen** (Bruhn 2014, 63 ff./ Abbildung 5.3):

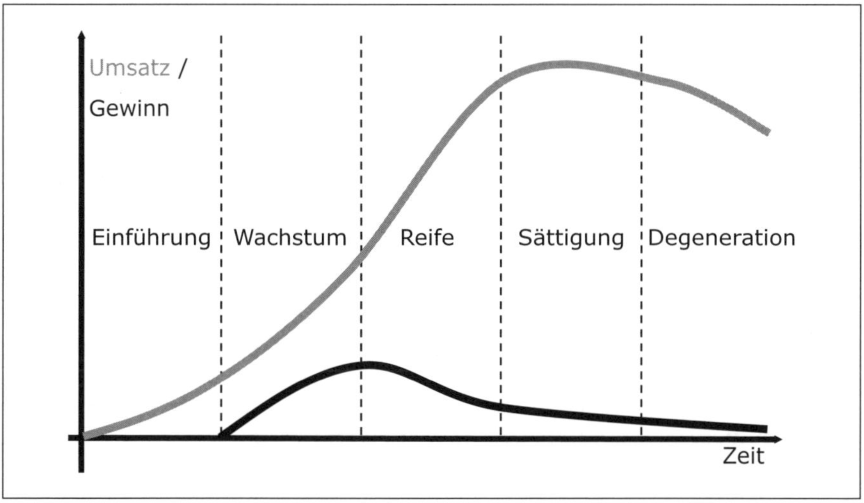


Abbildung 5.3: Produktlebenszyklus

(1) Die *Einführungsphase,* die im Anschluss an die Ideenfindung und Erprobung folgt, ist gekennzeichnet durch die Neuwertigkeit des Produkts, Kundengewinnung, steigende Wachstumsraten im Markt und eine geringe Anzahl an Mitbewerbern. Es entstehen hohe Kosten im Produktions- und Distributionsbereich. Die Einführungsphase ist beendet, wenn der Umsatz des Produkts dessen Kosten übersteigt.

(2) Die *Wachstumsphase* ist gekennzeichnet durch starke, progressive Umsatzzuwächse, das Aufkommen von Konkurrenzprodukten, eine Zunahme der Mitbewerber, steigenden Bekanntheitsgrad des Produkts oder erste Weiterentwicklungen im Produktprogramm. Die Wachstumsphase endet, wenn die Umsatzkurve von einem progressiv steigenden in einen degressiv steigenden Verlauf übergeht.

(3) Die *Reifephase* kennzeichnet eine Stagnation im Wachstum, eine weitere Erhöhung der Mitbewerberzahl (zunehmende Wettbewerbsintensität), eine

Differenzierung des Produktprogramms sowie erste Preissenkungen (Preisverfall) und das Aufkommen innovativer Produktalternativen aufgrund von technischem Fortschritt. Die Reifephase endet in der Regel, wenn die Umsatzkurve ihr Maximum erreicht.

(4) Die *Sättigungsphase* ist charakterisiert durch negative Wachstums- und Umsatzraten, ein begrenztes Marktpotenzial, eine Verringerung der Zahl der Mitbewerber, jedoch häufig eine Zunahme des Konkurrenzkampfs mit entsprechenden Folgen sowie eine stagnierende Produktentwicklung. Die Sättigungsphase endet, wenn es nicht mehr gelingt, das Produkt gewinnbringend am Markt zu halten.

(5) In der *Degenerationsphase* schließlich sinken Umsatz- und Wachstumsraten weiterhin stark ab, Gewinne werden nicht mehr realisiert, die Deckungsbeiträge werden negativ und auch kommunikationspolitische Instrumente werden nicht mehr eingesetzt. Das Produkt läuft meist als günstiges Angebot aus und wird schließlich völlig eliminiert und vom Markt genommen.

Die Bedeutung der Produktlebenszyklusanalyse wird in der Literatur kontrovers diskutiert. *Vorteile* werden insbesondere darin gesehen, dass der Produktlebenszyklus eine einfache, idealtypische Version der Absatzentwicklung eines Produkts darstellt (Erklärungs- und Prognosemodell) und deshalb eine grobe Einschätzung bzw. Vergleiche über verschiedene Branchen und Zeiträume erlaubt. Der Produktlebenszyklus kann Strategien zur Einführung bzw. Elimination von Produkten unterstützen und Optimierungsprozesse bzw. Relaunchzeitpunkte für Produkte angeben. *Nachteile* müssen in der eindimensionalen Erklärung des Absatzes gesehen werden, in der extrem vereinfachten Darstellung des Entwicklungsverlaufs sowie im idealtypischen Entwicklungsprozess des Produktabsatzes, schließlich in der Annahme einer begrenzten Lebensdauer von Produkten überhaupt. (Homburg 2015, 448 ff., 452 ff.)

### 5.2.3 Produktmanagement and More

Mit den **Gestaltungsdimensionen eines Produkts** werden – ausgehend von seinem Kernnutzen, den dieser für den Kunden stiftet (Kernprodukt) – weitere Komponenten eines Nutzenzuwachses für den Kunden gewonnen. Im Rahmen der *Produktgestaltung im engeren und weiteren Sinne*, die sich auf die nutzenstiftenden Merkmale des Produkts bezieht, können dabei sowohl materielle als auch immaterielle Produkteigenschaften berücksichtigt werden (Scharf et al 2012, 240 ff.; Winkelmann 2013, 216 ff./Abbildung 5.4)

**Produktgestaltung im engeren Sinne** bezieht sich auf *materielle Produkteigenschaften*, wie z. B. Qualität, Funktionalität, Design oder Verpackung, etc., zur Schaffung unterschiedlicher Präferenzen bei Kunden und gegenüber von Mitbewerbern. Mit der Gestaltung der *Produktqualität* werden eine Vielzahl von subjektiv wahrgenommenen, technischen oder funktionalen Eigenschaften, wie z. B. Langlebigkeit, Zuverlässigkeit, Frische, Verträglichkeit, etc., berücksichtigt und teils über (zertifizierte) Qualitätsurteile ausgewiesen. Mit der Gestaltung der *Produktfunktionalität* wird auf die Verwendung bzw. den Verbrauch des Produkts im Sinne einer konsumentenorientierten Ausstattung (Produktfeatures) abgestellt, wie z. B. Haltbarkeit, Bedienungsfreundlichkeit, etc. Mit der Gestaltung des *Produktdesigns* wird das äußere Erscheinungsbild eines Produkts profiliert, wie z. B. über die Produktform, durch ästhetische Maßstäbe, etc. Unter *Design* wird die Gesamtheit aller in das Produkt integrierten Attribute verstanden, die beeinflussen, wie das Produkt im Hinblick auf die Kundenerfordernisse aussieht und funktioniert. Mit der Gestaltung der *Produktverpackung* wird insbesondere am Point-of-Sale die Kaufentscheidung von Kunden gelenkt, darüber hinaus besitzt die Verpackung eines Produkts unterschiedlichste Aufgaben und Anforderungen, wie z. B. Informations-, Schutz-, Transport- und Lager-, Werbe-, Mengenabgrenzungs- und Identifikationsfunktion, etc.

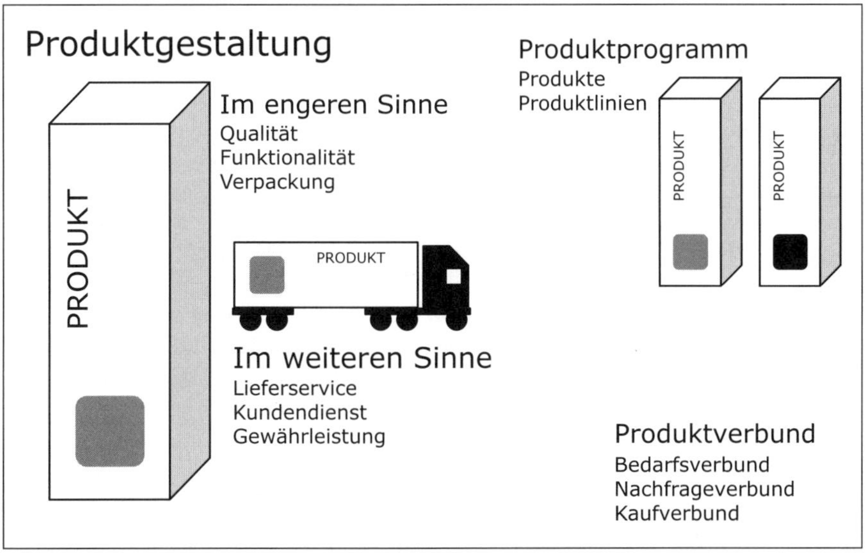


Abbildung 5.4: Optionen der Produktgestaltung

**Produktgestaltung im weiteren Sinne** schließlich bezieht sich auf *immaterielle Produkteigenschaften*, wie z. B. Lieferservice, Kundendienst, Gewährleistung und sonstige Dienste, etc., aber auch auf eine Markierung, die im Zusammenhang mit dem Produkt bzw. seinem Verkauf erbracht werden kann.

Die Gesamtheit aller Leistungen im Sinne des Produktmanagements oder der Produktpolitik bezeichnet man als **Produkt-, Angebots- oder Leistungsprogramm**, wobei diesbezüglich auch *Verbundbeziehungen* zwischen Produkten Berücksichtigung finden. Ein *Programm* besteht dabei aus einzelnen Produkten und Produktlinien, wobei man unter einer *Produktlinie* eine Gruppe von Produkten versteht, die durch bestimmte Kriterien (Bedarfs- oder Produktionszusammenhang) in enger Beziehung stehen. Unabhängig von der Ausgestaltung des Produktprogramms im Sinne der Programmbreite (Anzahl der Produktlinien) und Programmtiefe (Anzahl der Produkte innerhalb einer Produktlinie) können Entscheidungen über verkürzte oder verlängerte Produktlinien getroffen werden, wenn z. B. einer geringeren oder einer größeren Zahl von Bedürfnissen der Kunden dadurch Rechnung getragen werden soll. Wird das Qualitätsniveau einer Produktlinie gemindert, spricht man von Trading-down, wird dies erhöht, von Trading-up. **Verbundbeziehungen** zwischen Produkten können sich ergeben als *Bedarfsverbund*, wenn entsprechende Produkte in einem komplementären Zusammenhang stehen, als *Nachfrageverbund*, wenn Produkte aus rationalen Überlegungen heraus, z. B. an einem Ort gemeinsam gekauft werden, als *Kaufverbund*, wenn Produkte bei einem einzigen Kaufakt gemeinsam erworben werden. (Meffert et al 2012, 388 ff., 391 ff.)

## 5.3 Gestaltungspotenziale des Produktmanagements

### 5.3.1 Innovationsmanagement

**Produktinnovationen** ergeben sich aus der Notwendigkeit, dass viele Produkte einem Produktlebenszyklus unterliegen und, bedingt durch technologischen Wandel und gesellschaftliche Dynamik, in immer kürzerer Zeit einen rückläufigen Absatz aufweisen, der eine *Neuproduktentwicklung* nötig macht. **Varianten** von Produktinnovationen, die insbesondere für den Anbieter einen Wertschöpfungszuwachs ausmachen, lassen sich als *Produktverbesserungen, Produktdifferenzierungen* oder *Produktvariationen* darstellen. In Abgrenzung zu Erfindungen (Inventions) wird bezüglich von **Innovationen** als marktfähige Produkte eine Unterscheidung als Repositionierung existierender Produktversionen (Relaunching und Rebranding), die Ausweitung existierender Produktlinien oder die Entwicklung von sogenannten Weltneuheiten bedeutsam. (Belz et al 2007, 3 ff.)

Abbildung 5.5: Innovationsmanagement für Produkte

Es gibt unterschiedliche **Arten von Innovationen**, die häufig mit *Prozessinnovationen*, also Veränderungen in funktionalen Bereichen des Unternehmens einhergehen. Darüber hinaus unterscheidet man *technische Innovationen* auf der Basis technologischer Neuheiten und *sozialtechnische Innovationen*, die durch eine veränderte Art und Weise der Nutzung des Produkts zustande kommen. In Bezug auf ein bestehendes Produktkonzept und die Verknüpfung wesentlicher Produktkomponenten lassen sich folgende **Ausprägungen von Innovationen** als Innovationstypen unterscheiden: Wird das Produktkonzept verändert, handelt es sich um eine *architekturale Innovation*, werden wesentliche Verknüpfungen der Produktkomponenten beibehalten, um eine *modulare Innovation*. *Inkrementale Innovation* bedeutet, dass ohne sichtbare Veränderungen des Produktkonzepts und der Verknüpfung von Produktkomponenten Neuheiten entwickelt werden, *radikale Innovationen* stellen demgegenüber echte Neuheiten dar, um neue Kunden und neue Märkte zu besetzen (Meffert et al 2012, 397 f.). *Kritisch* bleibt anzumerken, dass Innovationen bis zur erfolgreichen Markteinführung (Diffusion) teilweise mit erheblichen **Risiken** verbunden sind, so kennzeichnen z. B. hohe Misserfolgsquoten (Flops), Produktpiraterie, etc. das gesamte Innovationsmanagement.

Im **Prozess des Innovationsmanagements** lassen sich vier Phasen wie folgt unterscheiden (Bruhn 2014a, 131 ff.; Homburg 2014, 170 ff./Abbildung 5.5):

(1) *Phase der Ideengewinnung* und *Ideenkonkretisierung* durch Kreativitätstechniken, Conjoint-Analyse, Quality Function Deployment, Lead-User-Ansatz, Benchmarking, etc.: Für die *Ideengewinnung* kommen unternehmensinterne und unternehmensexterne Quellen in Frage. Im Rahmen der *Kreativitätstechniken* lassen sich Brainstorming-Methoden, Funktionsanalysen sowie Morphologien unterscheiden. Eine *Ideenkonkretisierung* kann schließlich über die *Conjoint-Analyse* erfolgen, indem spezifische Merkmale identifiziert werden, die für den Kundennutzen eine besondere Bedeutung besitzen. Weiterhin werden in der Conjoint-Analyse Optimierungsprozesse für Merkmalsausprägungen generiert und Zahlungsbereitschaften von Kunden für Produktverbesserungen ermittelt. Mit der Methode des *Quality Function Deployment (QFD)* können Kundenanforderungen in Produktmerkmale umgesetzt werden, wenn Kunden unmittelbar aus der Situation der Produktnutzung ihre Ansprüche reformulieren. Mit dem *Lead-User-Ansatz* können potenzielle Kunden identifiziert werden und unmittelbar in die Produktkonzeption mit eingebunden werden, sodass ihre Bedürfnisse prognostischen Trendcharakter besitzen (Lead User). Im Rahmen von *Benchmarking* wird versucht, durch eine gezielte Analyse der Best-of-Class- bzw. Best-of-Practice-Unternehmen, Vorstellungen darüber zu erhalten, wie man die eigenen Leistungen bzw. Produkte durch eine Orientierung an Prozess- oder Technologieführerschaft, Branchen- und Wettbewerb-Leadership oder an anderen entwicklungsrelevanten Vergleichen ausrichtet.

(2) *Phase der Konzeptdefinition* über Checklisten und Positionierungsmodelle: *Konzeptdefinitionen* erfolgen über eine *Konkretisierung des Produktprofils* für angestrebte Zielgruppen durch *Checklisten*, die Mindestanforderungen ausweisen bezüglich der zu entwickelnden Produkte im Hinblick auf Kaufent-

scheidungen von Kunden oder für Umsatzentwicklungen in bestimmten Bereichen. Darüber hinaus kann durch eine *Nutzenprofilierung* bezüglich einer Zielgruppe oder in Abgrenzung von Mitbewerbern der spezifische Vorteil der eigenen Produkte herausgestellt werden (Unique Selling Proposition/USP). Insbesondere *Produkteigenschaften,* darunter formal ästhetische Kriterien, wie z. B. Farbe, Form, Verpackung, etc., sowie Produktimage und weitere intangible Eigenschaften von Produkten werden in diesem Zusammenhang festgelegt.

(3) *Phase der Konzeptbewertung* und *Konzeptselektion* durch Checklisten, Scoringmodelle/Nutzwertanalysen, Konzepttests, Testmärkte, Testmarktalternativen: Im Rahmen von *Checklisten* werden allgemein definierte Anforderungskriterien formuliert, wie z. B. Konsistenz der Produktkonzepte mit der strategischen Ausrichtung der Produktprogramme, Realisierbarkeit, rechtliche Zulässigkeit und Unanfechtbarkeit der Produktkonzepte sowie die Verfügbarkeit von Ressourcen zu deren Realisierung, etc. Durch *Scoringmodelle,* wie z. B. Punktbewertungsverfahren, etc., werden im Vergleich zu Checklisten Gewichtungen und Ausmaße mit denen Produktkonzepte ihre Bewertungskriterien erfüllen ermittelt. Neuproduktkonzepte werden diesbezüglich auch mit *Nutzwertanalysen* bewertet. Mithilfe von *Konzepttests* wird die spezifische Idee (Konzeption) für ein neues Produkt durch Konsumenten oder potenzielle Käufer beurteilt. Konzepttests sollen primär überprüfen, ob der Entwurf einer Produktentwicklung einen entscheidenden Vorteil gegenüber bestehenden Produkten besitzt und ob ein Nachfragepotenzial besteht (Likes and Dislikes). Über *Testmärkte* werden neue Produkte probeweise in lokal oder regional abgegrenzten Teilmärkten eingeführt. In *Testmarktsimulatoren* wird der Adoptionsprozess neuer Produkte mit den Phasen der Wahrnehmung des Erstkaufs, einer Einstellungsbildung zum Produkt und eines möglichen Wiederkaufs bei einer Stichprobe simuliert. Die Informationen werden dann zur Prognose von Marktanteilen des neuen Produkts verwendet.

(4) *Phase der Markteinführung neuer Produkte* durch Adoptions- und Diffusionsmodelle sowie Markteinführungsstrategien: Die Markteinführung neuer Produkte kann durch sogenannte Adoptions- und Diffusionsmodelle abgebildet werden. Mit *Adoptionsmodellen* wird versucht, die Übernahme einer Innovation oder eines neuen Produkts durch Kunden abzubilden, um die Annahme des Produktkonzepts in einzelnen Phasen optimieren zu können. Mit der *Diffusion* wird die modellhafte Abbildung einer Ausbreitung von Innovationen oder neuer Produkte erfasst. Hierfür kommen Kommunikationsprozesse, wie z. B. Mund-zu-Mund-Kommunikation/Word-of-Mouth in Frage oder Meinungsführerschaften, bestehend aus Opinion Leader und Follower, etc. Durch die Anwendung von Produkttests werden die subjektive Qualität des Produkts überprüft und die Einschätzungsprofile potenzieller Käufer erfasst. Über Markttests, die als Kombination aus Store Tests und Panels bestehen, werden sowohl die Einführungen neuer Produkte als auch Relaunches oder Line Extensions überprüft. Als Gründe für *Fehlschläge* von Markteinführungen neuer Produkte (Flops) gelten Defizite bei der Wahl

des Einführungszeitpunkts und der Distributionspolitik, Abstimmungsdefizite bei der Einführungswerbung, Entwicklungsdefizite des Produkts oder falsche Preisstrategie bzw. eine unzureichende Informationspolitik, etc.

Ein explizites **Innovationsmanagement** ist einerseits unter sich ständig verkürzenden First-Mover-Effekten bedeutsam, um die Wettbewerbsfähigkeit eines Unternehmens zu erhalten, andererseits ist – bedingt durch die hohe Misserfolgsrate bei Innovationen – nicht davon auszugehen, dass jede *Invention* (Erfindung) auch zu einer marktfähigen *Innovation* (Neuheit) führt.

## 5.3.2 Management bestehender Produkte

**Produktmanagement** als spezifische Ausrichtung und Sichtweise auf Produktpolitik lässt sich zunächst durch eine *funktionale Perspektive* und grundlegende Unternehmensfunktion darstellen. Dies gilt besonders dann, wenn eine allgemeine Unternehmensstrategie z. B. prinzipiell produktspezifisch orientiert ist und statt der, in der durch Produktpolitik vertretenen Gestaltungsfunktion, eine Koordinations- und Entwicklungsfunktion übernimmt. Die organisatorische Umsetzung in einzelne abgrenzbare Aufgabenbereiche im Unternehmen wird dann als *institutionelle Perspektive* des Produktmanagements bezeichnet. Aufgrund der zunehmenden Bedeutung des Produktmanagements ergibt sich dann weiterhin eine *personelle Perspektive*, wenn in der Person eines Produktmanagers eigenständige Aufgaben übernommen werden. Zahlreiche aktuelle Entwicklungen verweisen auf die gestiegene Bedeutung und den Fokus von Produktmanagement durch die gewandelten Strukturen in Märkten und Unternehmen, die eine solche Profilierung von Aktivitäten um das Produkt erforderlich machen. Notwendig werden derartige Strukturen eines Produktmanagements insbesondere durch kontinuierlich verändertes Konsumentenverhalten, wie sinkende Loyalität oder steigende Ansprüche (Variety Seeking), Ökologieorientierung, Verkürzung von Produktlebenszyklen, etc. (Bruhn/Hadwich 2006, 1 ff., 4 ff.)

Zu grundlegenden *Strukturentscheidungen* für ein **Management etablierter Produkte** gehören die Gestaltung der Programmbreite und der Programmtiefe (Homburg 2012, 603 ff.; Bruhn 2014, 124 f./Abbildung 5.6):

- *Programmbreite* bezeichnet die Anzahl der Produktlinien, wie z. B. Produktgruppen, Produktkategorien, etc. Hierunter versteht man eine Gruppe von verbundenen Produkten, die eine bestimmte Ähnlichkeit aufweisen, wie z. B. Programmbreite bestehend aus vier Produktlinien: Waschmittel, Zahnpflege, Papierprodukte, Reinigungsmittel, etc.
- *Programmtiefe* beschreibt die Anzahl der Produkte oder Produktvarianten innerhalb einer Produktlinie, d. h. wie viele Auswahlmöglichkeiten dem Kunden innerhalb einer Produktlinie angeboten werden können, wie z. B. Programmtiefe Waschmittel bestehend aus vier Varianten: Vollwaschmittel Marke A, Vollwaschmittel Marke B, Weichspüler Marke C und Tabs Marke D, etc.

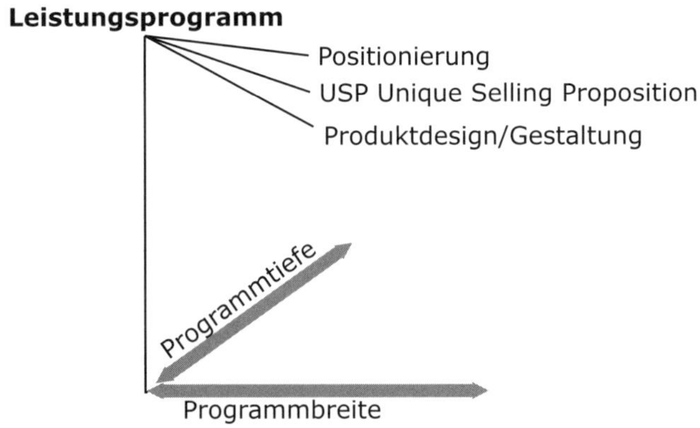


Abbildung 5.6: Komponenten des Leistungsprogramms

Zu den klassischen Feldern des Produktmanagements bzw. der Produktpolitik gehören neben der Produktinnovation, also der Aufnahme neuer Produkte, die *Produktvariation*, d.h. eine bedürfnisgerechte Anpassung bestehender Produkte, die *Produktdifferenzierung*, d.h. eine Modifizierung der bestehenden Produkte, und schließlich die *Produktelimination*, die eine Absetzung nicht mehr erfolgreicher Produkte zur Folge hat. Insgesamt lassen sich damit wesentliche Gestaltungsoptionen über die **Veränderungen des Produktprogramms** angeben (Homburg 2015, 605 ff.):

- *Produktvariation* besteht in der Modifikation von Eigenschaften eines vorhandenen Produkts, wobei die Basisfunktionen des betreffenden Produkts nicht verändert werden, darunter ästhetische Eigenschaften, wie z. B. Farbe, Form, etc., physikalisch-funktionale Eigenschaften, wie z. B. Material, Qualität, etc., oder symbolische Eigenschaften, wie z. B. Markenname, Markenimage, etc.
- *Produktdifferenzierung* stellt in Ergänzung zu einem bereits eingeführten Produkt eine neue Variante dar, darunter auch Angebote von Baukastensystemen oder produktbegleitende Dienstleistungen, sogenannte Value-Added-Services. Häufig werden an bestehenden Produkten Merkmalsmodifikationen vorgenommen, um unterschiedliche Bedürfnisse einzelner Kundengruppen gezielter ansprechen zu können, wie z. B. Kombimodelle bei bestehendem Mittelklasse-Pkw, etc.
- *Produktdiversifikation* nimmt Produkte in ein Produktprogramm auf, die in keinem direkten Zusammenhang zu bisherigen Produkten stehen. *Horizontale Diversifikation* bedeutet die Aufnahme von Produkten der gleichen Marktstufe, dies führt dazu, dass bisherigen Kunden weitere Leistungen angeboten werden oder Neukundengruppen erschlossen werden, wie z. B. Angebot von Urlaubsreisen in Warenhäusern, etc. *Vertikale Diversifikation* bedeutet eine Produktausweitung in der Wertschöpfungskette auf vor- oder nachgelagerten Marktstufen, wie z. B. Kuchen- und Tortenhersteller gründet eine Kette von Caféhäusern, etc. *Laterale Diversifikation* ist gekennzeichnet durch völlig neue Produkt-Markt-Felder, die in keinem Zusammenhang mit

den bisherigen Aktivitäten stehen, mit dem Ziel von Wachstumssicherung, Risikostreuung oder einer Sicherung der Unabhängigkeit des Unternehmens, wie z. B. ein Automobilhersteller, der sich im Bereich der Luft- und Raumfahrttechnik, der Telekommunikation oder der Finanzdienstleistungen, etc. engagiert.

- *Produktelimination* beendet die Herstellung und den Vertrieb eines Produkts oder einer Produktlinie am Markt, wenn etwa der Erfolgsgrad des betreffenden Produkts rückläufig ist, der Marktanteil sich negativ entwickelt oder Deckungsbeiträge nicht mehr (positiv) ausgewiesen werden können. Entscheidend für die Elimination eines Produkts sind Überlegungen, inwieweit durch eine Eliminationsentscheidung auch der Markterfolg anderer Produkte des Programms beeinträchtigt oder gefördert werden könnte.

Die Aktivitäten in den klassischen Feldern des Produktmanagements bedürfen einer besonderen *Abstimmung* hinsichtlich der expliziten Ermittlung des richtigen Handlungszeitpunkts, einer Bestimmung des Ausmaßes der Veränderung des gesamten Programms sowie einer Berücksichtigung der Absatzverbundenheit der Produkte, wie z. B. Substitutions- oder Kannibalisierungseffekte, etc. (Meffert et al 2012, 452 f.)

### 5.3.3 Qualitätsmanagement von Produkten

Mit dem **Qualitätsbegriff** im Produktmanagement wird in der Regel die (erwartete, hochwertige) Art und Weise der Beschaffenheit eines Produkts (Merkmale, welche diese Anforderungen erfüllen) bezeichnet (kunden- und produktbezogener Qualitätsbegriff). Ergänzend wird **Qualität** auf sämtliche *Prozesse* bezogen, die für die Entstehung eines Produkts erforderlich sind (Input), ebenso auf das *Prozessergebnis* (Outcome). Prozessqualität stellt damit eine Voraussetzung für Produktqualität dar. Hohe Produktionsleistung, technische oder sonstige, exponierte Merkmale eines Produkts, kundenorientierte Anwendungsstandards mit hoher Kundennutzenkomponente zählen darüber hinaus zu den herausragenden Qualitätsaspekten von Produkten. *Qualitätsmerkmale* von Produkten können entweder quantitativ direkt oder qualitativ indirekt gemessen werden und beziehen sich im Rahmen eines umfassend angelegten Qualitätsmanagements sowohl auf Struktur-, Prozess- und Ergebnismerkmale. *Qualitätsbezüge* lassen sich produkt-, prozess-, system- oder unternehmensorientiert darstellen und über Qualitätskontrolle (Verbesserung), Qualitätssicherung (Vorbeugung), Qualitätsmanagement (Führungsfunktion) und schließlich Total Quality Management (Ganzheitlichkeit) herstellen. (Schmitt/Pfeifer 2015, 18 ff.)

Um zu gewährleisten, dass Produkte (Güter und Dienstleistungen) den Anforderungen des Markts bezüglich ihrer Qualität entsprechen, ist ein explizit auszugestaltendes **Qualitätsmanagement (QM)** erforderlich. Elemente eines solchen Qualitätsmanagements stellen dabei die Zielbestimmung, Planung, Steuerung, Sicherung, kontinuierliche Optimierung und Kontrolle aller auf die Qualität eines Produkts gerichteten Aktivitäten dar. Aus der Sicht des Qualitätsmanagements von Produkten im Marketing besitzt die *Kundenorientierung* eine herausragende Bedeutung, da Kunden und ihre Bedürfnisse die Adressaten und Empfänger von Unternehmensleistungen darstellen. Eine über die reine Kundenorientierung hinausgehende Perspektive wird hier insbesondere erforderlich, als die gesamte *Interessengemeinschaft der Stakeholder* als erweitertes 'Kundenforum' des Unternehmens zu berücksichtigen ist, auf die sich ebenso die Tragweite eines umfassenden Qualitätsmanagements zu richten hat. Sämtliche Bestandteile eines Qualitätsmanagements, die auch als **Qualitätsmanagementsystem** bezeichnet werden, müssen der allgemeinen Zugänglichkeit wegen in einem Qualitätsmanagement-Handbuch beschrieben werden. (Schmitt/Pfeifer 2015, 24 ff./Abbildung 5.7)

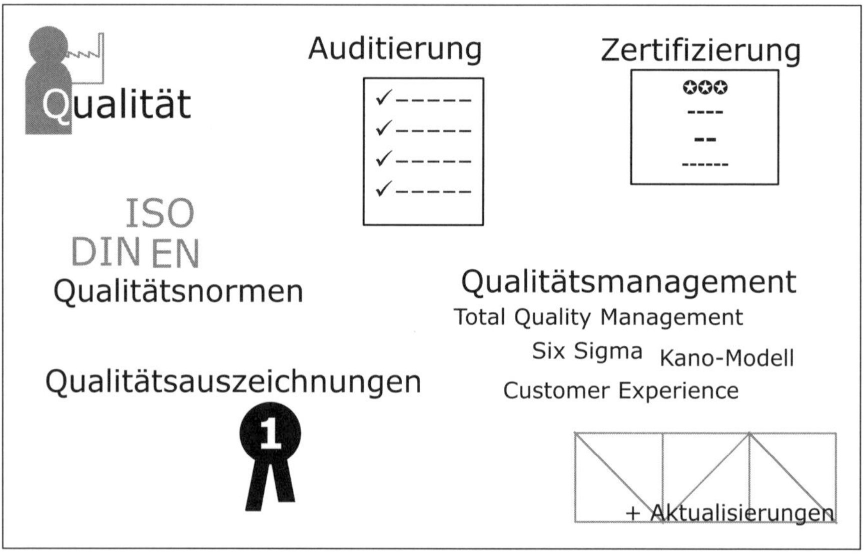


Abbildung 5.7: Qualität und Qualitätsmanagement

Zur expliziten **Ausweisung von Qualität** dienen (a) Qualitätsnormen, (b) Auditierung, (c) Zertifizierung und (d) Qualitätsauszeichnungen. Die Bezeichnung DIN EN ISO weist auf die Konvergenz und Konformität zwischen der deutschen Norm DIN (Deutsches Institut für Normung e.V.) der europäischen Norm EN (CEN/Comité Européen de Normalisation) und der internationalen Norm ISO (International Organization for Standardization) hin (Schmitt/Pfeifer 2015, 298 ff., 308 ff.; Koch 2015, 26 ff.):

(a) *Qualitätsnormen* bestehen zunächst in Form von Grundlagen und Anforderungen für ein Qualitätsmanagementsystem auf der Basis der branchenneutralen Normreihe DIN EN ISO 9000 ff. Zweck der International Organization for Standardization (ISO) und der einheitlichen Norm 9000 ist es, international unterschiedliche Normen und Regelungen für Qualität zu harmonisieren und jeweils auf den aktuellen Stand von Anforderungen branchenübergreifend zu bringen. In einzelnen Normen der DIN EN ISO 9000 werden etwa Grundlagen für ein Qualitätsmanagement (DIN EN ISO

9000:2005) beschrieben, die Anforderungen an ein Qualitätsmanagement (DIN EN ISO 9001:2008) oder etwa Leitlinien zur prozessorientierten Qualitätswirkungsverbesserung (DIN EN ISO 9004:2008) festgelegt.

(b) *Auditierung* bezeichnet ein Verfahren der systematischen, unabhängigen Überprüfung qualitätsbezogener Sachverhalte bzw. Ergebnisse im Hinblick auf die Übereinstimmung mit entsprechenden Normen oder Vorgaben. In Qualitäts-Audits werden formal und institutionell all diejenigen zu qualifizierenden Bereiche in Unternehmen eingeteilt, die entsprechend überprüft werden sollen, um dann in einer Audit-Dokumentation festgehalten zu werden. Als Leitfaden für Audits von Qualitäts- und Umweltmanagementsystemen gilt DIN EN ISO 19011:2003.

(c) *Zertifizierung* stellt eine offizielle, schriftliche Festlegung (Zertifikat) über die Erfüllung von Anforderungen aus vorgegebenen Normen im Sinne einer Konformität oder Übereinstimmung dar, die in der Regel eine Auszeichnungsfunktion besitzt. Eine Zertifizierung dient damit der externen Darlegung eines Qualitätsmanagementsystems. Zertifikate werden nach einer erfolgreichen Überprüfung durch ein Qualitäts-Audit erteilt. Zertifizierungen erfolgen meist in standardisierter Form durch Festlegung einzelner Institutionen und Stadien bzw. Prozesse im Rahmen eines Zertifizierungsprojekts. Zertifikate werden – obgleich ihrer Vielzahl im Markt – immer noch als notwendige Voraussetzung eines vermarktungsfähigen, qualitativ hochwertigen Unternehmensprofils angesehen.

(d) *Qualitätsauszeichnungen* bzw. Qualitätspreise und deren Vergabe durch bedeutende Institutionen (Quality Awards) erfolgen für herausragendes Qualitätsmanagement (Business-Excellence-Systeme) und entsprechende Produkte von Unternehmen, um deren Wettbewerbsfähigkeit transparent zu machen und zu verbessern. Qualitätsauszeichnungen werden nach leistungsspezifischen und leistungsunspezifischen Kriterien (mit und ohne eigene Produktkategorie) vergeben. Mit dem European Quality Award (EQA) und der European Foundation for Quality Management (EFQM) sowie die durch sie entwickelten Modelle lassen sich mit hohen Maßstäben Vorgaben für Qualitätsauszeichnungen und Qualitätspreise entnehmen und durch Benchmarking-Verfahren dynamisieren.

Über ein **Qualitätsmanagement von Produkten** in der Produktpolitik werden einerseits steigende Anforderungen der Nachfrager/Kunden berücksichtigt und umgesetzt, andererseits werden durch eine kontinuierliche Qualitätsdiagnose Produkt- und Serviceketten von Anbietern/Unternehmen verbessert. Eine ganzheitliche Betrachtung des Qualitätsmanagements liegt dem sogenannten **Total Quality Management (TQM)** zugrunde. Darunter versteht man ein langfristig angelegtes, integriertes *Gesamtkonzept* als ein System von Prinzipien und praktischen Instrumenten mit deren Hilfe die Effizienz der inneren Prozesse eines Unternehmens und die Qualität der Produkte (Güter und Dienstleistungen) kontinuierlich verbessert werden sollen, um letztendlich eine *optimale Bedürfnisbefriedigung* der Kunden zu erreichen. So gesehen geht es bei Total Quality Management darum, ein *Qualitätsbewusstsein* und eine *Qualitätssicherung* in allen Phasen der Wertschöpfungskette zu schaffen und zwar sowohl bei allen Führungskräften als auch bei allen Mitarbeitern. TQM ist damit ein *umfassender Denk- und Handlungsansatz*, der sich sowohl in der Unternehmensphilosophie als auch im Selbstverständnis bzw. Leitbild und auch in allen Funktionsbereichen eines Unternehmens im Sinne einer gelebten *Unternehmenskultur* niederschlägt. Erweiterungen im Sinne von Entwicklungsszenarien des TQM-Konzepts stellen etwa die Taguchi-Philosophie mit einer gesellschaftspolitischen Qualitätsdimension dar oder das Kaizen-Konzept, welches auf einer kontinuierlichen Optimierungsorientierung sämtlicher Unternehmensprozesse basiert. (Meffert et al 2015a, 201 ff.)

Einen bekannten *Ansatz zur Qualitätsbeurteilung* von Produkten stellt das sogenannte **Kano-Modell** dar. Danach werden Anforderungsarten unterschieden, die zur Kategorisierung von Qualitätserwartungen (Zufriedenheitsfaktoren) bezüglich von Produktmerkmalen (Güter und Dienstleistungen) herangezogen werden können. Das Kano-Modell unterscheidet drei **Anforderungskategorien:** (1) *Basisanforderungen* stellen Muss-Kriterien eines Produkts dar, deren Fehlen unmittelbar eine negative Qualitätsausstattung signalisiert bzw. deren Vorhandensein eine Selbstverständlichkeit darstellt. (2) *Leistungsanforderungen* stellen in Form von Soll-Kriterien ein weiteres Qualitätsmerkmal von Produkten dar. Je höher der Erfüllungsgrad der Leistungsanforderungen, desto stärker wird die Produktqualität wahrgenommen. (3) *Begeisterungsanforderungen* dienen als Kann-Kriterien der Erfüllung einer überproportional entwickelten Produktqualität, wie z. B. durch individualisierte Emotionalisierungskomponenten, die sich auch in einer entsprechenden Qualitätswahrnehmung ausdrücken, etc. Aufgrund der zunehmenden Vergleichbarkeit und der Standardisierungstendenzen bei Produkten werden Begeisterungsanforderungen (vgl. 3E-Drive) immer wichtiger, können jedoch auch inflationär wirken. Insgesamt entsteht dadurch der *Mechanismus einer Erwartungsspirale*, der die zu begeisternden Bedürfnisse der Kunden kontinuierlich 'nach oben schraubt'. (Zollondz 2011, 133 ff.; Schmitt/Pfeifer 2015, 164 f.)

Weit verbreitet und teilweise über das klassische Qualitätsmanagement hinausgehend ist der Qualitätsansatz **Six Sigma**, der auf dem Prinzip der Null-Fehler-Qualität basiert und sich auf die Optimierung eines Prozessmanagements (Abläufe) richtet, mit der Absicht, strategische Ziele zu erreichen und Geschäftsergebnisse zu verbessern. Six Sigma rekurriert auf **4 Elemente** im Sinne eines konzeptionellen Rahmens: (1) *Commitment* der Unternehmensleitung, (2) *Einbezug* der Stakeholder, (3) *Ausbildungsprogramm* sowie (4) *Evaluationssystem.* Mit der Modifikation des Six-Sigma-Ansatzes zu einem *Lean-Sigma-Konzept* werden Aspekte des *Lean-Managements* und des *Six-Sigma-Konzepts* miteinander kombiniert, um Produkt- und Prozessqualität kompakt zu optimieren. (Koch 2015, 166 ff.)

Ebenfalls eine Erweiterung des klassischen Qualitätsmanagements stellt das **Customer-Experience-Management (CEM)** als Ansatz zur ganzheitlichen Analyse von Kundenerlebnissen dar. Dieses Konzept geht über die reine Funktionalität einer Kundenorientierung hinaus: Mit der Unterscheidung von *Erlebniseigenschaften* und *Erlebnisdimensionen* gelingt es, eine *Customer-Insight-Analyse* zu betreiben, deren Ergebnisse zur weiteren Optimierung von Marketingmaßnahmen genutzt werden kann. (Meffert et al 2015a, 206 f.)

## 5.4 Markenmanagement

### 5.4.1 Marken und Markenmanagement

**Markenmanagement** stellt einen zentralen Erfolgsfaktor im Sinne einer herausragenden Option der Produktpolitik bzw. des Produktmanagements dar. Unter der Vielzahl der verfügbaren Produkte nehmen Markenprodukte mit ihren Leistungsprofilen eine besondere Stellung ein, da sie einen spezifischen Nutzen für Kunden erwirken und zur Unternehmenswertsteigerung beitragen können. Über eine differenzierte **Markenpolitik** werden in Zeiten vergleichbarer Produktangebote und gestiegener Kundenansprüche spezifische Funktionen von Marken, wie Orientierungsgehalt, Vertrauen oder Symbolwert, etc. gestaltet. Unter *Markenpolitik im weiteren Sinne* versteht man die Markierung von Produkten durch charakteristische Eigenschaften, wie z. B. Namen, Symbole, Zeichen, Farben oder Image, etc. Mit der Markierung (Branding) wird eine explizite Unterscheidung, Identifikation und Differenzierung eines Produkts oder einer Produktgruppe erreicht. *Markenpolitik im engeren Sinne* bedeutet ein systematisches Markenmanagement von Produktangeboten als Markenartikel. Der Begriff der **Marke** bzw. des Markenartikels versteht sich als eine Bezeichnung für den auf einen spezifischen Kundennutzen ausgerichteten *Leistungsaspekt* durch Markierung eines Produkts, das standardisiert, in gleichbleibender *Qualität* angeboten wird, wie dies z. B. bei Herstellermarken, Handelsmarken, Industriegütermarken, Dienstleistungsmarken, etc. der Fall ist. (Meffert et al 2015b, 325 ff.)

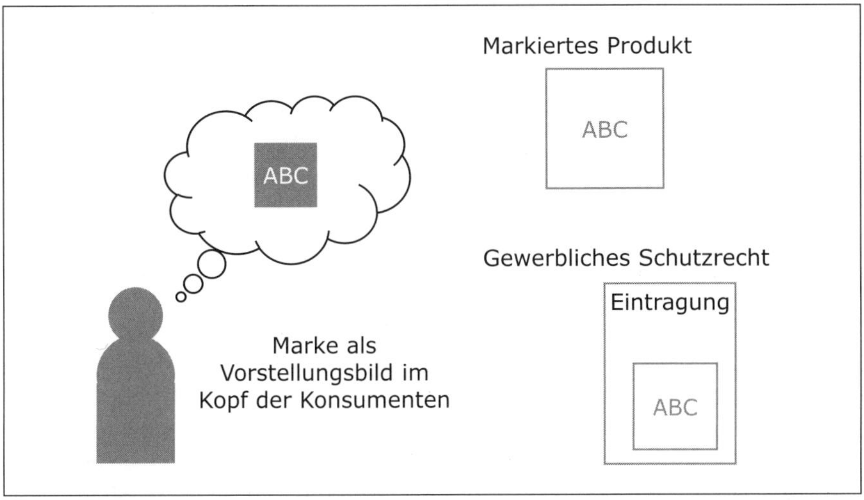


Abbildung 5.8: Dimensionen des Markenverständnisses

Nach allgemeinem **Markenverständnis** lassen sich höchst unterschiedliche Zugänge zu Marken aufzeigen. Ein *klassisches Markenverständnis,* das auf Mellerowicz zurückgeht, weist folgende merkmalsbezogene Eigenschaften einer Marke auf: Markierung durch Markenname, Herkunftszeichen, Warenzeichen, Urheberrecht, etc., gleichbleibende oder verbesserte Qualität und Quantität, einheitliche Aufmachung, überregionaler Vertrieb/Ubiquität, hoher Bekanntheitsgrad und Anerkennung am Markt sowie relative Preiskonstanz. Ein *modernes Markenverständnis,* das die klassischen Merkmale entwicklungsbedingt überwindet, rekurriert zumindest auf eine *Dreidimensionalität* hinsichtlich einer Markendefinition und unterscheidet demnach den *juristischen Ansatz* (Sicht des Gesetzgebers) im Sinne des Markenschutzrechts für Zeichen, die geeignet sind, Waren oder Dienstleistungen eines Unternehmens von denjenigen anderer Unternehmen zu unterscheiden (§ 3 Abs. 1 MarkenG). Mit dem *instrumentenbezogenen Ansatz* (Sicht des Anbieters) wird demgegenüber ein speziell ausgestaltetes Absatzsystem gekennzeichnet, mit dem der Hersteller seine Leistungen von Konkurrenzangeboten abhebt und über ein entsprechend markiertes Produkt profiliert. Mit dem *wirkungsbezogenen Ansatz* (Sicht der Zielgruppe) schließlich wird auf Vorstellungsbilder einer Marke in den Köpfen der Konsumenten Bezug genommen, die mit einer Marke unverwechselbare und relevante Merkmale verbinden (Marke als Persönlichkeit). (Esch et al 2013, 199 ff.)

**Markenfunktionen**, die im Rahmen des Produktmanagements erfüllt werden, sind ebenso vielfältig: Sie dienen etwa der *Präferenzbildung,* wenn Marken vergleichbaren Produkten vorgezogen werden. Sie stützen die *Absatzförderung,* wenn aufgrund der profilierten Eigenschaften quantitativ mehr verkauft werden kann. Sie beinhalten eine höhere *Preisakzeptanz,* wenn durch Markenqualität eine höhere Zahlungsbereitschaft entsteht. Sie schaffen *Vertrauensbildung,* wenn für Konsumenten mit dem Kauf einer Marke vielfältige Risiken reduziert werden. Schließlich fördern sie *Kundenloyalität,* wenn Konsumenten ihren Marken langfristig treu bleiben. Darüber hinaus stiften Marken sowohl einen rationalen als auch einen emotionalen *Nutzen für den Konsumenten,* welcher das komplexe Wirkungsspektrum einer Markenprofilierung abrundet. (Meffert et al 2015b, 326 f.)

Im Rahmen des Markenmanagements lassen sich mehrere Entwicklungsstufen von Marken unterscheiden, welche die konkrete Ausprägung von **Markenmanagement** betreffen: Über ein *formales Markenverständnis* soll zunächst die Exponiertheit der Marke als Markenartikel mit allen Erkennungszeichen erreicht werden. Ein *managementorientiertes Markenverständnis* trägt dazu bei, bei Kunden Präferenz und Loyalität aufzubauen und damit letztendlich eine Markenstärke oder Markenidentität auszubilden. Modelle der Markenidentität wurden von Aaker und Joachimsthaler als *Brand-Leadership-Modell* entwickelt mit einer Unterscheidung der Essenz der Marke als einzigartiger Gedanke, einer Kernidentität als Assoziationen mit der Marke sowie einer erweiterten Identität, die das Bild der Marke abrunden. Das *Markensteuerrad* von Esch unterscheidet demgegenüber die Markenidentität mit rationalen und emotionalen Komponenten und einer Markenkompetenz als Markenkern (Hard Facts) sowie ergänzende Markenwerte (Soft Facts). Eine **identitätsbasierte Markenführung** schließlich,

Abbildung 5.9: Komplexes Wirkungsspektrum von Marken

die auf Meffert, Burmann et al zurückgeht, profiliert sich als deutlich abgegrenzter Ansatz eines Markenmanagements. Einerseits nimmt dieser Bezug auf die für ein erfolgreiches Markenmanagement bedeutsame *Markenidentität,* die als prägendes Merkmal einer Marke zu verstehen ist und als Ausgangspunkt für ein hohes Nachfragervertrauen in die Marke dient. Markenidentität stellt ein *Führungskonzept* dar und wird aktiv vom Unternehmen entwickelt, bestimmt das Markennutzenversprechen und wird ergänzt um ein Markenverhalten, das alle Produkt- und Serviceleistungen einer Marke beinhaltet. Dieses Führungskonzept der Markenidentität wird sowohl im Innenverhältnis des Unternehmens als auch im Außenverhältnis zu entsprechenden Zielgruppen profiliert. Andererseits wird mit einem identitätsbasierten Markenmanagement als Markenführungsansatz auf ein Marktwirkungskonzept Bezug genommen, das sich im *Markenimage* niederschlägt und gleichzeitig das Fremdbild der Marke bei externen Zielgruppen aufnimmt. Im Marktwirkungskonzept spielen Markenerwartungen der Nachfrager und das Markenerlebnis der Kunden eine entscheidende Rolle. (Meffert et al 2015b, 328 ff.; Esch et al 2013, 224 f./ Abbildung 5.9)

Mit *identitätsbasierter Markenführung* (Meffert) soll eine möglichst große Deckung von Markenidentität und Markenimage erreicht werden, die sich in einer Marke-Nachfrage-Beziehung und an den *Brand Touch Points* entwickelt. **Markenidentität** (Führungskonzept) stellt diesbezüglich das Bindeglied zwischen unternehmensgeführtem Markenmanagement und konsumentenbezogener Wahrnehmung der Marke dar. Diese Markenidentität beruht auf sechs konstitutiven Elementen, wie etwa (1) *Markenvision* mit einer Vorgabe der langfristigen Entwicklungsrichtung, (2) *Markenpersönlichkeit* mit Bezug zum unverwechselbaren Kommunikationsstil einer Marke, (3) *Markenwerte* mit den Grundüberzeugungen, die mit einer Marke zum Ausdruck gebracht werden sollen, (4) *Markenkompetenzen,* welche die spezifischen Fähigkeiten des Unternehmens repräsentieren sowie (5) *Markenherkunft,* die einzelne Facetten der Markengeschichte herausstellt und schließlich (6) *Markenleistungen,* die den Gesamtnutzen einer Marke in Bezug zur Markenkompetenz unterstreichen. **Markenimage** (Marktwirkungskonzept) stellt demgegenüber ein mehrdimensionales Konstrukt für Einstellungen externer Zielgruppen zur Marke dar, welches das entsprechende Vorstellungsbild über die Marke wiedergibt. Wichtigste Voraussetzung des Markenimages ist die Markenbekanntheit. Drei weitere Komponenten bilden die Grundstruktur des Markenimages ab, darunter subjektives Markenwissen mit Bezug zu den Komponenten der Markenidentität, ergänzt um funktionale und symbolische Markennutzenkomponenten. Im Idealfall resultiert aus einer quasi gemeinsamen Gestaltung der 'Markenmerkmale' von Anbieter und Nachfrager der Weg zum *Markenmythos* oder zur Kultmarke, bei dem das Produkt gleichzeitig einen bestimmten Status oder einen Symbolwert erlangt. (Meffert et al 2015, 330 ff., 332 f.)

In deutlicher Abgrenzung zum Premium- oder Standardmarkensegment, lassen sich **Luxusmarken** auch wegen ihres gewachsenen Erfolgsbeitrags und der dafür erforderlichen besonderen *Profilierung* unterscheiden. Luxusmarken zeichnen sich vorrangig durch Faszination und Begehrlichkeit aus, sind aber auch bekannt für hohen wahrgenommenen Preis, exzellente Qualität, Einzigartigkeit, Ästhetik und deren Markenhistorie. Neue *Herausforderungen* ergeben sich diesbezüglich für die Bewahrung der Exklusivität trotz einer Demokratisierung von Luxus oder hinsichtlich einer glaubwürdigen Kommunikation von Nachhaltigkeit und sozialer Akzeptanz. Diesbezüglich lässt sich das Konzept einer identitätsbasierten Luxusmarkenführung fruchtbar machen, um den *Bedeutungshorizont* der Kategorie 'Luxus' wirksam zu profilieren. Potenziale ergeben sich diesbezüglich auch in neuen Luxustrendbereichen, wie z. B. Green Luxury oder Hightech Luxury, etc. (Burmann et al 2012, 5 ff.)

### 5.4.2 Markenarchitekturen, Markenstrategien, Markenführung

Unter einer **Markenarchitektur** versteht man zunächst die spezifische Anordnung der von einem Unternehmen geführten Marken, ihre besonderen Rollen oder Positionierungen sowie deren Beziehungen untereinander (Homburg 2015, 626 f.). Durch die Vielzahl der sich ähnelnden Markenprodukte und einem nivellierten Qualitätsprofil vieler Marken, aber auch durch den deutlich angestiegenen Wettbewerb zwischen Hersteller- und Handelsmarken, wird es erforderlich, einen Gestaltungsrahmen zur Entwicklung von Markenstrategien und zur Markenführung vorzugeben. Über eine Markenarchitektur wird gegenüber von reinen Einzelbetrachtungen von Marken im Markenmanagement auf ein Portfolio an Marken Bezug genommen. Dieses integriert einzelne Markenstrategien gleichzeitig auch immer in die allgemeine Unternehmensstrategie. Die Entwicklung von **Markenstrategien** dient als Voraussetzung für eine erfolgreiche Markenführung für unterschiedlichste Markentypen, wie z. B.

Konsumgütermarken, Industriegütermarken oder Dienstleistungsmarken, etc. (Bruhn 2014, 144 ff.) Unter dem Aspekt ein Markenspektrum mit einer Markenarchitektur zu verbinden und Markenevolutionsstrategien zu berücksichtigen, lassen sich Einzelmarkenstrategien, Familienmarkenstrategien, Dachmarkenstrategien und Mehrmarkenstrategien wie folgt unterscheiden (Meffert et al 2005, 175 ff.; Homburg 2012, 626 ff./Abbildung 5.10):

Abbildung 5.10: Markenarchitekturen und Markenstrategien

- **Einzelmarkenstrategien** entwickeln gezielt für einzelne Produkte unterschiedliche Markenprofile und platzieren diese im Markt nach der Devise 'Eine Marke – ein Produkt – ein Versprechen'. Einzelmarkenführung wird immer dann favorisiert, wenn ein Unternehmen unterschiedlichste Produkte für verschiedene Kundengruppen anbietet. Häufig wird dem Konsumenten dabei nicht unbedingt bewusst, dass die unterschiedlichen Markenartikel von einem einzigen Anbieter auf dem Markt platziert werden. *Vorteile* der Einzelmarkenstrategien bestehen in der herausragenden Profilierung eines Produkts und dem Fokus auf eine entsprechend definierte Zielgruppe sowie korrespondierender Produkteigenschaften. *Nachteile* liegen in dem hohen Marketingaufwand für ein Produkt, der Gefährdung durch immer kürzere Produktlebenszyklen sowie der aufwendigen Installierung einer Markenpersönlichkeit.
  *Beispiele:* Mon Chéri, Red Bull, Pampers, etc.

- **Familienmarkenstrategien** stellen einheitliche Markenbezeichnungen für eine bestimmte Produkt- oder Markengruppe in den Vordergrund, wobei dann die unterschiedlichen Einzelprodukte unter der Markengruppe angeboten werden. Einzelne Produkte profitieren hier vom aufgebauten Image der Markenfamilie. Die Familienmarkenstrategie stellt eine Mittelpo-

sition zwischen Einzel- und Dachmarkenstrategie dar. *Vorteile* bestehen in der Übertragung der Nutzenphilosophie auf Produktlinien, der Verteilung des Markenbudgetaufwands auf mehrere Produkte oder neue Produkte erhalten quasi eine Starthilfe. *Nachteile* bestehen in der Markenüberdehnung oder Markenverwässerung, wenn Neuprodukte nicht adäquat auf das Markenkernkonzept bezogen werden. Die Profilierung einzelner Produkte kann problematisch werden, wenn im Vertrieb nicht das gesamte Familienmarkenkonzept aufgenommen wird.
*Beispiele:* Nivea, Milka, Du Darfst, Maggi, etc.

- **Dachmarkenstrategien** verbinden in der Regel den Firmennamen mit allen angebotenen Produkten und Leistungen eines Unternehmens (Firmenmarke). Markenprodukte profilieren sich hier über das Unternehmen und seine Kompetenz. Der Name des Unternehmens kann auch dann als Dachmarke gelten, wenn das Leistungsangebot im Markt sehr unterschiedlich ist. Dachmarkenstrategien ermöglichen eine Integration von umfangreichen Produktprogrammen anstelle von Einzelmarkenstrategien, wenn sich die Zielgruppen in ihrer Ausrichtung auf die unternehmerische Gesamtkompetenz nicht wesentlich unterscheiden oder wenn das Produktprogramm Trend- oder Modeschwankungen unterliegt. *Vorteile* von Dachmarken bestehen darin, dass der Markenbudgetaufwand unternehmensübergreifend getragen wird, neue Produkte einfach eingeführt werden oder kurze Produktlebenszyklen leichter überwunden werden können. *Nachteile* bestehen in der schwierigen Profilierung oder in negativen Transfereffekten von Einzelprodukten oder des gesamten Programms und einer eher unspezifischen Positionierung insgesamt.
  *Beispiele:* Lufthansa, Siemens, Allianz, Armani, etc.
- **Mehrmarkenstrategien** treten insbesondere in gesättigten Märkten auf, wenn Anbieter unterschiedliche Marken entwickeln, die gleichzeitig in mehreren Marktsegmenten platziert werden. Insgesamt soll dadurch eine höhere Marktausschöpfung für das Unternehmen erreicht werden. Eine allgemeine, unspezifische Ausrichtung bedeutet in diesem Zusammenhang, dass mehrere Marken in einer Produktkategorie von einem Unternehmen geführt werden können. *Vorteile* von Mehrmarkenstrategien bestehen in der besseren Marktausschöpfung, negative Ausstrahlungseffekte von Einzelmarken können vermieden werden, darüber hinaus besteht ein gewisser Schutz vor Preiskämpfen. *Nachteile* bestehen insbesondere durch hohen Budgetaufwand in der Führung von selbstständigen Marken, durch Kannibalisierungseffekte im Substitutionsfall oder wegen eines hohen Koordinierungsbedarfs für unterschiedliche Markenkomponenten.
  *Beispiele:* VW, BMW, Lufthansa, Henkel, etc.

Im Rahmen der **Markenführung** findet eine umfassende Positionierung der Marke statt. Hier werden *Prinzipien der Markentechnik* angewandt und eine Profilierung der Marke im Wahrnehmungsraum des Kunden umgesetzt. In diesem Zusammenhang spielen sowohl ein *markenorientiertes Personalmanagement*, eine *interne und externe Markenkommunikation* sowie ein auf die Marke bezogener Marketing-Mix eine Rolle. Darüber hinaus lassen sich unterschiedliche Markenevolutionsstrategien als *Markenentwicklung* generieren, die insbesondere unter dem Aspekt neuer und bestehender Marken und Produktlinien vier Varianten ermöglichen: (1) *Linienausweitung* (Line Extension) liegt vor, wenn eine bestehende Marke auf ein neues Produkt bzw. die Produktvariante einer bereits am Markt bestehenden Produktgruppe ausgeweitet wird, wie z. B. Light-Versionen, Markenlizensierungen, etc. (2) Ein *Markentransfer* oder *Markenallianzen* (Brand Extension bzw. Co-Branding) liegen vor, wenn eine bestehende Marke auf Produkte einer anderen Produktgruppe übertragen wird, wie z. B. bei Camel, Philips, etc. (3) *Parallelmarkeneinführung* (Multibranding) existiert dann, wenn ein Anbieter in einer bestehenden Produktlinie neben der existierenden Marke weitere Marken einführt, wie z. B. Mars-Eis, Tempo-Toilettenpaper, etc. (4) Die *Entwicklung neuer Marken und neuer Linien* (Markenneuheiten) beinhaltet einen innovativen Markentransfer, der sowohl produkt- als auch programmbezogen ausgestaltet ist, wie z. B. EBIKE, Alpro, etc. (5) *Ingredient Branding* schließlich bezeichnet die Markierung nicht sichtbarer Produktkomponenten, die in Form von Materialien, Elementen oder Teilen in anderen Produkten zum Einsatz kommen, ohne dass sie als eigenständiger Bestandteil der Produkte wahrgenommen werden, wie z. B. Intel, Lycra, Goretex, etc. (Homburg 2015, 628 ff.)

Unter dem Aspekt von Markenführung, Markenentwicklung oder Brand Commitment treten das sogenannte **Behavioural Branding** und seine Gestaltungsoptionen auf den Plan: Darunter werden Maßnahmen verstanden, wie z. B. das Verhalten von Mitarbeitern eines Markenunternehmens, den Aufbau und die Pflege von Marken zu unterstützen, etc. Vorrangig werden hier markenorientiertes Personalmanagement über eine Brand Academy, eine interne Markenkommunikation sowie markenorientierte Führung eingesetzt. (Bauer et al 2008, 79 ff.; Tomczak et al 2012, 7)

Neuere Aspekte einer Markenentwicklung zeigen sich auch im sogenannten **E-Branding**, wenn einerseits Marken zunehmend über neuere elektronische Medien kommuniziert werden oder andererseits, explizit nur virtuell im Internet existieren. Damit lassen sich entweder medienspezifische Besonderheiten des Internets zum Gegenstand von Markenentwicklung machen oder es werden Besonderheiten des Electronic Commerce aufgegriffen. Optionale Entwicklungsstufen für ein E-Branding stellen demnach der Aufbau einer Informationsplattform im Internet mit Webseitenmanagement und Suchmaschinenmarketing, eine Kommunikationsplattform mit systematischem Onlinemarketing sowie eine Dialogplattform für Social-Media-Marketing dar. (Meffert et al 2005, 433 ff.; Theobald/Haisch 2011, 129 ff.)

Markenmanagement hat die Aufgabe **Markenvertrauen** und *Markenloyalität* für eine Marke bei Kunden zu generieren. Unabhängig von den auf unternehmensexterne Aktivitäten gerichteten Instrumente des Markenmanagements, bedarf es eines institutionalisierten, nach innen gerichteten, also unternehmensinternen Markenmanagements. Als Teilbereich einer entsprechenden *Markenunternehmenskultur* gilt das *Brand Citizenship Behaviour* und ein *Brand Commitment* als Bestandteil einer gelebten *Markenkultur* in Unternehmen, die das Profil einer Marke lebendig nach außen tragen und so erfolgswirksame Kundenmarkenkontakte (Customer Brand Touch Points) ermöglichen. Eine explizite Entwicklung dieser Markenkultur erfolgt häufig über strategisches und operatives Weiterbildungsmanagement in Brand Academies, in denen bei allen am Markenmanagement Beteiligten ein entsprechendes Bewusstsein (Standing) für die Marke geschaffen wird. (Bauer et al 2008, 381 ff.) Insbesondere durch die Gefahr von **Markenkrisen**, bedingt durch 'gute' Vergleichsprodukte, die bisweilen zu einer Brand Parity (Markenverwechslung) führen können, bleibt eine kontinuierliche *Profilierung von Markenvertrauen* für ein erfolgreiches Markenmanagement unerlässlich.

### 5.4.3 Markenbewertung und Markenrechtsschutz

Zur Kontrolle von Marketingaktivitäten bei Markenführung wird ein umfassendes **Markencontrolling** eingeführt, das den *Markenerfolg* (Brand Equity) als zentrale Größe unter Aspekten des Potenzials, des Markterfolgs sowie weiterer wirtschaftlicher Erfolgsgrößen von Marken ausweist: Als potenzialbezogene Erfolgsgrößen gelten *Markenbekanntheit* und *Markenimage* sowie markenbezogene Einstellungen bei Nachfragern. Als marktbezogene Erfolgsgröße gilt die *Markenstärke* (Brand Strength) unter Bezug zu Erfolgsfaktoren einer Marke, wie z. B. Marktanteil, Markenloyalität, etc. Schließlich stellt der *Markenwert* (Brand Value) eine weitere wirtschaftliche Erfolgsgröße dar, die sich aus Positionen, wie z. B. erzieltem Umsatz, Gewinn, etc., zusammensetzt. Die Verwendungszwecke von Markenwerten sind vielfältig und können zum Kauf oder Verkauf von Markenrechten verwendet werden, zur Unternehmensbewertung, bei Fragen der Lizensierung und des Franchisings, ebenso bei der Bilanzierung von Marken oder wenn es um Schadensersatzfragen geht. (Meffert et al 2005, 326; Baumgarth 2014, 413 ff.) Verfahren der **Markenbewertung**, wie sie z. B. von Unternehmensberatungen, Marktforschungsinstituten, etc., entwickelt worden sind, lassen sich einerseits in *Verfahren zur Bewertung der Markenstärke* einteilen, andererseits in Verfahren zur Ermittlung des monetär quantifizierbaren Markenwerts. Zu den Verfahren zur Bewertung der Markenstärke zählen z. B. der Brand Asset Valuator von Young & Rubicam oder der Brand Potencial Index des Marktforschungsinstituts GfK. *Verfahren zur Ermittlung des monetär quantifizierbaren Markenwerts* lassen sich in einstufig kostenorientierte, wie z. B. Wiederbeschaffungsansatz, etc., in einstufig ertragswertorientierte, wie z. B. Cash-Flow-Methode, etc., oder mehrstufige Verfahren, wie z. B. Interbrand-Ansatz, Markenbilanz, etc., einteilen. (Homburg 2015, 637 ff.)

**Markenrechtsschutz** gewinnt wegen gewachsenem Konkurrenzkampf, Produktpiraterie und einer sichtlich schwierigen Profilierung der Unterscheidungskraft von Marken zunehmend an Bedeutung. Die Aufgabe des rechtlichen Markenschutzes soll die Bestandteile von Marken, wie z. B. Name, Logo, etc., schützen und damit auch eine *Markenüberwachung* gewährleisten. Rechtsgrundlagen hierfür stellen das Markengesetz (MarkenG), das Patentgesetz (PatG), das Gebrauchsmusterschutzgesetz (GebrMG), das Urheber- und Wettbewerbsrecht (UWG) sowie das Geschmacksmusterschutzgesetz (GeschmMG) dar. Das Markengesetz regelt den Schutz von Marken als Waren und Dienstleistungsmarken, geschäftliche Bezeichnungen im Sinne von Unternehmenskennzeichen und Werktitel sowie geografische Herkunftsangaben. Marken und Markenzeichen sind nach deutschem Markengesetz dann schutzfähig, wenn sie beim Deutschen Marken- und Patentamt in das Markenregister eingetragen sind, sofern sie Unterscheidungskraft besitzen und auf Selbstständigkeit beruhen. Auch Marken, die nicht im Markenregister eingetragen sind, verfügen über einen juristischen Markenschutz, sofern sie *Verkehrsgeltung* (Benutzermarke) besitzen, z. B. weil sie einem bestimmten Markenverwender zugeordnet werden können, weil sie einen bestimmten Bekanntheitsgrad besitzen (Verkehrsgeltung durch einen prozentualen Durchsetzungsgrad) oder weil sie notorische Bekanntheit besitzen. Zu Kollisionen einer geschützten Marke mit anderen, nicht geschützten Produkten, kann es insbesondere dann kommen, wenn eine Verwechslungsgefahr besteht, weil Ausbeutung oder Rufschädigung einer geschützten Bezeichnung vorliegen oder weil die Unterscheidungskraft beeinträchtigt ist. (Birk/Löffler 2012, 56 ff.; Sattler/Völckner 2013, 27 ff.)

## 5.5 Customer Services und Servicemanagement

### 5.5.1 Service und Servicemanagement

**Service** oder Serviceleistungen haben das Ziel, durch eine spezifische *Produktdifferenzierung* zur Steigerung der Kundenzufriedenheit beizutragen und damit bestehende Kunden zu binden oder neue Kunden zu gewinnen. Im Rahmen von Servicepolitik und Servicemanagement erfolgt eine kunden- oder wettbewerbsorientierte *Ausrichtung von Serviceleistungen*, die einen entscheidenden Wertsteigerungsbeitrag zum Unternehmenserfolg leisten soll. Im **Servicemanagement** lassen sich verschiedene Arten von Serviceleistungen unterscheiden. Durch *produktbezogene Serviceleistungen* werden Leistungen erbracht, die in unmittelbarem Zusammenhang mit dem gekauften Produkt stehen, wie z. B. Informations- und Beratungsleistungen, technische oder logistische Leistungen, etc. Durch *personenbezogene Serviceleistungen* werden in Bezug auf bestimmte Kundengruppen Leistungen erbracht, die sich z. B. in kaufmännische und individualisierte Serviceleistungen, etc. unterscheiden lassen. Schließlich differenziert man *prozess- und risikobezogene Serviceleistungen*, wie z. B. einkaufserleichternde Serviceleistungen, Bestelldienstleistungen, Bezahldienstleistungen sowie Versicherungsleistungen, Umtausch- und Rückgabegarantien, etc. Die *Gestaltung von Serviceleistungen* im Rahmen einer umfassenden *Servicepolitik* hat sich in den letzten Jahren durch das gestiegene Qualitätsbewusstsein der Konsumenten bezüglich von Produkten (Güter und Dienstleistungen) erheblich gewandelt. (Bruhn/Hadwich 2006, 319 ff.; Zentes et al 2012, 557 ff., 565 ff.)

### 5.5.2 Servicekomponenten durch Primärleistungen

Zu den traditionellen Formen der Servicepolitik, den sogenannten **Primärleistungen**, gehören grundsätzlich die *Garantieleistungspolitik*, die *Lieferleistungspolitik* und die *Kundendienstpolitik*. Abzugrenzen von diesen sind sogenannte

*Sekundärleistungen* in Form von *Value-Added-Services* sowie Kundendialog bzw. Kundenfeedback im Sinne eines *Beschwerdemanagements* (Bruhn 2014a, 150 ff., 154 ff./Abbildung 5.11):

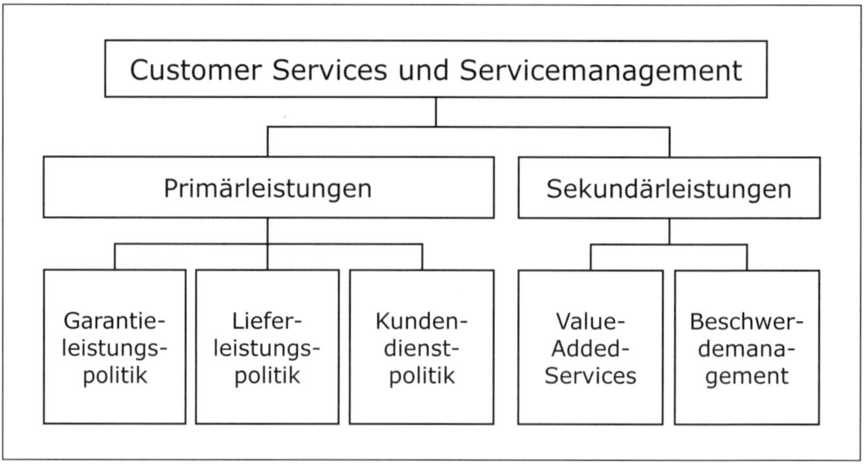


Abbildung 5.11: Bereiche des Servicemanagements

- **Garantieleistungspolitik** wird innerhalb von Primärleistungen des Servicemanagements zunächst als Basisangebot konzipiert, das sich durch Garantieumfang und Garantiedauer auszeichnet. *Garantieumfang* erfasst alle Produktteile sowie Produktleistungen, bei denen Kunden eine Garantieleistung infolge von Störung oder Störanfälligkeit in Anspruch nehmen können. Von Garantieleistungen zu unterscheiden sind Gewährleistung oder Produkthaftung, die der Verkäufer gegenüber dem Käufer übernimmt bzw. dafür haftet, dass das verkaufte Produkt zum Zeitpunkt des Verkaufs nicht mit Mängeln behaftet ist. Als Instrument der Kundenbindung, der Imagesteigerung oder zur Festigung der Kundenzufriedenheit setzen Unternehmen neben den expliziten Garantieleistungen die Kulanz ein, d.h. eine Rücknahme von Produkten aus verschiedenen Gründen, obgleich kein rechtlicher Anspruch besteht. Als spezifische Marketingaktionen bieten Unternehmen eine sogenannte *Bestpreisgarantie* als Differenzpreiserstattung an, wenn Alternativangebote nachweislich preisgünstiger sind oder als *Zufriedenheitsgarantie* mit Rücknahmezusicherung, wenn dem Kunden das Produkt z. B. nicht gefällt. Mit der *Garantiedauer* wird festgelegt, wie lange der Hersteller nach Kauf eines Produkts eine Garantieleistung erbringt.
- **Lieferleistungspolitik** ist ein Gestaltungsbereich des Servicemanagements, der die Zustellung bzw. den Übertragungsweg eines Produkts vom Anbieter zum Kunden betrifft. Unabhängig von einer rechtswirksamen Holschuld, Schickschuld oder Bringschuld, obliegt es dem Entscheidungsspielraum eines Unternehmens, Lieferbereitschaft, Lieferzuverlässigkeit und gelieferte Produktqualität auszugestalten: Mit der *Lieferbereitschaft* ist die Flexibilität eines Unternehmens zu bestimmen, mit der auf Lieferwünsche von Kunden

reagiert werden kann. Die *Lieferzuverlässigkeit* gibt an, inwieweit vereinbarte Liefertermine von Herstellern eingehalten werden können, also eine fristgerechte Lieferung möglich ist. Mit der *gelieferten Produktqualität* wird der Empfangszustand des Produkts zur Lieferleistung erhoben.

- **Kundendienstpolitik** beinhaltet Kundendienstleistungen, die sich in kaufmännische und technische Leistungen vor Inanspruchnahme des Produkts sowie während und nach der Nutzung des Produkts unterscheiden lassen. Zu den Zielen der Kundendienstpolitik zählen grundsätzlich die Erhöhung der Kundenzufriedenheit und Kundenbindung, die Präferenzentwicklung, die Imageverbesserung und eine Profilierung gegenüber Konkurrenten. Spezielle Kundendienstziele sind etwa (a) die *Kundendienstzeit*, welche die Zeitspanne zwischen dem Eingang eines Kundendienstauftrags und dessen Erledigung betrifft, (b) die *Kundendienstbereitschaft*, die sich auf die Anzahl aller eingegangenen Kundendienstaufträge, die erledigt werden konnten, bezieht und schließlich (c) die *Kundendienstzuverlässigkeit*, die auf die Qualität der erledigten Kundendienstaufträge bezogen und an der Anzahl der Reklamationen gemessen wird.

Die Bedeutung von Servicepolitik und primären Serviceleistungen unterliegt einer konstanten Dynamik, bedingt durch die gestiegenen *Ansprüche der Kunden*, einen entsprechenden Nutzenzuwachs wahrnehmen zu wollen. Gleichzeitig wird der *Anstieg von Serviceleistungen* durch das Kostenkalkül der Unternehmen begrenzt. Kundenserviceentwicklung wird zukünftig einem stärkeren Ausdifferenzierungsgrad unterliegen und in der Höhe, wie auch im Ausmaß weitaus mehr von der Zahlungsbereitschaft der Kunden abhängen.

### 5.5.3 Servicefunktionen durch Sekundärleistungen

Zu den gegenwärtig bedeutsameren Formen der Servicepolitik zählen **Sekundärleistungen**, wie Value-Added-Services und ein System des Beschwerdemanagements. Bedingt durch die Standardisierung (Angleichung) zahlreicher Produkte und Produktgruppen versuchen viele Unternehmen sich durch ein Angebot von **Value-Added-Services** oder durch die *Installierung von Serviceketten* im Wettbewerb von anderen Anbietern (Mitbewerbern) zu unterscheiden oder zu profilieren. Zwar besteht ein bestimmtes Mindestmaß an Serviceleistungen, die Unternehmen aufgrund von gesetzlichen und produktspezifischen Anforderungen erfüllen müssen, darüber hinaus gibt es jedoch Profilierungsmöglichkeiten in Gegenwart des Kunden durch die Herstellung eines spezifischen Produktmehrwerts, die von Unternehmen deshalb freiwillig und zusätzlich angeboten werden. Im Bereich der *Bedürfnisse von Kunden* sind die Anspruchshaltungen gegenüber von Serviceleistungen ebenso gestiegen, sodass eine besondere Affinität zu Sekundärleistungen auch von dieser Seite besteht. Zur Unterscheidung werden im Rahmen von Value-Added-Services drei **Service-Erwartungskomponenten** beschrieben (Bruhn 2013, 37 ff.):

(1) *Muss-Leistungen* (penalty services) müssen aus rechtlichen oder produktspezifischen Gründen unbedingt erbracht werden, damit ein Produkt auch genutzt werden kann.

(2) *Soll-Leistungen* (frill services) sind zwar nicht zwingend erforderlich, entsprechen jedoch marktüblichen Standards oder Erwartungshaltungen und führen bei einer Vielzahl von Anbietern zu unterschiedlichen Ausprägungen von Services.

(3) *Kann-Leistungen* (reward services) werden zwar nicht explizit gefordert, erhöhen aber die Attraktivität des Leistungsangebots (Add-on-Leistungen) und führen in spezifischen Bereichen zu einer überdurchschnittlichen Bedürfnisbefriedigung der Kunden mit Aussicht auf langfristige Kundenbeziehung.

Unter dem *Aspekt des Leistungszeitpunkts* lassen sich Serviceleistungen in unterschiedlichen Kaufphasen generieren: (a) *Pre-Sales-Services* versorgen den Kunden mit spezifischen Informationen (information on demand), (b) *Sales-Services* generieren spezifische Serviceleistungen unmittelbar bei Inanspruchnahme der Produktleistung (Point-of-Sale-Marketing), (c) *After-Sales-Services* schließlich erbringen entsprechende Serviceleistungen nach Kauf des Produkts (Nachkauf-Marketing).

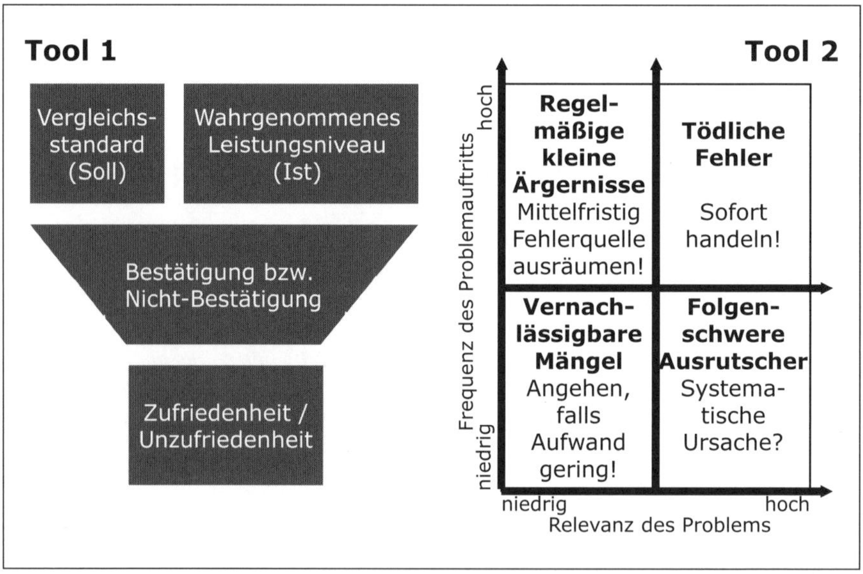


Abbildung 5.12: Konzepte und Instrumente des Beschwerdemanagements

Eines der wichtigsten Ziele im Bereich des Servicemanagements ist die Steigerung der Kundenzufriedenheit bzw. die Qualitätssicherung im Rahmen der Produktpolitik sowie eine kontinuierliche Produktoptimierung. Immer mehr Unternehmen setzen dazu das **System eines Beschwerdemanagements** mit explizitem Kundendialog oder Kundenfeedback ein, um damit eine *Verringerung* *von identifizierbaren Beschwerdegruppen*, wie z. B. die Zahl der 'stillen Dulder', der 'Rufschädiger' oder der 'Abwanderer' zu erreichen. Die Herstellung von Kundenzufriedenheit soll insbesondere bei den Beschwerdeführern erreicht werden, indem Beschwerden als Informationsbasis zur Verbesserung der Leistungsqualität genutzt werden. Für die *Implementierung eines Beschwerdemanagements* bzw. eines Kundenfeedbacks stellen sich grundsätzlich folgende Fragen: Wie und durch wen sollen die Beschwerden entgegengenommen werden? Wie können Beschwerden systematisch erfasst und ausgewertet werden? Wie und in welchem Umfang soll das Unternehmen auf Beschwerden reagieren? (Becker 2013, 81 f.; Stauss/Seidel 2014, 15 ff., 28 ff.)

Als Referenzkonzept zur allgemeinen Strukturierung von Beschwerden kann das sogenannte **Confirmation-Disconfirmation-Konzept** (Tool 1) herangezogen werden, das als Bezug für die Klassifikation und Bewertung von Beschwerden dient. Unterschieden werden darin ein Vergleichsstandard also ein Erwartungswert in Form einer Soll-Leistung und ein wahrgenommenes Leistungsniveau in Form einer Ist-Leistung, die jeweils zu drei verschiedenen Einschätzungsmöglichkeiten eines Produkts im Sinne einer Unternehmensleistung führen können. In einem Vergleichsurteil durch den Kunden erfolgt ein Abgleich von erwarteter und tatsächlicher Leistung. *Negative Diskonfirmation* (Ist < Soll) führt dann zu einer Unzufriedenheit unter Konfirmationsniveau ohne oder mit einem geringen Wiederkaufseffekt, *Konfirmation* (Ist = Soll) zu einer Zufriedenheit auf Konfirmationsniveau mit der Wahrscheinlichkeit eines spontanen und geplanten Wiederkaufs. *Positive Diskonfirmation* (Ist > Soll) führt schließlich zu einer Zufriedenheit über Konfirmationsniveau und einer hohen Kundenbegeisterung, einschließlich einer entsprechend hohen Wiederkaufsrate. (Stauss/Seidel 2014, 39 ff./Abbildung 5.12)

Die *Institutionalisierung* eines Kundenfeedbacks in Form eines Kundenservice-Centers ermöglicht die systematische Erfassung, Auswertung und Umsetzung von Kundenrückmeldungen jeglicher Art. Die **Organisationsstruktur** eines solchen implementierten Beschwerdemanagements kann folgenden Aufbau haben: Im Front-Office-Bereich findet das *direkte Beschwerdemanagement* statt. Hier werden die Funktionsbereiche der Beschwerdestimulation, der Beschwerdeannahme und der Beschwerdebearbeitung und einer Beschwerdereaktion als Bearbeitungsbestandteile aufgenommen und dem Back-Office-Bereich zugeleitet, in dem das *indirekte Beschwerdemanagement* stattfindet. Das Back-Office gliedert sich in die Funktionsbereiche der Beschwerdeanalyse und des Beschwerdereportings. (Stauss/Seidel 2014, 67/Abbildung 5.13)

Der **Beschwerdemanagementprozess**, d. h. die systematische Bearbeitung von Beschwerden, gliedert sich in Beschwerdeaufnahme, Beschwerdebearbeitung sowie Beschwerdebeantwortung. Mit der *Beschwerdeaufnahme* erfolgen die Erstellung eines Problemberichts und eine erste Strukturierung der Beschwerden für eine entsprechende Klassifikation. Mit der *Beschwerdebearbeitung* wird unter Zuhilfenahme der Frequenz-Relevanz-Analyse die Klassifikation der Beschwerden in A-, B- und C-Beschwerdekategorien vorgenommen. Mit der *Beschwerdebeantwortung* schließlich wird dann ein Beschwerdeentscheid über den Umgang mit den einzelnen Beschwerdekategorien getroffen. A-Beschwerden werden

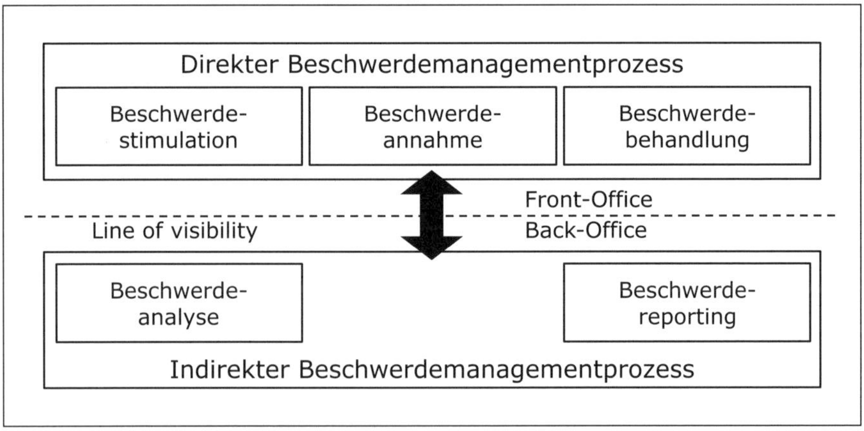


Abbildung 5.13: Aufbau eines Beschwerdemanagements

z. B. sofort bearbeitet, B-Beschwerden nach Häufigkeit, C-Beschwerden bleiben zunächst unberücksichtigt. (Zollondz 2011, 424 ff.) In spezifischen *Beschwerdeforen* (Corporate Blogs) werden darüber hinaus Kundenfeedbacks durch eine institutionalisierte Kunde-zu-Kunde-Kommunikation sowie durch die aktive Beteiligung des Unternehmens bearbeitet.

Mithilfe der **Frequenz-Relevanz-Analyse** (Tool 2), die als Analyse-Tool zur Klassifikation von Beschwerden herangezogen werden kann, lassen sich in Abhängigkeit von der Frequenz einer Beschwerde (niedrig/hoch) und deren Relevanz (niedrig/hoch) vier Beschwerdekategorien ermitteln: (1) Vernachlässigbare Mängel (Frequenz niedrig/Relevanz niedrig) führen demnach zu einer C-Bewertung, (2) Regelmäßige, kleinere Ärgernisse (Relevanz niedrig/Frequenz hoch) werden ebenso wie (3) folgenschwere Ausrutscher (Frequenz niedrig/ Relevanz hoch) als B-Beschwerden eingestuft, schließlich werden (4) tödliche Fehler (Frequenz hoch/Relevanz hoch) als A-Beschwerden klassifiziert. Mit einem quasi kybernetischen Regelkreissystem im Sinne einer Rückkoppelung der Fehleranalyse an die Produktentwicklung, wird dann eine kontinuierliche Qualitätssicherung im Produktmanagement ermöglicht und (auch) initiiert. (Bruhn 2013, 166 ff./Abbildung 5.12)

## 5.6 Aufgaben und Literaturhinweise

### 5.6.1 Aufgaben

Nachfolgend werden einige **Bearbeitungshinweise** zur umfassenden Lösung der Aufgaben gegeben:

- Zunächst sollten die einzelnen Aufgaben unter dem Gesichtspunkt einer innovationsbezogenen Komponente des Produktmanagements, im Sinne einer Dreidimensionalität (Vergangenheits-, Gegenwarts-, Zukunftsbezug) zur Generierung des *Unternehmenserfolgs* – quasi als Grundsatzposition – bearbeitet werden.

- Zweckmäßig ist es, die Ausgestaltung von Produktkonzepten sowohl unter *nutzenbezogenen* als auch unter *strukturellen Gesichtspunkten* zu interpretieren und diese als Komponenten einer ganzheitlichen Sichtweise des Produktmanagements zu bewerten.
- Schließlich sollte die Bearbeitung der Aufgaben unter quantitativen und qualitativen Aspekten, etwa über die *Differenzierung* von monetären und nicht-monetären Bestandteilen oder über materielle und immaterielle Komponenten des Produktmanagements geleistet werden.
- Ergänzend sollten *Flexibilisierungs- und Individualisierungstendenzen, Risiko- und Wertschöpfungskomponenten* unter Bezug zu neueren *Produktkonzepten* berücksichtigt werden.

**Aufgaben**

- **[1]** Diskutieren Sie unterschiedliche Sichtweisen zum Produktbegriff und Produktnutzen unter Berücksichtigung wirtschaftlicher und psychologischer Kriterien. Zeigen Sie wesentliche Gestaltungspotenziale im Produkt- und Servicemanagement auf.
- **[2]** Skizzieren Sie wesentliche Elemente eines Innovationsmanagements zur Schöpfung von Entwicklungspotenzialen für Produkte und Serviceleistungen.
- **[3]** Erläutern Sie relevante Einzelaspekte des Markenmanagements im Hinblick auf Markenprofil, Markenpolitik, Markenstrategien, Markenführung sowie Rechtsgrundlagen des Markenmanagements.
- **[4]** Stellen Sie kurz das Profil von Serviceleistungen und Value-Added-Service-Komponenten mit Beispielen dar.
- **[5]** Beschreiben Sie Aufbau, Funktionsweise sowie einzelne Komponenten eines Beschwerdemanagements.

Aufgaben zu Kapitel 5

Stichworte zu konkreten Lösungshinweisen für die Aufgaben von Kapitel 5 finden Sie auf Seite 282.

## 5.6.2 Literaturhinweise

Die nachfolgenden Titel stellen Basisquellen zur thematischen Breite des 5. Kapitels dar, gleichzeitig können folgende Lehrwerke und Literaturangaben ergänzend als relevante Quellen zur vertiefenden Nachbereitung der Inhalte des vorangegangenen Kapitels herangezogen werden:

*Aumayr, Klaus J. (2013):* Erfolgreiches Produktmanagement. Tool-Box für das professionelle Produktmanagement und Produktmarketing, 3., überarbeitete Auflage, Wiesbaden 2013

- *Baumgarth, Carsten (2014):* Markenpolitik. Markenwirkungen – Markenführung – Markencontrolling, 4., überarbeitete und erweiterte Auflage, Wiesbaden 2014
- *Belz, Christian/Schögel, Marcus/Tomczak, Torsten (2007):* Innovation Driven Marketing. Vom Trend zur innovativen Marketinglösung, 1. Auflage, Wiesbaden 2007
- *Bruhn, Manfred/Hadwich, Karsten (2006):* Produkt- und Servicemanagement. Konzepte – Methoden – Prozesse, München 2006
- *Bruhn, Manfred (2011):* Qualitätsmanagement für Dienstleistungen. Grundlagen, Konzepte, Methoden, 8., überarbeitete und erweiterte Auflage, Berlin u. a. 2011
- *Haller, Sabine (2015):* Dienstleistungsmanagement. Grundlagen – Konzepte – Instrumente, 6., vollständig überarbeitete und erweiterte Auflage, Wiesbaden 2015
- *Herrmann, Andreas/Huber, Frank (2013):* Produktmanagement. Grundlagen – Methoden – Beispiele, 3., vollständig überarbeitete und erweiterte Auflage, Wiesbaden 2013
- *Meffert, Heribert/Bruhn, Manfred (2015a):* Dienstleistungsmarketing. Grundlagen – Konzepte – Methoden, 7., überarbeitete und erweiterte Auflage, Wiesbaden 2015
- *Meffert, Heribert/Burmann, Christoph/Koers, Martin (Hrsg.) (2005):* Markenmanagement. Identitätsorientierte Markenführung und praktische Umsetzung. Mit Best Practice-Fallstudien, 2., vollständig überarbeitete und erweiterte Auflage, Wiesbaden 2005
- *Sattler, Henrik/Völckner, Franziska (2013):* Markenpolitik, 3., aktualisierte und erweiterte Auflage, Stuttgart 2013
- *Theobald, Elke/Haisch, Philipp T. (Hrsg.) (2011):* Brand Evolution. Moderne Markenführung im digitalen Zeitalter, 1. Auflage, Wiesbaden 2011

### 5.6.3 Creative Case Choice V

Mit dem *Creative Case Choice V* zum Thema **Produktmanagement** sollen die im 5. Kapitel behandelten Facetten des Produkts, nämlich Innovationspotenzial, Produktprofilierung und Servicekomponenten, anhand des (eingangs) ausgewählten Fallbeispiels exemplarisch analysiert werden. Folgende Arbeitsschritte sollen, wie in **Creative Case Chart V** dargestellt, praxisorientiert berücksichtigt werden:

Profilierung des Produktmanagements im ausgewählten Fallbeispiel (Unternehmen/Projekt) nach folgenden Kriterien:

- Bestimmung der Produktart, Produktdimensionen, der Komponenten eines Produkt- und Servicemanagements, Innovations- und Qualitätsmanagements der Produkte oder Positionen des Unternehmens, etc.
- Auswahl der Informations- und Datenquellen über das Unternehmen/Projekt, z.B.: Website, Broschüren, interne Quellen, etc.
- Sammeln von Kurzinformationen über:
  1. Produkte und Services des Fallbeispiels
  2. Bestimmung von Produkt- oder Markenstrategien
  3. Einordnung von Muss-/Soll-/Kann-Serviceoptionen
  4. Bestimmung von Kern-Produkt-Markenwerten
  5. Identifizierung von primären Serviceleistungen

Abbildung 5.14: Creative Case Chart V

Die erfolgreiche Bearbeitung dieses *Creative Case Choice V* soll es ermöglichen, elementarisiert ein Basisverständnis für Produktkonzepte und daraus ableitbare Nutzenkonfigurationen zu entwerfen. Grundgedanke kann dabei sein, dass *ein Produkt* das 'Herzstück' von Marketingaktivitäten darstellt und somit herausragende Potenziale für seine Entwicklung in ganzheitlicher Absicht besitzt.

# 6. Preismanagement

## 6.1 Struktur und Lernziele des Kapitels

### 6.1.1 Gegenleistungsdimensionen des Marketings

Mit den Gegenleistungsdimensionen zum Produktmanagement im Marketing wird sowohl auf allgemeine Aspekte der *Preisbildung* über Märkte, auf das Preismanagement von Unternehmen im Sinne von *Preisbildungsprinzipien* als auch auf spezifisch praxisrelevante und neuere Optionen des Preismanagements Bezug genommen. Mit den expliziten Gestaltungspotenzialen der Preispolitik werden unterschiedlichste Formen der *Preisdifferenzierung* konzeptionell, praxisorientiert und im Onlinebereich behandelt. Verhaltenswissenschaftliche Aspekte des Preismanagements, kapazitätsorientierte Preiskonzepte und die Idee von Referenzpreisen, einschließlich des an Bedeutung gewonnenen E-Pricings stellen aktuell höchst relevante Zugänge zum Preismanagement von Unternehmen im Marketing dar.

**6 Preismanagement**

**Preise**
- Preiskonzepte
  - Märkte und Preisbildung
    - Varianten der Preisfindung

**Differenzierung**
- Idee
  - Arten
    - Konzepte

**Optionen**
- Revenue Management
  - Referenzpreiskonzepte
    - E-Pricing-Varianten

Struktur von Kapitel 6

Funktionen der **Preise** können sich zunächst durch unterschiedlichste Perspektiven auf ein Preismanagement ergeben. Ein erster Zugang zur Preisbildung wird dann über die Preistheorie bzw. marginalanalytisch sowie über unterschiedliche Marktformen ermöglicht. Schließlich werden die in der Praxis geläufigen Varianten der Preisfindung dargestellt.

Mit der **Differenzierung** von Preisen können zunächst verschiedenste Ziele verfolgt werden, die dann als Voraussetzung einer graduellen Preisdifferenzierung angesehen werden. Preisdifferenzierungen in der Praxis zeichnen sich demgegenüber eher durch fallweise Entscheidungen und eine unsystematische Vorgehensweise aus.

Neuere **Optionen** des Preismanagements nehmen entweder Kapazitäts- oder Auslastungskriterien zu Preisbildungszwecken auf, wie im Falle des Revenue bzw. Yield Managements, oder beziehen sich bei Referenzpreiskonzepten auf die Wahrnehmung von Ankerpreisen. Als explizit marktorientiert erweist sich das E-Pricing durch Fokus auf Auktionen oder Transparenzszenarien.

## 6.1.2 Lernziele und Berufsperspektiven

Im Rahmen der Lernziele dieses Kapitels soll ein grundlegender Überblick über Aspekte der Preisbildung, der Preisdifferenzierung und über neuere Ansätze des Preismanagements gegeben und damit die **Fähigkeiten** erworben werden, Preispositionierungen, Preisstrategien sowie moderne Ansätze eines Preismanagements einschätzen zu können. Konzeptionelle Entwürfe eines Preismanagements sollen darüber hinaus mit praxisorientierten Gestaltungsmöglichkeiten konstruktiv verbunden werden können. Folgende Lernziele stehen dabei im Vordergrund:

**Lernziele**

- **Idee des Preismanagements** aus wirtschaftlicher und psychologischer Sicht **verstehen** und Funktionen von Preisen sowie Preiskomponenten **erklären können**
- **Aspekte** und Ausprägungsformen **des strategischen Preismanagements** kennen und an Beispielen **aufzeigen können**
- Mechanismen der **Preisbildung** in unterschiedlichen Marktformen **verstehen** und **Verfahren** zur Preisfindung mit Beispielen **darstellen können**
- **Gestaltungspotenziale des Preismanagements** in Form von **Preisdifferenzierungen**, Preisbündelungen u.ä. **verstehen** und beschreiben können
- **Neuere Ansätze des Preismanagements,** wie Revenue oder Yield Management **nachvollziehen** können sowie Idee und Anwendung von Referenzpreiskonzepten verstehen **und** Methoden des E-Pricings **aufzeigen können**

Lernziele von Kapitel 6

Die beruflichen Handlungsfelder, welche eine Anwendungsmöglichkeit der **Kernkompetenzen** dieses Kapitels bieten, setzen *Kenntnisse in Markt- und Konkurrenzanalysen* voraus, über die Preispositionierungsszenarien generiert werden können, aus denen sich wiederum strategische und operative Instrumente eines Preismanagements entwickeln lassen. Fundierte Kenntnisse über *psychologische Preiskomponenten*, wie z. B. einer kognitiven oder affektiven Preiswahrnehmung, ermöglichen dann eine **optimale preispolitische Positionierung** des Produktprogramms eines Unternehmens. Preisqualitätsmerkmale und Preissignalwirkungen runden ein professionelles Preismanagement ab. Folgende Tätigkeitsbereiche lassen sich hierüber abbilden:

- *Konzeptionelle Preisanalyse* stellt ein Berufs- und Handlungsfeld mit Preispositionierungsaufgaben und einer überwiegend konzeptionell ausgerichteten Preispolitik für Unternehmen dar. Hier werden Grundsatzentscheidungen der preispolitischen Marktpositionierung eines Unternehmens getroffen.
- *Preismanagementberatung* setzt eine ganzheitliche Betrachtung der Preispolitik eines Unternehmens voraus und entwickelt über Preiskonzepte, Preisdifferenzierungsstrategien und innovative Zahlungsmodalitäten, Lösungsansätze für die wettbewerbsoptimale Ausrichtung des Preismanagements in Unternehmen.
- *Referent/in Preismanagement* unterstützt die Geschäfts- oder Marketingleitung bei Wettbewerbs- und Preispositionierungsanalysen, prüft die Durchsetzungsfähigkeit von Preisen oder ermittelt Zahlungsbereitschaften von potenziellen Kunden.

Die oben aufgeführten Tätigkeitsfelder lassen sich gleichermaßen in Unternehmen verschiedener Branchen und deren eigenständiger Marketingabteilungen finden als auch in Agenturen oder privaten und öffentlichen Organisationen.

**Literaturhinweise:** Zur Vorbereitung auf die Inhalte des 6. Kapitels können ergänzend folgende Lehrwerke und Internetseiten als relevante Quellen herangezogen werden:

- *Simon, Hermann/Fassnacht, Martin (2009):* 1 Grundlagen des Preismanagements
- *Diller (2008),* Teil I: Theoretische und methodische Grundlagen der Preispolitik
- www.preissetzung.de, Portal für Pricing
- www.preisvergleich.de, Portal für Marktpreistransparenz

## 6.2 Dimensionen des Preismanagements

### 6.2.1 Konzepte und Dynamik im Preismanagement

Aus der **Vielfalt der Definitionen** für Preise lässt sich der *Preis eines Produkts* zunächst als ein in Geld ausgedrückter *Tauschwert* für dieses bezeichnen und stellt somit eine Gegenleistung (Entgelt) für den Leistungsumfang eines Produkts (Kostenbezug) dar, die Kunden zu entrichten haben. In einem weiteren Sinne werden Preise als *Summengrößen* betrachtet, die alle Aufwendungen beinhalten, die mit dem Kauf eines Produkts verbunden sind, darunter monetäre, zeitliche, psychologische und soziale, wie z. B. Basis- und Zusatzleistungen, Such- und Transportzeiten, Prestige- oder Image-Komponenten, etc. (Diller 2008, 30 ff.; Siems 2009, 6 f.). Aus der Sicht von Unternehmen werden Preise als wichtigste *Gewinnverursacher* gesehen, die über Umsatzrenditen darstellbar sind. Preise haben dabei einen erheblichen Einfluss und eine *einfache Wirkungsweise* auf Absatz- und Marktanteile von Unternehmen, sie sind kurzfristig und flexibel veränderbar und werden in ihrer akuten Veränderbarkeit auch entsprechend wahrgenommen. Spezifische *Preissysteme* arbeiten mit Tarifen, Gebühren, o.ä., wenn auf zahlungspflichtige Bedingungen verwiesen wird. Die absolute Gestaltungsfreiheit des Preismanagements in Unternehmen ist allerdings einer Reihe von rechtlichen Einschränkungen unterworfen, die dem Schutz des Wettbewerbs, dem Verbraucherschutz, u. a. dienen. (Simon/Fassnacht 2009, 1 ff.)

Preispolitik oder **Preismanagement** beinhaltet alle Maßnahmen und Entscheidungen eines Unternehmens, die durch *Preisfestsetzung* die Optimierung unternehmerischer Ziele fördern sollen. Preispolitische Spielräume werden meist als akquisitorisches Potenzial genutzt und über preispolitische Instrumente, wie z. B. Preisnachlässe, Preiszuschläge oder Preisabschläge, etc. ausgeschöpft. Preispolitik betrifft jedoch nicht ausschließlich eine konkrete Preisfestsetzung, sondern weitere Bedingungen, die mit einer Zahlungsinanspruchnahme verbunden sind, wie z. B. Zahlungsmodalität, Rabatte, etc., weshalb auch von *Kontrahierungspolitik* gesprochen wird. (Bruhn 2014a, 165 ff.; Simon 2015, 7 ff., 236 ff./Abbildung 6.1)

Unter strategischem Gesichtspunkt spielt die **Preispositionierung** eine erhebliche Rolle. Traditionell unterscheidet man zwischen Niedrig-, Mittel- und Hochpreispositionierung, die das gesamte Spektrum einer *Preisspanne* ausschöpfen können. Dynamische und hybride Preispositionierung nehmen dabei preispolitische Zwischenpositionen ein. Von *Preiswettbewerb* spricht man im Zusammenhang mit strategischen Preisentscheidungen immer dann, wenn entweder Preisführerschaft, Preisfolgerschaft oder Preiskampf vorliegt. *Preisvariationen* als strategische Entscheidungen können temporär oder dauerhaft sein oder sich über den Produktlebenszyklus hinweg ändern (Siems 2009, 20). Insbesondere im Zeitalter der Globalisierung des Wettbewerbs und durch die Zunahme von 'Billiganbietern' auf vielen Märkten hat sich die Preispolitik in ihren Gestaltungsoptionen verschärft. Durch profilierte Preisdifferenzierungen, aufgrund von Qualitätsunterschieden im Produktbereich und bedingt durch ausdifferenzierte Zahlungsbereitschaften der Kunden oder durch beschleunigte Preisänderungen im Bereich virtueller Angebote, wie z. B. E-Business, E- und M-Commerce, etc., bleiben Preise über Preispolitik oder Preismanagement weiterhin eine bedeutsame, wiewohl schwierig gestaltbare Größe vieler Unternehmen. Das Problem einer adäquaten Bestimmung von Preisen kann auch Bezug nehmen auf das sogenannte *Preis-Leistungs-Verhältnis*, wenn unterschiedliche Preise als Ausdruck für Qualitätsunterschiede wahrgenommen und auch bewertet werden. Dies kann etwa der Fall sein bei ausgewählten Ergänzungselementen, wie z. B. einer Abgeltung von Zusatzleistungen, einer Berücksichtigung quantitäts- oder qualitätsbezogener Überbrückungsleistungen, bei Luxusleistungen sowie über ein Angebot von weiteren administrativen Dienstleistungen, etc. (Diller 2008, 33 ff.; Pechtl 2014, 64 ff.)

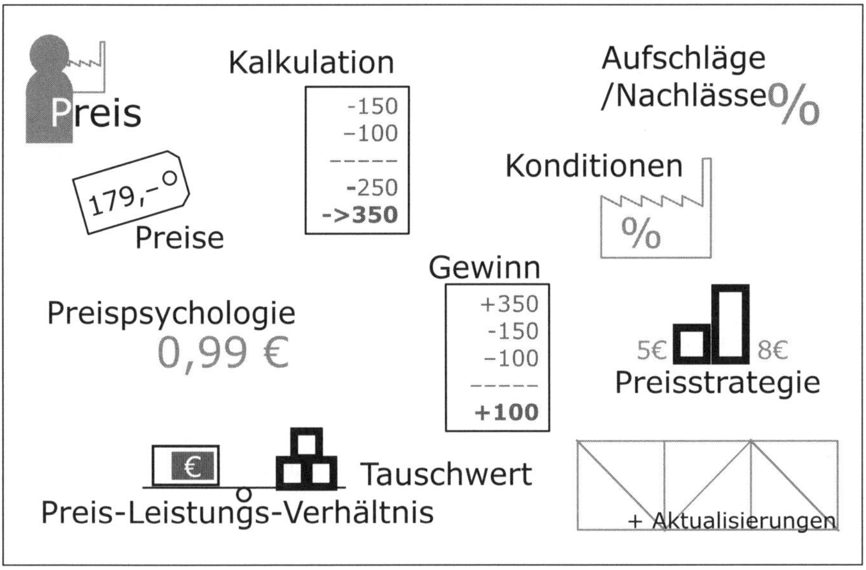


Abbildung 6.1: Dimensionen des Preismanagements

Im Zusammenhang mit **Preisverhalten** von Konsumenten werden preispsychologische Erkenntnisse berücksichtigt, die über *kognitive, psychische Prozesse* der Marktteilnehmer wirksam werden, wenn eine subjektive Preiswahrnehmung, Preislernen und Preiswissen (zukünftige) Zahlungsbereitschaften beeinflussen. Zur Analyse eines differenzierten Preis-Reaktions-Verhaltens von Kunden werden die Stufen der Preisinformationsaufnahme, Preisinformationsverarbeitung und Preisinformationsspeicherung verwendet, die das preisbezogene Konsumverhalten von Kunden prägen. Preisverhalten wird ebenso durch *aktivierende, psychische Prozesse* gesteuert, die als Grundlage eines subjektiven Preiserlebnisses gelten, wie z.B. emotionale Wahrnehmung des Preises, etc. (Diller 2008, 94 ff.)

Zu den klassischen **Preisstrategien** zählen zunächst die *Prämienpreisstrategie* mit einer Forderung relativ hoher Preise bei entsprechender Qualität der Produkte durchzusetzen, wie z. B. Betonung der Exklusivität von Luxusgütern, etc., und die *Abschöpfungspreisstrategie* (price skimming) mit einer Forderung ebenfalls relativ hoher Preise bei der Neueinführung von Produkten, zwecks rascher Amortisation der Entwicklungskosten, wie z. B. zu Beginn des Produktlebenszyklus, etc. Weiterhin wird eine *Promotionspreisstrategie* mit der Forderung relativ niedriger Preise, wie z. B. Kleinwagen, etc., unterschieden sowie eine *Penetrationspreisstrategie* mit der Forderung ebenfalls relativ niedriger Preise bei einer Neueinführung von Produkten zwecks rascher Markterschließung und Marktdurchdringung, wie z. B. zu Beginn des Lebenszyklus, etc. (Simon/ Fassnacht 2009, 25 ff.)

Preispolitische Maßnahmen sind zuletzt auf eine erfolgreiche **Preisdurchsetzung** gerichtet, d.h. festgesetzte Angebotspreise müssen nach Möglichkeit umgesetzt und akzeptiert werden. Unter Berücksichtigung von Preisrisiken spielen bei der Preisdurchsetzung eine geeignete *Preiswerbung* mit entsprechender Preisdeklaration (Preisauszeichnung der Produkte), Preisoptik (sprachliche oder plakative Etikettierung des Preises), *Preisvereinbarungen* mit Optionen von Preisverhandlungen (taktische Preisargumentation) oder vertragliche Preisvereinbarungen eine entscheidende Rolle. In mehrstufigen Preisdurchsetzungsverfahren können Preisbindung, Preisempfehlung, eine selektive Vertriebsstruktur oder eine spezifische Preispflege berücksichtigt werden. (Diller 2008, 401 ff., 409 ff.)

Grundsätzlich sind im Preismanagement **statische und dynamische Perspektiven** zu unterscheiden: Während im statischen Preismanagement davon ausgegangen wird, dass der Produktabsatz einer Periode ausschließlich vom Preis derselben Periode abhängt, geht man im dynamischen Preismanagement davon aus, dass Preisänderungswirkungen oder Preiserwartungen über einen längeren Zeitraum hinweg wirksam werden. Das Kaufverhalten von Kunden ändert sich infolgedessen in Abhängigkeit davon, ob Preissteigerungen oder Preissenkungen in der Zukunft erwartet werden. Die Berücksichtigung von Preisänderungswirkungen im dynamischen Fall führt dann zu wesentlich komplexeren Szenarien im Preismanagement. (Olbrich/Battenfeld 2014, 19 ff., 73 ff.)

### 6.2.2 Markt, Preisbildung und Preismanagement

Aus den Konzepten der klassischen **Preistheorie** lassen sich Aussagen über Preisbildung sowie Gestaltungsoptionen für Preisstrategien und Einflussgrößen des Preismanagements ableiten. Die Ursprünge für eine grundlegende Sichtweise der Preisbildung liegen zunächst im volkswirtschaftlichen Kontext respektive in der Mikroökonomie. Ein entscheidendes Kriterium für die Preisbildung ist hierbei die Marktform. Ein Markt stellt den wirtschaftlichen Ort des Austauschs von Produkten dar. Die Entscheidung wie eng oder wie weit ein Markt abgegrenzt wird, ist dabei häufig eine Frage der Zweckmäßigkeit bzw. dient dem Analyseziel des Markts. In Abhängigkeit davon, wie viele Anbieter und Nachfrager eines Produkts sich am Markt gegenüberstehen, unterscheidet man die drei Marktformen des Polypols, Oligopols und Monopols (vgl. Abschnitt 1.2.2).

Durch ein **Polypol** werden grundsätzlich Märkte mit vielen Anbietern und vielen Nachfragern abgebildet. Für das *Polypol des vollkommenen Wettbewerbs*, das allerdings in Reinform eher selten vorkommt, ergibt sich der Marktpreis durch einen Ausgleich von Angebot und Nachfrage. Für das einzelne Unternehmen bedeutet dies, dass die Preisgestaltung keinen preispolitischen Handlungsspielraum darstellt. Der Marktpreis existiert als Gleichgewichtspreis ($p^*$) und stellt somit ein Datum dar, das akzeptiert werden muss: $U = p^* \cdot x$, $U' = p^*$. Gewinne können hier nur über eine Anpassung der Absatzmengen ($x^*$) adaptiv optimiert werden. Unterschreitet ein Unternehmen den Gleichgewichtspreis, würde es die Nachfrage an sich ziehen; überschreitet es dagegen den Gleichgewichtspreis, verliert es die Nachfrage an die Konkurrenz. Für das *Polypol des unvollkommenen Wettbewerbs* gilt in der Regel, dass Nachfrager spezifische Präferenzen, wie z. B.

örtliche, zeitliche, sachliche und persönliche Vorlieben, etc., für bestimmte Anbieter haben oder sich wegen unterschiedlicher Preiskonditionen für bestimmte Anbieter entscheiden, wodurch für diese akquisitorische Potenziale entstehen. In diesem Falle können Unternehmen innerhalb eines gewissen Spielraums eine eigenständige Preis- bzw. Konditionenpolitik betreiben. (Piekenbrock/Hennig 2013, 203 ff./Abbildung 6.2; Siems 2009, 136 ff.)

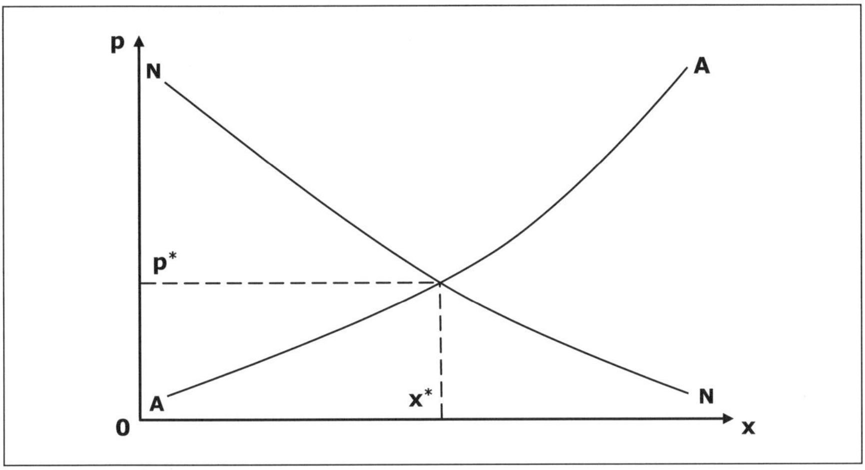


Abbildung 6.2: Preisbildung bei vollkommener Konkurrenz

**Marginalanalytische Preisbestimmungsansätze** postulieren einen funktionalen Zusammenhang zwischen der Höhe des Preises und den davon abhängigen preispolitischen Zielgrößen. Damit kann dann in Abhängigkeit von *Elastizitäten* (Preisreaktionen) die Wirkung des Preises auf Größen, wie z. B. Umsatz, Gewinn, Rentabilität, Absatzmengen, etc., bestimmt werden. Die (lineare) **Preis-Absatz-Funktion (PAF)** stellt einen ersten vereinfachten Zusammenhang zwischen Preis und erwarteter Absatzmenge zur Gestaltung preispolitischer Entscheidungen dar. Die Preis-Absatz-Funktion zeigt welche Produktmengen bei alternativen Preisforderungen absetzbar sind. Weitere für die analytische Preisbestimmung relevante Funktionen sind: die Umsatzfunktion ($U(x) = p \cdot x$), die Kostenfunktion ($K(x) = K + k \cdot x$), die Gewinnfunktion ($G(x) = U(x) - K(x)$), die Rentabilitätsfunktion ($R(x) = G(x) / C(x)$) mit den Größen: U = Umsatz; K, k = Kosten; R = Rentabilität; G = Gewinn; C = Kapital, x = Menge; p = Preis. (Olbrich/Battenfeld 2014, 20 ff.)

Das Verhalten der Konsumenten bei unterschiedlichen Preisen lässt sich mikroökonomisch im Regelfall durch die *Preis-Absatz-Funktion (PAF)* darstellen. Diese hat eine negative Steigung, also einen fallenden Verlauf, was bedeutet, dass bei Preissenkungen erhöhte Absatzmengen zu erwarten sind und umgekehrt. Der Preis entspricht einem vom Käufer bewerteten Grenznutzen, der dazu führt, dass das Gut solange gekauft wird, bis der Preis den Grenznutzen übersteigt. Man unterscheidet weiterhin je nach Ausmaß der Summation der Mengen bei alternativen Preisen zwischen individueller und aggregierter Preis-Absatz-

Funktion. An den Extrempunkten der Preis-Absatz-Funktion lässt sich zum einen ein Höchstpreis (Prohibitivpreis; Y-Achse) ablesen, bei dem keine Nachfrage nach dem betreffenden Gut realisiert wird. Zum anderen kann eine maximal absetzbare Menge (Sättigungsmenge; X-Achse) gekennzeichnet werden, die bei einem fiktiven Preis von p = 0 erreicht wird. Werden alle anderen *Einflussgrößen* dieser Marktreaktionsfunktion (PAF) mit Ausnahme des Preises (p) als *konstant* angenommen, so lassen sich die Auswirkungen unterschiedlicher Preise auf die Absatzmenge entsprechend abbilden. (Pechtl 2014, 101 ff./Abbildung 6.3)

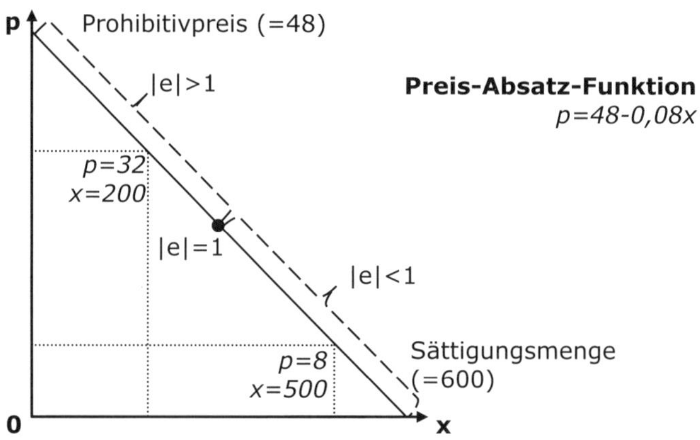


Abbildung 6.3: Preis-Absatz-Funktion (PAF)

In Einzelfällen kann die Absatzmenge mit steigendem Preis auch steigen, hierzu gibt es exemplarisch folgende **Ausnahmefälle** (Nieschlag et al 2002, 761 ff.):

(a) Der *Veblen-Effekt* führt dazu, dass Konsumenten von einzelnen Gütern mehr kaufen, weil der Preis höher ist (Prestige-Effekt). Beim *Giffen-Effekt* nimmt der Anteil höherwertiger Güter mit steigendem Einkommen zu.

(b) Der *Snob-Effekt* ist dadurch gekennzeichnet, dass Konsumenten ein bestimmtes Produkt nicht mehr kaufen, weil andere es aufgrund eines gesunkenen Preises verstärkt kaufen.

(c) Der *Bandwagon-Effekt* führt unabhängig vom Preis dazu, dass mehr von einem Produkt gekauft wird, weil Andere es wollen. Beim *Mitläufer-Effekt* geht diese Kaufbereitschaft von Meinungsführern aus.

(d) Im Falle des *Preises als Qualitätsma*ßstab wird bei einem hohen (niedrigen) Preis auf eine hohe (geringe) Qualität des Produkts geschlossen, unabhängig davon, ob diese tatsächlich zugrunde liegt.

Um preispolitisch beantworten zu können, wie stark sich die Nachfragemenge bei Preisveränderungen anpasst bzw. welche Auswirkungen auf den Umsatz zu erwarten sind, muss die **Preiselastizität** der Nachfrage berücksichtigt werden. Diese gibt die Reaktionen der nachgefragten Absatzmengen auf die Änderungen des Preises an, wobei hier relative Mengenänderungen relativen

Preisänderungen gegenübergestellt werden. Die *Preiselastizität der Nachfrage* ist definiert als das Verhältnis von prozentualer, relativer Mengenänderung zu einer prozentualen, relativen Preisänderung. Wegen des inversen Bezugs von Preis und Menge ist die Preiselastizität der Nachfrage negativ. Die Preiselastizität der Nachfrage verändert sich entlang der PAF: Vom Prohibitivpreis mit einer Elastizität > 1 (Grenzwert ∞) bis zur Mitte der PAF spricht man vom elastischen Bereich, weil dort Unternehmen bei einer Preissenkung ihren Umsatz erhöhen können und die relative Mengenerhöhung die Preissenkung übersteigt. Über der Mitte der PAF (Elastizität = 1) liegt der maximal erreichbare Umsatz. Von der Mitte der PAF bis hin zur Sättigungsmenge spricht man vom unelastischen Bereich mit einer Elastizität < 1 (Grenzwert 0), weil dort Unternehmen bei einer Preiserhöhung auch ihren Umsatz steigern können. Die *Kreuzpreiselastizität* oder Substitutionspreiselastizität dient der Abgrenzung einzelner Marktsegmente oder zur Charakterisierung von Konkurrenzbeziehungen und ist dann definiert als Maß für eine relative Preisänderung des Anbieters A und deren Auswirkung auf die relative Mengenänderung des Anbieters B. Sie gibt damit im Falle einer Betrachtung mehrerer Güter an, um wie viel Prozent sich der Absatz des Gutes a verändert, wenn sich der Preis des Gutes b verändert. Die Kreuzpreiselastizität ist bei Produkten mit weitgehend gleichen Eigenschaften positiv, diese Produkte sind daher substituierbar. Die Kreuzpreiselastizität ist negativ bei komplementären Produkten, die sich ergänzen. Die *Einkommenselastizität* der Nachfrage schließlich gibt eine relative Nachfrageänderung im Verhältnis zu einer relativen Einkommensänderung bei gegebenen Preisen an. Kenntnisse der Einkommenselastizität sind insofern von Bedeutung, als mit steigendem Einkommen die Nachfrage nach geringwertigen, sogenannten inferioren Gütern abnimmt. Gleichzeitig kann die Nachfrage nach sogenannten superioren Gütern oder Luxusgütern mit steigendem Einkommen zunehmen. (Diller 2008, 74 ff.; Simon/Fassnacht 2009, 92 ff.)

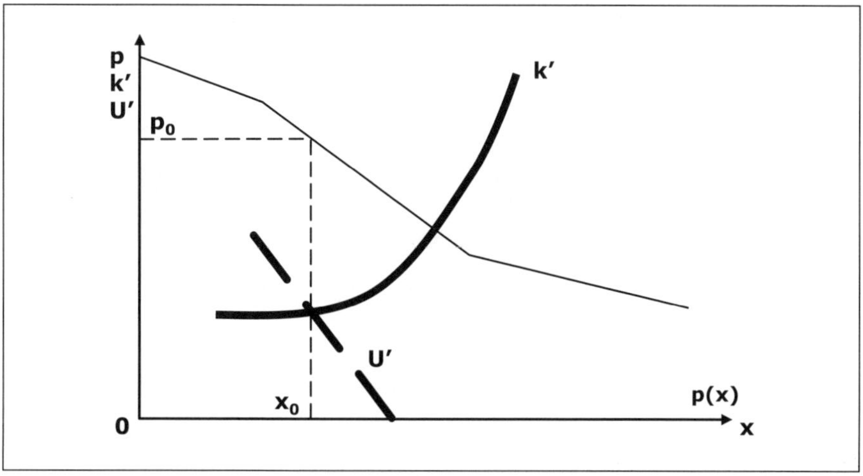


Abbildung 6.4: Preisbildung bei unvollkommener Konkurrenz/Oligopol

Im Unterschied zur polypolistischen Preisbildung findet das Preisbildungsverhalten im **Oligopol** unter der Bedingung einer geringen Zahl von (großen) Anbietern und einer Vielzahl von Nachfragern statt (strategische Abhängigkeit). Branchenmärkte sind solche *Angebotsoligopole*, bei denen jeder Anbieter über eine einzelwirtschaftliche Preis-Absatz-Funktion verfügt. Das plausible Modell der Preis-Absatz-Funktion im Oligopol weist entweder eine einfache oder eine doppelt geknickte Form auf, wobei für letztere in den (reaktionsfreien) Bereichen des flachen Kurvenverlaufs ein autonomer preispolitischer Verhaltensspielraum (akquisitorisches Potenzial) besteht, innerhalb dessen die Anbieter nicht mit starken Preisreaktionen ihrer Konkurrenten rechnen müssen. Angebotsoligopolisten sind in der Regel einem starken *brancheninternen Wettbewerb* ausgesetzt und wählen infolgedessen zwischen mindestens drei **Verhaltensmöglichkeiten** (Bruhn 2014, 191 ff./Abbildung 6.4):

(1) Ökonomisches Wettbewerbsverhalten: Oligopolisten verändern ihre Preise nicht oder nehmen nur geringfügige, meist kosteninduzierte Preisänderungen vor, sie vermeiden einen Preiskampf zum Zweck der Gewinnung neuer Marktanteile

(2) *Preisabsprachen*: Oligopolisten treffen eine vertragliche oder stillschweigende Vereinbarung über Preise oder Preisänderungen

(3) *Preiskampfstrategie*: Oligopolisten versuchen durch eine aktive Preispolitik bzw. einen Preiskampf 'teilweise ruinös' Marktanteile zu gewinnen, um die schwächsten Konkurrenten aus dem Markt zu verdrängen

Im Oligopol spricht man insgesamt von konkurrenzgebundener Preispolitik, weil bei Preisänderungen eines Oligopolisten mit unmittelbaren Preisreaktionen anderer Oligopolisten zu rechnen ist, je nachdem, wie groß sich die Marktmacht des einzelnen Oligopolisten darstellt.

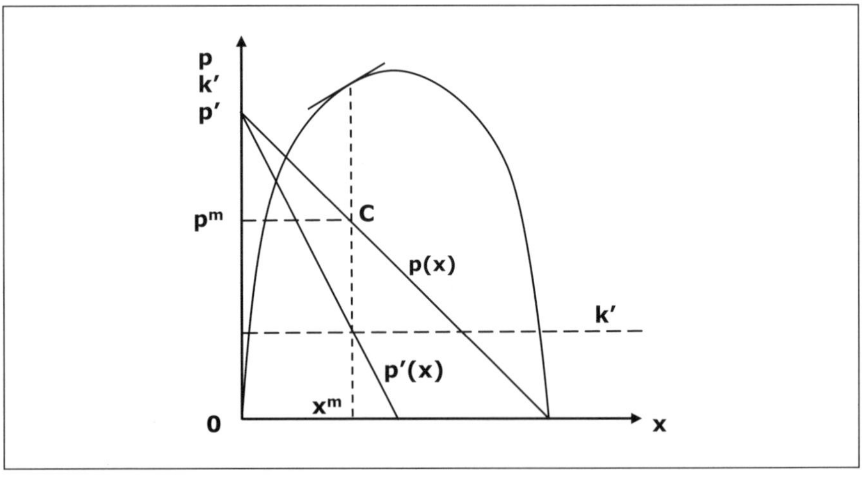


Abbildung 6.5: Preisbildung im Monopol

Eine Preisbildung im **Monopol** kann aufgrund eines einzigen Anbieters, der den Markt beherrscht, aktiv erfolgen. Man unterscheidet *natürliche Monopole*, die aufgrund von hohen Fixkosten in ihrem Bereich entstehen, sodass sich nur ein Anbieter lohnt, häufig der Staat; *künstliche Monopole* entstehen dadurch, dass entweder technologie-, rechts- oder markenbasierte Alleinstellungsmerkmale existieren. Das klassische Modell, das bereits 1838 von Cournot entwickelt wurde, postuliert eine bekannte Preis-Absatz- und Kosten-Funktion sowie die Gewinnmaximierungsabsicht des Monopolisten. Dieser kann entweder den Preis bestimmen, wobei sich dann die abgesetzte Menge aus der Preis-Absatz-Funktion ergibt, oder die Menge festlegen und dann der Preis entsprechend abgeleitet wird. Im Monopol hat der Anbieter bei der Preisbestimmung zwar die Reaktionen der Kunden zu berücksichtigen, jedoch können die Marktteilnehmer nicht auf andere Anbieter ausweichen, bestenfalls die Nachfragemenge reduzieren oder Substitutionsgüter erwerben. In diesem Zusammenhang spricht man von der sogenannten *Substitutionskonkurrenz*. Algebraisch lässt sich die gewinnmaximale Preisforderung eines Monopolisten wie folgt ableiten: Der Monopolist erreicht sein *Gewinnmaximum* dann, wenn die Differenz aus Gesamterlös (U) und Gesamtkosten (K) am größten ist: $G(x) = U(x) - K(x)$. Die Gewinnfunktion hat dort ihr Maximum, wo die erste Ableitung nach x gleich Null, und die zweite Ableitung kleiner Null ist: $U'(x) - K'(x) = 0$ und $U''(x) - K''(x) < 0$. Der Gesamterlös (U) ergibt sich, wenn man die Absatzmenge ($x^m$) mit dem zugehörigen Preis ($p^m$) multipliziert. Die optimale Preisforderung bzw. das Gewinnmaximum liegt dann vor, wenn/wo die Grenzkosten gleich dem Grenzumsatz bzw. dem Grenzerlös sind: $U'(x) = K'(x)$. Die gewinnmaximale Absatzmenge des Monopolisten bezeichnet man als *Cournotsche Menge* (C = Cournotscher Punkt). Damit kann nachgewiesen werden, dass zur Ermittlung des gewinnmaximalen Preises im Monopol lediglich die Kenntnis der Grenzkosten, nicht jedoch die Höhe der Gesamtkosten erforderlich ist. Dies bedeutet auch, dass die fixen Kosten für eine entsprechende Preispolitik nicht von Bedeutung sind. (Piekenbrock/Hennig 2013, 217 ff., 223/Abbildung 6.5)

### 6.2.3 Preismanagement und Preisfindung

Im Anschluss an die grundlegende Ausrichtung einer Preisstrategie müssen konkrete Preise für Produkte festgelegt werden. Die Einteilung von **Preisbildungsverfahren** zeichnet sich grundsätzlich durch eine Komplexität von Preisentscheidungen aus, die bei einfachen Verfahren im statischen Preismanagement, d.h. unter Verzicht auf Zeiteinflussfaktoren, auf eine eindimensionale Preisbildung reduziert wird. Im statischen Preismanagement werden gegenüber einem dynamischen Preismanagement prinzipiell folgende drei Verfahren der Preisfindung unterschieden: *kostenorientierte Preisfindung* auf der Basis von unterschiedlichen Kostenrechnungen mit der eine Preisuntergrenze anvisiert werden kann; *nachfrageorientierte Preisfindung* durch die Ermittlung von Zahlungsbereitschaften, welche eine Vorstellung von der Preisobergrenze geben, sowie eine *konkurrenzorientierte Preisfindung*, die sich an Mitbewerbern orientiert und mit der eine Feinabstimmung des Marktpreises erreicht werden kann.

Eine **kostenorientierte Preisfindung** basiert in der Regel auf einer Kalkulation über die Kostenträgerrechnung. Da sie in Reinform nicht dem marktwirtschaftlichen Prinzip entspricht, werden Varianten ausschließlich in modifizierter Form praktiziert. Die an Kosten orientierte Preisfindung kann entweder auf der Basis einer *Vollkostenrechnung* mit einer Unterscheidung von Einzel- und Gemeinkosten und entsprechenden Zuschlägen kalkuliert werden (Selbstkosten oder Zuschlagskalkulation) oder auf der Basis einer *Teilkostenrechnung* mit einer Unterscheidung von fixen und variablen Kosten (Deckungsbeitragsrechnung) erfolgen. Von besonderer Bedeutung sind kostenorientierte Preisfindungsprinzipien für die Bestimmung von Preisuntergrenzen, hierunter versteht man den niedrigsten Preis, zu dem ein Produkt kostendeckend noch angeboten werden kann.

In der kostenorientierten Preisfindung werden auf der Basis der Kostenträgerrechnung Preisbestimmungen nach Vollkostenrechnung also Einzel- und Gemeinkosten in einzelnen Produkten kalkuliert und je nachdem, ob Plan- oder Istkosten zugrunde gelegt werden, eine *Vor- oder Nachkalkulation* Anwendung findet. Werden Preise auf der Basis der Teilkostenrechnung kalkuliert, legt man fixe oder variable Kosten zugrunde und ermittelt entsprechende Preise durch Vor- und Nachkalkulation (Diller 2008, 310 ff.). Bei kostenorientierter Preisbestimmung ist weiterhin die Richtung der Kalkulation zu unterscheiden: Im Falle einer *progressiven Kalkulation* (Cost-plus Pricing) werden die Stückkosten mit Gewinnaufschlag zu Preisen kalkuliert, im Falle einer *retrograden Kalkulation* (Target Costing) werden ausgehend von einem erzielbaren oder gegebenen Marktpreis maximal mögliche Stückkosten errechnet. So gesehen ergeben sich vier **Optionen** der Ermittlung von Preisen durch progressive oder retrograde Vollkosten- bzw. Teilkostenrechnung (Diller 2008, 319 ff.; Pechtl 2014, 120 ff.):

(1) Bei einer *progressiven Vollkostenrechnung* multipliziert man die als Stückkosten kalkulierten Selbstkosten mit einem Gewinnaufschlag, z. B. 4 € · (1 + 0,1) = 4,40 €.

(2) Bei einer *retrograden Vollkostenrechnung* geht man von einem erzielbaren Target Price aus und ermittelt darüber eine Zielkostengröße, indem vom Marktpreis ein geplanter Gewinn pro Stück abgezogen wird, z. B. 8 € (erzielbarer Marktpreis) – 3 € (geplanter Gewinn) = 5 € (Summe der Stückkosten).

(3) Bei einer *progressiven Teilkostenrechnung* fixiert man einen Deckungsbeitrag, mit dem das Produkt fixe Kosten abdecken soll. Werden 4 € als variable Kosten angenommen und sollen Fixkosten zu 50 % gedeckt werden, muss ein Preis von 4 € · (1 + 0,5) = 6 € festgesetzt werden.

(4) Bei einer *retrograden Teilkostenrechnung* zieht man von einem denkbaren Marktpreis die variablen Stückkosten ab; die fixen Stückkosten dürfen dann den verbleibenden Betrag nicht überschreiten, z. B. 8 € (erzielbarer Marktpreis) – 4 € (variable Kosten) = 4 € (fixe Kosten, die nicht überschritten werden dürfen).

Für beide Verfahren der Preiskalkulation ergeben sich spezifische Vorteile und Nachteile. *Vorteile der Vollkostenkalkulation* liegen in der einfachen Handhabung der Kalkulierbarkeit über Selbstkosten, *Vorteile der Teilkostenkalkulation* liegen in der ausschließlichen Berücksichtigung entscheidungsrelevanter Kosten. *Nachteile der Vollkostenkalkulation* bestehen in der problematischen Schlüsselung der Gemeinkosten und der damit einhergehenden Gefahr 'sich aus dem Markt hinaus zu kalkulieren', ebenso wegen der Initiierung einer Kostenpreisspirale, welche die angebotenen Produkte zunehmend wettbewerbsunfähig macht. *Nachteile der Teilkostenkalkulation* finden sich in der Fixierung einer zu kurzfristigen Ausrichtung von Preisentscheidungen und des damit einhergehenden Risikos 'sich aus der Gewinnzone hinaus zu kalkulieren', wodurch es schnell zu einer Preisnachgiebigkeit kommen kann. Während insgesamt bei progressiv kalkulierten Preisen ein zu hoher Preis entsteht, müssen bei retrograd kalkulierten Preisen möglicherweise Eingeständnisse an die Qualität gemacht werden, wenn ein bestimmtes Kostenniveau erreicht werden soll. (Diller 2008, 314 ff.)

Als *kurzfristige Preisuntergrenze* gilt derjenige Preis, bei dem alle variablen Kosten gedeckt sind. Würde dieser Preis auf Dauer gesetzt werden, wäre ein Verlust zu erwarten, da die fixen Kosten noch nicht gedeckt sind. Als *langfristige Preisuntergrenze* ist derjenige Preis anzusetzen, bei dem sowohl variable als auch fixe Kosten gedeckt werden. (Homburg 2015, 736)

**Nachfrageorientierte Preisbildung** ist ausgerichtet an der Struktur der Nachfrageseite oder an potenziellen Nachfragern bzw. Kunden, entsprechende Produkte zu bestimmten Preisen zu beziehen. In der nachfrageorientierten Preisbestimmung werden *Reaktionen der Nachfrager* für Produkte und deren *Preisbereitschaften* berücksichtigt, man spricht deshalb auch von retrograder oder rückwärtsgerichteter Kalkulation. Welche Preise etwa Käufer bereit sind zu zahlen wird durch deren individuelle Zahlungsbereitschaft festgelegt. Im Idealfall versucht der Anbieter die maximale Zahlungsbereitschaft eines Kunden zu nutzen. Insbesondere durch unterschiedliche Preisdifferenzierungen (1. bis 3. Grades) können verschiedene Zahlungsbereitschaften von Nachfragern in Anspruch genommen werden. *Zahlungsbereitschaften* sind abhängig unter anderem von der Struktur der Nachfrageseite, wie z. B. Gesamtnachfrage, Substituierbarkeit eines Produkts, Elastizität der Nachfrage, etc., sowie von Preisvorstellungen und spezifischen Motiven, wie z. B. Preisklassen, der Einfluss von Qualität, Image, etc. Zur konkreten Ermittlung von Zahlungsbereitschaften, die allerdings mit einigen Problemen verbunden sein können, existieren eine Reihe von Messmethoden, wie Beobachtung, Befragung und experimentelle Auktionsverfahren. Eine *partizipative Preisfindung* integriert den Nachfrager explizit als aktiven Part bei der Preisfestsetzung. Dies gilt für Preisverhandlungen (Bargaining) ebenso wie für Auktionen oder Pay-what-you-want-Preissetzungen, bei denen der Käufer die volle Kontrolle über den Preis besitzt. Als Spezialfall hierfür gelten sogenannte Freemium-Angebote, die sich als Geschäftsmodelle vor allem im Internet finden und bei denen Basisdienstleistungen kostenlos, Zusatzleistungen jedoch kostenpflichtig zur Verfügung gestellt werden. (Pechtl 2014, 159 ff.; Meffert et al 2105b, 494 f.)

**Konkurrenz- oder marktorientierte Preisbildung** versteht sich als eine Ausrichtung des Preismanagements für Preisbildungen an strategischen Positionierungsentscheidungen, wie der *Preislage* des Produkts, der Etablierung einer *Unique Price Proposition (UPP)* oder an Preissetzungen von Konkurrenten und

Mitbewerbern bzw. deren Reaktionen im Sinne einer *Preisführerschafts- oder Preisanpassungsstrategie.* (Pechtl 2014, 165 ff.) Mit der strategischen Bestimmung der **Preislage** ist eine Unterscheidung von drei Preisklassen verbunden. Mit der *Premiumklasse*, also der höchsten Preislage, wird eine Hochpreispositionierung vorgenommen, die in der Regel auf die Qualität in den Ausstattungsmerkmalen der Produkte Bezug nimmt. Mit der *Niedrigpreisklasse*, also der niedrigsten Preislage, wird eine Niedrigpreispositionierung vorgenommen, die eine ebensolche Kostenposition in der Produktion erfordert. Schließlich wird mit einer *Konsumpreisklasse* eine mittlere Preislage anvisiert und eine Mittelpreispositionierung über selektiv differenzierte Leistungsmerkmale der Produkte erreicht. Mit der **Unique Price Proposition (UPP)** wird eine Profilierung der Nutzenorientierung bei Konsumenten insbesondere gegenüber der Konkurrenz postuliert. Aus deren Sicht stellt sich dies als Preisimage dar, welches durch verschiedene **Preiskonzepte** erzeugt werden kann. Mit dem *Billigpreis-Konzept* wird dabei Bezug auf einfache Qualitätsausstattung genommen, mit dem *Discount-Konzept* wird eine vergleichsweise einfache Leistung transparent angeboten, mit dem *Generika-Konzept* beschränkt sich der Anbieter auf Grundfunktionen eines Produkts im Sinne einer Funktionssicherheit, mit dem *Schnäppchen-Konzept* werden Preisgelegenheiten für Smart-Shopper geschaffen, mit dem *Fairness-Konzept* werden Reputations- oder Vertrauensprodukte verkauft, mit dem *Value-Konzept* wird auf eine Qualitätsleistung Bezug genommen, mit dem *Premiumkonzept* schließlich wird die höchste Qualitätsstufe eines Produktsortiments angesprochen, gegen das sich das *Luxuskonzept* nochmals deutlich absetzt. (Pechtl 2014, 168 f.) Die Preisbildungsform der **Preisführerschaft** tritt meist im Oligopol in folgenden Varianten auf: *Dominierende Preisführerschaft* besteht, wenn sich Mitbewerber am preispolitischen Verhalten eines marktbeherrschenden Unternehmens ausrichten. *Barometrische Preisführerschaft* besteht, wenn sich Mitbewerber freiwillig am preispolitischen Verhalten des Preisführers orientieren. Zusätzlich kann bei der Preisermittlung in oligopolistischen oder polypolistischen Marktstrukturen Bezug genommen werden auf den Branchenpreis.

Ein klassisches Verfahren der konkurrenz- oder marktorientierten Preisbildung stellt die sogenannte *Break-Even-Analyse* dar, welche die für das Erreichen der Gewinnschwelle erforderlichen Absatzmengen bei gegebenem Preis ermittelt. Die Gewinnschwelle wird dann erreicht, wenn Kosten gleich Umsatz sind oder die korrespondierende Absatzmenge dort liegt, wo der Stückdeckungsbeitrag den fixen Kosten entspricht. (Diller 2008, 319 ff.)

### 6.2.4 Verhaltenswissenschaftliches Preismanagement

In kritischer Abkehr von der klassischen, aus der Mikroökonomie stammenden Preistheorie, wird das **Preisverhalten** von Konsumenten zunehmend über psychologische Ansätze einer Verhaltenstheorie erklärt. Während ökonomische Ansätze Preisreaktionen als rein rationales Verhalten von Nachfragern erklären und als Bestimmungsgrund für den Kauf von Produkten postulieren, gehen *psychologische Erklärungsansätze* davon aus, dass Verhaltensweisen von Konsumenten bezüglich alternativer Preise auf spezifische Faktoren aktivierender, kognitiver und interaktiver Prozesse zurückzuführen sind. Dabei spielen subjektive Wahrnehmung und Beurteilung preisbezogener Reize ebenso eine Rolle, wie Informationsaufnahme (Vorverkaufsphase), Informationsverarbeitung (Verkaufsphase) und Informationsspeicherung (Nachverkaufsphase). Ergänzende psychologische Konstrukte als Bestimmungsgründe für Preisreaktionen von Konsumenten werden außerdem berücksichtigt. (Simon/Fassnacht 2009, 145 ff./Abbildung 6.6)

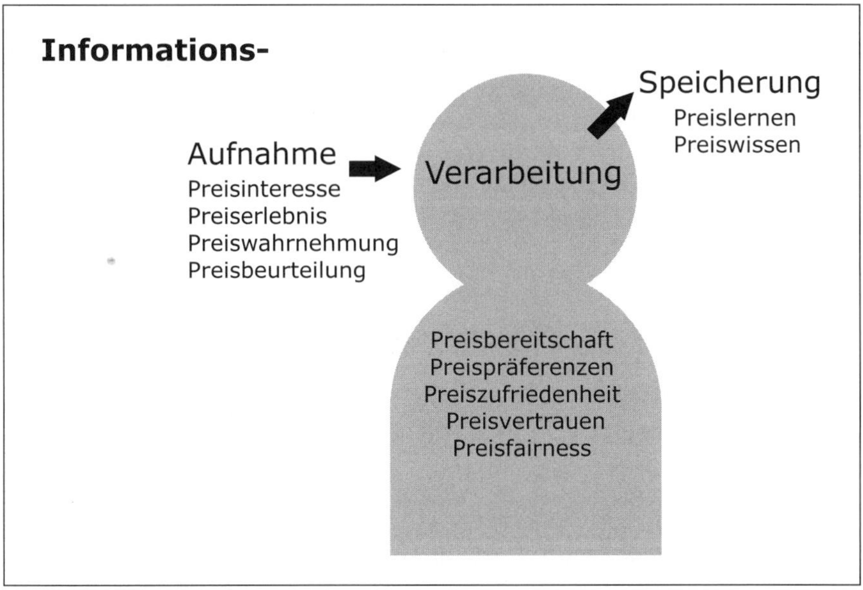


Abbildung 6.6: Information und Preisverhalten

Mit der *Informationsaufnahme* werden psychologische Verhaltenskonstrukte, wie z. B. Preisinteresse oder Preiserlebnis relevant: Unter **Preisinteresse** versteht man dabei das Bedürfnis des Kunden, spezifische Preisinformationen zu suchen und diese bei einer Kaufentscheidung auch zu berücksichtigen. Preisbeachtung oder Preisgewichtung sowie Alternativpreise spielen hierbei eine Rolle. Unter **Preiserlebnis** versteht man emotionale Komponenten der Preiswahrnehmung, die als angenehm oder unangenehm, stärker oder schwächer empfunden werden können und damit die Kaufentscheidung positiv oder negativ beeinflussen. Mit der **Preiswahrnehmung** und **Preisbeurteilung** werden spezifisch kognitive Prozesse ausgelöst, die in ein Preisgünstigkeitsurteil einfließen, wenn Qualität oder Leistungsumfang eines Produkts berücksichtigt werden oder ein Preiswürdigkeitsurteil bedingen, wenn das Preis-Leistungs-Verhältnis eines Produkts fokussiert wird. Hierbei kann die Höhe des Preises einen Ausschlag für die Qualitätsbeurteilung des Produkts geben.

Mit der *Informationsverarbeitung* und der Konkretisierung der Kaufentscheidung schließlich entwickeln Kunden eine Vorstellung über ihre Zahlungsbereitschaft ein Produkt zu kaufen, die auch als **Preisbereitschaft** bezeichnet wird. **Preisprä-**

**ferenzen** bezeichnen diesbezüglich eine allgemeine, in der Regel dauerhafte Verhaltensdisposition, z. B. niedrigere, mittlere oder höhere Preise bezahlen zu wollen. **Preiszufriedenheit** resultiert aus einer abwägenden Vergleichsbetrachtung von Preiserwartung und tatsächlicher Preiserfahrung, die als positives Resultat dieser Abwägung dann entsteht, wenn (positive) Preiserwartungen (negative) Preiserfahrungen übertreffen. Mit **Preisvertrauen** und **Preisfairness** schließlich kommen ergänzend Erwartungen des Kunden an einen 'gerechtfertigten Preis' zum Ausdruck.

Mit der *Informationsspeicherung* werden Informationsgehalte über Preise durch **Preislernen** dauerhaft in zukünftige Entscheidungen miteinbezogen (Mental Accounting) oder als **Preiswissen** für entsprechende Entscheidungen explizit oder implizit genutzt. Im Zusammenhang mit Preiswissen werden sogenannte Referenzpreise bedeutsam, die für eine Relativierung der Preisbeurteilung relevant sind, oder es werden absolute und relative Preisschwellen berücksichtigt, die für Konsumenten eine akzeptierte Ober- oder Untergrenze von Preisen bei Kaufentscheidungen darstellen. (Simon/Fassnacht 2009, 181 ff.)

## 6.3 Gestaltungspotenziale des Preismanagements

### 6.3.1 Management von Preisdifferenzierungen

Unter **Preisdifferenzierung** versteht man den Sachverhalt, dass bestimmte Produkte, die räumlich, zeitlich, mengenmäßig, etc. identisch sind, zu unterschiedlichen Preisen verkauft werden. *Ziel* der Preisdifferenzierung ist es dabei aus *Unternehmenssicht* Gewinnsteigerungen zu erreichen, wenn unterschiedliche Zahlungsbereitschaften abgeschöpft werden (Abschöpfung der Konsumentenrente) oder dadurch Neukunden gewonnen werden können. Aus *Kundensicht* kann durch Preisdifferenzierung Kundenbindung, Zeitersparnis oder eine größere Wahlmöglichkeit erreicht werden. Schließlich kann aus *Wettbewerbssicht* eine Anpassung der Preisstruktur an einen Mitbewerber erlangt werden, die Besetzung von Nischen beabsichtigt sein oder die Erhöhung von Wechselbarrieren für Kunden durchgesetzt werden. (Simon/Fassnacht 2009, 257 ff.)

Grundlage der Preisdifferenzierung ist in der Regel eine **Marktsegmentierung**, die einerseits die Identifikation von Marktsegmenten voraussetzt, andererseits zu einer segmentspezifischen Marktbearbeitung führt. Voraussetzungen hierfür sind immer dann gegeben, wenn Konsumenten *unterschiedliche Preisbereitschaften* zeigen, d. h. Marktpreisvielfalt und Preiselastizitäten vorliegen und Nachfrager als Gruppen voneinander getrennt und damit Preissegmente identifiziert werden können. Von *vertikaler Preisdifferenzierung* spricht, wenn ein Marktsegment alle oder zahlreiche Preisschichten erfasst, wie dies häufig im internationalen Umfeld der Fall ist. Von *horizontaler Preisdifferenzierung* kann gesprochen werden, wenn Nachfrager mit gleichen oder vergleichbaren Preisbereitschaften zu einem Marktsegment zusammengefasst werden. (Meffert et al 2012, 502) Demnach unterscheidet man drei Varianten bzw. **Grade der Preisdif-**

| Arten | Instrumente | Beispiele |
|---|---|---|
| Preis-individuali-sierung (PD 1. Grades) | Segmentierung: individuelle (Maximal-) Preise<br>▪ Auktionen<br>▪ Preisverhandlung<br>▪ Einzelpreis für Auftragsfertigung | ▪ Ebay<br>▪ Kompensations-geschäft<br>▪ Preis für Atomkraftwerk |
| Horizontale Preis-differenzierung (PD 2. Grades) | Segmentierung: unterschiedliche Preisbereitschaften / Self Selection<br>▪ leistungsbezogene PD<br>▪ mengenmäßige PD (nichtlineare Preise)<br>▪ Preisbündelung | ▪ Bahn-, Liefer- und Abholpreise<br>▪ Rabatte, Boni, Bahncard<br>▪ Komplett- und Einzelpreise bei PC |
| Vertikale Preis-differenzierung (PD 3. Grades) | Segmentierung: beobachtbare Käufermerkmale / Screening<br>▪ persönliche PD<br>▪ räumliche PD<br>▪ zeitliche PD | ▪ Senioren- und Studentenpreise<br>▪ Internationale Pkw-Preise<br>▪ Preise für Haupt- und Nebensaison |

Abbildung 6.7: Arten der Preisdifferenzierung (PD)

**ferenzierung** sowie *spezifische Kriterien* für die Festlegung von entsprechenden Differenzierungen der Preise (Simon/Fassnacht 2009, 263 ff./Abbildung 6.7):

(1) Bei einer *Preisdifferenzierung ersten Grades* wird von jedem Kunden der individuelle Maximalpreis verlangt (Preisindividualisierung), dabei werden Kunden individuell beurteilt, um eine entsprechende Preisforderung stellen zu können.
*Beispiele:* Ebay, Handelsware im Basar, komplexe Maschinen/Anlagen, etc.

(2) Bei einer *Preisdifferenzierung zweiten Grades* werden Produkte zu Segmenten zusammengefasst, für die dann jeweils unterschiedliche Preise festgelegt werden. Kunden können dabei ihre Segmentzugehörigkeit frei wählen. Wählt ein Käufer demnach aus einer Vielzahl von Angeboten dasjenige Produkt aus, welches seinen Preisvorstellungen am ehesten entspricht, nennt man dies auch Preisdifferenzierung durch *Self Selection.*
*Beispiele:* Frühbucherrabatte, saisonale Preise, optionale Serviceleistungen, etc.

(3) Eine *Preisdifferenzierung dritten Grades* basiert auf der Segmentierung durch beobachtbare Kriterien von Kunden. Ein Kunde kann in diesem Zusammenhang seine Segmentzugehörigkeit, wie z. B. Alter, Geschlecht, sozioökonomische Merkmale, etc., im Allgemeinen nicht frei wählen. Legt ein Unternehmen spezifische Preise für bestimmte Nachfragergruppen fest *(Screening),* so ist in der Regel ein Wechsel zwischen den Segmenten für Kunden, wenn überhaupt, nur mit hohem Aufwand bzw. hohen Kosten möglich.
*Beispiele:* Schüler-, Studenten-, Rentnerpreis, geschlechterbezogene Preise, etc.

Die *Eignung* der oben beschriebenen Preisdifferenzierung nach Graden für ein **Online Pricing** lässt sich wie folgt angeben: Sowohl *Preisdifferenzierung ersten*

*Grades*, also Preisindividualisierung, eignet sich insbesondere für Auktionsplattformen im Internet sehr gut bis gut, wie z. B. Ebay, etc., als auch *Preisdifferenzierung zweiten Grades*, mit einem expliziten Self Selection für quantitative, qualitative und zeitliche Merkmale, wie z. B. beim Kauf von Standard- oder Serviceleistungen, Früh- und Spätbucherkonditionen, etc. *Preisdifferenzierung dritten Grades* besitzt die geringste Eignung für ein Online Pricing, wegen der (noch) unzureichenden Identifikationsmöglichkeiten von Kundenmerkmalen. Eingeschränkt geeignet ist dieser Grad der Preisdifferenzierung für gruppenspezifische Merkmale, wenn eine Vorabidentifikation bereits erfolgt ist, wie z. B. bei Membership-Kunden, etc.

Mit der Idee der **Preisbündelung** wird im Unterschied zur Preisdifferenzierung über die Zusammenfassung von Teilleistungen ein *Gesamtproduktangebot* geschaffen, um die Zahlungsbereitschaft der Konsumenten besser abschöpfen zu können, als dies bei Einzelpreislösungen der Fall ist. *Reine Preisbündelung* (pure bundling) liegt immer dann vor, wenn nur das Gesamtprodukt angeboten wird. Werden Teilleistungen dieses Gesamtangebots verfügbar gemacht, spricht man hingegen von *gemischter Preisbündelung* (mixed bundling). Mit Preisbündelung können unterschiedliche *Zielsetzungen* verfolgt werden: *Aus produktpolitischer Sicht* erfolgt eine Nutzensteigerung für Nachfrager, wenn Komplexitätsreduktion damit verbunden wird oder komplementäre Produkte zusammengefasst werden. Eine Steigerung der Absatzmenge kann damit ebenso erreicht werden, wie eine Unterstützung neuer oder schwacher Produkte. *Aus preispolitischer Sicht* können Preisaufschläge als Qualitätskriterium wahrgenommen, Zahlungsbereitschaften abgeschöpft oder günstige Preisemotionen, allerdings auch Preisverwirrtheit (Consumer Confusion) ausgelöst werden. Den umgekehrten Fall stellt die **Entbündelung** und damit die Abschaffung eines Gesamtpreises dar. Hierbei können positive Marktsegmentierungswirkungen ausgelöst und die Preiswahrnehmung begünstigt werden. Preisentbündelungen eignen sich bei Leistungsmodularisierung und der Erzeugung sogenannter Preisbaukästen. (Pechtl 2014, 215 ff.)

## 6.3.2 Preisdifferenzierungen in der Praxis

Preisdifferenzierung in der Praxis nimmt einerseits Bezug auf die Möglichkeit einer Marktsegmentierung und die Identifikation von Marktsegmenten durch spezifische Merkmale, andererseits auf Merkmale von Käufern, wie z. B. Zahlungsbereitschaften, Einkommen, Präferenzen oder Konsumverhalten, etc., um eine Vielzahl von Preisdifferenzierungen durchsetzen zu können. Wiewohl Preisdifferenzierung prinzipiell nur dann als solche bezeichnet wird, wenn Produkte dafür identisch sind, werden sich in der **Praxis der Preisdifferenzierung** Produkte häufig geringfügig unterscheiden, um eine entsprechende Preisdifferenzierung durchsetzen zu können. (Homburg 2012, 707 ff.; Bruhn 2014a, 173 ff.) In der Unternehmenspraxis werden Preisdifferenzierungen häufig anhand spezifischer Kriterien vorgenommen:

(a) *Mengenbezogene Preisdifferenzierung* erfolgt aufgrund der Tatsache, dass Produkte in Abhängigkeit von der nachgefragten Menge zu unterschiedlichen

Preisen angeboten werden, wie z. B. Gruppenermäßigungen bei Transportunternehmen, Mengenrabatt bei höheren Abnahmekapazitäten, etc.
*Beispiele:* Tarifpreise, Gruppenpreise, Packungsgrößenpreise, etc.

(b) *Personenbezogene Preisdifferenzierung* führt dazu, dass unterschiedliche Käufergruppen verschiedene Preise angeboten bekommen, je nach deren Zugehörigkeit zu sozio-ökonomischen Gruppen oder aufgrund von verhaltensbezogenen Merkmalen, wie z. B. ermäßigte Eintrittspreise für Kinder, Jugendliche, Senioren, etc.
*Beispiele:* Preisermäßigung für Personengruppen, Versicherungstarife für Berufsgruppen, Sonderpreise für Alters- und Kundengruppen, etc.

(c) *Räumliche Preisdifferenzierung* liegt dann vor, wenn Produkte auf geografisch abgegrenzten Teilmärkten zu unterschiedlichen Preisen angeboten werden, wie z. B. Innenstadtlagen oder Randgebiete, Inland oder Ausland, etc.
*Beispiele:* Regionale Preisbesonderheiten, Transportkostenpreise, Premiumladenpreise, etc.

(d) *Zeitliche Preisdifferenzierung* unterscheidet Preise nach dem Zeitpunkt der Inanspruchnahme der Leistung, wodurch zeitliche Präferenzen der Konsumenten bei der Preisgestaltung berücksichtigt werden, wie z. B. saisonal bedingte Verkäufe im Sommer oder Winter, etc., Tagesablauf bedingte Ermäßigungen, wie z. B. Rush Hour, Happy Hour, etc.
*Beispiele:* Tages-, Monats-, Wochen-, Jahrestarife, saisonale Preise, Produktlebenszykluspreise, etc.

(e) *Verwendungsbezogene Preisdifferenzierung* erfolgt in Abhängigkeit von der Verwendung oder Nutzung eines Produkts zu unterschiedlichen Zwecken, wie z. B. Speisesalz, Viehsalz, Streusalz, Sitzplatzkategorien bei Public Viewing, Preiskategorien in Opern, Theatern, Kinos, etc.
*Beispiele:* Produktvariantenpreise, Zahlungsmodalitätenpreise, Qualitätskategorienpreise, etc.

*Neuere Ansätze* der Preisdifferenzierung greifen einerseits die Idee eines kapazitätsorientierten Preismanagements auf, wenn Produkte in Abhängigkeit ihrer (knappen) Verfügbarkeit angeboten werden, wie dies im Yieldmanagement der Fall ist. Im Relationship Pricing wird versucht, Kunden während ihres gesamten Kundenlebenszyklus mit unterschiedlichen Preisen zu bedienen, in der Regel mit niedrigen Kundenakquisepreisen, flexiblen oder festen Kundenbindungspreisen (Pauschalpreise, Flatrates) sowie konkurrenzorientierten Kundenrückgewinnungspreisen. Mit Bezug zum Key-Account-Management erfolgt dabei häufig ein Value Pricing, bei dem Preise in Abhängigkeit des Ertragspotenzials von Kunden bestimmt werden. (Gelbrich et al 2008, 110 f.)

### 6.3.3 Preismanagement and More

Im Rahmen eines erweiterten Preismanagements erfolgt unter Bezug zu **Konditionen- und Finanzierungspolitik** die Unterscheidung zwischen *Rabattpolitik, Lieferungs- und Zahlungsbedingungen* sowie *Absatzfinanzierungspolitik* (Meffert et al 2015b, 501 ff.):

- Innerhalb der **Rabattpolitik**, also einer Gestaltung von Preisnachlässen, ist zu unterscheiden zwischen *Verbraucherrabatten*, die einer differenzierten Nettopreisgestaltung zwecks individueller Kundenbindung in spezifischen Verhandlungssituationen dient, wie z.B. Wichtigkeit des Kunden, Höhe der Handelsspannen, etc., und *Wiederverkaufsrabatten*. Zu Letzteren gehören *Funktionsrabatte*, die etwa Groß- und Einzelhändlern in ihrer spezifischen Funktion für Lagerhaltung, Vertrieb oder Kundenbetreuung angeboten werden. *Mengenrabatte* werden in Form von Preisnachlässen (Bar-Rabatte) oder durch unentgeltliche Warenabgabe (Natural-Rabatte) gewährt. Ein nachträglicher Mengenrabatt wird als Bonus bezeichnet, mit Treuerabatten sollen Anreize zur Kundenbindung geschaffen werden. *Zeitrabatte* schließlich werden zu bestimmten Anlässen eingeräumt, wie z. B. bei der Einführung neuer Produkte, dem Auslauf alter Produkte oder bei saisonalen Produktbezügen, etc.
- Im Rahmen von **Liefer- und Zahlungsbedingungen** werden Rechte und Pflichten für Käufer und Verkäufer geregelt und im Einzelfall (Kaufvertrag) modifiziert. *Lieferbedingungen* ergeben sich aus dem Umfang vertraglicher Lieferverpflichtungen durch den Verkäufer, darunter Zeitpunkt der Lieferung, Lieferart, Ort der Warenübergabe (Gefahrenübergang), Übernahme von Verpackungs-, Fracht- und Versicherungskosten sowie Umtausch- und Rücktrittsmöglichkeiten. *Zahlungsbedingungen* regeln und beinhalten die Modalitäten der Zahlung des Kaufpreises, also Optionen der Verpflichtungen des Käufers, wie z.B. Zahlungsfristen, Anzahlung, Zahlungsziele, Abzahlungsraten, Skonto bei vorzeitiger Zahlung sowie Kreditzinsen bei verspäteter Zahlung, etc. Liefer- und Zahlungsbedingungen verstehen sich dabei nicht nur als Rechte und Pflichten im juristischen Sinne, sondern dienen unter wirtschaftlichen Gesichtspunkten auch einer Stärkung des akquisitorischen Potenzials.
- Ziel einer **Absatzfinanzierungspolitik** ist die nachhaltige Beeinflussung von Absatzpotenzialen zur Stärkung der Kaufkraft von Kunden. Im Rahmen der Absatzfinanzierungspolitik unterscheidet man zwischen *Alleinfinanzierung*, d.h. einer Finanzierung, die ausschließlich aus den Mitteln des Anbieters erfolgt (A-Geschäft: Buchkredit oder Kreditkarte; B-Geschäft: Anzahlung und Ratenzahlung; C-Geschäft: Wechselfinanzierung), einer *Refinanzierung*, d.h. die Finanzierung erfolgt, wie über Sicherung eines Kredits durch Personen oder Sachen (persönliche Sicherheit: Bürgschaft; dingliche Sicherheit: Sicherungsübereignung oder Forderungsabtretung; Eigentumsvorbehalt), schließlich einer *Drittfinanzierung*, d.h. Leasing (Leasingnehmer erwirbt vom Leasinggeber das Nutzungsrecht für ein Produkt innerhalb eines bestimmten Zeitraums durch Zahlung von Leasingraten), Factoring (Factor kauft Forderungen und bevorschusst die Forderungen, sodass unmittelbar liquide Mittel zur Verfügung stehen) sowie Forfaitierung (Exportfinanzierung, die aufgrund des größeren Risikos durch Wechsel, Aval, Kredit oder Bankbürgschaft abgesichert wird).

Die Gesamtheit aller Konditionen, die als kundenspezifische Modifikation des standardisierten Preismanagements etabliert sind, wird als **Konditionensystem** bezeichnet und dient einer optimalen Abschöpfung der Zahlungsbereitschaft von Kunden, gleichzeitig stellt sie Anreize für dauerhafte Geschäftsbeziehungen zwischen Unternehmen und Kunden dar.

## 6.4 Neuere Ansätze des Preismanagements

### 6.4.1 Revenue oder Yieldmanagement

**Yieldmanagement** stellt eine differenzierbare Weiterentwicklung der zeitlichen Preisdifferenzierung bzw. des sogenannten Peak Load Pricing für den Bereich von *Dienstleistungen* dar, wie z. B. Verkehrs- oder Touristikdienstleistungen, etc. In der Praxis kommt Yieldmanagement oder Yield Pricing vor allem bei Fluggesellschaften, in der Hotellerie, bei Mietwagenfirmen, etc. als Preisstrategiekonzept zum Einsatz. Yieldmanagement stellt einen integrierten Ansatz zur systematischen Planung und Steuerung von Preisen und Kapazitäten dar, mit dem Ziel die Verfügbarkeit von Preis-Produkt-Kombinationen so zu gestalten, dass für das entsprechende Unternehmen eine ertrags- bzw. gewinnmaximale Kapazitätsnutzung erreicht werden kann. Diese Art von *Preis-Kapazitäts-Steuerung,* die in der Regel zu höheren Gewinnen als bei traditionellen Preissystemen führt, weil der Ertrag je verfügbarer Kapazitätseinheit dadurch maximiert werden kann, erklärt die begriffliche Ergänzung als Ertrags- bzw. Revenue Management. Mit dieser Art des Preismanagements soll demnach erreicht werden, dass bei gegebener Preisdifferenzierung in Form von verschiedenen Produktklassen, sowohl die gesamte verfügbare Produktkapazität optimal genutzt wird als auch die Zahlungsbereitschaft und damit die unterschiedlichen *Yields* der Kunden optimal abgeschöpft werden können. (Simon/Fassnacht 2009, 432 ff.)

*Dienstleistungsbereiche,* in denen Yieldmanagement zum Einsatz kommen, zeichnen sich häufig durch kurzfristig nicht veränderbare Kapazitäten aus, Leistungen sind nicht lagerbar und können deshalb nicht auf Vorrat produziert werden. Durch diese inflexiblen Gesamtkapazitäten und virtuell gegebenen Kapazitätskontingente kann eine zeitliche, aber auch personelle Preisdifferenzierung in Form eines Angebots von Frühbucherrabatten vorgenommen werden. Eine zeitliche Preisdifferenzierung in strategischer Absicht erfolgt etwa dadurch, dass frühe Buchungen bei hohem Kapazitätsangebot tendenziell niedrige Preise ermöglichen, wie dies z. B. im Falle von Privatreisenden (Niedrigpreiskäufer mit früher Buchung/Early Arrivals) möglich ist. Umgekehrt führen unflexible Spätbuchungen bei hoher Kapazitätsauslastung zu hohen Angebotspreisen, wie dies z. B. bei Geschäftsreisenden (Hochpreiskäufer mit späten Buchungen/Late Arrivals) der Fall ist. Eine Reihe von spezifischen Rahmenbedingungen sind für den Einsatz des Yieldmanagements charakteristisch: Der Verkauf bzw. die Buchung einer Dienstleistung erfolgt vor ihrer Produktion, es existieren zeitliche Nachfrageschwankungen, weiterhin gibt es Marktsegmente mit korrespondierendem Buchungsverhalten und unterschiedlichen Zahlungsbereitschaften der Kunden. Eine Feinsteuerung des Yieldmanagements kann erfolgen über leistungsbezogene Kapazitätsmerkmale, wie die Korrektur von Überbuchungen

(No Shows, Overbooking) sowie durch die auf einer Prognoserechnung und aufwendigen Softwaresystemen basierenden Angebote von Last-Minute- oder Standby-Produkten. (Pechtl 2014, 323 ff.)

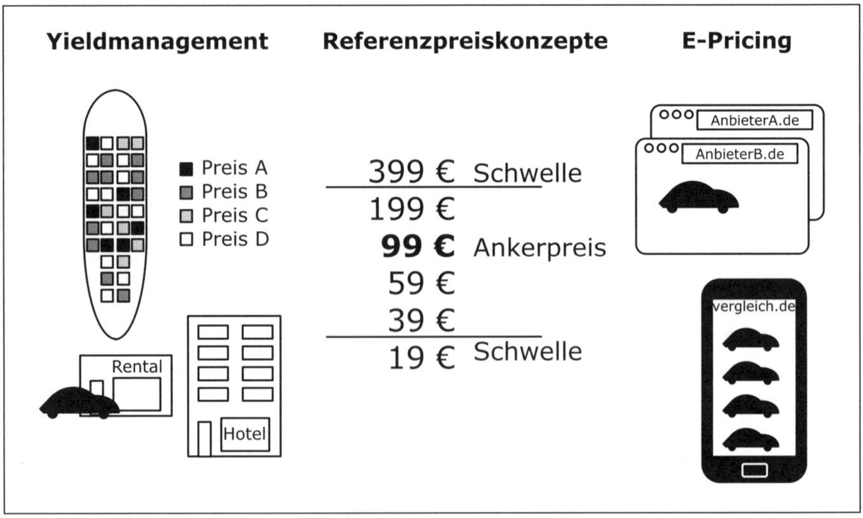


Abbildung 6.8: Erweiterte Ansätze im Preismanagement

Die *Beurteilung* des Yieldmanagements aus der Sicht von Kunden hängt im Wesentlichen von der wahrgenommenen Preisfairness bzw. einer entsprechenden Preiszufriedenheit sowie einer bewussten Wahrnehmung der Komplexität des Yieldmanagements durch den Kunden überhaupt ab. Damit findet implizit auch eine Berücksichtigung von angebotsseitigem *Upselling* und der Möglichkeit eines nachfrageseitigem *Upgrading* statt, die als Ausgleich zwischen unternehmensspezifischen und kundenbezogenen Interessenlagen angesehen werden können.

## 6.4.2 Idee und Anwendung von Referenzpreiskonzepten

Preisreaktionen von Konsumenten werden häufig in Abhängigkeit einer relativen Preisbeurteilung vorgenommen. Die sogenannte **Referenzpreistheorie** geht davon aus, dass mit der Wahrnehmung bestimmter Preise gleichzeitig ein Abgleich mit intern gespeicherten Bezugspreisen oder eben Referenzpreisen vorgenommen wird. Ob ein Produkt als teuer oder günstig eingestuft wird, lässt sich damit nicht allgemein oder absolut sagen, sondern hängt davon ab, welcher *Vergleichs- oder Ankerpreis* diesem Urteil zugrunde gelegt wird. Als Vergleichspreis können dabei sowohl *intern gespeicherte Preise* gelten als auch *externe Referenzpreise* herangezogen werden, die in der preisbezogenen Entscheidungssituation eines Konsumenten gleichzeitig in seiner Umwelt auftreten (*multiple Referenzpreise).* Die *Nutzung von Referenzpreisen* im Preismanagement erfolgt insbesondere unter dem Aspekt durch implizite oder explizite Kommunikation von Referenzpreisen, wie z. B. Listenpreise, etc., Preisvorteile von eigenen Produkten herauszustellen. Im Zusammenhang mit Referenzpreisen spielen häufig auch relative und absolute Preisschwellen eine Rolle, ab denen Konsumenten ihre Preisbeurteilung merklich ändern. Unter *absoluten Preisschwellen* versteht man die von einem Konsumenten akzeptierten Preisober- und Preisuntergrenzen, über deren Bereich hinaus, Produkte nicht erworben werden. Zwischen absoluten Preisober- und Preisuntergrenzen liegen zahlreiche *relative Preisschwellen*, die das Kaufverhalten von Kunden in höchst unterschiedlichem Ausmaß beeinflussen. (Homburg 2014, 206 ff.; Pechtl 2014, 42 ff.) Bei einer rational bewusst kontrollierten Preisbewertung, die dann zu einem entsprechenden *Preisurteil* führt, kommt häufig auch ein *Mental Accounting* zum Tragen. Dabei werden unterschiedlichste Teilaspekte eines Preisurteils integriert oder segregiert und Vor- und Nachteile bestimmter Preiskomponenten, wie z. B. Zusatzkosten, etc. bewertet. (Diller 2008, 143 f.)

### 6.4.3 Konzepte und Methoden des E-Pricings

**Preismanagement im Internet** nutzt zunächst netzbasierte Spezifika, wie hohe Informationstransparenz für Preisvergleiche und berücksichtigt dabei eine bessere Informationsbasis sowohl für Kunden als auch für Mitbewerber. Explizite *Preisvergleichsportale* ermöglichen hier Anknüpfungspunkte für ein konkurrenzorientiertes Preismanagement sowie die Offenlegung differenzierter Preis-Leistungs-Verhältnisse. Unter dem Aspekt der globalen Vernetzung werden Preisdifferenzierungen einerseits erschwert, andererseits können durch wechselseitige Kommunikationsformen zwischen Anbietern und Nachfragern Preise schneller, aber auch transparenter ausgetauscht werden. Einfaches *Web-Page-Management* ermöglicht eine schnellere Umsetzbarkeit von Preisänderungen und eine effektivere Preiskontrolle, einschließlich vereinfachter Preisindividualisierung bzw. Versioning und ein Echtzeit-Pricing, d. h. eine kurzfristige Preisanpassung oder ein Bezug zu (individuellen) Preishistorien. E- bzw. M-Pricing lässt sich darüber hinaus differenziert sowohl für nicht-digitale als auch digitale Produkte nutzen, die im Internet häufig günstiger angeboten werden können, als über nicht-virtuelle Marktplätze. (Simon/Fassnacht 2009, 508 ff.)

Mit der zunehmenden Bedeutung des Internets haben auch **Preisbildungsprozesse** durch Auktionen (Auction Pricing, Versteigerungen) und Reverse Pricing (mehrstufige inverse Versteigerung) an Bedeutung gewonnen. *Auktionen* verstehen sich als dynamische Preisbildungsprozesse, in denen nach einer Abfolge von Geboten der Zuschlag für einen bestimmten Preis erfolgt. Entweder Käufer steigern ihre Gebote so lange, bis ein letzter Bieter übrigbleibt (Englische Auktion) oder der vom Verkäufer festgesetzte Höchstpreis wird so lange gesenkt, bis ein Bieter den aktuellen Preis akzeptiert (Holländische Auktion). Während durch *Auction Pricing* der Preisbildungsprozess auf dem Ergebnis einer Abfolge von Geboten verschiedener Bieter beruht, wird beim *Reverse Pricing* von Kunden nach jedem Gebot festgelegt, ob sie dieses für ihre Preis- und Zahlungsbereitschaft akzeptieren. Eine Markttransaktion erfolgt beim Reverse Pricing in der Regel dann, wenn die Gebotshöhe des Käufers über dem unbekannten Angebot des Anbieters (Mindestpreis) liegt. Reverse Pricing führt somit zu individualisierten Preisen im Sinne einer kundeninitiierten Preisdifferenzierung. Kunden erhalten quasi die Möglichkeit, Produkte gemäß ihren eigenen Preisvorstellungen nachzufragen. (Pechtl 2014, 160 ff.)

## 6.5 Aufgaben und Literaturhinweise

### 6.5.1 Aufgaben

Nachfolgend werden einige **Bearbeitungshinweise** zur umfassenden Lösung der Aufgaben gegeben:

- Zunächst sollten die einzelnen Aufgaben zum Preismanagement unter dem Aspekt unterschiedlichster *Zugänge zur Preisfindung* bearbeitet werden.
- Zweckmäßig ist es dabei, einzelne Preisfindungsverfahren nach ökonomischen, psychologischen und neueren Methoden zu differenzieren sowie deren Erfolgsaussichten im Hinblick auf *Gemeinsamkeiten* und *Unterschiede* zu bewerten.
- Schließlich sollte die Bearbeitung der Aufgaben zum Preismanagement unter dem Aspekt *differenzierter Anwendungsmodalitäten* (Anbieter- und Nachfragersicht), deren *inhaltlicher Ausgestaltung*, einer *Anwendungsvielfalt* sowie der *Problematik von Anpassungserfordernissen* erfolgen.
- Ergänzend sollte für die Bearbeitung der Aufgaben zum Preismanagement die *Eignung zu einem E- und M-Pricing* herausgestellt werden.

▲ Aufgaben

- ▶ **[1]** Welche umfassenden Zielsetzungen werden mit der Idee eines Preismanagements realisiert und welche spezifischen Problemlagen ergeben sich hierbei?
- ▶ **[2]** Erläutern Sie Ideen und Ausprägungen eines strategischen Preismanagements anhand von Beispielen und diskutieren Sie die Notwendigkeit einer verhaltenswissenschaftlich basierten Ausrichtung von Preisstrategien.
- ▶ **[3]** Charakterisieren Sie die Optionen einer Preisdifferenzierung, die Idee einer Preisbündelung und Entbündelung sowie Möglichkeiten einer Online-Preisdifferenzierung.
- ▶ **[4]** Welche Bedeutung besitzt das Konzept der Referenzpreisbildung? Stellen Sie Idee und Ausprägungen durch Beispiele kurz dar.
- ▶ **[5]** Erläutern und diskutieren Sie kurz die Optionen des E-Pricings sowie die Bedeutung von Auktionen für ein Preismanagement mit Anwendungsbezügen.

Aufgaben zu Kapitel 6

Stichworte zu konkreten Lösungshinweisen für die Aufgaben von Kapitel 6 finden Sie auf Seite 282 f.

### 6.5.2 Literaturhinweise

Die nachfolgenden Titel stellen Basisquellen zur thematischen Breite des 6. Kapitels dar, gleichzeitig können folgende Lehrwerke und Literaturangaben ergänzend als relevante Quellen zur vertiefenden Nachbereitung der Inhalte des vorangegangenen Kapitels herangezogen werden:


- *Diller, Hermann (2008):* Preispolitik, 4., vollständig neu bearbeitete und erweiterte Auflage, Stuttgart u. a. 2008
- *Meffert, Tobias (2010):* Strategisches Preismanagement, Frankfurt am Main 2010
- *Olbrich, Rainer/Battenfeld, Dirk (2007):* Preispolitik. Ein einführendes Lehr- und Übungsbuch, Berlin u. a. 2007
- *Pechtl, Hans (2014):* Preispolitik. Behavioral Pricing und Preissysteme, 2., überarbeitete und erweiterte Auflage, Konstanz/München 2014
- *Piekenbrock, Dirk/Henning, Alexander (2013):* Einführung in die Volkswirtschaftslehre und Mikroökonomie, 2., aktualisierte und erweiterte Auflage, Heidelberg 2013
- *Schaper, Thorsten (2013):* Preismanagement. Einführung in Theorie und Praxis, 2., überarbeitete und erweiterte Auflage, Rosdorf 2013
- *Siems, Florian (2009):* Preismanagement. Konzepte – Strategien – Instrumente, München 2009
- *Simon, Hermann/Fassnacht, Martin (2009):* Preismanagement. Strategie – Analyse – Entscheidung – Umsetzung, 3., vollständig überarbeitete und erweiterte Auflage, Wiesbaden 2009


### 6.5.3 Creative Case Choice VI

Mit dem *Creative Case Choice VI* zum Thema **Preismanagement** sollen die im 6. Kapitel erörterten Faktoren, wie allgemeine Aspekte der Preisbildung, Preisdifferenzierungen sowie gegebenenfalls vorhandene neuere Ansätze des Preismanagements und ihre Umsetzung in dem (eingangs) ausgewählten Fallbeispiel exemplarisch herausgearbeitet werden. Folgende konkrete Arbeitsschritte aus dem **Creative Case Chart VI** sollen dabei berücksichtigt werden:

Profilierung des Preismanagements für das (ausgewählte) Fallbeispiel (Unternehmen/Projekt) nach folgenden Kriterien:

- Bestimmung der strategischen Ausrichtung des Preismanagements über Angaben zu allgemeinen Strategie-Kriterien (Hoch-/Mittel-/Niedrigpreisniveau) sowie Konkretisierung einzelner Preisoptionen, etc.
- Auswahl der Informations- und Datenquellen über das Unternehmen/Projekt z.B.: Website, Broschüren, interne Quellen, etc.
- Sammeln von Kurzinformationen über:

1. Angaben zur Preisstrategieausrichtung
2. Preispositionierung einzelner Produkte und Services
3. Modalitäten der Preisdifferenzierung
4. Identifizierung von neueren Preiskonzepten
5. Ausprägungen von Online-Pricing

Abbildung 6.9: Creative Case Chart VI

Die erfolgreiche Bearbeitung des *Creative Case Choice VI* soll in der Struktur eines Preiskonzepts erkennbar sein, das über systemische Beziehungen einzelner Elemente von Preisstrategien, Preisfindungsverfahren, Preisdifferenzierungen bis hin zu neueren Entwicklungen im Preismanagement fundiert wird.

# 7. Kommunikationsmanagement

## 7.1 Struktur und Lernziele des Kapitels

### 7.1.1 Interaktionsdimensionen des Marketings

Mit den Interaktionsdimensionen des Marketings werden all jene Maßnahmen und Instrumente angesprochen, die geeignet sind, spezifische *Kommunikationsformen* und *Informationen* über Produkte im Markt zu platzieren. Im Mittelpunkt stehen diesbezüglich Planung, Entscheidung, Organisation und Kontrolle des Einsatzes von Instrumenten der Kommunikation sowie deren *Wirkungsmechanismen*. Aufgrund der Besonderheiten von Kommunikation im Allgemeinen werden diesbezüglich im Marketing häufig Agenturen eingesetzt, die ein Kommunikationsmanagement für Unternehmen auflegen. Die Ausgestaltung einzelner Kommunikationsinstrumente erweist sich als besonders vielschichtig und lässt sich in persönliche oder unpersönliche, direkte oder indirekte, above-the-line oder below-the-line unterscheiden. Kommunikationsmanagement bezieht Inhalte häufig aus geeigneten Kreativbereichen, die sich in besonderem Maße an aktuellen Trends orientieren.

**7 Kommunikationsmanagement**

**Dimensionen**

- Konzepte und Dynamik
- Optionen, Planung, Einsatz
- Evaluation / Bewertung

**Gestaltung**

- Klassische Mediawerbung
- Direktmarketing
- Persönlicher Verkauf
- Verkaufsförderung
- Product Placement
- Sponsoring
- Public Relations
- Messen/Ausstellungen
- Eventmarketing
- Multimedia

Struktur von Kapitel 7

Mit den **Dimensionen** des Kommunikationsmanagements werden alle Optionen des Einsatzes von Kommunikationsinstrumenten beschrieben, die von Fragen der Kommunikationsbotschaft (Reason Why), des Kommunikationsstils, der Funktionsweise von Kommunikation bis hin zur konkreten Einsatzplanung und Kontrollerfordernissen reichen. Kommunikationspolitische Ziele, Budgetierung, Media Selection und die Evaluierung des Kommunikationsmanagements fallen hierunter.

Die **Gestaltung** des Kommunikationsmanagements im Einzelnen lässt sich uneinheitlich in unterschiedlichste Gruppen von Kommunikationsinstrumenten einteilen. Zu den klassischen Formen gehören unter anderem Werbung, Direktmarketing und persönlicher Verkauf, Öffentlichkeitsarbeit, Sponsoring, etc., zu modernen Formen zählen unter anderem Eventmarketing, Multimediakommunikation, Social-Media-Marketing, Multi-Channel-Kommunikation, integrierte Kommunikation, etc.

### 7.1.2 Lernziele und Berufsperspektiven

Im Rahmen der Lernziele dieses Kapitels sollen sowohl ein grundlegender Über**blick** über Potenziale und Instrumente des Kommunikationsmanagements gegeben als auch die **Fähigkeiten** erworben werden, Optionen der Gestaltung und des Einsatzes einzelner Kommunikationsinstrumente zu verstehen und Anwendungsformen zu kennen. Folgende Lernziele stehen dabei im Vordergrund:

**Lernziele**

- **Konzept eines** ganzheitlichen **Kommunikationsmanagements** verstehen und **beschreiben** können
- **Ausgestaltungsmöglichkeiten von Kommunikation** für die Nutzung von Marketingaktivitäten **kennen** und anwenden können
- **Kommunikationsmodelle** und **Planungsinstrumente** für den Einsatz von Kommunikationsformen im Marketing **verstehen** und anwenden können sowie **Arten des Kommunikationscontrollings** unterscheiden und **anwenden können**
- **Gestaltungspotenziale des Kommunikationsmanagements**, wie klassische Mediawerbung, Direktmarketing, Verkaufsförderung, Product Placement, Sponsoring, Public Relations, Messen, Event-Marketing, Multimediakommunikation, u.a. **nachvollziehen** können
- **Kommunikationspolitik** ganzheitlich **verstehen** lernen

Lernziele von Kapitel 7

Die beruflichen Handlungsfelder und die dafür erforderlichen **Kompetenzprofile**, die im Zusammenhang mit Kommunikationsmanagement genannt werden können, sind äußerst vielfältig und lassen sich teilweise in den Marketingabteilungen von Unternehmen wiederfinden, aber auch in Agenturen der Creative-Industry-Branche insgesamt oder in Einzelprojekten, die sich mit der Entwicklung von Kommunikationsformen für Produkte beschäftigen. In vielen Fällen wird aufgrund der hohen Spezialisierung in der Produktion von Kommunikationsinstrumenten eine besondere **Kreativität** und damit oft ein *Outsourcing der Leistungserstellung* an Agenturen erforderlich sein. Daher sind Kenntnisse über Märkte und Potenziale von Kommunikationsagenturen von besonderer Bedeutung.

- *Leitung Kommunikation* verantwortet in ganzheitlicher Betrachtung die Integration aller Kommunikationsmaßnahmen und akzentuiert die Ausgestaltung einzelner Kommunikationstools über eine einheitliche Botschaft und über die Generierung eines Kommunikationskonzepts mit Ziel- und Budgetplanung.
- *Projektmanagement New Media/Social-Media-Experten* bündelt zahlreiche spezialisierte Berufsfelder, um eine Nutzung neuer Medien zur Optimierung der virtuellen Produktplatzierung, Werbegestaltung oder einer individuellen Kundenansprache optimal zu gewährleisten.
- *Assistenz Informationsmanagement* leistet Tätigkeiten zur Generierung von optimierten Informationspaketen für die Ausgestaltung von Kundenbindungsprogrammen, zur Erstellung von Kundenprofilen oder für die Selektion von Daten zur allgemeinen oder selektiven Direktansprache von Kunden.

Die oben aufgeführten Tätigkeitsfelder lassen sich gleichermaßen in Unternehmen verschiedener Branchen und deren eigenständiger Marketingabteilungen finden als auch in Agenturen oder in privaten und öffentlichen Organisationen.

**Literaturhinweise:** Zur Vorbereitung auf die Inhalte des 7. Kapitels können ergänzend folgende Lehrwerke und Internetseiten als relevante Quellen herangezogen werden:

*Bruhn (2013),* 1. Gegenstandsbereich und Theorien der Kommunikationspolitik

*Bruhn (2011),* Teil 1: Bedeutung und Stellung der Kommunikationspolitik

www.m-und-k.info, Forum für Medien und Kommunikationswissenschaft

www.media-spektrum.de, Fachmagazin für Medien und Medienplanung

## 7.2 Dimensionen des Kommunikationsmanagements

### 7.2.1 Konzepte und Dynamik im Kommunikationsmanagement

**Kommunikationsmanagement** bzw. Kommunikationspolitik bezeichnet den Einsatz und die Gestaltung all jener Instrumente des Marketings, die als Träger von an Zielgruppen gerichteten Informationen eines Unternehmens bzw. für Informationen über dessen Produkte zum Einsatz kommen können.

**Unternehmenskommunikation** versteht sich daher als ganzheitlich gedachte Ausrichtung eines Kommunikationsvorhabens zur Beeinflussung bzw. Steuerung von Meinungsprofilen, Einstellungen, Verhaltensweisen und Erwar-

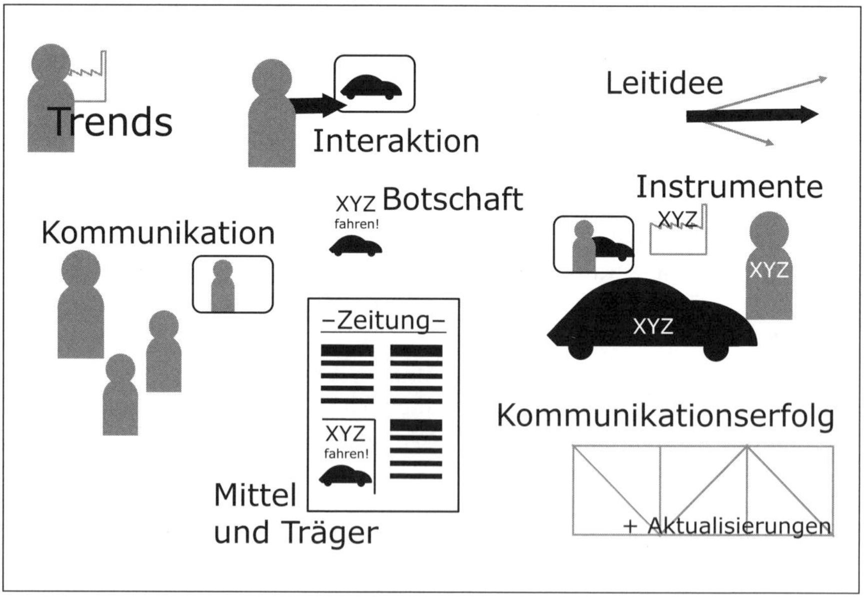


Abbildung 7.1: Dimensionen des Kommunikationsmanagements

tungen von Kunden. Mit diesem umfassenden Adressatenbezug sollen dann Botschaften über entsprechende Modalitäten, wie z. B. Text, Ton, Bild, etc., an Zielgruppen der Kommunikation gerichtet und vermittelt werden.

Idealerweise werden *Kommunikationsbotschaften* über komprimierte Kernaussagen, ergänzt um Einzelaussagen oder kommunikative Leitideen, als Unique Communication Proposition (UCP) oder als Unique Advertising Proposition (UAP) profiliert. Diesbezüglich müssen Begründungen, wie z. B. warum ein Produkt gekauft werden sollte, etc. erarbeitet werden (Reason Why), Priorisierungen, wie z. B. ein Nutzungsversprechen, etc., bedacht werden, Zielgruppen adressiert werden und ein unterscheidbarer Kommunikationsstil (Tonality) konzipiert werden. Im Kommunikationserfolg schließlich spiegelt sich das Ausmaß der Erreichung von entsprechenden Kommunikationszielen wider. (Bruhn 2013/2015, 3 ff./Abbildung 7.1)

**Kommunikation als Marketingaktivität** unterliegt einer kontinuierlich zu leistenden Erfolgsorientierung und basiert auf effektiven und effizienten Einsatzmöglichkeiten ausgewählter Instrumente, die vorrangig den Zweck der Verhaltensbeeinflussung von bestimmten Zielgruppen beabsichtigen. Zu den Erscheinungsformen einer marketingorientierten Kommunikation von Unternehmen zählen externe und interne sowie explizit interaktive Kommunikationsformen. Während allgemeine *Unternehmenskommunikation* der Vermittlung des Erscheinungsbilds eines Unternehmens verpflichtet ist, hat explizite *Marketingkommunikation* primär die Aufgabe den Verkauf von Produkten zu fördern, demgegenüber fokussiert *Dialogkommunikation* eine interaktive Gestaltung von Kundenkontakten. *Netzwerkkommunikation* als aktuellste Kommunikationsform, stellt im Zusammenhang mit Social Media eine Intensivierung der interaktiven Kommunikation dar, welche die Erstellung und den Austausch von User Generated Content (UGC) vorrangig beinhaltet. Während in klassischen Kommunikationsformen der Anbieter einer Kommunikationsoption – respektive das Unternehmen – die Kommunikation anstößt (Push-Marketing), werden in neueren Formen der Kommunikation die Adressaten der Kommunikationsbotschaft zu Initiatoren, wenn diese im Bedarfsfall spezifische Dialog- oder Interaktionsformen eröffnen (Pull-Marketing). (Bruhn 2013/2015, 3 ff.)

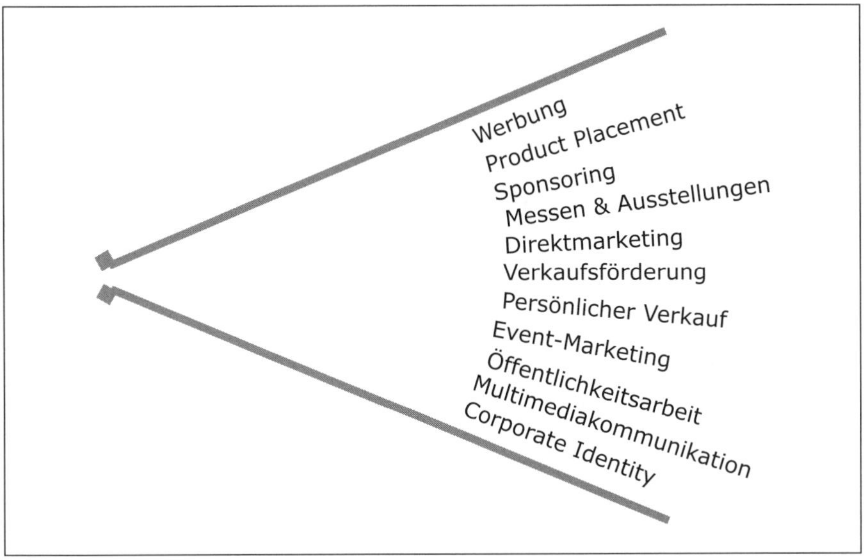


Abbildung 7.2: Instrumente des Kommunikationsmanagements

Aufgrund der Vielfalt und Komplexität von Kommunikationsformen und Kommunikationsprozessen, ist es erforderlich **integrierte Kommunikation** zu favorisieren, die sowohl auf strategischer als auch auf operativer Ebene einzelne Kommunikationsinstrumente und Kommunikationsformen zu einer Einheit zusammenführt und als *konsistentes Kommunikationsprofil* entsprechende Austausch- und Vermittlungsformen ermöglicht. In diesem Zusammenhang ist eine *strategische Kommunikationspositionierung* zu entwickeln, die rahmengebend sämtliche, nachgeordnete Kommunikationsformen aufnehmen kann. Sowohl eine kommunikative Leitidee als Ausgangspunkt als auch entsprechend abgestimmte Kernaussagen über Unternehmenszwecke werden zu zentralen Botschaften komprimiert und dann jeweils mit Einzelaussagen einschließlich einer konkreten Übermittlungsabsicht zu einer systemischen Einheit verbunden. Über eine *operative Kommunikationspositionierung* werden dann einzelne Kommunikationsinstrumente ausgestaltet. (Bruhn 2013/2015, 117 ff., 121 ff./ Abbildung 7.2)

**Instrumente des Kommunikationsmanagements** lassen sich vielfältig klassifizieren, zu den wichtigsten im Marketing gehören die klassische Mediawerbung, Außenwerbung, Direktmarketing/Persönlicher Verkauf, Verkaufsförderung/

Sales Promotion, Product Placement, Sponsoring, Public Relations (PR)/Öffentlichkeitsarbeit, Messen und Ausstellungen, Eventmarketing sowie Multimediakommunikation/Multi-Channel-Kommunikation, etc. Diese rein deskriptive Aufzählung von einzelnen Kommunikationsinstrumenten lässt sich vielfältigen Systematisierungsversuchen zuführen, wie etwa der Gruppierung von direkten und indirekten Kommunikationsinstrumenten oder einer Dreiteilung derselben, wie Unternehmenskommunikation, Marketingkommunikation oder Dialogkommunikation. (Bruhn 2013/2015, 361 f.)

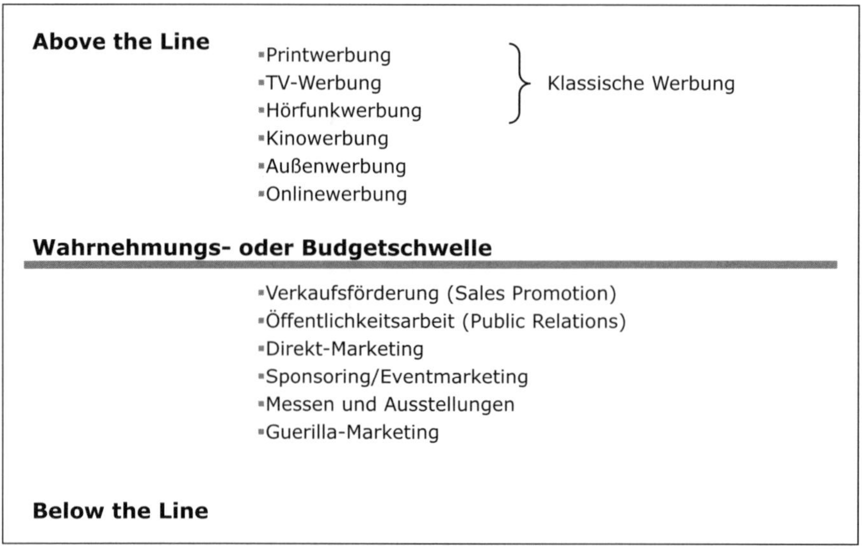


Abbildung 7.3: Above- and Below-the-line-Kommunikation

**Neuere Klassifikationsansätze**, wie häufig in der Praxis von Werbeagenturen oder Marketingexperten anzutreffen, unterscheiden zwischen Kommunikationsinstrumenten der *Above-the-line-Kommunikation*, worunter man all jene Maßnahmen versteht, die für eine Vielzahl von Adressaten der Kommunikation ohne Weiteres sichtbar sind, wie z. B. klassische Werbung, Online-Werbung, Öffentlichkeitsarbeit, etc. *Below-the-line-Kommunikation* bezeichnet demgegenüber all jene Kommunikationsinstrumente, die nur einer begrenzten Zahl von selektierten Adressaten der Kommunikation zugänglich oder für Restbudgets verfügbar sind, wie z. B. Verkaufsförderung, Sponsoring, Events, etc. Ein weiteres Unterscheidungskriterium für marketingorientierte Kommunikationsformen liegt in der Differenzierung von direkter und indirekter Kommunikation, wobei beide in einseitiger oder zweiseitiger Kommunikationsform vorliegen können. *Direkte* oder *persönliche Kommunikation* (face-to-face) stellt auf den unmittelbaren Kontakt zwischen den Kommunikationsbeteiligten ab, wie z. B. Werbebriefe, Verkaufsförderung, Messen, etc. Bei *indirekter* oder *unpersönlicher Kommunikation* (medial) dagegen, werden Vermittlungsfunktionen von Medien in Anspruch genommen, wie z. B. Anzeigen, Plakate, Call-Center, etc. (Bruhn 2013/2015, 363/Abbildung 7.3)

Mit der *Anwendung* ausgewählter Kommunikationsinstrumente können grundsätzlich zahlreiche *Probleme* verbunden sein, die zu einer generellen oder speziellen Schwäche der Übermittlung von Botschaften führen, wie z. B. Informationsflut (Information Overload), Text- oder Bildlastigkeit, Reizüberflutung, spezifische Aufmerksamkeitsstörungen (ADHS-Syndrome), etc.

## 7.2.2 Optionen im Kommunikationsmanagement

Ziel und Aufgabe eines strategischen Kommunikationsmanagements ist es, durch Austausch oder Bereitstellung von Informationen eine gezielte Beeinflussung der Nachfrager über ein Nutzenversprechen und einen Kommunikationsstil zu erreichen.

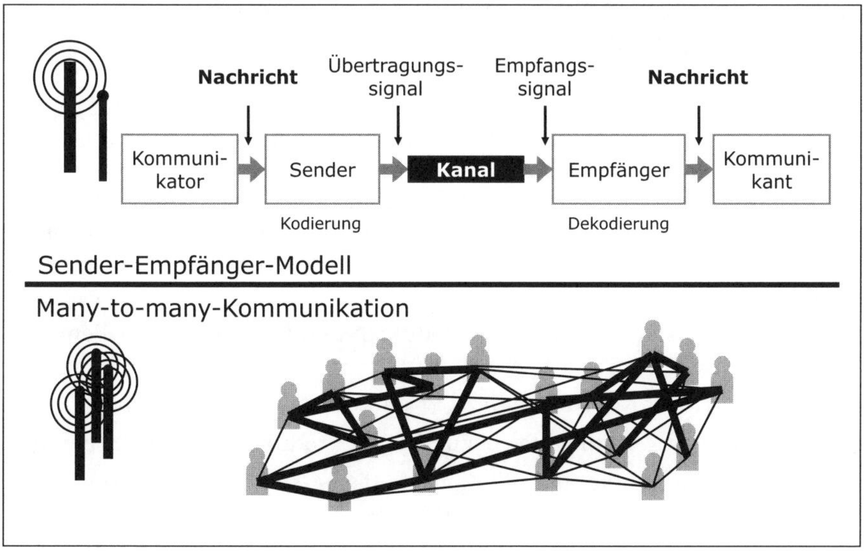


Abbildung 7.4: Kommunikationsmodelle

**Kommunikationsprozesse** werden dabei vereinfacht über *Sender-Empfänger-Modelle* dargestellt. Das Modell für einen solchen Kommunikationsprozess ist dadurch gekennzeichnet, dass ein **Sender** eine Kommunikationsbotschaft über einen Kommunikationskanal an einen **Empfänger** richtet und damit eine bestimmte Kommunikationswirkung erreichen möchte. Konkret bedeutet dies, dass z. B. ein Unternehmen (Sender) die qualitativen Vorteile eigener Produkte (Kommunikationsbotschaft) über eine Anzeige in einer Tageszeitung (Kommunikationskanal) an die potenziellen Käufer des Produkts (Empfänger) kommuniziert, um damit eine Kaufbereitschaft für das Produkt herbeizuführen (Kommunikationswirkung). Die Botschaft des Senders wird gestaltet (codiert) und vom Empfänger entschlüsselt und interpretiert (decodiert). Sender und Empfänger können jeweils eine Rückmeldung (Feedback) geben. Kritisch wird gegen das einfache, lineare Kommunikationsmodell (Sender-Empfänger-

Modell) vorgebracht, dass sich einzelne Kommunikationselemente kaum systematisch voneinander trennen lassen, dass subjektive Verzerrungsprozesse z. B. über individuelles Verstehen eintreten können und dass Botschaften auch dynamisch und interaktiv übermittelt werden können. Dies führte zu einer Entwicklung von komplexeren Kommunikationsmodellen, welche die vorbezeichneten Kritikpunkte konstruktiv integrieren. In neueren Kommunikationsmodellen versucht man demgegenüber Dialog- und Netzwerkkommunikation stärker zu berücksichtigen. Diese werden deshalb auch als Many-to-many-Kommunikationsmodelle bezeichnet. Des Weiteren werden Lernprozesse, Involvement-Konstrukte, Dissonanzhypothesen in Kommunikationsprozessen oder Multikausalitätsbeziehungen zwischen Akteuren berücksichtigt. (Kloss 2012, 12 ff./Abbildung 7.4)

### 7.2.3 Ziele, Planung und Einsatz von Kommunikationsmanagement

**Kommunikationspolitische Ziele** lassen sich in ökonomische Zielgrößen, wie z. B. Gewinn, Umsatz, Marktanteil, etc., und *nicht-ökonomische Zielgrößen* einteilen, darunter psychologische Zielgrößen, wie z. B. Aufmerksamkeit, Gedächtnis- und Gefühlswirkung, Präferenzbildung, etc., und *streutechnische Zielgrößen*, wie z. B. Zahl der erreichbaren Personen, Zahl tatsächlicher Informationskontakte, etc. Ziele der Kommunikationspolitik beziehen sich insbesondere auf (Homburg 2015, 760):

(a) *Bekanntheitsgrad* oder *Image* von Produkten und Unternehmen bei entsprechender Nachfrage,

(b) *Einstellungen* der Konsumenten zu Produkten und Unternehmen,

(c) *Kaufabsicht* der Konsumenten bezüglich der Produkte eines Unternehmens.

Weiterhin lassen sich kommunikationspolitische Ziele durch das sogenannte **AIDA-Modell** repräsentieren: Danach soll zunächst die Aufmerksamkeit (**A**ttention) des Konsumenten für ein Produkt erreicht werden. Anschließend muss das Interesse (**I**nterest) eines Kunden geweckt werden, woraus sich ein bestimmtes Verlangen (**D**esire) nach dem Produkt ergeben soll. Schließlich soll ein bestimmtes Verhalten des potenziellen Käufers (**A**ction), also der Kauf des Produkts ausgelöst werden.

Neben den kommunikationspolitischen Zielen (Was soll erreicht werden?) ist die Abgrenzung von **Zielgruppen** (Bei wem soll etwas erreicht werden?) bedeutsam. Zielgruppendefinitionen und Zielgruppenprofile orientieren sich z. B. an folgenden *Kriterien*: (a) demografische und sozio-ökonomische Kriterien, (b) allgemeine Persönlichkeitsmerkmale, (c) Nutzenkriterien, (d) kaufverhaltensbezogene Kriterien. Eine Zielgruppeneinteilung kann auch nach *Zielgruppentypologien* auf der Basis empirischer Daten erfolgen. Dabei unterscheidet man *selbsterstellte Typologien*, die den besonderen Bedürfnissen des Unternehmens entsprechen, die jedoch wegen der Eigenerstellung in der Regel mit höheren Kosten verbunden sind. *Standardisierte Typologien* werden z. B. von Marktforschungsinstituten, Werbeagenturen, etc. entwickelt und zur kommerziellen

Nutzung für Unternehmen angeboten und für entsprechende Kundengruppen, wie z. B. Mode-Typen, Milieu-Typen, Community-Typen, etc., entworfen. (Homburg 2015, 761 ff.)

**Kommunikationsplanung** fixiert ein marketingorientiertes Kommunikationskonzept für Unternehmen, um die Ziele des komplexen Kommunikationsmanagements einheitlich zu realisieren. Dabei werden eine strategische und operative Ausrichtung des Kommunikationsmanagements unterschieden. Im Rahmen der *strategischen Ausrichtung* des Kommunikationsmanagements wird im Sinne einer Planung der Gesamtkommunikation über Grundhaltungen und Basisbotschaften, wie z. B. über Corporate Identity, Corporate Culture oder integrierte Kommunikation, etc., entschieden. Im Rahmen der *operativen Ausrichtung* des Kommunikationsmanagements wird dann in einer Vielzahl von kommunikationspolitischen Einzelaktivitäten über die konkreten *Kommunikationskanäle* entschieden, welche Formen der Kommunikation direkt oder indirekt, innerbetrieblich oder außerbetrieblich, einseitig oder mehrseitig, etc. endgültig gewählt werden (Bruhn 2013/2015, 69 ff., 361 ff.).

Idealtypisch setzt sich die Gestaltung des Prozesses der Planung, Umsetzung und Kontrolle einer kommunikationspolitischen Maßnahme wie folgt zusammen (Homburg 2015, 759):

(1) Bestimmung der Kommunikationsziele und Zielgruppen

(2) Durchführung von Budgetierung und Mediaplanung

(3) Festlegung der Kommunikationsinstrumente/Media Selection

(4) Gestaltung des Kommunikationsauftritts

(5) Kontrolle der Kommunikationswirkung/Pretest

(6) Durchführung der Kommunikation

(7) Kontrolle des Kommunikationserfolgs

Angesichts eines Information Overload, einer vielfach merklichen Knappheit von Aufmerksamkeit und einer damit einhergehenden Tendenz zu 'grenzüberschreitenden Kommunikationsformen', besteht unter Rekurs auf eine Marketingkultur das Gebot rechtliche und gesellschaftliche Rahmenbedingungen bei der Anwendung von Kommunikationsmaßnahmen zu berücksichtigen. (Vgl. 1.4.1)

Im Rahmen der **Budgetierung** wird zunächst festgelegt, wie hoch die Gesamtaufwendungen für den Einsatz aller Kommunikationsinstrumente in einem Planungszeitraum, wie z. B. Monat, Geschäftsjahr, etc., sein sollen, um dann die *Budgetallokation*, d. h. die Verteilung und Einbringung einzelner Anteile des Budgets auf bestimmte Kommunikationsformen, festzulegen. In der *Kommunikationsbudgetierung* unterscheidet man grundsätzlich heuristische und analytische Ansätze.

**Heuristische Ansätze** basieren auf einfachen Plausibilitätsüberlegungen mit entsprechenden Budgetierungsregeln. Im Wesentlichen existieren fünf *heuristische Ansätze* der Budgetierung (Bruhn 2013/2015, 266 ff.; Homburg 2014, 219 ff.):

(1) *Orientierung am Vorperiodenbudget* (Fortschreibungsmethode) beinhaltet die Option, ein Budget von vergangenen Perioden unverändert zu übernehmen oder in Bezug auf die zukünftigen Erfordernisse entsprechend zu korrigieren. Im Einzelfall kann hier auch eine gänzliche Neubestimmung als deutliche Abgrenzung zur Vorperiode erfolgen im Sinne eines Zero-based-Budgetings.

(2) *Orientierung am Umsatz bzw. am Gewinn* (percentage-of-scales-method; percentage-of-profit-method) bedeutet, dass die Budgethöhe als ein bestimmter Anteil des Umsatzes/Gewinns der Vorperiode oder der laufenden Planungsperiode durch Erfahrungswerte festgelegt wird.

(3) *Orientierung an den verfügbaren monetären Mitteln* (all-you-can-afford-method) erfordert zunächst eine Festlegung des Gewinns nach Kostendeckung und ermittelt dann das Kommunikationsbudget als Residualgröße, ohne Berücksichtigung einer kausalen Beziehung zwischen Budget und Gewinn.

(4) *Orientierung an Wettbewerbsaktivitäten* (competitive-parity-method) führt zu einer Ausrichtung der eigenen eingesetzten Mittel an der Höhe des Kommunikationsbudgets von Mitbewerbern, um einen entsprechenden Marktanteil stabilisieren zu können, ohne dabei die eigenen Kommunikationsziele explizit zu berücksichtigen.

(5) *Orientierung an den Zielen der Kommunikationspolitik* (objectives-and-task-method) richtet das Kommunikationsbudget an den Zielen des Kommunikationsmanagements aus, wie z. B. Bekanntheitsgrad, Einstellungen der Konsumenten, etc. Dies bedeutet unter Umständen, dass die begrenzte Finanzierbarkeit des Budgets zu einer Revidierung von Kommunikationszielen führt.

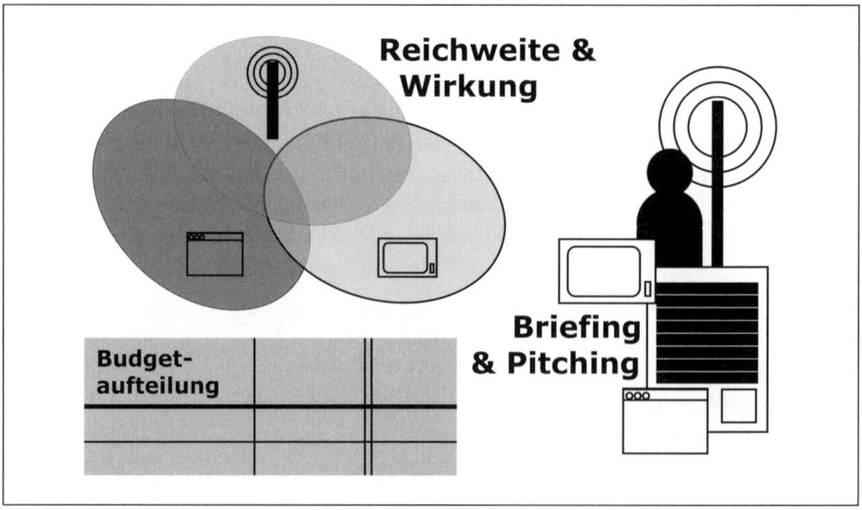


Abbildung 7.5: Mediaplanung – Reichweite – Mediabudgetierung

**Analytische Ansätze** versuchen demgegenüber explizit den Zusammenhang zwischen einem Kommunikationsbudget und den Zielgrößen, wie z. B. Bekanntheitsgrad, Umsatz, Produkte, etc., zu berücksichtigen. Im Wesentlichen spielen hierbei folgende Ausprägungen eine Rolle (Bruhn 2013/2015 272 ff.; Homburg 2015, 766 ff./Abbildung 7.5):

- *Statische Varianten* berücksichtigen explizit den Zusammenhang zwischen dem Kommunikationsbudget (Werbebudget) und einer Zielgröße der Kommunikation, wie z. B. Umsatz, etc. Ein solcher Zusammenhang wird formal mithilfe einer Werbe-Response-Funktion bzw. einer Werbewirkungsfunktion dargestellt, wobei die Zielgrößen entweder potenzialorientiert, z. B. Bekanntheitsgrad, etc., oder markterfolgsorientiert, wie z. B. Absatz, etc., sein können.
- *Dynamische Varianten* analytischer Ansätze der Budgetierung werden durch die Tatsache begründet, dass Werbemaßnahmen sich zumindest teilweise mit einer zeitlichen Verzögerung auswirken. Solche Ausstrahlungseffekte erfordern eine differenzierte Betrachtung über dynamische Reaktionsparameter.

*Kritisch* muss bezüglich analytischer Ansätze als Methoden der Kommunikationsbudgetierung darauf hingewiesen werden, dass es in der Regel nicht eindeutig gelingt, die jeweils unterstellten Funktionen, wie z. B. Werbereaktionsfunktionen, etc., empirisch genau zu ermitteln. Vor allem werden außerökonomische Zurechnungsprobleme in einer Kommunikationswirkungsanalyse wirksam, die von einem rein ökonomischen Zusammenhang zwischen optimalem Budget und der Kommunikationswirkung weit abweichen können. Nicht hinreichend berücksichtigt werden zudem häufig externe Einflüsse, wie z. B. Kommunikationsaktivitäten der Konkurrenz, etc., sowie qualitative Unterschiede beim Einsatz der Kommunikationsinstrumente.

Ist das Kommunikationsbudget festgelegt, so wird im Rahmen einer **Budgetallokation**, meistens in Kooperation mit spezifischen Agenturen, wie z. B. Full-Service-Agenturen, Spezial-Agenturen, etc., eine Optimierung der *Mediaplanung* und eine entsprechende *Streuungsplanung* vorgenommen. Mit der Media Selection findet dann eine Verteilung des Budgets auf unterschiedliche Kommunikationsträger (Kommunikationsmedien) statt. Aufgrund der herausragenden Kernkompetenzen von Werbeagenturen beauftragen Unternehmen diese häufig mit der Umsetzung des Kommunikationsbudgets in jeweilige Kommunikationsmaßnahmen. Mit einem *Briefing*, also der Vorgabe von Rahmendaten zur Umsetzung in ein Werbekonzept, werden dann ausgewählte Agenturen aufgefordert, durch ein *Pitching* entsprechende Vorschläge auszuarbeiten und zu unterbreiten. Eine durch Unternehmen oder Werbeagenturen vorgenommene *Media Selection* kann anhand folgender Kriterien festgelegt werden (Kloss 2012, 312 ff./Abbildung 7.6):

(a) *Kosten der Medien* sind Aufwendungen für den Einsatz einzelner Werbemittel auf Werbeträger, wie z. B. Schaltkosten für Zeitungsanzeigen, Sekundenpreise in Radio und Fernsehen, Belegungskosten für Plakatwerbung, TKP/Tausenderkontaktpreis, TNP/Tausendernutzerpreis, etc.

Orientierung an...

... Kosten der Medien

... Verbreitungsgrad der Medien

... Reichweite der Medien

... Kommunikationsmittelkontakt

... Kontakthäufigkeit zwischen Umworbenen und Kommunikationsmitteln

... Zielgruppeneignung

... Kontaktqualität

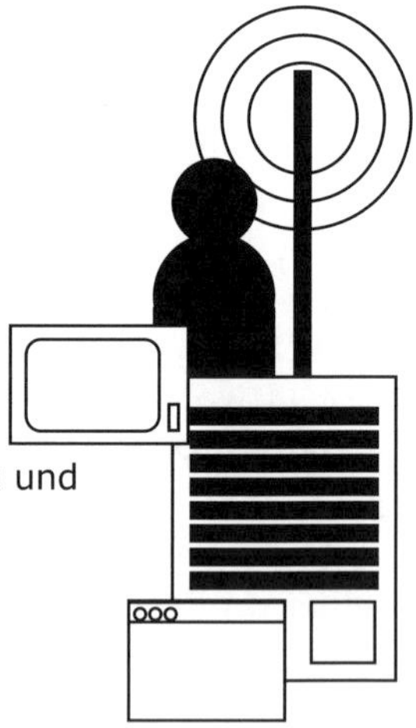

Abbildung 7.6: Aspekte der Media Selection

(b) *Verbreitungsgrad der Medien* bezeichnet entweder die quantitative Verfügbarkeit von Werbemitteln oder die Anzahl der Rezipienten, wie z. B. Auflage/Anzahl von gedruckten Exemplaren versus Anzahl der verkauften Exemplare einer Ausgabe, Anzahl angemeldeter Empfangsgeräte/Einschaltquoten, Radiohörer, Fernsehzuschauer, Anzahl von Plakatträgern, Kinogänger, Internetnutzer, etc.

(c) *Reichweite der Medien* als potenzielle Kontakte zwischen Werbeträgern und Kommunikationsempfängern, wie z. B. LpN-Wert (Leser pro Nummer), K1-Wert (durchschnittliche Leserschaft), LpA-Wert (Leser pro Ausgabe), LpE-Wert (Leser pro Exemplar) und LpS-Wert (Leser pro Seite) sowie quantitative und qualitative Reichweite, OTS-/OTH-Wert (opportunity to see/hear; durchschnittliche Kontaktchance), etc.

(d) *Zielgruppeneignung der Medien* berücksichtigt die Adäquatheit von Bedürfnissen der Kommunikationsadressaten, wie z. B. den Eignungsgrad in Form des Bedarfsumfangs, die Bedarfshäufigkeit in Abhängigkeit von Einkommens- oder Vermögensverhältnissen, die Attraktivität, Eindrucksqualität oder das Image von Werbemitteln und Werbeträgern, etc.

Während mit *Intermedia Selection* ein Fokus auf die Inanspruchnahme einzelner Kommunikationsinstrumente an sich erfolgt, wird mit *Intramedia Selection* auf eine Binnendifferenzierung, d. h. auf die Inanspruchnahme sachlicher und zeitlicher Variationen innerhalb einzelner Kommunikationsinstrumente abgestellt. (Bruhn 2013/2015, 309)

Aufgrund der *Vielfalt* und eines differenzierten Einsatzes von Kommunikationsinstrumenten in der Praxis von Unternehmen, spielt der Gedanke einer integrierten strategischen und operativen Kommunikation eine zunehmende Bedeutung. **Integrierte Kommunikation** stellt dabei eine ganzheitliche Betrachtung von Unternehmenskommunikation dar, die sowohl externe als auch interne Kommunikationsformen berücksichtigt sowie horizontale und vertikale Kommunikationsstrukturen mit einbezieht. (Fuchs/Unger 2014, 1 ff.)

### 7.2.4 Evaluierung und Controlling des Kommunikationsmanagements

Der Einsatz kommunikationspolitischer Instrumente schließt mit der **Evaluierung** und **Kontrolle** ihrer Wirkungen ab. Zu beantworten ist hierbei die Frage, inwieweit zuvor festgelegte Ziele, wie z. B. Bekanntheitsgrad, etc., erreicht und welche weiteren Wirkungen, wie z. B. Imagewirkungen bei spezifischen Zielgruppen, etc., ausgelöst worden sind. Zu den **Methoden der Werbewirkungsanalyse** zählen Befragungs- und Beobachtungsverfahren, der Einsatz apparativer Verfahren sowie Evaluierungen über Ratingskalen und Rangordnungsverfahren. Beim *Recall-Test* (Erinnerungstest) werden Probanden nach einem Kontakt mit dem Werbeträger befragt, an welche Produkte sie sich noch erinnern. Beim *Recognition-Test* (Wiedererkennungstest) wird festgestellt, welche Elemente einer kommunikationspolitischen Maßnahme, wie z. B. Anzeige, etc., von Testpersonen wiedererkannt werden. Die *Erhebung von Einstellungen* kann über den Einsatz von Merkmals- und Eigenschaftskatalogen erfolgen oder durch spezifische Testverfahren für einzelne Werbemittel, wie z. B. Anzeigen, Fernseh- oder Rundfunkspots, etc. Werbewirkungsanalysen stehen jedoch immer noch vor gewichtigen *inhaltlichen und methodischen Problemen* bezüglich der Isolierung von Wirkungen einzelner kommunikationspolitischer Maßnahmen, wie z. B. Lern- und Vergessenskurven, Ausstrahlungs- und Carry-Over-Effekten, etc. (Kloss 2012, 55 ff.; Bruhn 2013/2015, 545 ff.)

## 7.3 Gestaltungspotenziale des Kommunikationsmanagements

### 7.3.1 Klassische Mediawerbung und Außenwerbung

**Mediawerbung** (klassische Werbung) kann aufgefasst werden als ein Prozess der entgeltlichen Verbreitung werblicher Informationen zwecks kommunikativer Beeinflussung der Adressaten durch entsprechende Kommunikationsträger und Kommunikationsmittel. Ziel ist es, durch den Einsatz verschiedener Medien, Einstellungen und Verhaltensweisen potenzieller Kunden im Sinne unternehmerischer Marketingziele zu beeinflussen. Im Bereich der klassischen Medien zählen zu den *Erscheinungsformen* der Mediawerbung Printmedienwerbung, Werbung über elektronische und Neue Medien sowie Werbung über Kiosk- und Online-Systeme. Mithilfe von *Werbeträgern* werden Werbemittel zum Adressaten/Empfänger transportiert. Durch *Werbemittel* findet eine Verschlüsselung der Werbebotschaften statt. Die Realisierung der Mediawerbung kann entweder durch eine unternehmensinterne *Werbeabteilung* erfolgen oder über eine *Werbeagentur* abgewickelt werden. Die Entwicklung einer *Werbestrategie* erfolgt unter Orientierung an folgenden vier Dimensionen (Bruhn 2014, 210):

(1) **Wer sagt** (Werbeobjekt)

(2) **Was** (Werbebotschaft)

(3) **Wie** (Werbeträger und -mittel)

(4) **zu Wem?** (Werbezielgruppe)

*Printmedien* unterscheiden Werbeträger, wie z. B. Zeitschriften, Zeitungen, Anzeigenblätter, Supplements, etc., und Werbemittel wie z. B. Anzeigen, etc. *Elektronische und Neue Medien* unterscheiden Werbeträger, wie z.B Radio, Fernsehen, Kino, Internet, etc. sowie Werbemittel wie z. B. Spot, Werbefilm, Banner, Pop-up-Ads, etc. *Medien der Außenwerbung* unterscheiden Werbeträger, wie z. B. Züge, Autos, Gebäude, sonstige Anschlageflächen, etc., sowie Werbemittel wie z. B. Plakate, Laufschriftanzeigen, Banner, Poster, etc. (Bruhn 2013/2015, 374 f.).

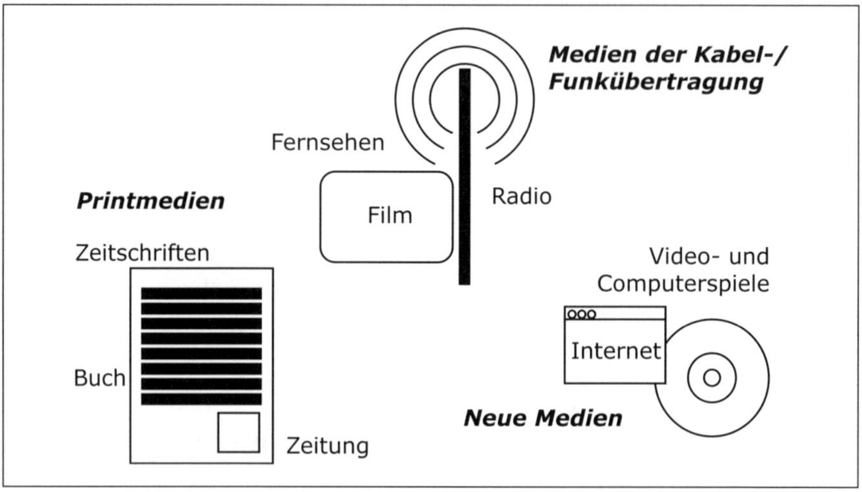


Abbildung 7.7: Medienwelten

Zum *Verhältnis von Medien und Werbung* lassen vielschichtige Bezüge herstellen. Einerseits wird auf Leitmedien, Basismedien und Zusatzmedien rekurriert, wenn ein gradueller Einsatz des Werbeumfangs angesprochen wird. Andererseits bestehen *Wechselwirkungen* zwischen einem Unterhaltungs- und Informationsbedürfnis der Rezipienten das zu vielfältigen Ausprägungen einer Textualisierung oder Visualisierung führt. Schließlich stehen einem völlig freien Einsatz von Werbemaßnahmen rechtliche Restriktionen entgegen. Im Rahmen der klassischen Mediawerbung lassen sich im Wesentlichen drei **Gruppen von Werbeträgern** unterscheiden (Kloss 2012, 320 ff./Abbildung 7.7):

(1) *Printmedien*, darunter Zeitungen, Publikumszeitschriften, Fachzeitschriften sowie Anzeigenblätter und Verzeichnismedien:

*Zeitungen* werden nach der Erscheinungshäufigkeit, wie z. B. täglich, wöchentlich, monatlich, etc., und nach der Vertriebsart, wie z. B. Einzelkauf,

Abonnement, Apps, etc., unterschieden. Für Zeitungen existieren detaillierte Leseranalysen, ihre *Vorteile* bestehen vor allem in der kurzfristigen Planbarkeit/Aktualität der Information und einer exakten Zeitplanung sowie einer selektiven Ansprache spezieller Zielgruppen über Werbeanzeigen, wie z. B. Werbung für Sportartikel im Sportteil einer Zeitung, etc.

*Publikumszeitschriften* stellen ein breites Spektrum von Zeitschriften dar, bedingt durch eine ebenso vielschichtige Leserschaft und spezielle Lesergruppen. Publikumszeitschriften erscheinen seltener als Zeitungen und erfordern eine längerfristige Planung, bieten jedoch gleichzeitig eine größere Gestaltungsmöglichkeit im Vergleich zu Zeitungen, wie z. B. bessere Farbgestaltung, Formatgestaltung, etc. In der Regel stehen unterschiedliche inhaltliche Aspekte, wie z. B. Unterhaltung bei Illustrierten oder Frauenzeitschriften und Informationen bei Programm- oder Themenzeitschriften bzw. Nachrichtenmagazinen, etc., im Vordergrund.

*Fachzeitschriften* erscheinen meist periodisch und haben einen begrenzten, produktgruppenspezifisch orientierten Leserkreis. Im Vergleich zu Publikumszeitschriften liegen die Schwerpunkte in der Vermittlung von Informationen und Wissen, weniger bei Unterhaltung. Das Involvement (Aufmerksamkeit der Leser) ist generell als hoch einzuschätzen, dies gilt z. B. für die Intensität und Dauer der Betrachtung von Anzeigen.

*Anzeigenblätter* sind periodisch erscheinende Werbedrucksachen, die in der Regel unentgeltlich und unaufgefordert an alle Haushalte in einem Verbreitungsgebiet zugestellt werden (Haushaltmarketing). Im Vordergrund stehen Anzeigen, teilweise auch redaktionelle Beiträge. Unter *Verzeichnismedien* versteht man sämtliche Arten von Anschriftenverzeichnissen, die überwiegend systematisch geordnete Adressen enthalten und teilweise nach Branchen sortiert sind, wie z. B. Gelbe Seiten, Branchenkompass, etc.

(2) *Elektronische Medien*, darunter Medien der Kabel- und der Funkübertragung, audiovisuelle Medien und (mobile) Speichermedien, Radio, Fernsehen und Kino:

*Medien der Kabel- und Funkübertragung* setzen gegebenenfalls eine verfügbare Technik bzw. die aktive Bereitschaft des Empfängers voraus, sich über bestimmte Angebote zu informieren. Häufig ist die Nutzung dieser Medien mit entsprechenden Kosten pro genutzte Einheit verbunden, wie z. B. Bildschirm- und Kabeltext, Tele- und Satellitentext, etc.

*Audiovisuelle Medien* sind teilweise mobile Speichermedien, die lokal zur Verfügung gestellt werden können und inhaltlich wie zeitlich nicht eindeutig festgelegt sind. Videos, CDs, DVDs sowie das Internet können in Verbindung mit PCs oder Fernsehgeräten als Werbeträger genutzt werden. *Mobile Speichermedien,* wie z. B. CDs, USB-Sticks, I-PODs I-PADs, etc. benötigen zur Verwendung eine entsprechende Infrastruktur, wie z. B. PC/Notebook, TV-Geräte, Smartphones, Tablets oder andere mobile Installationen, etc.

*Radiowerbung* kann lokal, regional und wiederholt genutzt werden, meist werden bestimmte Hörertypen als Zielgruppen angesprochen. Vorteile bestehen im geringeren Preis der Schaltung von Werbeeinheiten bei relativ hoher Reichweite, jedoch ohne visuelle Gestaltungsmöglichkeiten. *Fernsehwerbung* kann Sprache, Ton und Bild als Gestaltungsmöglichkeiten kombinieren. Im Rahmen von sowohl staatlichen und regionalen Fernsehveranstaltern als auch bei zahlreichen privaten Anbietern, gibt es vielfältigste Formen der Werbung: TV-Spots (Sekunden), Werbesendungen (Unterhaltung), Laufbandwerbung, etc. *Kinowerbung* gilt als Medium mit hoher Kontaktwahrscheinlichkeit bei Besuchern und entsprechend hoher Kontaktintensität.

(3) *Neue Medien sowie Kiosk- und Online-Systeme*:

*Kiosk-Systeme* sind computergestützte Auskunftsterminals, die interaktiv gestaltet sind und von kommunizierenden Unternehmen bereitgestellt werden. Terminals bzw. Automat-Media (At-retail-Konzepte) werden häufig in Einzelhandelsgeschäften eingesetzt und besitzen entweder reine Informationsfunktion (Point-of-Information-Terminals), Unterhaltungsfunktion (Point-of-Fun-Terminals) oder es können entsprechende Kaufakte (Point-of-Sale-Terminals) abgewickelt werden. Kiosk-Systeme beinhalten optional sowohl Online- als auch Offline-Elemente.

*Online-Systeme* basieren auf der Vernetzung von Endgeräten mit Computernetzen, wie z. B. Internet, etc., wodurch ein Austausch von Informationen jederzeit über räumlich verteilte Plattformen möglich ist. *Direkte Werbeformen* des Internets werden durch E-Mails, Newsletters oder Artikeln in Newsgroups möglich. *Indirekte Werbeformen* entstehen durch Bannerwerbung (elektronische Anzeigen auf fremden Websites), Pop-ups/Intersticials (Werbebotschaften erscheinen in einem neu geöffneten Fenster direkt oder verzögert), Affiliate-Programme/Verlinkungen (Integration von Elementen eigener oder fremder Websites in fremden oder eigenen Internetauftritten/ Buttons als grafische Verweise, Hyperlinks zwischen zwei Websites) sowie Transition Ads und Screenflyers (kurzfristig eingespielte Werbeelemente bzw. Animationen als optische Reizverstärker).

*Internetwerbung* bzw. Online-Kommunikation nutzt Elemente, wie z. B. Unternehmenshomepage, E-Mails (Newsletters), Bannerwerbung, Suchmaschinenwerbung sowie spezifische Tools der Social Media, etc. (vgl. 1.5.7).

Als Voraussetzung für die Entwicklung einer erfolgreichen *Werbestrategie*, muss im Rahmen der Werbeträgerauswahl ein *Leitmedium* festgelegt werden sowie eine Intermedia Selection, d. h. Werbebotschaften müssen dann einer medialen *Querschnittsfunktion* gerecht werden.

Die **Gestaltung der Werbebotschaft** bzw. des Kommunikationsauftritts lässt sich auf vier elementare Kategorien oder *Elemente* beziehen (Homburg 2015, 785):

(1) *Inhaltliche Elemente* in Form von sprachlichen Bestandteilen einer Kommunikationsmaßnahme, wie z. B. Slogans, Werbetexte, etc.

(2) *Visuelle Elemente*, wie z. B. Hauptbildkomponenten, ergänzende Bildelemente, Typografien, Farbenschriftarten, Schriftanordnungen und Schriftgrößen, Animationselemente, etc.

(3) *Auditive Elemente*, wie z. B. Musik, Geräusche, Töne, Klänge oder Lautstärke, etc., oder eine Kombination aus diesen Elementen

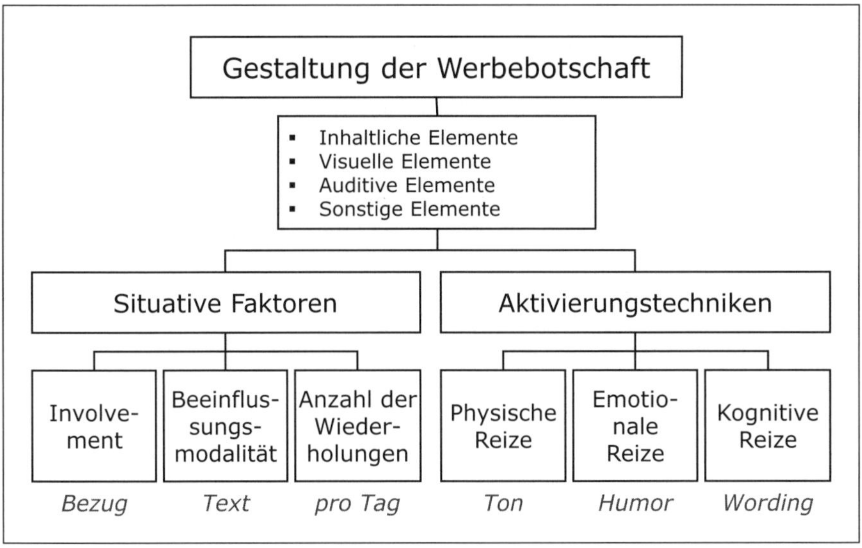


Abbildung 7.8: Gestaltung der Werbebotschaften

(4) *Sonstige Elemente*, darunter Geruch oder Geschmack, wie z. B. bei Proben, etc., oder haptische Eindrücke, wie z. B. spezielle Papierqualität, etc.

Im Rahmen der **Entwicklung von Werbebotschaften** werden Kommunikationsmaßnahmen in Abhängigkeit von *situativen Faktoren* wirksam: *Involvement* der Empfänger ist dann gegeben, wenn die Adressaten in besonderem Maße bereit sind, die über Kommunikationsaktivitäten vermittelten Informationen aufzunehmen und zu verarbeiten. Die *Beeinflussungsmodalität* betrifft die Auswahl und Verwendung bildlicher oder textueller Elemente. Im ersteren Fall werden tendenziell intuitive und emotionale Verarbeitungsprozesse freigesetzt, während durch textliche Gestaltung rational-analytische Mechanismen ausgelöst und eine stärker kognitiver Verarbeitung beansprucht wird. Kommunikationsmaßnahmen zeigen ihre Wirkung insbesondere auch durch die *Anzahl der Wiederholungen*, hierdurch wird die Erinnerung an die Werbebotschaft verbessert und die Kommunikationswirkung intuitiv oder rational verstärkt. (Homburg 2015, 775/Abbildung 7.8)

Bei *Aktivierungstechniken* werden prinzipiell drei *Kategorien* von Reizen zur Aktivierung der Wahrnehmung von Personen unterschieden: (1) Eine Aktivierung kann durch die Verwendung *physischer Reize* erfolgen, wie z. B. große, laute oder bunte Reize, etc., angezeigt in Signalfarben oder in großformatigen Darstellungen, etc. (2) *Emotionale Reize* sprechen Schlüsselreize an, die weitgehend biologisch bestimmte Reaktionen auslösen, wie z. B. Werbung mit Kleinkindern, Verwendung erotischer Reize, etc. (3) *Kognitive Reize* in Form von Überraschungseffekten, wie z. B. Ablenkung von der angestrebten Aussage der Kommunikationsbotschaft, etc., und Boomerang-Effekte, wie z. B. Kommunikationswirkung entspricht nicht den Kommunikationszielen, etc., oder Irritations-Effekte, wie z. B. Schockwerbung, Verunsicherung oder Verstörung des Empfängers durch die Kommunikationswirkung, etc.

**Außenwerbung** oder stationäre und mobile **Out-of-home-Medien** stellen eine zunehmend an Bedeutung erlangende Form der Werbung dar, die im öffentlichen Raum platziert wird. Durch eine gestiegene Mobilität in der Bevölkerung, durch systematische Nutzung von Freiflächen in der Öffentlichkeit sowie durch Inszenierungspotenziale in öffentlichen Räumen können entsprechende Aktionen von Außenwerbungsmaßnahmen mit großer Aufmerksamkeit rechnen. Zu den klassischen Formen der Außenwerbung zählen die *Plakatwerbung*, wie z. B. großflächig stationäre Plakate auf Litfaßsäulen, Hinweismedien, in neueren Varianten als elektronische Videoboards, City-Light-Poster, etc. *Verkehrsmittelwerbung*, wie z. B. Werbung auf Bussen, Straßenbahnen, Flugzeugen, Taxen, Truckboards, etc., also auf Außen- und Innenflächen öffentlicher oder privater Verkehrsmittel sowie Formen des *Ambient-Marketings*, d. h. einer spezifischen Nutzung von Flächen im öffentlichen Raum, wie z. B. Werbung auf Gebäuden, Baugerüsten, Blow-ups (spezielle Riesenposter) oder auf Plätzen in der Öffentlichkeit durch Banden- oder Sportwerbung, schließlich *Lichtwerbung*, wie z. B. Leuchtschriften, Leuchtkonturen für Gebäude, beleuchtete Plakate, Laufschriftanzeigen oder TV-Video-Großbildwände, Digital Out-of-home-Medien, etc. (Meffert et al 2015b, 597 ff.)

## 7.3.2 Direktmarketing/Persönlicher Verkauf und Kommunikation

**Direktmarketing** oder **Direct Marketing** verlagert die Kommunikation und den Verkaufsprozess möglichst direkt zum Kunden, wie dies im Falle eines persönlichen Kontakts zwischen Kunden und Unternehmen oder durch einen unmittelbaren, medialen Kontakt erfolgen kann. Damit wird eine Reihe von kommunikationspolitischen Marketingaktivitäten bezeichnet, wie z. B. *Direktwerbung, persönlicher Verkauf, Telefonmarketing, direkte Verkaufsförderung, direkte Public Relations, Online-Marketing* oder *Teleshopping*, etc. Direktmarketing umfasst also alle marktbezogenen Aktivitäten, die sich überwiegend einer einstufigen (direkten) Kommunikation bedienen, um Zielgruppen durch Einzelansprache zu erreichen (One-to-one-Marketing). Angestrebt werden dabei eine Verbesserung der Kundennähe und eine Erhöhung der Kundenbindung. Zunehmende Bedeutung erlangen auch Formen der indirekten Kommunikation, in Gestalt des Einsatzes von Massenmedien mit Response-Elementen, wie z. B. der Angabe von Telefonnummern, Internetadressen, etc. (Wirtz 2012, 10 ff./Abbildung 7.9)

Direktmarketing unterscheidet Formen eines *passiven Direktmarketings*, wenn Kunden z. B. durch Kataloge oder durch unadressierte Mailings, etc. angesprochen werden, um grundsätzlich auf die Existenz und Leistungsfähigkeit eines Unternehmens hinzuweisen. Dabei steht der direkte Kundenkontakt nicht im Vordergrund. Vielmehr wird dadurch die Möglichkeit gegeben, dass der Kunde selbst, je nach Bedarfsgrund, einen direkten Kontakt zum Unternehmen herstellen kann. Durch *aktives* oder *reaktionsorientiertes Direktmarketing* wird eine direkte oder individuelle Ansprache des Konsumenten mit der Möglichkeit einer entsprechenden Reaktion beabsichtigt. Dadurch soll ein feedbackorientierter Dialog zwischen dem Unternehmen und dem Kunden entstehen, der

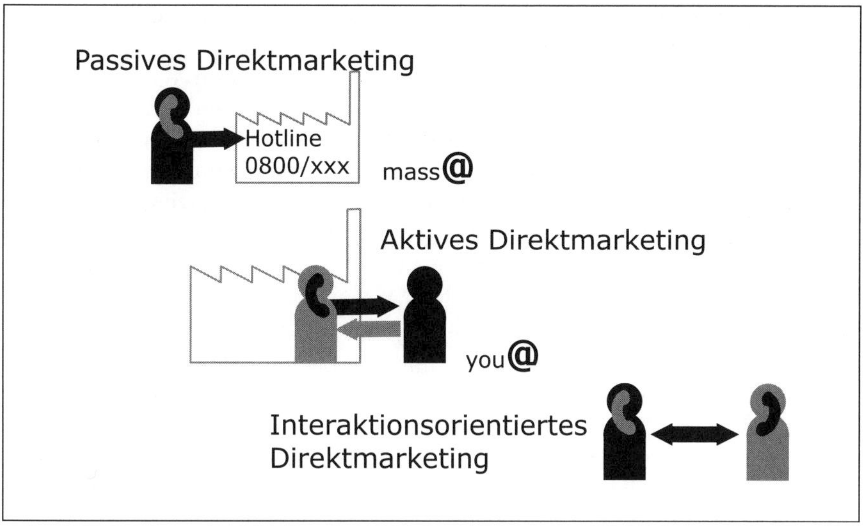


Abbildung 7.9: Arten des Direktmarketings

jeweils eine persönliche Ansprache des Kunden/Unternehmens mit Rückmeldemöglichkeit beinhalten kann (Dialogmarketing). Schließlich stellt das *interaktionsorientierte Direktmarketing* den unmittelbaren Dialog und einen direkten Informationsfluss zwischen Unternehmen und Kunden in den Mittelpunkt, wie z. B. bei Telefonmarketing, Public Relations durch Couponing, Kundenkarten, Kundenclubs, etc. Dies ermöglicht einen selektiven, aber persönlichen Kontakt (direkte Verkaufsförderung), bei dem individuelle Bedürfnisse und Angebote abgestimmt werden können. **Kommunikationsinstrumente des Direktmarketings** – unter Einbezug selektiver Mediennutzung – sind (Wirtz 2012, 91 ff.):

- *Printmedienaktivitäten*, wie z. B. Mailings, Haushaltswerbung, adressierte und unadressierte postalische Werbesendungen, Postwurfsendungen und Hauswurfsendungen, etc.
- *Elektronische Medienaktivitäten*, wie z. B. Telefonmarketing bzw. aktives Outbound-Telefonmarketing, bei dem Kunden von Unternehmen explizit kontaktiert werden, Mobile-Marketing via SMS- oder MMS-Werbung, etc., und passives Inbound-Telefonmarketing, das mithilfe von Servicenummern (0130, 0180, 0190, 0800) einen Kontakt ermöglicht, der vom Kunden ausgeht, schließlich Multimedia-Marketing, wie z. B. Online- und Offline-Aktivitäten sowie Aktivitäten durch sonstige Medien, wie z. B. faxgestützte Werbeansprache, Videobotschaften, etc.

**Persönliche Kommunikation**, respektive persönliche Kommunikationsformen im Kundenkontakt, stellen ergänzende Maßnahmen sowohl zu Direktmarketingaktivitäten als auch im Kontext von persönlichem Verkauf dar. Wechselseitige Kontaktaufnahmen, kontinuierliche Dialogformen, regelmäßige Austauschgespräche über Erfahrungen und Erwartungen von Unternehmen und Kunden, lassen sich häufig im *Medium persönlicher Kommunikation* optimal ausgestalten. Um eine adäquate Kommunikationsform im persönlichen Austausch zwischen

Unternehmen und Kunden zu finden, können aus einer gegebenen Anzahl von Merkmalskategorien dieser Kommunikationsform folgende Varianten unterschieden werden: die *Art* der persönlichen Kommunikation, wie z. B. verbale oder non-verbale Formen, potenzielle *Träger* der persönlichen Kommunikation, wie z. B. Einzelperson, Gruppe, etc., die *Richtung* der Kommunikationsinitiative, wie z. B. horizontale, vertikale oder laterale Kommunikationskanäle, etc., *inhaltliche Ebenen*, wie z. B. Sach- und Beziehungsebene, etc., sowie die *Dauer und Intensität* des Kontakts, wie z. B. wöchentlich, monatlich, etc. (Bruhn 2013/2015, 363 ff.)

Ein expliziter Einbezug von verhaltenswirksamen Komponenten und Anreizstrukturen in Kommunikationsformen des Dialog- oder Direktmarketings stellt das sogenannte **Permission Marketing** dar. Hierbei handelt es sich um eine auf dem Einverständnis des Empfängers basierende *Direktmarketingstrategie*. Mit interaktiven Kommunikationstechnologien werden Nachrichten versandt, die ausdrücklich erwünscht sind, wenn Adressaten ausdrücklich ihre Zustimmung erteilt haben (Teledienstdatenschutzgesetz (TDDSG) § 3 (1) TDDSG; § 7 (3) UWG). Die Erlaubnis dazu kann vom Empfänger jederzeit widerrufen werden. Ziel des Permission Marketings ist es, eine nachhaltige Beziehung aufzubauen, indem im Einverständnis mit dem Empfänger Wissen über diesen gesammelt wird, um damit Angebote personalisieren zu können (One-to-one-Marketing). (Meffert et al 2015b, 639 ff.)

Permission Marketing basiert auf drei grundlegenden *Eigenschaften einer Werbekommunikation*: (1) Die Werbebotschaften müssen für den Empfänger erwartet sein (z. B. angeforderte Informationsbroschüre), (2) das Profil der Werbebotschaft muss für den Kunden persönlich sein (z. B. 'hallo liebe Frau Mau …'), (3) der Inhalt der Werbebotschaft muss für den Kunden relevant sein (z. B. 'gemäß Ihrer Anfrage …').

In einem 5-stufigen Prozess werden *Anreizstrukturen* für das Verhalten des Kunden gelegt, insbesondere wird die Bereitschaft zur Offenlegung von Informationen gefördert, die für eine weitere Umwerbung des Kunden geeignet sind. (a) Angebot einer Gegenleistung für die Einwilligung zur Kommunikation. (b) Nach einer Aufmerksamkeit erfolgt die Entwicklung einer langfristigen Kommunikationsstrategie. (c) Anreizen zur Abgabe weiterer Einwilligungen zum Dialog. (d) Erweiterte Erlaubnis ermöglicht zusätzliche Serviceleistungen und Produktangebote. (e) Ergebnis als langfristige Verhaltensänderung und gegenseitige Win-win-Situation.

Ein hierbei nutzbares systematisches Verfahren zur Online-Kommunikation (E-Permission Marketing) differenziert unterschiedliche elektronische Einwilligungsformen nach Opt-Out, wenn der Nachfrager automatisch in einer Verteilerliste eingetragen wird, wie z. B. bei bestehenden Kunden, Opt-In, wenn der Konsument sich selbst in ein Web-Formular einträgt, Confirmed Opt-In, wenn der User nach der Registrierung eine Bestätigung erhält und Double Opt-In, wenn der Kunde die Bestätigungs-E-Mail via Rückantwort erneut verifiziert. (Wirtz 2012, 183)

### 7.3.3 Verkaufsförderung und Product Placement

**Verkaufsförderung** oder **Sales Promotions** dient der Planung, Analyse und Kontrolle von verkaufsfördernden Maßnahmen mit distributiver Schubkraft, die zusätzliche Kaufanreize über meist zeitlich begrenzte Aktionen (Kampagnen) schaffen sollen. Man unterscheidet hier *handelsorientierte Verkaufsförderung* (*Trade Promotions*), die sich auf Zielgruppen, wie z. B. Groß- und Einzelhandel etc., richtet und *verbraucherorientierte Verkaufsförderung* (*Consumer Promotions*), die für die Zielgruppe der Endverbraucher, also z. B. für Käufer und Verwender von Produkten, etc., bestimmt ist, schließlich *verbundorientierte Verkaufsförderung*, wenn Maßnahmen der Verkaufsförderung von mehreren Produzenten zusammen durchgeführt werden. (Kotler et al 2011, 919 ff.; Bruhn, 2013/2015, 385 ff.)

**Instrumente der Verkaufsförderung** lassen sich in direkte und indirekte Maßnahmen der Verkaufsförderung unterscheiden, wobei sich *direkte Verkaufsförderung* sowohl auf Aktivitäten außerhalb des Point-of-Sales als auch über unmittelbaren Produktbezug herstellen lässt, während *indirekte Verkaufsförderung* über den Point-of-Sale abgewickelt wird:

- Zu den *direkten Verkaufsförderungsoptionen* gehören z. B. Couponing, Promotion- und Merchandising-Artikel, Sampling-Aktionen, Gewinnspiele im öffentlichen Raum, Telefonverkauf, Prospektversand, etc.
- Zu den *indirekten Verkaufsförderungsoptionen* gehören z. B. Musterverteilungen, Displays, Hinweisschilder, Floor Graphics (Bodenplakate), Dekorationsservice, Werbegeschenke, Ladenbaukonzepte, etc.

Verkaufsförderung nimmt neben weiteren Instrumenten aus dem Kommunikationsmanagement auch absatzpolitische Maßnahmen aus Produkt-, Preis- und Distributionsmanagement auf und besitzt häufig, sofern sie sich an Konsumentenzielgruppen orientiert, **Aktionscharakter** mit erlebnis- und attraktionssteigernder Wirkung. Exponiert platzierte *Gewinnspiele* etwa, sollen zu einer Aufmerksamkeitssteigerung am Point-of-Sale führen. *Samplings* bzw. Musterverteilungen sollen Kontaktschwellen zu Kunden senken und Erstkäufe initiieren. Mit *Displays*, *Merchandising*, *Hinweisschildern*, *Floor Graphics* sollen Blickfang, erste Informationen gegeben und das Interesse von potenziellen Kunden angesprochen werden. Weitere *Gestaltungsoptionen* über Dekorationsservice, Ladenbaukonzepte, eigenes Verkaufspersonal, etc. können die vielfältigen Möglichkeiten von direkten und indirekten Verkaufsförderungsmaßnahmen abrunden. (Bruhn 2013/2015, 389 ff.)

Unter **Product Placement** versteht man die werbewirksame Einbringung von Produkten (Güter oder Dienstleistungen) in Medienprogramme, wie z. B. Kino-, Video- und Fernsehprogramme, etc., mit dem Ziel, gegen Vergütung deren Marktstellung und Markterfolg zu verbessern. Bei *Generic Placement* stehen bestimmte Warengattungen, wie z. B. Getränke, Zigaretten, Schokolade, etc., im Vordergrund, ohne dass spezifische Marken in ihrer Bedeutung erkennbar sind. Bei *Image Placement* wird eine Gesamtthematik, wie z. B. Verantwortung, Individualität, Familie, etc., auf ein bestimmtes Produkt oder eine Marke abgestimmt und in den Mittelpunkt der Marketingaktion gestellt. Prinzipiell lassen sich folgende fünf Klassifikationsmerkmale für **Erscheinungsformen von Product Placement** unterscheiden (Kloss 2012, 502 ff.):

(1) Nach *Art der Informationsübertragung* lassen sich visuelles Product Placement, verbales Product Placement, kombiniertes Product Placement, etc. unterscheiden.

(2) Nach *Art und Eigenschaft der beworbenen Produkte* werden im Product Placement i. e. S. Markenartikel, im Innovation Placement neue Produkte, im Corporate Placement Unternehmen, im Generic Placement unmarkierte Produkte und Themen sowie im Country Placement lokale oder regionale Gebiete platziert.

(3) Nach dem *Grad der Programmintegration* werden Produkte spezifisch in einen Handlungszusammenhang eingebracht: bei On-set Placement handlungsneutral, bei Creative Placement originell-eigenständig, bei Image Placement schließlich als Gesamtthema ausgerichtet.

(4) Nach dem *Grad* der *Anbindung an den Hauptdarsteller* als Endorsed Placement, wenn der Hauptdarsteller unmittelbar Bezug auf das Produkt nimmt, oder als Sub-Placement, wenn der Hauptdarsteller in keinen direkten Bezug zum Produkt gesetzt wird.

(5) Nach Art des *Einsatzmediums* unterscheidet man Movie Placement, wenn Produkte in den Handlungszusammenhang von Filmen eingebettet werden, Game Placement, bei einer Integration von Produkten in Videospielen sowie Music Placement bei einer Plazierung von Produkten in Musikvideos.

Product Placement besitzt insbesondere gegenüber Mediawerbung einige *Vorteile*: Produkte werden in ihrer Wahrnehmung unterschwellig rezipiert, daher bleibt die kaufbeeinflussende Absicht dezent. Durch den erreichten positiven Imagetransfer werden latente Kaufwiderstände minimiert, ebenso kann durch die werbewirksame Einbindung des Produkts in einen größeren Werbekontext eine erhöhte emotionale Akzeptanz des Konsumenten bezüglich des Produkts erreicht werden.

Eine moderne Form des 'Placements' stellt das sogenannte **In-Game Advertising** dar, welches eine systematische Integration von Werbung in Video- und Computerspiele betreibt. Unterschieden werden hierbei *Ad-Games*, d. h. einfach programmierte kostenlose Werbespiele, *statische und dynamische In-Game Advertisings*, je nachdem ob es sich um die dauerhaft gleichbleibende oder gestaltungsfähige Integration einer Werbebotschaft handelt. Obwohl sich In-Game Advertising kaum einem Kommunikationsinstrument eindeutig zuordnen lässt, kann der Integrationsgedanke eines Product Placements am ehesten herangezogen werden. Die Vielfalt der Spiele, der höhere Integrationsgrad dieser Werbung in ein Spiel sowie die intensivere Kooperation und Koordination der beteiligten Hersteller der In-Game Advertising weisen dieses Instrument mittlerweile als eigenständig profilierte Werbemaßnahme aus. (Meffert et al 2015b, 688 ff.)

## 7.3.4 Sponsoring

**Sponsoring** stellt eine besondere Form der Realisierung von kommunikativen Zielen von Unternehmen dar. Durch systematische Bereitstellung von Geld, Sachmitteln, Dienstleistungen oder Know-how soll die Förderung von Personen oder Organisationen in spezifischen Bereichen, wie z. B. Sport, Kultur, Soziales, etc., realisiert werden. *Förderungsaktivitäten* von/für Privatpersonen oder Unternehmen berufen sich auf eine lange Tradition, wie etwa Formen des Mäzenatentums, Spendenwesens oder Stiftungen, die aus altruistischen oder gemeinnützigen Motiven heraus existierten. Demgegenüber besteht im Sponsoring das Fördermotiv darin explizit Kommunikationsziele von Unternehmen zu erreichen. Unter *Sponsorship* versteht man in diesem Zusammenhang das Agreement oder Projekt zwischen einem Sponsor und einem Gesponsorten, in Form einer Analyse, Planung, Durchführung und Kontrolle sämtlicher Aktivitäten, insbesondere finanzielle Zuwendungen zu organisieren, die den Förderabsichten eines Unternehmens entsprechen, um damit eine spezifische Marketing- und Unternehmenskommunikation zu verfolgen. (Bruhn 2010, 3 ff.)

Das Kommunikationsinstrument des Sponsorings besitzt charakteristische **Merkmale**, wie das *Prinzip von Leistung und Gegenleistung*, wobei der Sponsor in der Regel eine Leistung in Form von Geld und/oder Sachmitteln gibt und dafür eine spezifische Gegenleistung, wie z. B. die Übertragung von positivem Image, symbolischem Erfolg, etc., zur Erreichung von Marketing- und Kommunikationszielen erhält. Im Rahmen der Werbung werden diesbezüglich Firmennamen auf Plakaten vermarktet, in der Verkaufsförderung spezifische Personengruppen in Werbemaßnahmen integriert, wie z. B. Autogrammstunden, VIP-Lounges, etc., im Bereich von Public Relations Celebrities oder Veranstaltungen mit Prominenten arrangiert. Charakteristisch für Sponsoring ist weiterhin die *Idee des Fördergedankens* des Unternehmens gegenüber dem Gesponsorten in Form einer starken Identifikation mit einem entsprechend dargelegten Engagement, wie z. B. die Förderung von sportlichen, kulturellen und sozialen Anliegen des Unternehmens, etc., die daher eine integrierende Funktion der Unternehmenskommunikation erfüllen. Sponsoring verlangt einen systematischen Planungs- und Entscheidungsprozess, der insbesondere die *Zielgruppen des Sponsors* und der Gesponsorten konsequent berücksichtigt, d. h. auf Zielgruppenaffinität achtet. Sponsoring soll weiterhin gewährleisten, dass auch das Image des Gesponsorten auf den Sponsor bzw. dessen Produkte und Marken im Sinne eines *Imagetransfers* zum Tragen kommen. (Bruhn 2010, 3 ff., 7 f.)

Als klassische Beispiele für **Sponsoringaktivitäten**, einschließlich entsprechender Maßnahmen, gelten (Bruhn 2010, 77 ff., 193 ff., 273 ff., 373 ff./Abbildung 7.10):

- *Sportsponsoring* gilt als traditionellste Form des Sponsorings, das verschiedene Kommunikationsträger und Kommunikationsmittel nutzt. Zu den Kommunikationsträgern zählen Einzelsportler, Sportmannschaften, Sportveranstaltungen oder Sportarenen. Zu den Kommunikationsmitteln, die Verwendung finden, gehören z. B. Trikotwerbung, Integration von Einzelsportlern in Mediawerbung, Autogrammstunden mit Sportlergruppen, Sponsorenpakete bei Sportveranstaltungen, Bandenwerbung, finanzielle

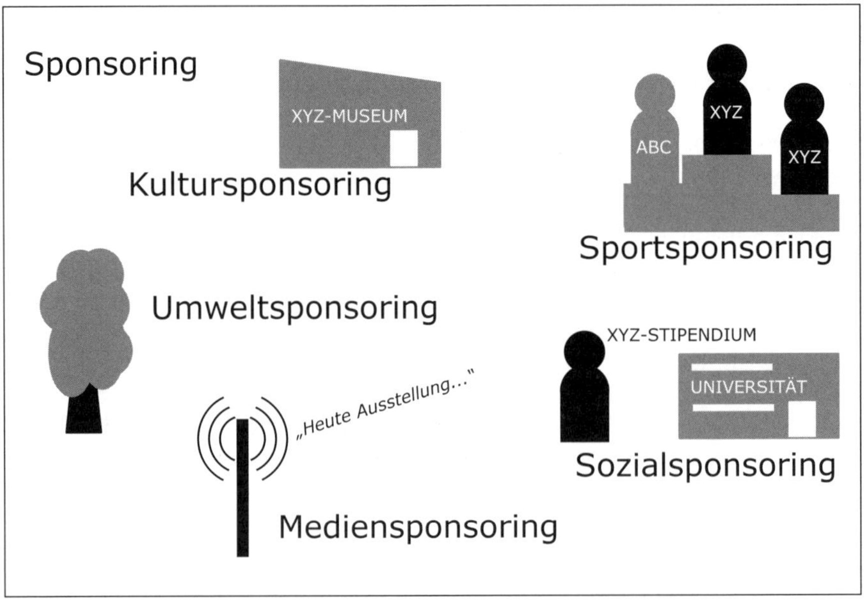


Abbildung 7.10: Arten des Sponsorings

Zuwendungen für Großveranstaltungen, wie etwa Olympische Spiele oder Weltmeisterschaften, etc. Eine neue Form der Förderung stellt das Site Sponsoring dar, bei dem sich Unternehmen an Kosten von Sportarenen beteiligen, die dann nach den Unternehmen benannt werden. Eine Fremdnutzung von Events für Unternehmenszwecke wird mit dem sogenannten Ambush-Marketing ermöglicht, wenn ohne die offizielle Übernahme eines Sponsorships Unternehmen quasi als Trittbrettfahrer medienwirksam von Sportereignissen profitieren.

- *Kultursponsoring* stellt eine weitere, zunehmend bedeutsame Form des Sponsorings dar. Durch eine gezielt selektive Auswahl von Fördermaßnahmen für Einzelkünstler, Kulturgruppen, Kulturorganisationen, etc. werden kulturelle Bereiche, wie z. B. Musik, Theater, Literatur, Film, etc., in Sponsoringaktivitäten von Unternehmen einbezogen. Ergänzt werden diese Aktivitäten des Sponsorings häufig über die Förderung von Kulturstiftungen oder durch Vergabe von Kulturpreisen und Auszeichnungen für Nachwuchskünstler, Kulturorganisationen, spezifische kulturelle oder künstlerische Aktivitäten, die einen hohen, positiven Imagetransfer erlauben. Zu den klassischen Förderungen im Rahmen von Kultursponsoring gehören insbesondere die Unterstützung von Kunstausstellungen, Kunstveranstaltungen mit der Absicht, kulturinteressierten Kunden eine Affinität zum kulturellen Leben oder den Exponaten der Creative Industries zu bieten.
- *Sozialsponsoring* fokussiert die Förderung eines Unternehmensengagements durch finanzielle Zuwendungen an unabhängige, staatliche oder sonstige Institutionen, die in sozialen, religiösen, bildungs- und wissenschaftsbezogenen oder politischen Bereichen tätig sind. Mit dem Ziel, einer Aufgaben-

erfüllung in überwiegend nicht-kommerziellen Gebieten nachzukommen, sollen positive Imageübertragungen generiert werden. Dazu zählen die Bereitstellung von finanziellen Mitteln zur Unterstützung von Hilfsorganisationen globaler und regionaler Art, von Krankenhäusern und karitativen Einrichtungen, die Gründung von Stiftungen mit explizit sozialen Aufgaben oder die Hilfe für spezifische Belange sozial benachteiligter Gruppen in akuten oder permanenten Bedarfssituationen. Weiterhin die Förderung von Wissenschaft und Bildung, von Kindergärten bis Hochschulen, hin zu Forschungsprojekten in überwiegend gemeinwirtschaftlichen Bereichen.

- *Umweltsponsoring* hat durch die gestiegene Relevanz ökologischer Perspektiven in der Öffentlichkeit und die Forderung einer Nachhaltigkeit im Bereich der Wirtschaft allgemein an Bedeutung gewonnen. Diesbezüglich können spezifische finanzielle Beteiligungen von Unternehmen an ökologischen Aufgabenfeldern gesehen werden, die einer expliziten Förderung von ökologischen Projekten dienen, mit dem Ziel eine umweltfreundliche, ökologisch orientierte Unternehmenskultur zu kommunizieren. Zum Umweltsponsoring zählen die Förderung von ökologischen Initiativen, Aktivitäten für Naturschutzorganisationen und Umweltstiftungen, Artenschutz, die Förderung umweltfreundlicher Technologieentwicklungen und alternativer Technologien sowie die Auslobung von Umweltpreisen.
- *Mediensponsoring* stellt eine aktuelle Spezialform des Sponsorings dar, die auch als spezielle Mediawerbung bezeichnet werden kann. Sie dient vornehmlich der Förderung von Unternehmensaktivitäten in einzelnen Medien, wie z. B. in Rundfunk, Fernsehen, Printmedien, elektronischen oder Neuen Medien, etc. Eine besondere Bedeutung besitzt hierbei das sogenannte Programmsponsoring, neuerdings auch Sponsoring von Public-Viewing-Formen sowie Formen des Internetsponsorings. Zu den am häufigsten verbreiteten Formen des Programmsponsorings gehören z. B. die Förderung von spezifischen Sendungen, speziellen Ereignissen, die Übernahme eines Titelpatronats, etc. Zu typischen Ausprägungen des Internetsponsorings zählen z. B. das Komplettsponsoring mit Fokus auf eine gesamte Web-Präsenz, das Content Sponsoring, wenn einzelne inhaltliche Teile von Websites gefördert werden sowie das Sponsoring von interaktiven Elementen oder spezifischen Events im Internet, etc.

Gegenüber anderen Kommunikationsinstrumenten bietet Sponsoring eine *gute Kontaktqualität* und erfreut sich einer beachtlichen Akzeptanz. Allerdings liegt im immateriellen Transfer von Image, Symbolen und Wertkomponenten auch die *Gefahr* des Instabilen und damit auch die Möglichkeit einer riskanten Umkehrung in negativen Imagetransfer, wenn z. B. Fehlverhalten, Skandale, problematische Schlagzeilen, etc., die ursprüngliche Absicht eines positiven Imagetransfers in das Gegenteil verkehren.

### 7.3.5 Öffentlichkeitsarbeit

Öffentlichkeitsarbeit oder **Public Relations (PR)** dient dem bewussten, geplanten und dauerhaften Bemühen eines Unternehmens, ein *positives Image* durch Vertrauen und andere (symbolische) Wertkomponenten in der Öffentlichkeit aufzubauen. Public Relations stellt über Planung, Organisation, Durchführung und Kontrolle der Kommunikationsaktivitäten von Unternehmen eine klassische Form der *Unternehmenskommunikation* dar, welche die Gestaltung und Pflege vielschichtiger Beziehungen zur Öffentlichkeit beinhaltet. Ausgewählte, sowohl externe als auch interne Zielgruppen, darunter Stakeholder, Beschäftigte und andere Adressaten des Unternehmens sollen mit (auch strategisch ausgewählten) Informationen des Unternehmens versorgt werden. Ziele der Public Relations sind dabei vielfältig, sie können sowohl allgemeine Imagekommunikation, wie Informationen zum Verständnis und zur Vertrauensbildung des Unternehmens als auch Krisenkommunikation oder Innovationsinformation über Produkte und Qualitätsaspekte von Einzelfunktionen des Unternehmens beinhalten. (Bruhn 2013/2015, 416 ff./Abbildung 7.11)

Zahlreiche **Funktionen** kommen der Öffentlichkeitsarbeit eines Unternehmens zu: Die *Informationsfunktion* dient der Vermittlung von umfassenden Auskünften des Unternehmens nach innen und außen, die vor allem unternehmerische Entscheidungen betreffen und Verständnis oder Akzeptanz für diese erzeugen sollen. Mit der *Kontaktfunktion* soll der Aufbau und die Aufrechterhaltung von Verbindungen zu relevanten Ziel-, Referenz- und Anspruchsgruppen des Unternehmens hergestellt werden, um bei Bedarf – in konstruktiver Absicht – auf diese zurückgreifen zu können. Mit der *Imagefunktion* soll der Aufbau, die Veränderung und die Pflege des positiven Vorstellungsbilds des Unternehmens nach innen und außen verbunden werden. Die *Stabilisierungsfunktion* durch Öffentlichkeitsarbeit dient der präventiven Erhöhung der Standfestigkeit des Unternehmens in kritischen Situationen bei sich verändernden Beziehungsqualitäten zu Teilöffentlichkeiten oder der Gesellschaft insgesamt. Die *Kontinuitätsfunktion* fördert der Bewahrung eines einheitlichen Stils des Unternehmensverhaltens nach innen und außen. Die *Sozialfunktion* profiliert das Aufzeigen von Komponenten einer gesellschafts- oder sozialbezogenen Unternehmensleistung in Verantwortung, unter Hinweis auf spezifische Wertbezüge und Handlungsintentionen im Sinne einer Corporate Social Responsibility (CSR). (Kotler et al 2011, 877 f.)

Im Allgemeinen lassen sich **Aktivitäten der Öffentlichkeitsarbeit** nach primär internen und externen Aktivitäten unterscheiden:

- Zu den *externen PR-Maßnahmen* zählen z. B. Ausstellungen, Tage der offenen Tür, Betriebsbesichtigungen, Informationsbroschüren, Geschäftsberichte, Presseinformationen und Pressekonferenzen, Kundenzeitschriften, etc.
- Zu den *internen PR-Maßnahmen* gehören z. B. interne Mitteilungen über Mitarbeiterzeitschriften, Betriebsversammlungen, Mitarbeiterbefragungen, Intranet, etc.

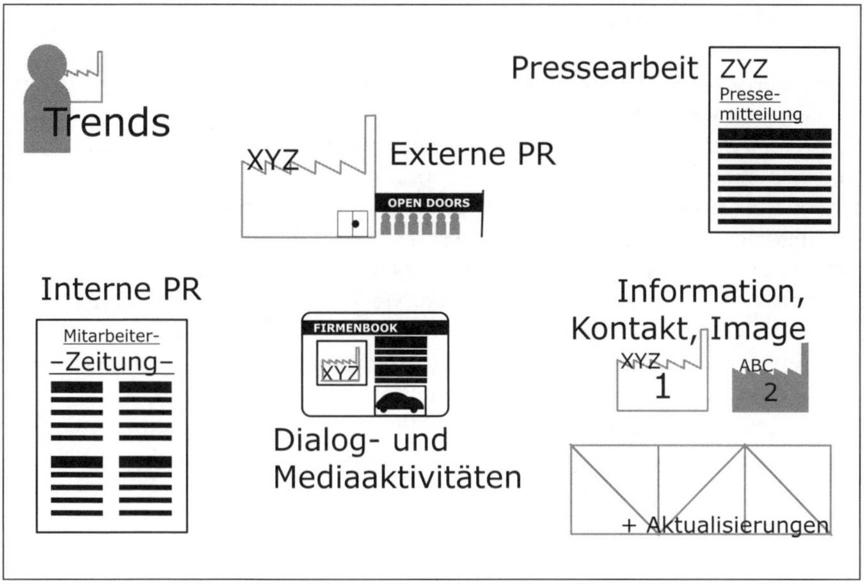


Abbildung 7.11: PR-Aktivitäten

Da Öffentlichkeitsarbeit eingebunden ist in **strategische Unternehmenskommunikation**, ergeben sich für die Umsetzung einzelner Kommunikationsbotschaften häufig gewisse *Konfliktszenarien*, wenn etwa der Versuch des Aufbaus eines positiven Unternehmensbilds mit effizientem und effektivem Strategiekalkül kollidiert (Strategiekonflikt). Bei ungünstiger Einschätzung der Unternehmensaktivitäten durch Mitarbeiter, Stakeholder und weiterer Bezugsgruppen, aber strategisch positiver Kommunikation durch das Unternehmen, kann die Akzeptanz der Maßnahmen insgesamt gefährdet sein (Akzeptanzkonflikt). Werden bestimmte Botschaften des Unternehmens ausschließlich aufgrund einer finanziellen Budgetierung oder wegen eines Professionalisierungsgrads von Teilbereichen des Unternehmens kommuniziert, so ergeben sich daraus konfliktträchtige Schieflagen mit negativen Konsequenzen (Ressourcen- oder Qualifizierungskonflikt). Im Rahmen von umfassenden gesellschaftswirksamen Maßnahmen der Öffentlichkeitsarbeit unterscheidet man insbesondere zwischen Pressearbeit, Dialog und Medienaktivitäten. Im Rahmen von *Pressearbeit* stehen Pressekonferenzen, Pressemitteilungen, redaktionelle Berichte über Produkte, Unternehmensaktivitäten oder Zukunftsprojekte im Vordergrund, die in der einfachsten Form als *Publicity* über Journalisten oder andere Multiplikatoren an die Öffentlichkeit kommuniziert werden. Formen des persönlichen *Dialogs* werden insbesondere zur Profilierung von Meinungstendenzen durch prominente Pressevertreter genutzt, ebenso ausgewählte Kommunikationsveranstaltungen, um die Glaubwürdigkeit des Unternehmensprofils authentisch zu stärken. Im Rahmen von PR-orientierten *Medienaktivitäten* werden Imagekampagnen, die Profilierung von Standpunkten des Unternehmens oder diskursive Streitpositionen lanciert (Advocacy Advertising). (Bruhn 2013/2015, 420 ff.)

### 7.3.6 Messen/Ausstellungen und Event-Marketing

Unter **Messen** und **Ausstellungen** versteht man zeitlich und örtlich festgelegte Veranstaltungen mit Marktcharakter, die das umfassende Angebot eines oder mehrerer Wirtschaftszweige präsentieren, in regelmäßigem Turnus stattfinden und sich dabei auf festgelegte Schwerpunkte konzentrieren. Während Messen tendenziell auf ein Fachpublikum gerichtet sind, werden Ausstellungen für ein allgemeineres Publikum konzipiert und veranstaltet. Messen und Ausstellungen können anhand folgender Dimensionen und ihrer unterschiedlichsten *Erscheinungsformen* typologisiert werden. Messe- und Ausstellungsarten lassen sich nach *geografischem Bezug* ihrer Ausrichtung unterscheiden in regionale, überregionale, nationale und internationale Messen, nach ihrer *Angebotsbreite* in Universal- oder Spezialmessen sowie Branchen- und Fachmessen, etc., nach dem *Angebotsschwerpunkt* in Konsumgüter- und Industriegütermessen sowie nach ihrer *Funktion* in Informations- und Verkaufsmessen, außerdem nach ihrer *Absatzrichtung* in Export- und Importmessen konzipieren, schließlich nach der *Zielgruppe* in Fachbesucher-, Händler- und Konsumentenmessen unterscheiden. (Bruhn 2013/2015, 453 ff./Abbildung 7.12)

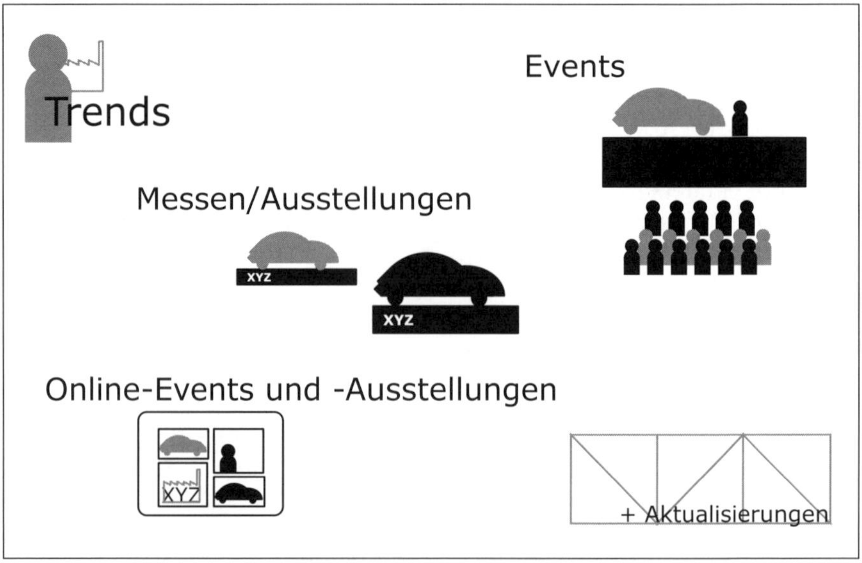


Abbildung 7.12: Messe- und Eventmanagement

Aufgrund des umfangreichen bzw. eventartigen Charakters einer Messe hat sich konzeptionell ein spezifisches **Messemanagement** herausgebildet, das häufig auf charakteristische *Phasen von Messeveranstaltungen* gerichtet ist. Kommunikationsaktivitäten hierzu richten sich demnach auf eine *Phase vor Beginn der Messe* mit allen kommunikationswirksamen Instrumenten zur Bekanntmachung des Messeablaufs und Informationen über Messeinhalte, etc. Die *Phase der Messeveranstaltung selbst* zeichnet sich durch Kommunikationsaktivitäten der Messepräsenz vor Ort aus, wie z. B. Standkommunikation, Tagesevents, etc. Die *Phase nach Beendigung der Messe* ist charakterisiert durch kundenbindungsspezifische Aktivitäten und eine Kundenbeziehungspflege, welche ausgehend von den auf der Messe geknüpften Kundenkontakten, konstruktive Anschlussaktivitäten, wie z. B. Direkt- und Dialogmarketing, etc., sowie Interaktionsaktivitäten vielfältigster Art, etc., aufnimmt. *Spezialfunktionen* eines Messemanagements stellen das *Exponatenmanagement* dar, welches die Planung, Auswahl und Gestaltung der Ausstellungsgegenstände in Form von Originalen, Mustern oder Modellen betrifft sowie das *Standkonzeptmanagement*, welches die Planung, Auswahl und Gestaltung des Messestands, der Standlage, des Standpersonals sowie der Standkommunikation beinhaltet. (Bruhn 2013/2015, 456 ff.)

Als neue Messeform gewinnen **Online-Messen** entweder als *Parallelmessen* oder als *Ersatzmessen* zu klassischen Messekonzepten zunehmend an Bedeutung, um insbesondere die zeitliche und räumliche Beschränkung von traditionellen Messekonzepten zu überwinden und durch spezifische Onlinetools, wie z. B. interaktive Elemente, Erlebnismodule oder Formen der Dialogkommunikation, etc., zielgruppenspezifische Netzwerke adäquat bedienen zu können. (Bruhn 2013/2015, 461.)

**Event-Marketing** stellt ein eigenständiges, neueres Instrument des Kommunikationsmanagements dar, dessen Fokus auf eine *erlebnisorientierte Veranstaltung* gerichtet ist, die mit multisensualer, zeitlich begrenzter Eindrucksqualität eine exklusive, authentische und ausdrucksstarke Wirkung auf Rezipienten haben soll. Charakteristische *Merkmale eines Events* sind daher seine positive Erlebnisqualität, die starke Emotionalisierung des dargestellten Konzepts, eine emotions- und erfahrungsbasierte Aktivierung des Eventpublikums, konzeptionelle Einmaligkeit der Inhalte und Präsentationen, wie z. B. Überraschungseffekte, Sensationen, etc. Events stellen somit organisierte Ereignisse dar, bei denen Zielgruppen eine Attraktion, mit der Ermöglichung von persönlichen und direkten Kontakten zwischen Veranstaltern und Angesprochenen, geboten wird. *Event-Marketing* besteht demnach vorrangig in der Inszenierung von Ereignissen (Szenografie) mit deren Planung, Organisation und Kontrolle im Rahmen von ganzheitlichen Zielsetzungen der Unternehmenskommunikation. Durch erlebnisorientierte, firmen- oder produktbezogene Veranstaltungen werden starke Aktivierungsprozesse über emotionale und physische Reize ausgelöst. Events erzeugen bisweilen auch weniger den Bezug zu Produkten des Unternehmens, sie sind vielmehr als eine Ausrichtung auf ganzheitliche Erlebnisorientierung mit hoher Emotionalisierung im Sinne des 3E-Drives zu verstehen. Wichtigste *Ziele* von Events sind die Schaffung und Steigerung der Bewusstseinsbildung, Information und Kommunikation, Imagebildung, Dialog mit Zielgruppen, Emotionalisierung und Motivation sowie Produkt- und Unternehmenskommunikation. (Bruhn 2013/2015, 461 ff.; Bauer et al 2012, 3 ff.)

Aufgrund der Komplexität und des hohen Koordinationsaufwands eines Events und der dafür erforderlichen Vor-, Haupt- und Nachbereitungsphasen haben sich spezifische Funktionen eines **Eventmanagements** herauskristallisiert, die den Ablauf eines eventbezogenen Projektmanagements und damit den Erfolg der Gesamtveranstaltung gewährleisten sollen. Das Profil eines umfassenden Eventmanagements beinhaltet die Ausarbeitung eines Eventkonzepts, die Konkretisierung einer spezifischen Evententwicklung sowie den Einbezug des Eventumfelds. Mit dem *Eventkonzept* werden Ziele, Kernbestandteile und Inhalte näher bestimmt sowie die Ausgestaltung einzelner Eventphasen, Eventpunkte als auch die Entwicklung eines integrierenden Rahmens der Gesamtveranstaltung konzipiert. Aufgrund des spezifischen Veranstaltungscharakters von Events ist eine gesonderte Profilierung des Veranstaltungstyps erforderlich, wie etwa bei Firmenseminaren, Tagen der offenen Tür, Messebeteiligungen, Road-Shows, Exkursionen, Tagungen, Jubiläen, Outdoor-Veranstaltungen, etc. Mit der *Evententwicklung* werden in der Regel drei Phasen, nämlich Kreationsphase, Konzeptionsphase und Organisationsphase kategorisiert, die eine Vorstellung von den Ausgestaltungsoptionen eines Events im Ganzen geben. Mit dem *Eventumfeld* werden die Wahl einer Location, Cateringoptionen, Logistikleistungen sowie eine explizite Betreuung von Zielgruppen des Events und weitere Maßnahmen für die erfolgsoptimale Umsetzung eines Events anvisiert. Bereits im *Vorfeld* erfordern Events eine strategische Planung zahlreicher Kommunikationsformen, wie z. B. Einladung, Mediawerbung, Public Relations, etc., sowie im *Nachgang* die Erstellung von Dokumentationen, Erfahrungsberichten, einschließlich einer Auswertung von Pressenachrufen, etc. Sogenannte **Online-Events** stellen als neuere Formen der Unternehmenskommunikation, aufgrund der oft eingeschränkten Erlebnisqualität, weniger ein Ersatzprodukt im Eventbereich dar, als vielmehr eine sinnvolle Ergänzung zu realen Events. (Bruhn 2013/2015, 471)

### 7.3.7 Multimedia-Kommunikation/Multi-Channel-Kommunikation

Der Einsatz von multimedialen Anwendungen (Multimedia-Kommunikation) hat das Kommunikationsmanagement von Unternehmen insgesamt und im Besonderen durch die spezifische Nutzung des Internets über Social-Media-Kommunikation maßgeblich beeinflusst und verändert. Unter **Multimedia-Kommunikation** versteht man die zielgerichtete, systematische Planung, Entscheidung, Organisation und Kontrolle eines computergestützten, interaktiven und multimodalen Kommunikationssystems als zeitunabhängige Plattform. Dabei werden Multimedia-Anwendungen als *unterhaltungsbezogene Formen,* wie z. B. Computerspiele, Online-Spiele, etc., *interaktiv-informationsorientierte Varianten,* wie z. B. virtuelle Kataloge, Unternehmenspräsentationen, etc., und *dialog-serviceorientierte Optionen,* wie z. B. Gewinnspiele, Online-Shopping, etc., unterschieden und zur Übermittlung strategischer Unternehmensbotschaften genutzt. Die Kombination mehrerer Multimediasysteme und Media-Anwendungen bezeichnet man als *Cross-Media-Kommunikation.* Zu den Multimedia-Systemtypen gehören z. B. mobile Speichermedien, Terminal- und Kiosksysteme sowie Onlinesysteme, etc. Multimedia-Anwendungen können sich sowohl auf eine technologische Systemebene, wie z. B. Computerspiele, Point-of-Sale-Terminals, etc., als auch auf eine Ebene spezifischer Marketing-Kommunikationsformen, wie z. B. Online-Shopping, virtuelle Kataloge, etc., beziehen. (Bruhn 2014b, 238 ff.; Holland 2014, 795 ff.)

Die gestiegene Bedeutung der **Social-Media-Kommunikation** entwickelte sich insbesondere im Zusammenhang mit Web 2.0 als eine spezifisch interaktive und partizipative Nutzung des Internets über eine fortschrittliche Technologieanwendung, gewandelten Bedürfnissen und entsprechend geändertem Nutzungsverhalten im Internet. Aus den *Anwendungsmodalitäten* der Social-Media-Kommunikation lassen sich differenzierte Nutzungsvorteile generieren: Unterhaltungsbezogene, reaktive Anwendungen erlauben in der Regel eine erlebnishafte, emotionale Beeinflussung des Konsumenten zur Darstellung von produkt- oder unternehmensbezogenen Inhalten. Informationsorientierte, interaktive Anwendungen ermöglichen die selektive oder umfassende Kanalisierung von marketingrelevanten Informationen zwischen Kunden und Unternehmen. Dialog- und serviceorientierte Anwendungen stellen direkte Feedbackoptionen zwischen Kunden und Unternehmen her, die einer vielfältigen Service- und Austauschfunktion dienen können. (Bruhn 2014b, 1077 ff.; Holland 2014, 775 ff.)

## 7.4 Aufgaben und Literaturhinweise

### 7.4.1 Aufgaben

Nachfolgend werden einige **Bearbeitungshinweise** zur umfassenden Lösung der Aufgaben gegeben:

- Zunächst sollte bei der Bearbeitung der einzelnen Aufgaben zum Kommunikationsmanagement die *Idee einer integrierten Unternehmenskommunikation* auch bei der Anwendung einzelner Kommunikationsinstrumente umgesetzt werden.
- Zweckmäßig ist es, unter Berücksichtigung des oben genannten Leitgedankens – Kommunikationskonvergenz einerseits, Differenzierungsgrad andererseits –, eine *Bewertung der Kommunikationsinstrumente* in Bezug auf qualitative und quantitative Maßnahmen vorzunehmen.
- Schließlich sollten *strategische Aspekte der Unternehmenskommunikation* unter Einbezug divergierender Interessenlagen und Motive der Stakeholder kritisch herausgearbeitet werden.
- Ergänzend sollte im Hinblick auf Media Selection, auf eine Auswahl geeigneter Agenturen sowie unter Wirtschaftlichkeitsgesichtspunkten entweder ein *selektiv konzipiertes* oder ein *ganzheitliches Multimedia-Konzept* betrachtet werden.

Stichworte zu konkreten Lösungshinweisen für die Aufgaben von Kapitel 7 finden Sie auf Seite 283 f.

Aufgaben

- **[1]** Welche grundsätzlichen Aufgaben werden durch ein umfassendes Kommunikationsmanagement im Marketing für Unternehmen erfüllt? Diskutieren Sie ebenfalls Problemlagen, die sich dabei ergeben können.
- **[2]** Erläutern Sie einzelne Schritte zur systematischen Gestaltung eines Werbemanagements, indem Sie Planung, Einsatz und Controlling entsprechender Instrumente berücksichtigen.
- **[3]** Charakterisieren Sie die Besonderheiten folgender Kommunikationsinstrumente: Sponsoring, Event- und Messemanagement sowie der Öffentlichkeitsarbeit.
- **[4]** Diskutieren Sie ausgewählte Instrumente eines Kommunikationsmanagements unter den Aspekten von Akzeptanz, Wirksamkeit und Information Overload.
- **[5]** Welche Möglichkeiten und Grenzen der Gestaltung von Kommunikationsinstrumenten sehen Sie bei Krisen?

Aufgaben zu Kapitel 7

## 7.4.2 Literaturhinweise

Die nachfolgenden Titel stellen Basisquellen zur thematischen Breite des 7. Kapitels dar, gleichzeitig können folgende Lehrwerke und Literaturangaben ergänzend als relevante Quellen zu einer vertiefenden Nachbereitung der Inhalte des vorangegangenen Kapitels herangezogen werden:

- *Bruhn, Manfred (2010)*: Sponsoring. Systematische Planung und integrativer Einsatz, 5., vollständig überarbeitete und erweiterte Auflage, Wiesbaden 2010
- *Bruhn, Manfred (2013/2015)*: Kommunikationspolitik. Systematischer Einsatz der Kommunikation für Unternehmen, 7./8., überarbeitete Auflage, München 2013/2015
- *Bruhn, Manfred (2014b)*: Unternehmens- und Marketingkommunikation. Handbuch für ein integriertes Kommunikationsmanagement, 3., vollständig überarbeitete Auflage, München 2014
- *Bauer, Hans H./Heinrich, Daniel/Samak, Michael (2012)*: Erlebniskommunikation. Erfolgsfaktoren für die Marketingpraxis, Berlin u. a. 2012
- *Beck, Klaus (2012)*: Das Mediensystem Deutschlands. Strukturen, Märkte, Regulierung, Wiesbaden 2012
- *Fuchs, Wolfgang/Unger, Fritz (2007)*: Management der Marketing-Kommunikation, 4., aktualisierte und verbesserte Auflage, Heidelberg 2007
- *Holbaur, Ulrich/Jettinger, Edwin/Knauss, Bernhard/Moser, Ralf/Zeller, Markus (2010)*: Eventmanagement. Veranstaltungen professionell zum Erfolg führen, 4., überarbeitete Auflage, Berlin u. a. 2010
- *Kloss, Ingomar (2012)*: Werbung. Handbuch für Studium und Praxis, 5., vollständig überarbeitete Auflage, München 2012

- *Mast, Claudia/Huck-Sandhu, Simone (2013)*: Unternehmenskommunikation. Ein Leitfaden, 5., überarbeitete Auflage, Konstanz 2013
- *Renker, Clemens (2008)*: Kommunikationsmanagement. Grundlagen für Entscheider, 3., überarbeitete Auflage, München 2008
- *Wirtz, Bernd W. (2013)*: Medien- und Internetmanagement, 8., aktualisierte und überarbeitete Auflage, Wiesbaden 2013

### 7.4.3 Creative Case Choice VII

Mit dem *Creative Case Choice VII* zum Thema **Kommunikationsmanagement** sollen die im 7. Kapitel behandelten Inhalte für marketingspezifische Kommunikationsalternativen ganzheitlich im Sinne des Kommunikations-Mix einer spezifischen Unternehmenskommunikation dargelegt werden. Die Entscheidung für bestimmte Kommunikationsinstrumente sollte begründet und unter qualitativen sowie quantitativen Kriterien bewertet werden. Folgende konkrete Arbeitsschritte sollen dabei aus dem **Creative Case Chart VII** entnommen werden:

Positionierung des ‚Kommunikationskonzepts' für das favorisierte Unternehmen/Projekt nach folgenden Kriterien:

- Darstellung des bestehenden Kommunikationskonzepts über strategische und operative Ausrichtung, Grundpositionen, Kommunikationsinstrumente, etc.
- Auswahl der Informations- und Datenquellen über das Unternehmen/Projekt, z.B. Website, Broschüren, interne Quellen, etc.
- Sammeln von Kurzinformationen über:
  1. Umfang des Werbe-Konzepts
  2. Strategisches Kommunikationskonzept, z.B. Kernmarkenwerte, Kommunikationsbotschaft, etc.
  3. Instruments des Kommunikationskonzepts
  4. Innovative Kommunikationsformen
  5. Modifikationsvorschläge für neue Kommunikationsformen

Abbildung 7.13: Creative Case Chart VII

Anhand der erfolgreichen Ausarbeitung dieses *Creative Case Choice VII* sollte ein Kommunikations- und/oder Werbekonzept beschrieben oder entwickelt werden, das eine selektive Auswahl von relevanten Kommunikationsinstrumenten berücksichtigt und diese über ein Gesamtkonzept profiliert.

# 8. Distributionsmanagement

## 8.1 Struktur und Lernziele des Kapitels

### 8.1.1 Absatzdimensionen des Marketings

Mit den Absatzdimensionen des Marketings wird auf die akquisitorische und logistische *Distribution* als spezifischem Verteilungsmodus von Produkten Bezug genommen. Während im *Vertriebsmanagement* unterschiedlichste Übertragungswege der materiellen oder immateriellen Leistungen vom Hersteller zum Kunden organisiert werden, erfüllt ein *Logistikmanagement* sowohl kunden- als auch funktionsorientierte Übertragungsaufgaben nach Abschluss der Leistungserstellung der Produkte hin zum Kunden. Ein umfassendes *Distributionsmanagement* verbindet sinnvollerweise Komponenten eines kundenorientierten Vertriebs mit prozessspezifischer Logistik, um den Bedarf an optimalen Verkaufs- und Serviceleistungen respektive Transport- und Versorgungsleistungen zu ermöglichen. Diese Übertragungsprozesse von der Produktion zur Konsumtion, also zwischen Herstellern, Distributoren (Handel) und Kunden erfordert ein Höchstmaß an flexibler und individueller Leistungsbereitschaft.

Struktur von Kapitel 8

Die **Distribution** von Produkten vom Produzenten zum Endverbraucher setzt voraus, dass über die Wahl bestimmter Vertriebsorgane, Vertriebswege und einer entsprechenden Vertriebslogistik – also spezifischer Absatzkanäle – zu funktionsgerechten Prozessen verknüpft werden. Dadurch sollen hohe Serviceleistungen für den Kunden ermöglicht und erfolgsorientierte Vertriebsaktivitäten für Unternehmen erzielt werden.

Im **Vertriebsmanagement** wird eine bestimmte Vertriebsstruktur erfolgswirksam festgelegt, die zwischen direktem, unternehmenseigenem Vertrieb, indirektem, unternehmensexternen Vertrieb und einem sogenannten hybriden Vertrieb über Vertragspartner oder Franchisesysteme unterscheidet. Mit dem Management der Beziehungen zu Vertriebspartnern werden explizit verschiedene Hersteller-Handelsbeziehungen verfügbar.

Im **Logistikmanagement** wird die Planung, Entscheidung, Organisation und Kontrolle der logistischen Transformation von Produkten vom Hersteller, teilweise über den Handel, zum Endverbraucher gewährleistet und die Optimierung des Lieferservices mit hoher Lieferqualität, etc. über kundenorientierte Logistiksysteme und einer flexiblen Lieferleistung, etc. über funktionsorientierte Marketinglogistik (Supply Chain) angestrebt.

### 8.1.2 Lernziele und Berufsperspektiven

Im Rahmen der Lernziele dieses Kapitels sollen sowohl ein grundlegender Über**blick** über das Distributionsmanagement mit den Komponenten des Vertriebs- und Logistikmanagements verschafft als auch **Fähigkeiten** erworben werden, die Funktionsweise unterschiedlicher Formen des Vertriebs zu verstehen und mit entsprechenden Prozessen der Logistik anwendungsorientiert zu verbinden. Folgende Lernziele stehen dabei im Vordergrund:

**Lernziele**

- **Grundidee eines Distributionsmanagements** unter dem Aspekt von Vertriebs- und Logistikleistung **verstehen** und darstellen können
- **Struktur der Produktdistribution** über Vertriebsorgane und Logistiksysteme in ihrer Funktion, in ihren Prozessen und Optionen darstellen und **erklären** können
- **Formen des Vertriebsmanagements** als direkte und indirekte Vertriebsstrukturen sowie hybride Formen und Kooperationslösungen **nachvollziehen** können
- **Unterschiede** zwischen unternehmensexternen Organen **des Vertriebs** als Absatzhelfer und Absatzmittler kennen und Formen beider verstehen und für die Aktivitäten eines Handelsmanagements **darstellen können**
- **Ausprägungen des Logistikmanagements** über kundenorientierte Logistiksysteme und funktionsorientierte Marketinglogistik **verstehen** und erklären können

Lernziele von Kapitel 8

Berufs- und Handlungsfelder, die mit Distributionsmanagement von Produkten im Marketing angesprochen werden, sind vielfältig. Grundsätzlich erfordert ein kundenorientierter Bereich des Vertriebs/Sales hohe **akquisitorische Kompetenzen**, umfassende Produkt- und Servicekenntnisse sowie ausgeprägtes *Empathiepotenzial für Kunden*. Besonders hervorzuheben sind hierbei Kompetenzen in der Entwicklung von Vertriebsstrategien sowie Kenntnisse in der Ausgestaltung eines Point-of-Sale-Managements Für die *distributorische Unterstützungsfunktion* im Vertriebsmanagement ist es erforderlich, **logistische Kompetenzen** für flexible Prozesse der Verteilung von Produkten zu implementieren sowie deren informationstechnologische Optionen zu kennen.

- *Leitung Vertriebsmanagement* erfordert eine ganzheitliche Koordination sämtlicher Vertriebsaktivitäten eines Unternehmens in Verbindung mit verfügbaren Instrumenten aus Kundenkommunikations- und Logistikmanagement, einschließlich hoher Kunden- und Serviceorientierung.
- *Category Management* organisiert die effiziente, kundenbezogene Sortimentssteuerung und eine entsprechende Positionierung von Produkten sowie eine differenzierte Anspruche von Kundengruppen basierend auf Marktforschungsergebnissen.
- *Supply Chain Management* gestaltet und implementiert vernetzte Produkt- und Informationsströme zwischen Produzenten, Lieferanten und Kunden unter wirtschaftlichen, technischen und informationsbezogenen Aspekten mit ganzheitlichen Problemlösungskonzepten und hoher Logistikkompetenz.

Die oben aufgeführten Tätigkeitsfelder lassen sich gleichermaßen in Unternehmen verschiedener Branchen und deren eigenständiger Marketingabteilungen finden als auch in Vertriebs- und Logistikabteilungen von privaten und öffentlichen Organisationen.

**Literaturhinweise:** Zur Vorbereitung auf die Inhalte des 8. Kapitels können ergänzend folgende Lehrwerke und Internetseiten als relevante Quellen herangezogen werden:

- *Schögel (2012)*, Teil 1 Eigenschaften und Stellung der Distribution
- *Specht/Fritz (2005)*, 1 Grundlagen des Distributionsmanagements
- www.vertriebsmanager.de, Infoportal für Vertrieb und Sales
- www.logistik-heute.de, Zeitschrift für Logistik: das Deutsche Logistik Magazin

## 8.2 Dimensionen des Distributionsmanagements

### 8.2.1 Konzepte und Dynamik im Distributionsmanagement

Im **Distributionsmanagement** oder über *Distributionspolitik* (Gestaltungsaspekt) werden alle Entscheidungen getroffen bzw. deren Realisierung gestaltet und kontrolliert, die im Zusammenhang mit der Verteilung (Distribution) eines Produkts vom Produzenten bis zum Konsumenten stehen. Als Konsumenten kommen dabei sowohl private Endverbraucher als auch gewerbliche Verwender in Frage, weshalb ebenfalls von betrieblicher Leistungsverwertung gesprochen wird. Bei ganzheitlicher Betrachtung des Distributionsmanagements erfolgt eine *systematische Verbindung von Vertriebs- und Logistikmanagement*, die eine hohe Ausdifferenzierung von Strukturen und Prozessen der betrieblichen Leistungsverwertung erfährt. Distributionsmanagement wird ungeachtet anderer begrifflicher Verwendungen als übergeordnete Marketingaufgabe für Vertriebs- und Verkaufsmanagement, Handelsmanagement sowie Absatz- und Logistikmanagement verstanden. Während mit dem *Begriff der Distribution* originär die Verteilung von Produkten bezeichnet wird, versteht man unter Bezeichnungen wie Vertriebs- oder Handelsmanagement erweiterte Aufgabenbereiche mit spezifischen Funktionen, die teilweise den Begriff des Distributionsmanagements ergänzen oder ersetzen. Auch im Verhältnis zu den Funktionen des Marketings bestehen Rivalitäten hinsichtlich einer Über- oder Unterordnung von Marketing und Vertrieb einerseits, Handel und Vertrieb andererseits. (Specht/Fritz 2005, 35 ff.; Kotler et al 2007, 849; Schögel 2012, 23 ff., 28 ff.)

**Vertriebsmanagement** bezeichnet zunächst strategische, taktische und operative Aufgaben, Strukturen und Prozesse sowie Systeme der betrieblichen Leistungsverwertung mit einem Fokus auf *Kundenbetreuungs- und Umsatzverantwortung*. In paradigmatischer und ganzheitlicher Ausrichtung kommen hierbei auch *Formen eines Customer Relationship Managements* in Betracht. Nach modernem Marketingverständnis liegt die Gewichtung im Vertriebsmanagement auf dem akquisitorischen Aspekt und in Entscheidungsfeldern des distributionspolitischen Bereichs von Absatzkanälen. Im Fokus stehen dabei das Distributions- und Absatzsystem als Ganzes, wie z. B. die Gestaltung der Struktur des Vertriebssystems, etc., die Wahl von Vertriebsorganen, wie z. B. unternehmensinterne und unternehmensexterne Vertriebsorganen, etc., oder Varianten von Vertriebskanälen, wie z. B. direkte und indirekte Vertriebswege, etc. Als bedeutsamste **Vertriebsfunktion** steht mitunter der *Verkauf* im Vordergrund, der über persönliche, semipersönliche oder unpersönliche Formen im Wesentlichen in der Anbahnung, Verhandlung und dem Abschluss eines Kaufvertrags sowie weiterer Betreuungen im Zusammenhang mit dem Produktverkauf besteht. Mit dem Begriff *Absatz* wird einerseits, ungeachtet seiner ursprünglichen Bedeutung, im Zusammenhang mit *Absatzwirtschaft* als Vorläufer des Marketings, heute primär auf Absatz- oder Verkaufsmengen Bezug genommen, andererseits auf Absatzkanäle, die als spezifisch rechtliche, ökonomische und kommunikativ-soziale Beziehungsformen im Distributionsmanagement und seiner beteiligten Akteure, wie z. B. Personen, Institutionen, etc., gelten. (Winkelmann 2012, 1 ff., 11 ff./Abbildung 8.1)

**Logistikmanagement** stellt gegenwärtig einen bedeutsamen Erfolgsfaktor für entsprechende Grundprozesse im Vertrieb dar, die im engeren Sinne als *funktionsorientierte Logistikaufgaben* aus Lagerhaltung, Transport und Umschlag also einer Transformation von logistischen Objekten bestehen. Die dafür eingesetzten Ressourcen und eine spezifische Organisation bilden die Leistungsvoraussetzungen für qualitativ hochwertige Logistikprodukte. Unter gegenwärtigen

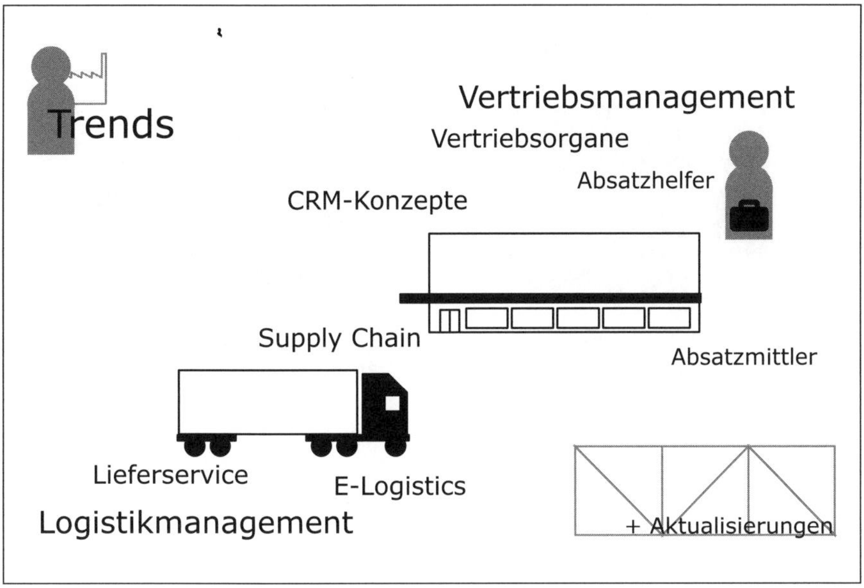


Abbildung 8.1: Dimensionen des Distributionsmanagements

Bedingungen wachsender Kundenanforderungen, dem Bedeutungszuwachs von Kundenzufriedenheit sowie hohen Kundenerwartungen (Bedürfnisprogression), werden insbesondere eine *Sicherstellung der logistischen Qualität*, Effizienz und Anpassungsfähigkeit einer Lieferleistung als Voraussetzung dafür gesehen, vertriebliche mit logistischen Leistungen im Sinne der Erfüllung eines hohen Kundennutzens anzubieten (Huber/Laverentz 2012, 3 ff., 12 ff.). Transport- und Serviceleistungen, die teilweise auch als akquisitorische Unterstützungsfunktion des Vertriebs gelten, lassen sich über eine *kundenorientierte Logistik* in Verbindung mit Retouren- und Recyclingmanagement, Tracking und Tracing, einer Technik, wie Radio Frequency Identification (RFID), Global Positioning Systeme (GPS) optimal nutzen.

### 8.2.2 System von Vertriebs- und Logistikmanagement

Die **Gesamtkonzeption eines Distributionsmanagements**, die der Übertragung von betrieblichen Leistungen vom Hersteller zum Verwender dient, lässt sich aufgrund einer gestiegenen Komplexität, wie z. B. Multi-Channel-Vertrieb, etc., einerseits und einer zunehmenden Flexibilität, wie z. B. kundenorientierter Versandservice, etc., andererseits sinnvollerweise als System von Vertriebs- und Logistikmanagement darstellen. Während mit den Funktionen des Vertriebsmanagements Verkaufs- und Serviceleistungen aufgerufen werden, sind Aufgaben des Logistikmanagements überwiegend mit Transport- und Versorgungsleistungen verbunden (Abbildung 8.2). Zahlreiche Einflussfaktoren, institutionelle Träger, Konfliktstrukturen und Veränderungsdynamiken prägen den gesamten distributionsbezogenen Vertriebs- und Logistik-Bereich.

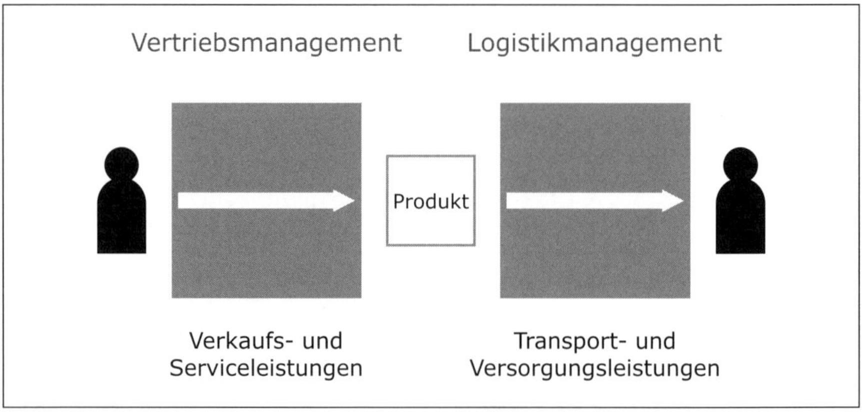


Abbildung 8.2: Interdependenzen von Vertriebs- und Logistikmanagement

Mit der Ausgestaltung einer **Vertriebsstrategie** wird einerseits eine Rückbindung an Basiskonzepte des Marketings geleistet, andererseits werden Formen des Marketing-Mix systematisch integriert. In ganzheitlicher Absicht nimmt ein Vertriebsmanagement Bezug zu differenzierter, aber umfassender Kundenbeziehungsgestaltung, die dann Ausprägungen eines Customer oder Business Relationship Marketings darstellen. (Homburg 2015, 862 f., 894 ff.)

Bedeutsame unternehmensexterne Faktoren, die gegenwärtig eine **Professionalisierung des Vertriebsmanagements** erfordern, werden durch steigende *Kundenansprüche*, eine zunehmende *Wettbewerbsintensität* und *technologische Innovationen* bedingt. Zu den unternehmensinternen Faktoren, die diese Entwicklung prägen, gehören die nach wie vor *intuitionsdominierte Vertriebskultur* und eine primär kurzfristige *Zielorientierung im Verkaufsmanagement*, geleitet von aktuellen Umsatz- und Vertriebszielerreichungsgraden. Nicht selten tritt dabei eine Ad hoc-Vorgehensweise des Vertriebs in Konflikt zu allgemeinen Vorgaben des Marketings und muss durch eine Orientierung an den Erfolgswirkungen beider geschlichtet werden. Aufgrund der erheblichen Datenflut und einem permanenten Aktualisierungsbedarf von Vertriebsdaten ist ein ausgeprägtes *Informationsmanagement* unabdingbarer Bestandteil des Vertriebsmanagements. **Vertriebsaufgaben** lassen sich nach ihrer Zugehörigkeit zu strategischen und operativen Managementfunktionen zuordnen. Durch ein *strategisches Vertriebsmanagement* erfolgt die Priorisierung von Kunden innerhalb von ausgewählten Kundensegmenten, die Entscheidung über eine spezifische Kundenbeziehungsstrategie sowie die strategische Auswahl von entsprechenden Vertriebskanälen. Durch ein *operatives Vertriebsmanagement* wird dann über Optionen und Ausführungen eines Kundenkontaktmanagements entschieden, die Auswahl der Instrumente des Kundenbeziehungsmanagements festgelegt und die Ausgestaltung von entsprechenden Vertriebskanälen bestimmt. (Diller et al 2005, 21 ff.)

Im System von Vertriebs- und Logistikmanagement spielt eine explizite **Vertriebslogistik**, die auch als **Marketinglogistik** bezeichnet wird, eine herausragende Rolle. In der Regel werden einzelne Aktivitäten der Vertriebslogistik über ein Supply Chain Management zusammengeführt. Mit den Entscheidungen über die *Lagerstandorte* wird sowohl eine *vertikale Distributionsstruktur* mit vier unterschiedlichen Lagerstufen (Werkslager, Zentrallager, Regionallager und Auslieferungslager) als auch eine *horizontale Distributionsstruktur* mit der Anzahl der Lager auf jeder Stufe festgelegt. Des Weiteren wird in der Vertriebslogistik über *Lagerhaltung*, *Kommissionierung* und *Verpackung* sowie über *Transportoptionen* entschieden. (Homburg 2015, 904 ff., 911 ff., 916 ff.)

Mit den **Strukturen eines Vertriebssystems** werden zunächst **Vertriebsorgane** bestimmt, d. h. eine Auswahl von Vertriebseinheiten vorgenommen, die spezifische Arbeitsweisen des Vertriebs übernehmen. Man unterscheidet hierbei *unternehmensinterne Vertriebsorgane* sowie die dazugehörigen organisatorischen und individuellen Einheiten und *unternehmensexterne Vertriebsorgane* mit der Option hybrider Vertriebsorgane, Absatzhelfer und Absatzmittler. Des Weiteren wird mit der Struktur eines Vertriebssystems über die Gestaltung der **Vertriebswege** entschieden. Hierbei lassen sich zunächst *direkte und indirekte Vertriebswege* als vertikale Struktur des Absatzkanals (Absatzkanalmanagement) unterscheiden. Im Falle eines direkten Vertriebs verkaufen Produzenten unmittelbar an die Konsumenten, ohne auf unternehmensexterne Vertriebsorgane zurückzugreifen. Im Falle eines indirekten Vertriebs werden unternehmensexterne Vertriebsorgane in Form von Absatzmittlern oder Handelsunternehmen eingesetzt. Darüber hinaus lässt sich die Länge und Breite eines Vertriebswegs in Form einer horizontalen Struktur festlegen. Mit der Länge eines Vertriebswegs werden ein-, zwei- oder mehrstufige Vertriebswege verbunden. Mit der Breite eines Vertriebswegs werden exklusiver, intensiver und selektiver Vertrieb unterschieden. (Homburg 2015, 864 ff., 871 ff.)

## 8.2.3 System der Vertriebsorgane

Mit dem **System der Vertriebsorgane** werden unternehmensinterne und unternehmensexterne *Vertriebsstrukturen* angesprochen, die über Personen, Abteilungen oder Institutionen an den *Vertriebsaktivitäten* eines Unternehmens beteiligt sind. Da es sich hierbei um eine Vielzahl von unterschiedlichsten Vertriebsorganen handelt, die als Distributoren tätig werden, lassen sich fließende Übergänge zu einem Handelsmarketing herstellen, insbesondere im Zusammenhang mit Absatzhelfern und Absatzmittlern. (Winkelmann 2012, 44 ff., 73 ff./Abbildung 8.3)

Die Gestaltung von Vertriebseinheiten bezieht sich zunächst auf **unternehmensinterne Vertriebsorgane** in Form von rechtlich selbstständigen Organen, wie z. B. Vertriebsgesellschaft, etc., und rechtlich unselbstständigen Organen, wie z. B. Vertriebsabteilung, Verkaufsniederlassung, Reisende, etc. Als unternehmenseigene bzw. interne Aufgabenträger kommen sowohl organisatorische als auch individuelle Einheiten in Frage. (Homburg 2015, 866) *Organisatorische Einheiten* beschäftigen Vertriebsbeauftragte in entsprechenden Vertriebs- und Verkaufsabteilungen oder Niederlassungen, die darin eigene Verkaufs- oder Verkaufsunterstützungsfunktionen übernehmen. Unterschieden werden hier der Vertriebsaußendienst, der Vertriebsinnendienst und der Kundendienst:

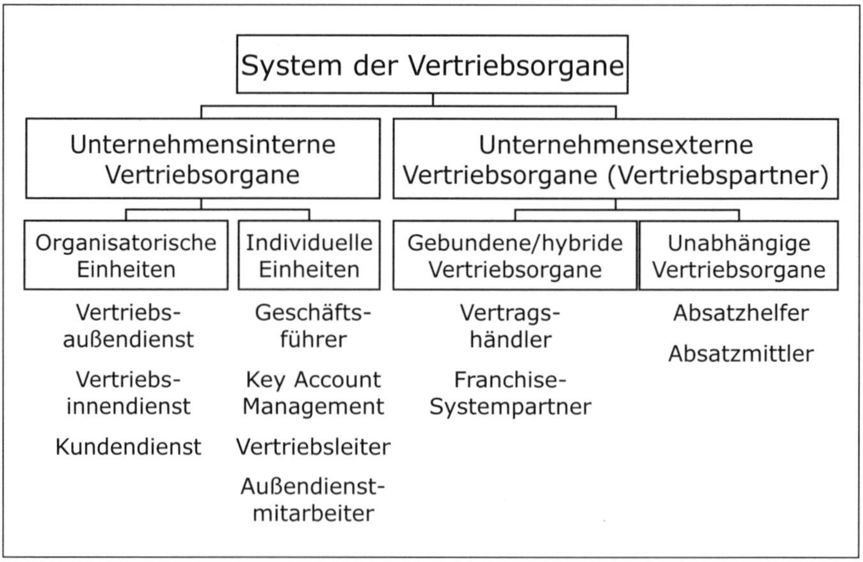


Abbildung 8.3: System von Vertriebsorganen

- *Vertriebsaußendienst* erfährt seine Zuständigkeit in den Aufgaben für die Akquise von Neukunden, für die Pflege des vorhandenen Kundenstamms sowie für die Betreuung von Vertriebspartnern eines Unternehmens, etc. Hinsichtlich seiner Organisation wird der Vertriebsaußendienst häufig geografisch gegliedert bzw. in regionalen oder überregionalen Verkaufsniederlassungen zusammengefasst. Zu den internen Aufgabenträgern zählen auch die dem Vertriebsaußendienst zuzurechnenden Reisenden, die aktiv am Verkauf beteiligt sind, oder die Geschäftsleitung selbst, wenn spezielle Aufträge (Key-Account-Management) vorliegen.
- *Vertriebsinnendienst* (Back Office/Front Office Support) unterstützt den Vertriebsaußendienst (Front Office), der wiederum entweder aufgabenbezogene Funktionen wahrnimmt, wie z. B. administrative oder akquisitorische Innendienstfunktionen, Auftragsabwicklungen und Herbeiführung von Verkaufsabschlüssen, etc., oder medienbezogene Unterstützung leistet, wie z. B. Call Center, internetgestützter Vertrieb über E-Commerce Support, Content Marketing, etc. Vertriebsaktivitäten, die primär über das Telefon abgewickelt werden, können dabei in einem Call Center zusammengefasst werden, wobei Inbound Call Center überwiegend eine vom Kunden ausgehende Kommunikation behandeln, wie z. B. Auftragsabwicklung, Auftragserteilung, Entgegennahme von Kundenbeschwerden, etc., während durch Outbound Call Center spezifische Unternehmensinitiativen abgewickelt werden, wie z. B. Adressverifikation, Terminvereinbarung, sonstige Akquisitionen, etc.
- *Kundendienst* spielt für den bestehenden Kundenstamm oder bei komplexen Produkten mit ausgeprägten Servicekomponenten durch seine vertriebsunterstützende Funktion eine wichtige Rolle, wie z. B. bei Auskunftserteilung, Entwicklung kundenspezifischer Problemlösungen, etc.

*Individuelle Einheiten* stellen Personengruppen dar, die teilweise einzelnen organisatorischen Einheiten zuzuordnen sind, oder Sonderaufgaben des Vertriebs übernehmen, wie dies im Falle von *Geschäftsführern, Key-Account-Managern, Vertriebsleitern* für ausgewählte Kundengruppen oder allgemeinen *Außendienstmitarbeitern* zutrifft, die für ausgewählte Tätigkeiten im Vertriebsbereich bestimmt sind.

Eine weitere Gestaltungsoption von Vertriebseinheiten bezieht sich auf **unternehmensexterne Vertriebsorgane** bzw. Vertriebspartner. Man unterscheidet zwischen von Unternehmen unabhängigen Vertriebsorganen, wie Absatzhelfern und Absatzmittlern, und von Unternehmen teilweise abhängigen Vertriebsorganen, wie Vertragshändler und Franchise-Systempartner. Als unternehmensfremde oder unabhängige Vertriebsorgane gelten Absatzhelfer in Form von Handelsvertretern, Kommissionären, Maklern, Vertriebsagenturen, Logistikdienstleistern und Absatzmittler in Form von Groß- und Einzelhandel. (Homburg 2015, 865 ff./Abbildung 8.4) *Absatzhelfer* werden als unternehmensexterne, rechtlich selbstständige Vertriebsorgane von Unternehmen zur Akquisition von Aufträgen und zum Abschluss von Kaufverträgen eingesetzt:

- *Handelsvertreter* sind selbstständige Gewerbetreibende, die damit betraut sind dauerhaft für Unternehmen Geschäfte zu vermitteln oder Geschäfte in deren Namen abzuschließen (§§ 84-92 HGB). Handelsvertreter berufen sich auf eine freie Gestaltung ihrer Tätigkeit, ihrer Arbeitszeit und vielfältige Erscheinungsformen der Vermittlung und des Verkaufs von Produkten. Pflichten des Handelsvertreters bestehen unter anderem in der Vermittlung oder dem Abschluss von Geschäften, unter Wahrung des Unternehmensinteresses (§ 86 Abs. 1 HGB) sowie der Beachtung von Geschäftsgeheimnissen und Wettbewerbsvereinbarungen (§ 90 HGB). Handelsvertreter erhalten für ihre Tätigkeit in der Regel entweder eine umsatzabhängige Provision, eine produkt- oder umsatzbezogene Prämie oder ein Fixum (Festbetrag).
- *Kommissionäre* unterscheiden sich von Handelsvertretern dadurch, dass sie als selbstständige Gewerbetreibende in eigenem Namen für die Rechnung ihres Auftraggebers, des Kommittenten, tätig werden (§ 383 HGB). Sie übernehmen für den Auftraggeber gewerbsmäßig den Ein- und Verkauf, wie z. B. von Waren, Wertpapieren, etc. Als Vergütung für ihre Tätigkeit erhalten Kommissionäre im Allgemeinen eine umsatzabhängige Kommission oder Provision. Der Kommissionsvertrieb stellt eine rechtliche Ausgestaltungsform von Kooperationsstrategien dar (§§ 383-406 HGB).
- *Makler* als selbstständige Gewerbetreibende (§§ 93-104 HGB) betätigen sich vor allem darin, Verträge zwischen Anbietern und Kunden in fremdem Namen und auf fremde Rechnung zu vermitteln. Sie haben im Wesentlichen die Interessen beider Parteien, für die sie tätig sind und zwischen denen sie vermitteln, zu wahren.
- *Vertriebsagenturen* unterstützen Anbieter von Produkten, wie z. B. Güter, Dienstleistungen, etc., bei der Kontaktaufnahme zu potenziellen Kunden sowie bei der Beratung, Auftragsabwicklung und anderen Vertriebsaufgaben.

- *Logistikdienstleister*, darunter Spediteure, Frachtführer und Lagerhalter sowie Marketing- und Finanzdienstleister, erledigen teilweise oder vollständig Verpackungs-, Transport- und Lagerungstätigkeiten für einen Kunden, zum Teil unter Ausschöpfung der Möglichkeit von Rationalisierungsprozessen im Rahmen eines Outsourcings. *Marketing- und Finanzdienstleister* übernehmen ebenfalls spezifische Aufgaben in der Marktforschung, Verkaufsförderung und Direktwerbung oder leisten Zahlungsabwicklungen, Kreditgewährungen oder den Verkauf von Zusatzprodukten, wie z. B. Versicherungen, Absatzfinanzierungen, etc.

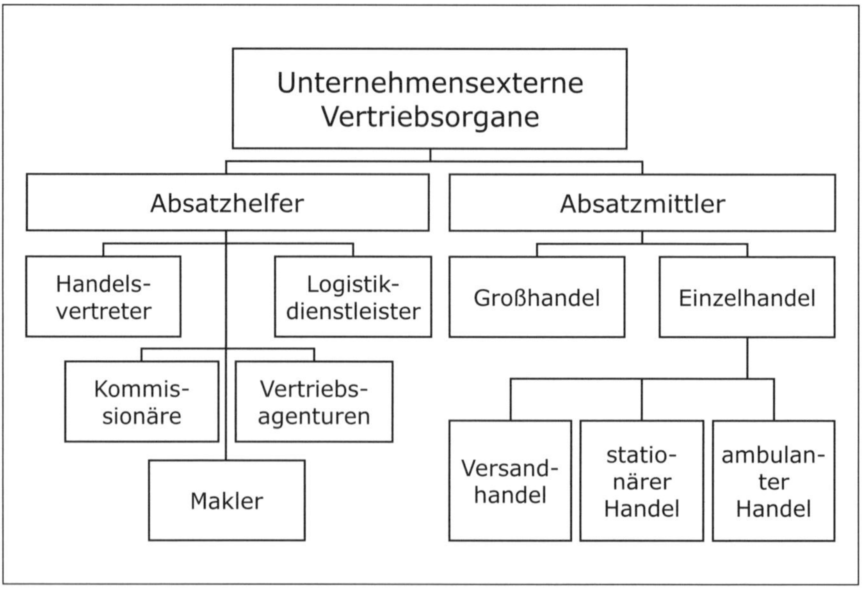


Abbildung 8.4: Struktur unternehmensexterner Vertriebsorgane

*Absatzmittler* stellen unternehmensexterne, unabhängige Vertriebsorgane als spezifische Handelsbetriebsformen dar, die sowohl im Inland (Binnenhandelsbetriebe) als auch im Ausland (Außenhandelsbetriebe) unterschiedlichste Funktionen übernehmen. Eine grundsätzliche Unterscheidung wird hier zwischen Großhandelsunternehmen (Wholesaler) und Einzelhandelsunternehmen (Retailer) getroffen (Schögel 2012, 58 f.; Homburg 2015, 868):

- Als *Großhandelsbetriebe* werden jene Handelsformen bezeichnet, die als Betriebe Waren einkaufen und sie entweder unverändert oder unter nicht nennenswerter Be- und Verarbeitung an Wiederverkäufer, wie z. B. Einzelhändler, etc., an Weiterverarbeiter, wie z. B. Industrie, Handwerk, etc., an sonstige Verarbeiter, wie z. B. Gaststätten, Kantinen, etc., oder an andere Großverbraucher, wie z. B. Behörden, staatliche Institutionen, etc., absetzen. Großhändler liefern in der Regel nicht an Endverbraucher, sondern zeichnen sich durch folgende *Betriebsfunktionen* aus (Specht/Fritz 2005, 71 ff.; Bruhn 2014, 252 f.):

(a) Mit der *räumlichen Funktion* kommt die Überbrückung zwischen dem Hersteller, seinem Standort und dem potenziellen Abnehmer in Betracht, wie z. B. Zustell- oder Abholgroßhandlungen, Cash-and-Carry-Großhandlungen, etc.

(b) Mit der *zeitlichen Funktion* wird die Aufgabe der Lagerhaltung übernommen, die weit über die individuelle, betriebsspezifische Dauer hinausgehen kann, wenn der Großhändler unmittelbar die Produktion des Herstellers übernimmt und jener deshalb völlig auf eigene oder fremde Lager verzichtet.

(c) Mit der *Quantitätsfunktion* werden Waren im Großhandel in der Regel in großen Mengen von Herstellern ein- und verkauft, dagegen in kleineren Mengen an Einzelhändler, Hersteller oder sonstige Betriebe weitergegeben.

(d) Mit der *Qualitätsfunktion* ermöglicht der Großhandel eine Sortimentsbildung als Handelsfunktion in Form eines Voll- oder Teilsortimenters und einer Spezialisierung im Einzelhandel.

(e) Mit der *Finanzierungs- und Informationsfunktion* räumen Großhändler dem Einzelhandel spezifische Zahlungsziele ein und informieren die Abnehmer gleichzeitig über Sortiment, Preisentwicklung und andere produktspezifische Entwicklungen.

Zu den spezifischen *Betriebsformen* des Großhandels zählen: *Sortiments- und Spezialgroßhandlungen*, die sich insbesondere durch die Breite ihres Angebots und die Art der Zustellung ihrer Waren voneinander abgrenzen lassen; *Zustellgroßhandlungen* oder Cash-and-Carry-Betriebe, die nach dem Prinzip der Selbstbedienung arbeiten, d. h. Wiederverkäufer und Großverbraucher wählen im Cash-and-Carry-Lager die entsprechenden Erzeugnisse aus; *Regalgroßhandlungen* bzw. Rack Jobber, die in Handelsbetrieben Verkaufsräume oder Regalflächen erhalten, in und auf denen sie das bestehende Sortiment ergänzen, vorzugsweise in Super- und Verbrauchermärkten; *Warengenossenschaften*, die ihren Aktivitätsbereich für Großhandelsaufgaben auf einen Mitgliederkreis lokaler oder regionaler Abnehmer beschränken, wie dies für landwirtschaftliche oder handwerksmäßig betriebene Branchen gilt, z. B. im Falle von Bäckerei- und Lebensmittelgenossenschaften, etc. Im Zuge der europäischen Integration und der Globalisierung stellen internationale genossenschaftliche Zusammenschlüsse einen bedeutsamen Entwicklungsbereich des Großhandels dar.

Als *Einzelhandelsbetriebe* werden Betriebe oder Unternehmen bezeichnet, die gewerbsmäßig Waren beschaffen und sie unverändert oder nach gebräuchlicher Be- oder Verarbeitung in einer oder mehreren offenen Verkaufsstellen anbieten. In *funktioneller Betrachtung* versteht man unter Einzelhandel den Absatz von Produkten an Endabnehmer durch die Bereitstellung von Mustern oder Proben, um Bestellungen entgegenzunehmen oder um Produkte nach Katalogen, Mustern oder Proben bzw. aufgrund eines sonstigen Angebots zu versenden. Zur Unterscheidung von Einzelhandel in *institutioneller Betrachtung* durch Betriebsformen oder Betriebstypen des Einzelhandels können Merkmale, wie z. B. Standort, Sortiment, Preisniveau, Verkaufsfläche, Bedienungsprinzip, etc., herangezogen werden. Eine *systematische Betrachtung* im Einzelhandel unterscheidet Versandhandel, stationären Handel sowie ambulanten und halbstationären Handel (Specht/Fritz 2005, 83 ff.; Bruhn 2014, 256 f.):

(a) Bei einem *Versandhandel* erhalten Kunden über Kataloge, Prospekte, Anzeigen, Internetauftritte, TV, etc. Produkte angeboten, die sie telefonisch, postalisch oder per Internet bestellen können und die mit entsprechenden Transportdiensten geliefert werden. In Abhängigkeit von der Sortimentsbreite lassen sich Universal- und Spezialversand unterscheiden: Ein *Universalversand* bietet in der Regel ein breites, aber relativ flaches Sortiment an, das vergleichbar mit der Sortimentsausstattung von Kaufhäusern ist. Bei einem *Spezialversand* wird ein relativ schmales, jedoch tiefes Sortiment angeboten, wie etwa eine Spezialisierung auf Weine, Bücher, Sportartikel, etc. Neben dem traditionellen Versandhandel, wie z. B. dem printbasierten Katalogversandhandel, etc., ist gegenwärtig komplementär dazu der Internetversandhandel (Onlinehandel), wie z. B. Online Delivery Service, E-Commerce-Transaktionen, etc., als bedeutsames Entwicklungspotenzial des Einzelhandels zu bezeichnen. Während der Versand von physischen Produkten über traditionelle Transportwege, wie z. B. Post, Paketdienste, etc., erfolgt, können digitale Produkte, wie z. B. Software, Musik, Filme, etc., direkt über das Internet versendet werden. Wesentliche Entwicklungspotenziale des Onlineversandhandels ergeben sich aus zahlreichen Kosten- und Nutzenvorteilen und bestehen darin, dass Angebote und Preise relativ transparent sind, schnell aktualisiert bzw. angepasst sowie individuell auf Kunden abgestimmt werden können und diesen zu Smart und Convenience Shopping veranlassen sollen. Hieraus ergeben sich ebenso zahlreiche innovative Geschäftsmodelle, die in Form von Start-up-Unternehmen beträchtliche Erfolge verzeichnen.

(b) Der *stationäre Handel* kann dadurch gekennzeichnet werden, dass Einzelhandelsunternehmen ihre Waren an einem festen Standort, z. B. spezifischen Ladengeschäften, etc., anbieten (Bruhn 2014, 253 ff.):

*Fach- und Spezialgeschäfte* bieten bestimmte Artikel und Produkte einer produkt- oder bedarfsorientierten Branche mit ergänzenden Dienstleistungen an. Dazu gehören alle kleinen bis mittelgroßen Einzelhandelsbetriebe, die eine mittlere Sortimentsbreite und -tiefe mit Bedienungsservice und konventioneller Preisbildung anbieten. Mit einem Selbstbedienungsprinzip arbeiten dabei die folgenden Einzelhandelsgeschäftstypen: Lebensmittel-SB-Läden mit weniger als 200 qm Verkaufsfläche, Lebensmittel-SB-Märkte mit einer Verkaufsfläche von 200-400 qm, die auch Frischwaren und einen integrierten Non-Food-Bereich führen, schließlich Lebensmittel-Discountmärkte, die ein auf umsatzstarke Artikel bezogenes Angebot führen und eine Niedrigpreispolitik betreiben. Zum stationären Handel gehören auch Betriebe, die über keine traditionellen Ladenverkaufsräume verfügen und Einzelhandelsformen des Convenience-Bereichs, wie z. B. 24-Hours-Shops, Shop-in-the-Shops, etc.

*Supermärkte, Verbraucher- und Fachmärkte* sind Einzelhandelsbetriebe, die auf einer Verkaufsfläche von mindestens 400 qm über unterschiedlichste Dienstleistungs- und Sortimentsstrukturen mit differenzierbarem Ausstattungs- und Preisniveau ihre Leistungen anbieten. *Supermärkte* verfügen über ein Angebot an Produkten, wie z. B. Nahrungs- und Genussmittel, etc., mit einer meist begrenzten Anzahl von bis zu ca. 4.000 Artikeln, einschließlich ergänzender Non-Foods (Nichtlebensmittel mit einem Anteil von bis zu 25 %) zu konventionellen Preisen in Selbstbedienung und flexiblen Serviceleistungen, wie z. B. lange Öffnungszeiten, Delivery Service, etc. *Verbrauchermärkte*, wie z. B. SB-Warenhäuser, etc., sind Einzelhandelsbetriebe, die durch Ausweitung der Verkaufsfläche auf mindestens 5.000 qm ein warenhausähnliches Sortiment, vorwiegend in Selbstbedienung, inklusive Self-Cash mit zentralem Check-out und auf relativ niedrigem Preisniveau zur Verfügung stellen. Verkehrsgünstige Standorte sowie Kundenparkplätze charakterisieren diese Verbrauchermärkte. *Fachmärkte* verstehen sich demgegenüber als Großbetriebe des Einzelhandels, wie z. B. Baumärkte, Möbelmärkte, aber auch Drogeriemärkte, etc., die sowohl ein branchenorientiertes, breites als auch tiefes Sortiment anbieten, und auch Zusatzleistungen, wie z. B. Services, Beratung, etc., integrieren.

Neuere Entwicklungen nehmen implizit Bezug auf den *3E-Drive* (vgl. Abschnitt 1.2.1), indem auf eine verstärkte Emotionalisierung der Verkaufssituation in Verbindung mit inszeniertem Eventcharakter und einen hohen elektronischen Interaktionsmodus Bezug genommen wird. Diese Dynamik der Betriebsformen im Handel (Wheel of Retailing) zeigt sich etwa im Übergang von reinen Geschäfts- und Ladenkonzepten hin zu Boutiqueformaten, von Kaufhäusern hin zu Shopping Malls, etc. *Concept oder Flagship Stores* synthetisieren diese neueren Entwicklungen in Bezug auf Inszenierung und Glorifizierung des Verkaufsorts. Das Modell des *Convenience Stores* favorisiert demgegenüber unter dem Aspekt des Standortvorteils einer Verkaufsfläche einen Bequemlichkeitsmodus des Einkaufens. Ausgerichtet wird dieses Konzept etwa an Verkehrsknotenpunkten, Tankstellen, Kiosken, etc., die ohnehin frequentiert werden. Hierbei wird aufgrund einer günstigen Verkehrslage, des Einzugsgebiets sowie des Mobilitätsradius von Kunden ein elementarisiertes Sortiment von häufig gekauften Food- oder Non-Food-Artikeln zur Verfügung gestellt. Unter dem Aspekt des exklusiven Vertriebs werden Knappheitsverkäufe inszeniert, wenn über *Scarcity Stores* eine artifizielle räumliche Verknappung mit entsprechender Aufmerksamkeitswirkung erzeugt wird. *Verkaufsautomaten* mit deren flexibler Standortpositionierung und Unabhängigkeit von Ladenöffnungszeiten reduzieren demgegenüber ihr Angebot wegen Einbruchsgefahr und Produkteigenschaften auf ein begrenztes Warensortiment. (Gelbrich et al 2008, 128 ff., 144 ff.; Huber 2012, 3, 12 ff.)

*Kauf- und Warenhäuser* sowie *Einkaufszentren* bieten die reichhaltigste Auswahl an Produkten über breite Sortimente und vielfältige Kombinationen der Merkmale von Einzelhandelsbetrieben an. *Kaufhäuser* sind Einzelhandelsbetriebe, die auf Verkaufsflächen über mehrere Stockwerke Produkte einer oder mehrerer Branchen, in der Regel mit speziellen Warengruppen und Bedienungsservice, teilweise unter Branchenzugehörigkeit, anbieten. Als *Warenhäuser* werden Betriebe des Einzelhandels bezeichnet, wenn diese Produkte oder Warengruppen aus mehreren Branchen, wie z. B. Bekleidung, Hausrat, Wohnbedarf, Nahrungs- und Genussmittel, etc., meist über Bedienungsservice anbieten. Sie besitzen eine breite Sortimentsgestaltung mit unterschiedlicher Sortimentstiefe. *Einkaufszentren* (Shoppingcenter, Shopping Malls) bestehen in der Regel aus einer größeren Anzahl rechtlich selbstständiger Einzelhandelsbetriebe, die jedoch als Einheit eines Unternehmens oder einer Gesellschaft geplant, gebaut und verwaltet werden. Einkaufszentren sind in Lage, Größe und Art auf ein bestimmtes Einzugsgebiet ausgerichtet, ebenso orientieren sich die beteiligten Betriebsformen und das Sortiment am Kundenkreis des Einzugsgebiets. Einkaufszentren sind meist verkehrsgünstig gelegen, besitzen gute Zufahrtsmöglichkeiten sowie eigene Parkplätze und können in Kooperation mit Unternehmen oder Gebietskörperschaften geführt werden.

*Factory Outlet Center (FOC)* verstehen sich als Fabrikverkaufsstätten eines Einzelherstellers oder als Zusammenschluss mehrerer Hersteller, die ihre Produkte direkt als Fabrikverkäufe an Endverbraucher veräußern. Factory Outlet Center entstehen häufig an der Peripherie von Städten und sind verkehrsgünstig angebunden. Der Direktverkauf vom Hersteller bei Umgehung des Einzelhandels ist überwiegend mit einer aggressiven Preispolitik, großen Verkaufsflächen, jedoch ohne eigenständige Werbeaktivitäten und einer vergleichsweise geringen Bedeutung von Verkaufsberatung oder Service verbunden.

*Internet Shops oder Online-Shopping* besitzen aufgrund von Convenience und Ubiquität eine zunehmende Bedeutung, ermöglichen Distribution, Vertrieb und Verkauf über das Internet und stellen sowohl aufseiten der Anbieter, wie z. B. Einzelhandelsbetriebe, etc., als auch aufseiten der Nachfrager, wie z. B. Kunden, Unternehmen, etc., eine effiziente und effektive Möglichkeit des Absatzes dar. Absatzmittler können auf diesem Wege ihre Funktionen unter Ausnutzung von Kostensenkungs- und Nutzenerhöhungspotenzialen auf das Internet übertragen und zusätzliche Angebote, wie z. B. eine individuelle Gestaltung des Produkts, Produktlieferung, ergänzende Servicefunktionen, etc., übernehmen. Der Onlinevertrieb von Produkten besitzt nach wie vor entsprechende Vorteile im Bereich von digitalisierbaren Angeboten, jedoch werden ebenso nichtdigitalisierbare Produkte unter Einbezug flexibler Logistikleistungen über Onlinevertrieb veräußert.

(c) Bei einem *ambulanten und halbstationären Handel* besteht kein fester oder dauerhafter Standort. Hierzu zählen Handelsformen und Verkaufsaktivitäten auf Straßen und Märkten, Handelsformen über bestimmte Events, wie z. B. Kaffeefahrten, Verkaufsschiffe, Stadtteilmärkte, saisonale und regionale Festivitäten, Road Shows, etc., oder der Handel im Zusammenhang mit spezifischen privaten und öffentlichen Verkaufsveranstaltungen. Pop-up- oder Guerilla Stores stellen dabei neuere Entwicklungsformen dar, die durch eine permanente Aktualisierung sowie kurzfristigen, provisorischen Charakter auffällig gekennzeichnet sind. (Zentes et al 2012, 245 f.)

Unterschiedlichste *Trendentwicklungen* zeigen eine grundsätzliche Dynamik in der gegenwärtigen Profilierung von Absatzmittlern. So erfolgt etwa im Versandhandel im Zusammenhang mit gestiegenen Kundenanforderungen eine Professionalisierung der logistischen Leistungsqualität, wie z. B. Same-day Delivery, Delivery Flat Rate, etc. Im stationären Handel werden Entwicklungen, wie hybride Vertriebs- und Produktstrukturen sowie Erscheinungsformen des 3E-Drives mit Inszenierungsmodalitäten praktiziert. Darunter fallen u. a. Gestaltungsoptionen des Standorts, wie z. B. neue Urbanitätskriterien in Verbindung mit einem Stadt- oder Regionalmarketing, etc., oder eine Ladenszenografie, wie z. B. Regionaldesign der Verkaufsflächen für Produkte, Authentizität eines Frischekonzepts, etc. Im ambulanten oder halbstationären Handel findet man zunehmend eventbezogene Vertriebsformen mit spezifischen Themen, die im Rahmen einer entsprechenden Veranstaltung aufgegriffen werden können. (Winkelmann 2013, 395 ff.)

Neben allgemeinen *Integrationstendenzen* in Handelssystemen zeichnen sich zunehmend verschiedene *Kooperationsformen* ab, darunter ohne und mit räumlicher Konzentration von Einkaufsstätten, die in ihrer globalen Ausweitung auf unterschiedlichste Formen von übergeordneten Ladenkonzepten zurückgreifen, je nachdem in welchem Kulturbezug sie stehen. (Specht/Fritz 2005, 89 ff.)

## 8.3 Strukturen eines Vertriebsmanagements

### 8.3.1 Direkte und indirekte Vertriebsstrukturen

Die Ausgestaltung des Vertriebsmanagements über Vertriebs- bzw. Absatzwege, also die Festlegung einer allgemeinen **Vertriebsstruktur**, besitzt für Unternehmen eine zunächst strategische Bedeutung. Für die Optimierung der Entscheidung über die Struktur von Distributionskanälen wird häufig auf eine Unterscheidung zwischen vertikalen und horizontalen Vertriebs- und Absatzkanälen zurückgegriffen. Dies wird als **Selektionskonzept der Absatzkanalstruktur** bezeichnet. Mit der *vertikalen Distributionsstruktur* wird die Art und Anzahl der Absatzstufen zwischen Hersteller und Endverbraucher berücksichtigt und eine Unterscheidung zwischen direkten, indirekten und hybriden Vertriebsstrukturen vorgenommen. Damit lassen sich ebenso vertikale Strukturen von Distributionskanälen über unternehmenseigene Organe als *direkte Vertriebsstrukturen* und horizontale Strukturen über unternehmensexterne Organe als *indirekte Vertriebsstrukturen* unterscheiden. Je nachdem, wie viele Absatzmittler zwischen einem Hersteller und einem Endabnehmer eingeschaltet sind spricht man im Sinne der *Länge eines Vertriebswegs* von ein-, zwei- oder mehrstufiger Vertriebs- oder Absatzstruktur. Mit der *horizontalen Distributionsstruktur* wird zum Einen die *Breite des Absatzkanals* oder Vertriebswegs, d.h. die Anzahl der Absatzmittler als *Betriebsform* festgelegt. Mit der Betriebsform werden bestimmte Kategorien von Handelsbetrieben bzw. deren Merkmale, wie z.B. Sortimentsumfang, Verkaufsfläche, etc., bezeichnet. Man unterscheidet hier sogenannte Distributionsgrade in Form eines exklusiven, intensiven und selektiven Vertriebs. Daraus ergeben sich spezifische Anforderungskriterien für die Handelsbetriebsmerkmale einer Betriebsform, wie die Unternehmensgröße, das Sortiment, die Verkaufsfläche, die Reputation, etc. Zum Anderen wird die *Tiefe des Absatzkanals* über spezifische *Betriebstypen*, d.h. die Art der Absatzmittler je Stufe festgelegt, die als unterschiedliche Varianten einer Betriebsform gelten, wie dies z.B. bei verschiedenen Formen von Groß- und Einzelhändlern der Fall ist. (Ahlert/Kenning 2007, 111; Meffert et al 2012, 518ff./Abbildung 8.5)

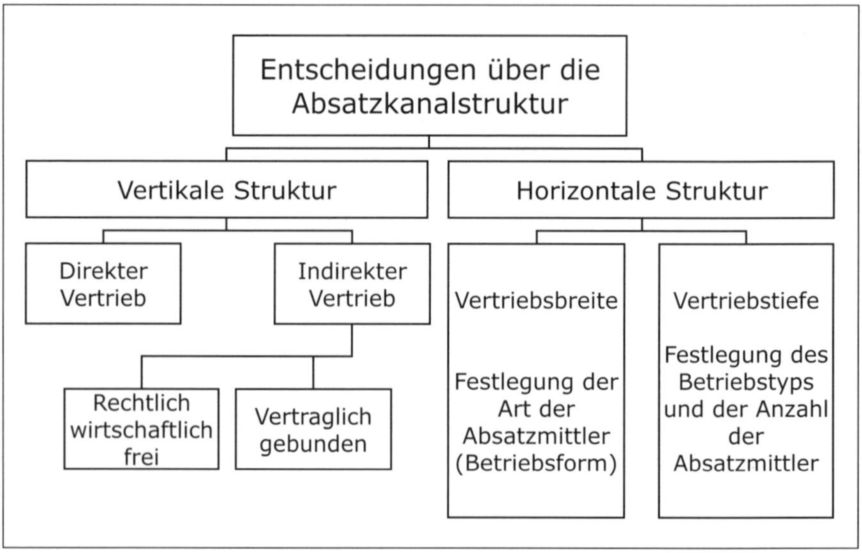


Abbildung 8.5.: Selektionskonzept der Absatzkanalstruktur

Gegenwärtig lässt sich eine verstärkte Tendenz zur gleichzeitigen Nutzung verschiedener Absatzkanäle erkennen, wenn die Anzahl der Vertriebswege insgesamt erhöht wird, weil sich etwa auch Kauf- und Mediengewohnheiten von Konsumenten deutlich verändert haben. Man spricht in diesem Zusammenhang von Mehrkanalvertrieb bzw. von *Multi-Channel-Vertrieb*, die in jedem Fall einer besonderen Integration der Distributionskanäle bedürfen. In ganzheitlicher Absicht kann insbesondere in Abgrenzung gegenüber dem auf reinem episodenbezogenen Leistungskauf basierendem Transaction Marketing die Option des *Customer Relationship Marketings (CRM)* gewählt werden. (Zentes et al 2012, 333ff.)

Als **theoretischer Ansatz** zur Optimierung der Entscheidungsfindung einer geeigneten Vertriebsstruktur lassen sich konzeptionelle Überlegungen zur Berücksichtigung von Transaktionskosten heranziehen. Neben einer Grobauswahl (Screening) und weiteren Detailanalysen zur Festlegung der Vertriebsstruktur werden häufig Bezüge zur *Transaktionskostentheorie* hergestellt, d. h. den Kosten wirtschaftlicher Aktivitäten im Sinne von Austauschbeziehungen oder einer Marktinanspruchnahme. Ökonomische Aktivitäten können demnach über unterschiedliche Koordinationsformen, wie z. B. Organisationsstrukturen in Unternehmen, Handelsbeziehungen auf Märkten oder über deren jeweilige kooperative bzw. hybride Zwischenformen, etc., abgewickelt werden, je nachdem welche Koordinationsform eine Optimierung der Transaktionskosten ermöglicht. Transaktions- oder Koordinationskosten fallen bei allen relevanten Aktivitäten an, die in Zusammenhang mit der Anbahnung, Konkretisierung, Anpassung oder Kontrolle der Vertriebsorganisation in Unternehmen, Märkten oder durch hybride Formen auftreten. (Homburg 2015, 871)

Der **Transaktionskostenansatz** lässt sich weiterhin unter Gesichtspunkten der *Effizienz* (efficiency) betrachten. Es geht hierbei um die Frage, inwieweit durch alternative Vertriebsstrukturen, wie direkte, indirekte oder hybride Vertriebssysteme, Transaktionskosten eingespart werden können. Einflussgrößen, wie z. B. die Spezifität oder Komplexität eines Produkts, Kundennähe, Verbundkaufoptionen, Marktabdeckung, Kontrollierbarkeit, Image des Absatzkanals, etc., können die Transaktionskosten bei alternativen Vertriebsformen erhöhen oder reduzieren und sind deshalb von zentraler Bedeutung für die Wahl des Absatzkanals. Spezifität bezeichnet dabei z. B. den Grad der Anpassungsfähigkeit eines Produkts an individuelle Bedürfnisse von Kunden. Offensichtlich ist bei hoher Spezifität und Komplexität des Produkts der Direktvertrieb tendenziell kostengünstiger als der Vertrieb über indirekte Absatzkanäle, d. h. vertragliche oder marktbezogene Vertriebssysteme. Letztere müssten demgegenüber eine Kompetenz für Produktspezifität und Produktkomplexität erst erzeugen. Für die Entscheidung zwischen direkter und indirekter Vertriebsstruktur kann weiterhin die Zahl der Kunden, also eine Bedarfskonzentration bzw. das Bestehen eines Nachfrageverbunds entscheidend sein. Bei hoher Bedarfskonzentration, d. h. einer vergleichsweise geringen Kundenzahl, kann es für Anbieter effizient sein, direkte Vertriebsstrukturen zu nutzen, umgekehrt dürfte bei einer großen Anzahl von Kunden eine direkte Vertriebsstruktur mit hohen Transaktionskosten verbunden sein und deshalb eine indirekte Vertriebsstruktur kostengünstiger sein. Höhere monetäre Werte eines Produkts oder das Image eines Absatzkanals sprechen häufig für die Verwendung direkter Vertriebsstrukturen. Für die Wahl eines direkten Vertriebs- bzw. Absatzkanals spielen aber auch Überlegungen der *Effektivität* (effectiveness) eine Rolle. Unter Plausibilitätsüberlegungen lassen sich *Vorteile* unterschiedlicher Vertriebsformen wie folgt aufzeigen: Vorteile des indirekten Vertriebs liegen unter Effizienzgesichtspunkten tendenziell in der Möglichkeit einer Reduktion von Transaktionskosten. Demgegenüber besitzt der Direktvertrieb einen bedeutsamen effektivitätsbezogenen Vorteil. Direktvertrieb eröffnet die Möglichkeit eines Aufbaus von Kundenbeziehungen mit tendenziell hoher Kundenzufriedenheit und Kundenloyalität, etc. sowie eine bessere Kontrolle der Vertriebsaktivitäten im Einzelnen. Im Zusammenhang mit der vertrieblichen Nutzung des Internets erfährt allerdings der Direktvertrieb ebenfalls unter Transaktionskostengesichtspunkten eine Aufwertung. Vorteile des indirekten Vertriebs lassen sich teilweise auch direkt aus den räumlichen, zeitlichen, quantitativen und qualitativen Überbrückungsfunktionen des Handelns ableiten. (Homburg 2015, 872 ff.)

## 8.3.2 Strukturen hybrider Vertriebsformen

Als **hybride Vertriebsformen** des Distributionsmanagements gelten Vertriebstypen, die mehr oder minder unmittelbar mit dem Unternehmen verbunden sind, gleichzeitig aber auch in bestimmten Bereichen eine unternehmerische Eigenständigkeit erhalten (Kontraktkonzept). Dies gilt z. B. für Vertriebsbindungs- und Alleinvertriebssysteme, für Vertragshändlersysteme oder Franchisesysteme bzw. Franchisingformate. Im Falle Letzterer spricht man auch von Quasi-Filialisierung (Specht/Fritz 2005, 291 ff.; Zentes et al 2012, 187 ff.):

- *Vertragshändlersysteme* sind quasi unternehmenseigene, aber rechtlich selbstständige Vertriebsorgane, die in der Regel dauerhaft an das Herstellerunternehmen gebunden sind. Im Sinne eines Konzepts des selektiven Vertriebs existieren sowohl qualitative als auch quantitative Auswahlkriterien für entsprechende Vertriebspartner. Dabei schließt der Vertragshändler mit einem Hersteller, wie z. B. einem Kraftfahrzeughersteller bzw. Autohaus, einem Hersteller von technischen Produkten bzw. Büromaschinen, etc., einen Vertrag, der ihn verpflichtet die Produkte über Verkaufs- und Leistungsauflagen, wie z. B. Sortiments- und Werbegestaltung, Rabatte, etc., zu führen und zu vertreiben sowie eine Integration der entsprechenden vertriebspolitischen Maßnahmen, wie z. B. Verkaufsförderungsaktionen, Konditionengestaltung, etc., zu leisten. In der Regel wird einem Vertragshändler Gebietsschutz zugesichert oder ein Exklusivvertrag angeboten. Vertragshändlersysteme unterliegen den Interessen des Herstellers und bringen etwa durch die Verwendung von Herstellerzeichen deren Zugehörigkeit zu einem Herstellervertriebsnetz zum Ausdruck.
- *Franchisesysteme* bezeichnen ein genormtes Vertriebs- bzw. Absatzsystem, bei dem ein Franchisegeber einem Franchisenehmer über eine langfristig vertraglich geregelte Kooperation für die Entrichtung einer Gebühr bzw. für umsatzabhängige Zahlungen den Vertrieb von Produkten überträgt. Franchising wird damit zu einem vertikal kooperativ organisierten Vertriebssystem rechtlich und finanziell selbstständiger Unternehmer. Die Verwendung eines gemeinsamen Franchisingformats besteht aus Elementen, wie z. B. einem einheitlichen Warenzeichen, Symbol, Namen oder einer gemeinsamen Marke, respektive einer gleichartigen Ausgestaltung der Verkaufsräume, etc. Im Sinne eines identifizierbaren Marktauftritts wird so ein Business-Format kreiert. Die Zuständigkeit des Franchisegebers hierbei betrifft die Bereitstellung eines einheitlichen Sortiments mit entsprechendem Firmen- oder Markenauftritt, das System-Know-how sowie werbliche und

beratende Unterstützungsleistungen, etc. Der Franchisenehmer verantwortet die Geschäftsführung nach vorgegebenen Richtlinien, die Organisation des Leistungsprozesses vor Ort, die Rekrutierung von Personal, die Einhaltung des Qualitätsniveaus, insbesondere auch bei Dienstleistungen, die Zahlung einer Franchisegebühr sowie die Einhaltung des Franchiseformats, etc. Der Deutsche Franchise-Verband (DFV) erstellt in regelmäßigen Abständen eine Liste mit der Rangfolge der wichtigsten Franchisekonzepte. (Zentes et al 2012, 187 ff.)

Beide, sowohl Vertragshändler- als auch Franchisesysteme, werden als Strukturen hybrider Vertriebsformen bezeichnet, weil sie in gewisser Weise auch eine Mischform zwischen direktem und indirektem Vertrieb darstellen: Charakteristisch für beide ist eine starke marketingstrategische Komponente in Form von gemeinsamen Produkten, eine systembezogene Steuerbarkeit des Vertriebs, die Vermeidung von hohem Kapitalbedarf, Motivationsproblemen und ökonomischen Misserfolgen. Insgesamt bleibt entweder die rechtliche Unabhängigkeit bestehen (Vertragshändlersysteme) oder das ökonomische Geschäftsrisiko muss unter restriktiven vertraglichen Bindungen eigenständig getragen werden (Franchisesysteme).

### 8.3.3 Management der Beziehungen zu Vertriebspartnern

Die Entwicklung und Gestaltung von **Hersteller-Handels-Beziehungen** (Management der Beziehungen zu Vertriebspartnern) spielt angesichts steigender Wettbewerbsintensität und gewandelter Machtpotenziale im Handel eine herausragende Rolle. Die Gestaltung der Beziehungen zu Vertriebspartnern zur Sicherstellung effizienter Vertriebsstrukturen, also zu jenen Kundenpotenzialen, die für ein Unternehmen hinsichtlich des tatsächlichen oder potenziellen Verkaufsvolumens von großer Bedeutung sind, bedarf gesonderter Vertriebsstrukturen. In diesem Zusammenhang gelten folgende **Formen von Vertriebspartnerschaften** als herausragendes Merkmal des Distributionsmanagements (Ahlert/Kenning 2007, 194 ff.; Zentes et al 2012, 615 ff./Abbildung 8.6):

- *Kooperationsstrategien* sind von der gemeinsamen Überzeugung bei Herstellern und Handel getragen eine einvernehmliche Lösung für Strategien des Vertriebsmanagements zu finden und diese über geeignete Synergieeffekte der Kooperation zu erzielen (Win-win-Situation). Kooperationsstrategien führen zu qualitativen Verbesserungen der Geschäftsbeziehungen, zur Reduktion von Kosten bei der Auftragsabwicklung und zur Steigerung der Effektivität in der Zusammenarbeit.
- *Key-Account-Management* versucht im Verhältnis von Herstellern und Handel die Positionen gegenüber speziellen Kundengruppen, wie z. B. Exklusivkunden, Schlüsselkunden oder Großabnehmer, etc., erheblich zu verbessern. Die Aufgabe des Key-Account-Managements besteht demnach in der optimalen Betreuung von wertbeitragsstarken Kundengruppen, mit dem Ziel einer Verbesserung der Wettbewerbsposition, der Kundenorientierung, einer Optimierung des Customer Relationship Managements sowie einer Verbesserung der Informationsfunktion für das Marketing.

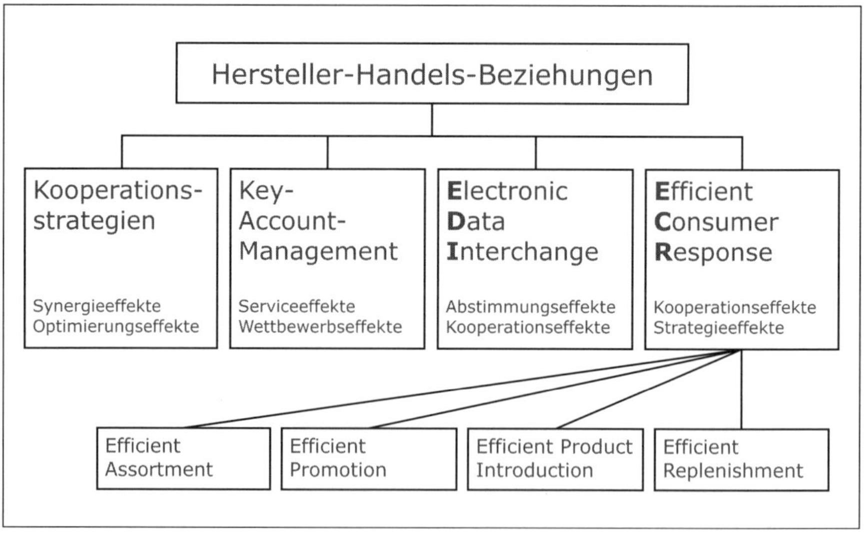


Abbildung 8.6: Hersteller-Handels-Beziehungen

- *EDI (Electronic Data Interchange for Administration, Commerce and Transport)* gilt ebenfalls als wichtige Voraussetzung für die Verbesserung der Beziehungen zwischen Herstellern, Handel und Käufern. Neben weltweit einheitlichen Regeln des elektronischen Geschäftsverkehrs ist als Vorteil des EDI die strukturierte Vorgabe der Daten für Nachrichtenstandards zu sehen bzw. eine hohe Kompatibilität (Abstimmungsoptimierung) mit anderen elektronischen Medien bereits gegeben oder einfach zu ermöglichen.
- *ECR (Efficient Consumer Response)* installiert eine ganzheitliche, qualitätsorientierte Kooperation zwischen Herstellern und Handel unter Einbezug der Wertschöpfungskette. Zielsetzung ist es, die Bedürfnisse der Konsumenten durch ein Informationsmanagement über den Endverbraucher zu ermitteln bzw. optimal zufrieden zu stellen und mithilfe der 4-ECR-Basisstrategien zu realisieren: *Efficient (Store) Assortment*, d. h. kunden- und renditeorientierte Sortimentsgestaltung, Bestandsoptimierung (Category Management); *Efficient Promotion*, d. h. Systemeffizienz von Handels- und Konsumentenpromotion, Minimierung der Handlingskosten bei Administration, Lager, Personal; *Efficient Product Introduction*, d. h. Optimierung der Produktneueinführung, beschleunigte Reaktion auf Verbraucherverhalten; *Efficient Replenishment*, d. h. nachfragegesteuerter Warennachschub, Optimierung von Belieferung, Bestand, Disposition. Insgesamt soll durch ECR eine Win-win-Situation für Hersteller, Handel und Endverbraucher erreicht werden.

Insofern Hersteller-Handels-Beziehungen unter Distributionsaspekten nicht zugunsten eines Alleinvertriebs durch den Hersteller aufgelöst werden, dienen vorbezeichnete Formen von Vertriebspartnerschaften der Sicherstellung einer effizienten Reaktion. Durch Berücksichtigung von Kundenwünschen als auch einer Verzahnung von Vertrieb und Absatzeffizienz werden damit optimierte Verteilungsstrukturen der Produkte erzielt.

## 8.4 Strukturen eines Logistikmanagements

### 8.4.1 Kundenorientierte Logistiksysteme

**Kundenorientierte Logistiksysteme** erlangen gegenwärtig durch ein gewandeltes *Kaufverhalten von Konsumenten* vielfältigen Bedeutungszuwachs. Grundsätzlich sind Ansprüche von Kunden an *Lieferservicequalitäten* gestiegen (Bedürfnisprogression). Durch Multi-Channel-Vertriebsformen und einem flexiblen Distributionsbedarf bei Onlineverkaufsformen steigt die Bedeutung einer intensiven Distribution, wenn Produkte, um Ubiquität zu sichern, allerorts möglichst schnell verfügbar sein sollen (Same-day-delivery-Service). Unter dem Aspekt eines medienbasierten Kaufverhaltens, des Convenience Shoppings, flexibler Versandoptionen oder eines entsprechenden Redistributions- bzw. Recyclingbedarfs gewinnen kundenorientierte Logistiksysteme auch durch deren akquisitorisches Potenzial an Bedeutung. Insbesondere durch die *Entwicklung von Technologien*, die der automatischen Identifikation relevanter Objekte, wie z. B. Waren, Kunden, etc., dienen, werden Potenziale geschaffen, welche ebenso die Qualitätsmerkmale einer kundenorientierten Logistik weiter ausbauen können. Sowohl Barcodes, ergänzt um Optical-Character-Recognition-Schriften (OCR-Schrift), als auch die Technik der Radio Frequency Identification (RFID), wie auch Global Positioning Systems (GPS) dienen der Optimierung von Prozessen in der Lieferkette und fördern damit eine Kundenorientierung in den Vertriebssystemen über entsprechende Logistikfunktionen. (Huber/Laverentz 2012, 162 ff.)

**Ziele** und Aufgaben einer kundenorientierten Logistik sind Planung, Steuerung, Organisation und Kontrolle der logistischen Transformation von Gütern und Dienstleistungen, die von Herstellern zu Endverbrauchern gelangen sollen. Einen zentralen Aspekt der kundenorientierten Logistik stellt dabei das **Konzept des Lieferservice** dar. Ausschlaggebend hierfür ist eine umfassende Berücksichtigung des Kundennutzens und der Kundenerwartungen, die auch als Marktorientierung für logistische Serviceleistung angesehen werden. Das Konzept des Lieferservice beinhaltet folgende Elemente als Gesamtlösung: Die richtigen *Produkte* sollen, z. B. nach Leistungsmenge, Leistungszustand, etc., zur richtigen *Zeit*, also zum Kauf oder zur Nutzung, in der richtigen *Menge*, im richtigen *Zustand*, zu *minimalen Logistikkosten* an den richtigen *Ort* zum Käufer bzw. Verkaufsort gebracht werden.

Zu den **Komponenten des Lieferservice**, die optimiert werden müssen, gehören die in der Regel kurze *Lieferzeit*, also jene Zeitspanne von der Erteilung des Auftrags bis zur Verfügungsstellung beim Kunden; weiterhin die *Lieferbereitschaft*, d. h. der Servicegrad mit dem die nachgefragte Ware auch tatsächlich zur Verfügung gestellt werden kann, sofern sie auf Lager ist; darüber hinaus die *Lieferzuverlässigkeit*, die mit der Einhaltung eines zugesagten Liefertermins verbunden ist; ergänzend die *Lieferbeschaffenheit* bzw. *Liefergüte*, welche eine Ware im gewünschten Zustand, wie z. B. nach Art, Menge, etc., bereitstellt; schließlich die *Lieferflexibilität*, welche spezifische Wünsche von Kunden berücksichtigt,

Abbildung 8.7: Konzept des Lieferservice

die als Abweichungen von vereinbarten Auftrags- oder Lieferbedingungen auftreten können. Grundsätzlich stellt sich auch im Bereich der Erstellung von kundenorientierten Logistikdienstleistungen die Frage, inwieweit entsprechende Leistungselemente oder die Gesamtleistung über alternative Prozesse, wie die der Eigenfertigung bzw. Selbsterstellung oder des Fremdbezugs bzw. Fremderstellung, erbracht werden sollen. Durch Tracking und Tracing, sogenannte Sendeverfolgungssysteme per Internet, wird in der Transportlogistik eine Transparenz der Transportkette ermöglicht, also Auskunft über Standort, Weg und Transportalternativen gegeben. Gleichzeitig lassen sich diese *Kundenservicefunktionen von Logistiksystemen* durch die spezifische Nutzung von Informationen für Vergleichsstatistiken, Kundenzufriedenheitsindizes, etc. verwenden. (Huber/Laverentz 2012, 12 ff., 208/Abbildung 8.7)

## 8.4.2 Funktionsorientierte Marketinglogistik

Während mit einer kundenorientierten Logistikleistung primär auf die Servicequalität in unterschiedlichsten Absatzkanälen abgestellt wird, bleibt die explizite Berücksichtigung einer **funktionsorientierten Marketinglogistik** einer effizienten Aufgabenerfüllung von zahlreichen Logistikleistungen verpflichtet (Abbildung 8.8). Über ein *Supply Chain Management (SCM)* wird dabei zunächst die Lieferkette als Wertschöpfungsprozess insgesamt integriert und damit eine unternehmensübergreifende Optimierung logistischer Leistungsprozesse erreicht. Im Zusammenhang mit steigenden Kundenansprüchen und gewandelten Anforderungen aus der Unternehmenslogistik selbst, führt die *Integration der marketinglogistischen Aktivitäten* mit der Supply Chain, also eine alles umschließende Versorgungskette, von Zulieferern über Hersteller oder Anbieter bis zu Endverbrauchern, zu einer Optimierung der *Total Supply Quality (TSQ)*.

Mit den Zielen einer Maximierung des Kundennutzens und einer Minimierung der Logistikkosten unter Berücksichtigung weiterer Zielsetzungen, wie z. B. ökologisch orientierter Vorgaben, etc., werden folgende **logistische Teilaufgaben** in einzelnen Subsystemen der Marketinglogistik über entsprechende Entscheidungsbereiche optimiert (Huber/Laverentz 2012, 128 ff.):

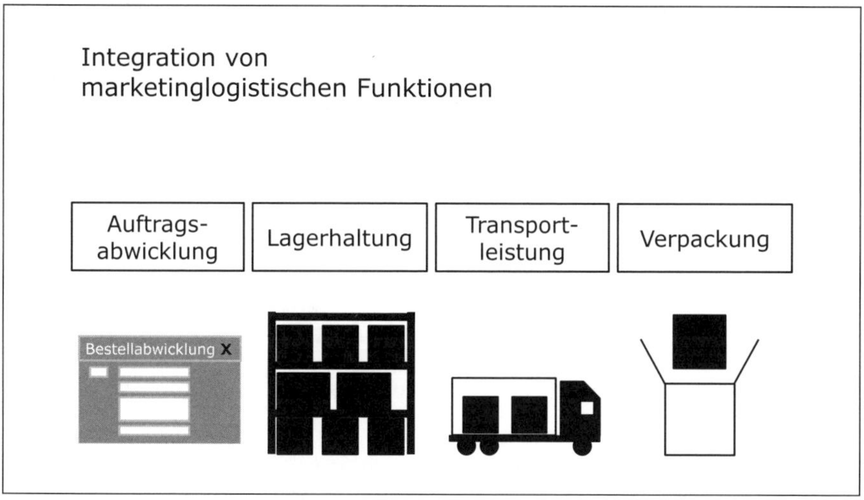


Abbildung 8.8: Funktionsorientierte Marketinglogistik

(a) *Auftragsabwicklung* betrifft dabei die Prozesse der Auftragsannahme, Bearbeitung, Kommissionierung, Versandbereitstellung und Fakturierung, ebenso weitere Komponenten des Lieferservices. Diese Aufgaben werden in der Regel über den Einsatz von Datenbanken, Warenwirtschaftssystemen und des elektronischen Datenaustauschs (EDI) erfüllt.

(b) *Lagerhaltung* kann in eine vertikale Distributionsstruktur mit einer Unterscheidung der Anzahl von Lagerstufen und in eine horizontale Distributionsstruktur mit einer Unterscheidung der Anzahl der Lager auf jeder Stufe sowie deren Standort und Zuordnung zu Absatzgebieten eingeteilt werden. Im Rahmen der *vertikalen Distributionsstruktur* werden vier Lagerstufen unterschieden: Werklager, Zentrallager, Regionallager und Auslieferungslager. Die *horizontale Distributionsstruktur* erfolgt nach Aspekten der geografischen Verteilung von Produktion und Kunden, Bestellmengen und Bestellverhalten sowie Transport- und Lagerhaltungskosten.

(c) *Transportleistungen* werden im Hinblick auf die Mittel, das Volumen, den Zeitpunkt und die Wege des Transports in Land-, Wasser- und Lufttransportarten unterschieden. Eine Optimierung der Transportleistung unter Kosten-, Geschwindigkeits- oder Flexibilitätsgesichtspunkten kann auch über inter- oder multimodale Transportkonzepte oder kombinierte Verkehre erfolgen, wenn mehrere Transportmittel für eine Gesamttransportleistungsstrecke in Anspruch genommen werden.

(d) *Verpackung* besitzt im Wesentlichen vier Funktionen: (1) eine Transportfunktion, wie z. B. die Auslieferung zu Packstücken bzw. auf Paletten, in Ladeeinheiten zu mehreren Paletten oder Containern, etc.; (2) eine Lagerfunktion mit effektiver und effizienter, raumsparender und verwendungsorientierter Einlagerung von Produkten; (3) eine Schutzfunktion zur Vermeidung von Verschmutzung und Beschädigung; schließlich (4) eine Informationsfunktion, wie z. B. die Identifikation der Produkte durch Etikette, etc.

Die Bedeutung einzelner Funktionen der Marketinglogistik wird gegenwärtig insbesondere unter dem Aspekt einer *Professionalisierung* der Logistikleistungen insgesamt gesehen. Ausgehend von der strategischen Profilierung eines optimalen Lieferservice-Niveaus und den Gestaltungsoptionen einer Lieferservicepolitik wird häufig eine Unterscheidung von standardisierten, kostengünstigen Basisleistungen vorgenommen und ergänzende Leistungskomponenten über Value-Added-Services berücksichtigt.

## 8.5 Aufgaben und Literaturhinweise

### 8.5.1 Aufgaben

Nachfolgend werden einige **Bearbeitungshinweise** zur umfassenden Lösung der Aufgaben gegeben:

- Zunächst sollte bei der Bearbeitung der Aufgaben für das System Vertriebs- und Logistikmanagement die *Struktur alternativer Vertriebsoptionen* und die *Elemente des Logistikmanagements* jeweils getrennt, in sich aber ganzheitlich aufgezeigt werden.
- Zweckmäßig ist es dann – unter Berücksichtigung einzelner akquisitorischer und logistischer Grundfunktionen – *Strukturen von Vertriebs- und Logistikmanagement* im Marketing aus unterschiedlichen Perspektiven zu beleuchten.
- Schließlich sollte eine konstruktive *Integration und Nutzung von akquisitorischer und logistischer Distribution* unter dem Aspekt ihrer Vor- und Nachteile und einer Berücksichtigung von innovativen Entwicklungen herausgearbeitet werden.
- Ergänzend sollten dann, unter Rekurs auf ein *Grundlagenwissen aus der Logistik* sowie aus dem *Fundus des systemtheoretischen Denkens* ganzheitliche Strukturen einer Serviceorientierung im Distributionsmanagement erarbeitet werden. Dabei sollen ebenso neuere logistische Dienstleistungen berücksichtigt werden.

Stichworte zu konkreten Lösungshinweisen für die Aufgaben von Kapitel 8 finden Sie auf Seite 284 f.

▲ Aufgaben

- [1] Nennen Sie allgemeine Ziele und Zwecke eines Systems des Distributionsmanagements unter Berücksichtigung von akquisitorischen und logistischen Aspekten.
- [2] Welche Grundfunktionen und welche Komponenten kennzeichnen unternehmensinterne und unternehmensexterne Vertriebssysteme? Skizzieren und diskutieren Sie dabei das Problem marktbezogener und hierarchischer Vertriebsstrukturen.
- [3] Beschreiben Sie die Funktionsweise von hybriden Vertriebsformen und benennen Sie entsprechende Vor- und Nachteile.
- [4] Stellen Sie Elemente von kundenorientierten Logistiksystemen dar und erläutern Sie die Bedeutung von Komponenten einer funktionsorientierten Marketinglogistik.
- [5] Erläutern und diskutieren Sie Formen eines innovativen Managements der Beziehungen zu Vertriebspartnern.

Aufgaben zu Kapitel 8

## 8.5.2 Literaturhinweise

Die nachfolgenden Titel stellen Basisquellen zur thematischen Breite des 8. Kapitels dar, gleichzeitig können folgende Lehrwerke und Literaturangaben ergänzend als relevante Quellen zur vertiefenden Nachbereitung der Inhalte des vorangegangenen Kapitels herangezogen werden:


- *Ahlert, Dieter/Kenning, Peter (2007)*: Handelsmarketing. Grundlagen der marktorientierten Führung von Handelsbetrieben, Berlin u. a. 2007
- *Bruhn, Manfred (2012)*: Kundenorientierung. Bausteine für ein exzellentes Customer Relationship Management (CRM), 4., vollständig überarbeitete Auflage, München 2012
- *Diller, Hermann/Haas, Alexander/Ivens, Björn (2005)*: Verkauf und Kundenmanagement, Stuttgart 2005
- *Homburg, Christian/Wieseke, Jan (Hrsg.) (2011)*: Handbuch Vertriebsmanagement. Strategie – Führung – Informationsmanagement – CRM, 1. Auflage, Wiesbaden 2011
- *Huber, Andreas/Laverentz, Klaus (2012)*: Logistik, München 2012
- *Schögel, Marcus (2012)*: Distributionsmanagement. Das Management der Absatzkanäle, München 2012
- *Schröder, Hendrik (2012)*: Handelsmarketing. Strategien und Instrumente für den stationären Einzelhandel und für Online-Shops. Mit Praxisbeispielen, 2., Auflage, Wiesbaden 2012
- *Specht, Günter/Fritz, Wolfgang (2005)*: Distributionsmanagement, 4., vollständig überarbeitete und erweiterte Auflage, Stuttgart 2005

- *Weis, Hans Christian (2005)*: Verkaufsmanagement, 6., überarbeitete und erweiterte Auflage, Ludwigshafen (Rhein) 2005
- *Winkelmann, Peter (2012)*: Vertriebskonzeption und Vertriebssteuerung. Die Instrumente des integrierten Kundenmanagements – CRM, 5., vollständig überarbeitete und erweiterte Auflage, München 2012
- *Winkelmann, Peter (2013)*: Marketing und Vertrieb. Fundamente für die Marktorientierte Unternehmensführung, 8., vollständig überarbeitete und aktualisierte Auflage, München 2013
- *Zentes, Joachim/Swoboda, Bernhard/Foscht, Thomas (2012)*: Handelsmanagement, 3., neu bearbeitete Auflage, München 2012


### 8.5.3 Creative Case Choice VIII

Mit dem *Creative Case Choice VIII* zum Thema **Distributionsmanagement** sollen die im 8. Kapitel dargestellten Inhalte zu akquisitorischer und logistischer Distribution, also zu Vertriebs- und Logistikmanagement im Marketing an dem (eingangs) gewählten Fallbeispiel aufgezeigt werden. Folgende konkrete Aspekte sollen dabei aus dem **Creative Case Chart VIII** berücksichtigt werden:

Positionierung des Distributionskonzepts des gewählten Unternehmens/Projekts nach folgenden Kriterien:

- Darstellung der akquisitorischen (Vertriebssystem) und logistischen (Logistiksystem) Distribution in strategischer und operativer Ausrichtung, z.B. Vertriebsorgane und Logistikfunktionen, etc.
- Auswahl der Informations- und Datenquellen über das Unternehmen/Projekt, z.B.: Website, Broschüren, interne Quellen, etc.
- Sammeln von Kurzinformationen über:

  1. Struktur der Vertriebssysteme
  2. Darstellung der Vertriebsorgane
  3. Nutzung neuerer Vertriebsstrukturen / Multi Channel
  4. Darstellung des kundenorientierten Logistiksystems
  5. Identifizierung von Nutzungsmöglichkeiten innovativer Vertriebsstrukturen

Abbildung 8.9: Creative Case Chart VIII

Durch die erfolgreiche Erstellung dieses *Creative Case Choice VIII* soll eine ganzheitliche Sichtweise in der Darstellung der Übertragungswege (Vertriebsstruktur) für Produkte vom Hersteller (über den Handel) zum Kunden aufgezeigt und insbesondere neuere Potenziale einer kunden- und funktionsorientierten Logistik integriert werden.

# 9. Gestaltungsoptimierung des Marketings

## 9.1 Struktur und Lernziele des Kapitels

### 9.1.1 Optimierungsdimensionen des Marketings

Mit den Optimierungsdimensionen des Marketings werden Gestaltungsfaktoren, wie der Marketing-Mix, Personal und Organisation sowie Controlling aufgegriffen, welche die allgemeinen Marketingaktivitäten, wie sie bisher beschrieben wurden, notwendig ergänzen und gleichzeitig dazu beitragen, eine separierende Betrachtung von Marketingaufgaben zu überwinden. Mit Fokus auf den *Marketing-Mix* wird dabei die Kombination von marketingpolitischen Instrumenten unter Bezug zu Abhängigkeiten berücksichtigt, über Multi-Channel-Marketing werden distributions- und kommunikationspolitische Instrumente vielfältig optimiert. Schließlich tragen ein *Personal- und Organisationsmanagement* im Marketing dazu bei, die eingesetzten Humanressourcen aufgaben- und organisationsgerecht einsetzen zu können. Über ein explizites *Marketingcontrolling* werden Optionen einer entsprechenden Institutionalisierung in Unternehmen sowie Instrumente eines Controllings im Marketing dargestellt.

Struktur von Kapitel 9

Über den **Marketing-Mix** wird versucht Einzelaktivitäten aus den Bereichen des Produkt-, Preis-, Kommunikations- und Distributionsmanagements als Ganzes zu gestalten und damit einen ganzheitlichen Problemlösungsansatz im Sinne einer umfassenden Marketingkonzeption zu erstellen. Dabei müssen spezifische Beziehungen und Abhängigkeiten zwischen den einzelnen marketingpolitischen Instrumenten ebenso berücksichtigt werden, wie eine Mehrdimensionalität von Aktivitäten über Multi-Channel-Marketing.

Unter dem Aspekt von **Personal und Organisation** werden die für erfolgreiche Marketingaktivitäten notwendigen Aufgaben eines Personalmanagements und Optionen des Organisationsmanagements im Marketing dargestellt. Die Generierung von spezifischen Kompetenzen für die optimale Bewältigung von Aufgabenbereichen im Marketing wird dabei unterstützt von aufbau- und ablaufbezogenen sowie neueren Organisationsstrukturen.

Mit **Controlling** im Marketingmanagement werden Informations- und Steuerungsaufgaben zunächst als Komponenten einer marketingspezifischen Kontrolle im Unternehmen betrachtet sowie strategische und operative Aufgaben eines Marketingcontrollings berücksichtigt. Unter dem Aspekt einer Institutionalisierung werden Träger und Aufgaben dargestellt sowie hinsichtlich der Instrumente eines Marketingcontrollings eine Unterscheidung in strategische und operative Ausprägungen vorgenommen.

## 9.1.2 Lernziele und Berufsperspektiven

Im Rahmen der Lernziele dieses Kapitels sollen sowohl ein grundlegender Übe**rblick** über die Möglichkeiten zur Optimierung von Marketingaktivitäten verschafft als auch **Fähigkeiten** erworben werden, einzelne Aufgaben dieser Optimierungsgestaltung zu koordinieren und in Marketingbereichen von Unternehmen nachvollziehen und anwenden zu können. Folgende Lernziele stehen dabei im Vordergrund:

Die beruflichen Handlungsfelder, die im Zusammenhang mit der **Gestaltungsoptimierung von Marketingaktivitäten** stehen, überschneiden sich teilweise mit denjenigen Berufsfeldern, die in den vorangegangenen Kapiteln aufgeführt wurden. Grundsätzlich lassen sich dabei die Themenbereiche Marketing-Mix, Multi-Channel-Marketing, Personal- und Organisationsmanagement sowie Controlling berufsfeldbezogen trennen. In jedem Falle werden **generalistische Kompetenzen** mit ganzheitlicher Ausrichtung gefordert, die mit Blick auf umfassende Problemlösungsansätze zur Entwicklung von Erfolgsfaktoren im Marketing eingesetzt werden:

- *Marketingkonzeptberatung* generiert in ganzheitlicher Absicht Gesamtlösungsentwürfe des Marketings für Unternehmen und berücksichtigt sowohl eine strategische als auch eine operative Ausrichtung unter Einbezug sämtlicher dafür erforderlicher Ressourcen.
- *Personal- und Organisationsberatung im Marketing* stellt ein spezialisiertes Teilgebiet dar, welches sich einerseits über besondere Aufgabenfelder der Personalarbeit bzw. Personalberatung erstreckt, sich andererseits mit Potenzial- und Prozessanalysen für Marketingaktivitäten befasst.

**Lernziele**

- **Optionen einer Gestaltungsoptimierung** im Marketing **darstellen** und erklären können
- **Kombinationslogik** von marketingpolitischen Instrumenten **des Marketing-Mix** aufzeigen und **erklären** sowie **Interdependenzen darstellen** können
- **Funktionsweise des Multi-Channel-Marketings** aufzeigen und Anwendungsbezüge anhand von Beispielen **entwickeln** können
- **Aufgabenbereiche** sowie institutionelle Verankerung und ausgewählte Instrumente **eines Personalmanagements im Marketing** verstehen und seine Bedeutung **erklären** können. **Funktionen** und Ausprägungen **eines Organisationsmanagements im Marketing** darstellen und **nachvollziehen** können
- **Aufgaben** und Institutionalisierung unterschiedlicher Ausprägungen **des Controllings im Marketing verstehen**

Lernziele von Kapitel 9

- *Bereichscontrolling Marketing* erfordert allgemeine Kenntnisse auf dem Gebiet des Controllings, des Rechnungswesens und der Kennzahlenanalyse, die dann auf vielfältige Sachverhalte im Marketing angewandt werden, wie z. B. Markt- und Kundenanalysen, Umsatz-, Gewinn- und Kostenentwicklung, etc.

Die oben aufgeführten Tätigkeitsfelder lassen sich gleichermaßen in Unternehmen verschiedener Branchen und deren eigenständiger Marketingabteilungen finden als auch in Agenturen oder in privaten und öffentlichen Organisationen.

**Literaturhinweise:** Zur Vorbereitung auf die Inhalte des 9. Kapitels können ergänzend folgende Lehrwerke und Internetseiten als relevante Quellen herangezogen werden:

- *Meffert/Burmann/Kirchgeorg (2015b),* Kapitel 5: Marketingimplementierung
- *Homburg (2015),* Teil VI Implementierungsbezogene Perspektive
- www.zfo.de, Zeitschrift für Führung + Organisation
- www.ama.org, Journal of Marketing, American Marketing Association

## 9.2 Optimierung des Marketing-Mix und Multi-Channel-Marketing

### 9.2.1 System und Gestaltungsoptionen des Marketing-Mix

Unter **Marketing-Mix** versteht man die von einem Unternehmen zu bestimmten Zeitpunkten eingesetzte und praktizierte *Kombination von marketingpolitischen Instrumenten.* Als optimaler Marketing-Mix wird demnach diejenige Kombination von marketingpolitischen Instrumenten bezeichnet, durch die ein bestimmtes unternehmerisches Ziel bestmöglich erreicht werden kann. Die zur *Systematisierung der Marketinginstrumente* verwendete, auf den angelsächsischen Sprachraum zurückgehende Einteilung in sogenannte **4Ps** ist als Ausgangsbasis für weitere Gestaltungsoptionen im Marketing-Mix gebräuchlich. So können ebenfalls, unabhängig von einer Gesamtbetrachtung der 4Ps, Ausprägungen bzw. Modifikationen in Einzelbereichen kombiniert werden. Man spricht dann jeweils von einem Produkt-Mix, Preis-Mix, Kommunikations-Mix oder Distributions-Mix. (Bruhn 2014, 30/Abbildung 9.1)

Mit der **Implementierung** eines Marketing-Mix können zahlreiche Konflikte verbunden sein, die, beginnend mit Problemen der *Durchsetzung*, eine Veränderungs- oder Akzeptanzbereitschaft im Unternehmen benötigen, Verstehensprozesse bei allen Beteiligten erfordern oder entsprechende Qualifikations- oder Motivationsmaßnahmen voraussetzen. Bei der konkreten *Umsetzung* sind sowohl die Auswahl geeigneter Implementierungsträger sogenannter Promotoren von entscheidender Bedeutung als auch die Berücksichtigung spezifischer Wechselbeziehungen: Zwischen den einzelnen eingesetzten Instrumenten eines Marketing-Mix bestehen zahlreiche gegenseitige **Abhängigkeiten**, welche die Wirkungen der Kombination bestimmter Instrumente erheblich beeinflussen und sich auf die Effizienz und Effektivität des gesamten Marketing-Mix auswirken können. Zur Strukturierung dieser Interdependenzen werden folgende Beziehungen bzw. Abhängigkeiten angegeben (Meffert et al 2012, 775 ff., 787 ff.; Becker 2013, 647 ff.):

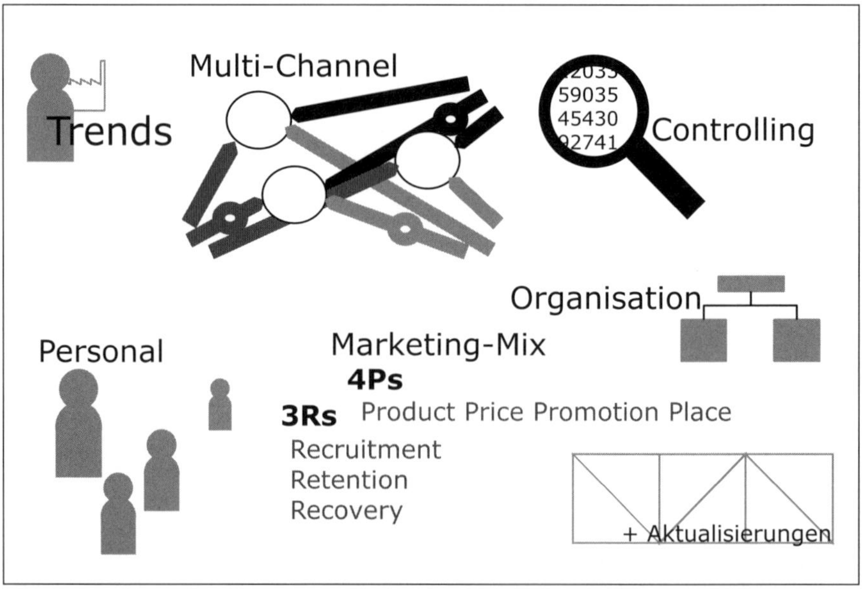


Abbildung 9.1: Gestaltungsoptimierung im Marketing

- *Funktionale Abhängigkeiten* stellen Interaktionseffekte dar, die sich auf sachliche oder inhaltliche Wirkungszusammenhänge beziehen. Sie treten auf, wenn der Einsatz eines Instruments den Einsatz anderer Instrumente beeinflusst oder davon abhängt. *Substitutionale Wirkungsbeziehungen* liegen etwa dann vor, wenn der Mehreinsatz eines Instruments, wie z. B. Werbung, etc., den Mindereinsatz eines anderen Instruments, wie z. B. Verkaufsförderung, etc., ermöglicht. *Komplementäre Wirkungsbeziehungen* bestehen dann, wenn eine bestimmte Wirkung nur von zwei Instrumenten gleichzeitig erzielt werden kann, wie z. B. überdurchschnittlich hohes Preisniveau, das auf Dauer nur bei entsprechender Produktqualität durchgesetzt werden kann, etc. *Konkurrierende Wirkungszusammenhänge* können vorliegen, wenn sich die Wirkungen zweier Instrumente gegenseitig beeinträchtigen, wie z. B. Werbebotschaften für Hoch- und Niedrigpreisprodukte, etc.

- *Zeitliche Abhängigkeiten* liegen vor, wenn Ausprägungen bestimmter absatzpolitischer Instrumente ihre Wirkungen z. B. mit zeitlicher Verzögerung zeigen, d. h. sogenannte *Time-lags* auftreten, und entsprechende zeitliche Ausstrahlungseffekte nach sich ziehen. Zeitliche Abhängigkeiten werden etwa dann wirksam, wenn eine durch Werbung erreichte Markenbekanntheit auch nach Streichung aller Werbemaßnahmen durch die Bekanntheit der Marke selbst weiterbesteht. Unterschieden werden hier insbesondere *zeitliche Parallelbeziehungen*, wie z. B. bei Wirkung der Vermarktung sowohl auf die Produktgestaltung bzw. Qualität als auch auf die Produktverpackung bzw. das Design, etc., sowie *sukzessive und intermittierende Beziehungen*, wie z. B. Werbemaßnahmen, die entweder in einer bestimmten zeitlichen Reihenfolge eingesetzt werden oder die sich auf bestimmte Phasen des Kaufprozesses beschränken, etc.
- *Hierarchische Abhängigkeiten* treten auf, wenn eine bestimmte Rangordnung zwischen den marketingpolitischen Instrumenten besteht und deshalb eine Priorität innerhalb des Marketing-Mix zum Tragen kommt. Die relative Bedeutung der einzelnen Instrumente, also des Produkt-, Preis-, Kommunikations- und Distributionsmanagements hängt dann von mehreren Faktoren ab, wie z. B. vom Betriebstyp, vom Produkt, vom Käuferverhalten, von Zusatzleistungen oder vom Ausmaß der Standardisierung oder Differenzierung der Produkte, etc.

Optimierungsgestaltung von Marketingaktivitäten kann mithilfe von Ansätzen aus dem systemischen Denken der Unternehmensführung geleistet werden und mit Bezug zu ganzheitlichen, systematischen Problemlösungsansätzen erfolgen. Wegen des ganzheitlichen Charakters dieser Aufgaben sind sowohl Bezüge zur Unternehmenskultur als auch zu einer Vorgehensweise herzustellen, vergleichbar mit Projektmanagement und dessen Lösungsansätzen.

## 9.2.2 Multi-Channel-Marketing

Ausdifferenzierungen der Marketingpraxis und die damit einhergehende Forderung nach Integrationsleistungen von Marketingaktivitäten rufen konzeptionell immer wieder ganzheitliche Marketingsysteme auf den Plan. **Multi-Channel-Management** stellt einen Versuch dar, die notwendige Mehrdimensionalität von *Marketingaktivitäten* im Vertriebs- und Kommunikationsbereich systematisch in die *Marketingkonzeption* von Unternehmen zu integrieren. In seiner einfachsten und ursprünglichsten Form versteht man unter Multi-Channel-Marketing ein *Mehrkanalsystem*, bei dem Anbieter von Produkten gleichzeitig mehrere direkte oder indirekte Vertriebswege für den Absatz nutzen und so von Multikanalsystemen (Offline, Online, Noline) sprechen. Ursachen hierfür liegen einerseits im gestiegenen Wettbewerb insgesamt, andererseits sind sie bedingt durch Veränderungen im Konsumentenverhalten, durch neue Preissensibilität oder durch gewandelte Ansprüche bezüglich der Verfügbarkeit und Bequemlichkeit von Kaufoptionen für Kunden, wie z. B. Online oder Convenience Shopping ergänzt um die Nutzung multimedialer, technischer Systeme. Multi-Channel-Marketing steht aber nicht nur in Bezug zu vertrieblichen Mehrkanalsystemen, sondern kann sich auch auf die Gestaltung von multioptionalen Kommunikationskanälen richten (Omni-Channel-Marketing), die in Verbindung mit den Distributionskanälen einer optimalen funktionsübergreifenden Abstimmung bedürfen. Als umfassender Marketingansatz stellt Multi-Channel-Marketing letztendlich eine optimierungsstrategische Möglichkeit zur Gestaltung sämtlicher *Marketinginstrumente* dar, die als Gesamtsystem mit der Planung, Durchführung und Kontrolle von Marketingaktivitäten in Mehrkanalsystemen befasst ist. (Specht/Fritz 2005, 170 ff.; Winkelmann 2012, 550 ff./Abbildung 9.2)

**Ziele** des Multi-Channel-Marketings können aus allgemeinen Unternehmenszielen und bereichsspezifischen Marketingzielen abgeleitet werden. Ausgehend z. B. von der Optimierung akquisitorischer Kundenkontakte, über eine Individualisierung und Flexibilisierung des Produktprofils (Kundennutzenoptimierung) bis hin zu einer integrierenden Logistikleistung als Varianten des Multi-Channel-Marketingziels, werden weitere übergeordnete Ziele, wie die Erreichung einer *Kundenwertmaximierung*, z. B. über Komponenten des Endkunden bzw. Absatzmittlerbezugs, erfüllt. Daraus entwickeln sich neue **komplexe Leistungsbündel** in kooperativer und integrierter Form. Vorrangig wird hier der Erfolgsfaktor *Channel Fit* fokussiert, der zur Optimierung der Geschäftsbeziehungen dient. Weiterhin werden Customer Touch Points (CTP) mit den Komponenten Customer Information Point (CIP), Customer Point-of-Sale (CPO) sowie Customer Service Point (CSP) einer umfassenden Effizienz- und Effektivitätsoptimierung unterzogen. Weitere kritische Erfolgsfaktoren des Multi-Channel-Marketings stellen die *Güterströme* dar, also die physische Bewegung des Produkts mit der die Eigentumsübertragung und eine Risikoübernahme verbunden sind, ergänzt um *Informationsströme*, die, beginnend dem Informationsfluss bei Verkaufsförderung, bei Verhandlungen, bei Bestellung und sonstigen Austauschprozessen erfolgen. Schließlich stellen *Geldströme* einen weiteren *Channel Flow* des Multi-Channel-Marketings dar, wenn etwa Zahlungs- und Finanzierungsströme systematisch in das Gesamtkonzept integriert werden. (Wirtz 2013c, 79 ff.)

Im Rahmen eines *strategischen Multi-Channel-Marketings* werden etwa potenzielle Kanäle und absatzmittlergerichtete Strategien ausgewählt und damit eine Bestimmung der Ausprägungen des Multi-Channel-Marketings vorge-

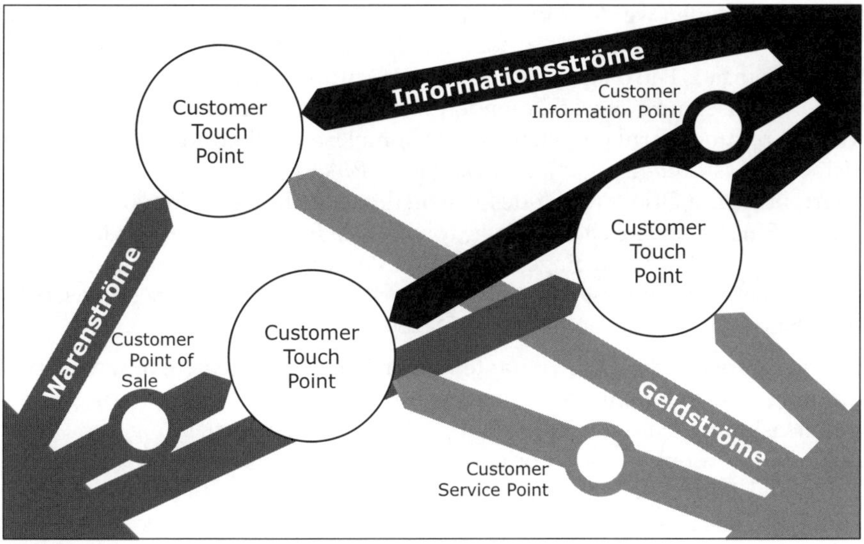


Abbildung 9.2: Komplexität des Multi-Channel-Marketings

nommen, Kanäle selektiert und Channel-Mitglieder ergänzend ausgewählt. Im Rahmen des *operativen Multi-Channel-Marketings* werden dann einzelne Instrumente dieses Marketingkonzepts auf die klassischen Marketinginstrumente wie Produkt-, Preis-, Kommunikations- und Distributionspolitik übertragen, um innerhalb der jeweiligen Instrumente die Vorteile der multioptionalen Struktur des Multi-Channel-Marketings nutzen zu können. Zu den *Chancen* eines Multi-Channel-Marketings zählen die Nutzung von Marktpotenzialen, die Erfüllung von Kundenansprüchen sowie die Senkung von Vertriebskosten, *Risiken* ergeben sich aus Konfliktpotenzialen durch die Nutzung mehrerer Vertriebskanäle, aus der nicht eindeutigen Erfolgszurechnung auf bestimmte Absatzkanäle sowie durch eine Vermischung von Kommunikationsformen der Kundenansprache. (Wirtz 2013c, 133 ff., 368 ff.)

## 9.3 Personal- und Organisationsmanagement im Marketing

### 9.3.1 Personalmanagement im Marketing

**Personalmanagement** besitzt im Marketing einerseits eine herausragende Bedeutung durch die deutlich komplexeren Anforderungen des vielfältigen Aufgabenspektrums, wie z. B. Produktkonzepte, Werbegestaltung, Technikapplikation, etc; andererseits deshalb weil Humanressourcen für Marketingaktivitäten mit spezifischen Fähigkeiten, Fertigkeiten und Kenntnisse ausgezeichnet sein müssen, wie z. B. hohe Motivation, Kommunikationsfähigkeit, Integrität und Belastbarkeit, etc. Prinzipiell kann für ein Personalmanagement im Marketing

Bezug genommen werden auf allgemeine **Funktionen** der Personalwirtschaft, wie z. B. Personalstrategien, Personalbedarfsplanung, Personalbeschaffung, Personaleinsatz, Personalentlohnung, Personalführung, Personalentwicklung, Personalfreisetzung, etc. Insbesondere vor dem Hintergrund eines Fokus auf Wertschöpfung, Kernkompetenzen und komplexe Wettbewerbsszenarien lässt sich eine *Ausrichtung personalwirtschaftlicher Perspektiven* auf eine explizit ressourcenbasierte Orientierung des Personalmanagements im Marketing beobachten. Eine besondere *Qualifizierung von Personal* für jegliche Art von Marketingaufgaben steht dabei uneingeschränkt im Vordergrund und stellt gleichzeitig eine wesentliche Voraussetzung für den marktorientierten Unternehmenserfolg dar. (Huber 2010, 12 ff.; Homburg 2015, 1230 ff.)

Zunächst stehen die Determinanten einer **Personalstrategie** explizit in Verbindung mit den Elementen einer profilierten Unternehmenspolitik, Unternehmenskultur, Unternehmensidentität, Unternehmensverfassung und Unternehmensphilosophie. Daran orientiert sich primär auch die Gewinnung von Fach- und Führungskräften über ein *internes* oder *externes Personalmarketing*. Durch ein spezifisch entwickeltes **Employer Branding** werden in Verbindung mit einem deutlich identifizierbaren *Personalimage* die ausgeprägten Qualitätsmerkmale von Humanressourcen im Marketing erworben. Häufig stellt, unter den *Bedingungen globaler Märkte*, ein explizit internationales bzw. interkulturelles Personalmanagement eine notwendige Voraussetzung für erfolgreiche Marketingaktivitäten dar. (Huber 2010, 46 ff./Abbildung 9.3)

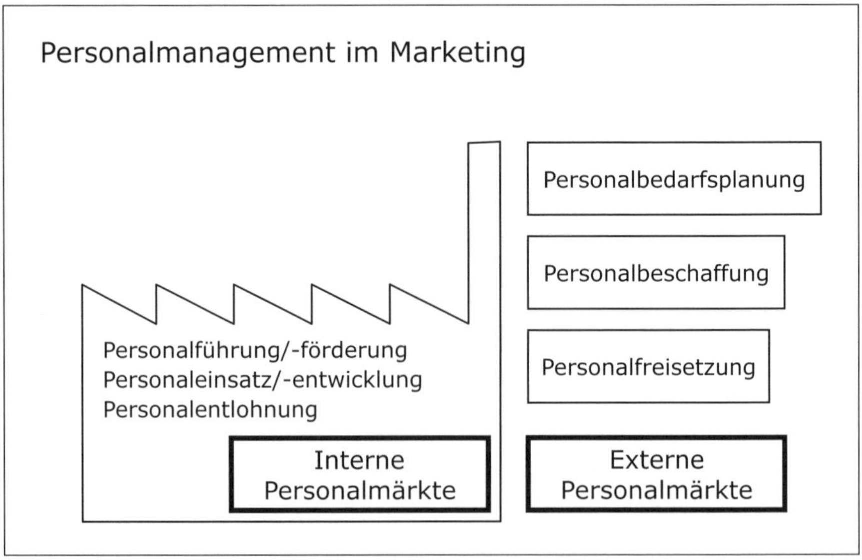


Abbildung 9.3: Marketingbezogenes Personalmanagement

Unter dem Aspekt einer **Personalbedarfsplanung** wird zunächst quantitativ die Anzahl der im Marketing beschäftigten Personen festgelegt. Qualitativ erfolgt die Ausrichtung der Personalbedarfsplanung entweder über eine *Typologisie-*

*rung von Berufsgruppen,* wie z. B. Marketing- und Vertriebsleitung, Produkt- und Key-Account-Manager, Leitung Kommunikation, Marketing-, Vertriebs- und Kommunikationsassistenz, etc., oder über die *Einteilung nach Qualifikationsgruppen,* wie z. B. Personal mit bzw. ohne Hochschulausbildung oder mit bzw. ohne (spezifischer) Berufsausbildung oder Berufserfahrung, etc. Personalbedarfsplanung wird ergänzt um ein explizites Nachfolge- bzw. Talentmanagement.

**Personalbeschaffung** als Rekrutierungsaufgabe für Personal im Marketing und Vertrieb impliziert zunächst eine kontinuierliche Analyse der Personalmärkte über Arbeitsmarktforschung, Berufsforschung und Mobilitätsforschung. *Personalrekrutierung* kann grundsätzlich über interne und externe Arten der Personalbeschaffung erfolgen, Letztere auch durch den Einbezug externer Institutionen, wie z. B. Personalberatungsunternehmen, Arbeitsvermittlungsagenturen, etc. Mit den Verfahren zur *Personalauswahl* werden die Eignungspotenziale von Bewerbern selektiert, insbesondere über eine kritische Sichtung der Bewerbungsunterlagen, in Vorstellungsgesprächen oder über Assessment-Center-Verfahren, etc. In regelmäßigen Abständen erfolgen darüber hinaus Personalbeurteilungen von Vorgesetzten und Mitarbeitern als Leistungs- bzw. Potenzialbewertungen.

Für einen **Personaleinsatz** im Marketing und Vertrieb spielt eine ausgeprägt hohe *Motivation,* d. h. eine aktivierende Verhaltensbereitschaft, sich für die Ziele des Unternehmens einzusetzen, eine entscheidende Rolle. Zu berücksichtigen ist diesbezüglich ebenso die *Volition,* d. h. die Umsetzung von Motiven und Motivationstendenzen in konkrete Handlungen. Analytische, konzeptionelle und interaktionsbezogene Fähigkeiten gehören zu den Leistungsmerkmalen des Marketingpersonals. Darüber hinaus werden besondere Persönlichkeitsmerkmale, wie z. B. Extrovertiertheit, Umgänglichkeit, Offenheit für Erfahrungen, etc., gefordert. Ein motivationsförderndes Arbeitsklima und eine leistungsorientierte Unternehmenskultur integrieren dabei ebenso neuere Akzentuierungen des Personaleinsatzes, wie z. B. die gezielte Förderung von Familien, eine differenzierte Berücksichtigung von Leistungspotenzialen aus der Gender-Mainstream-Forschung, Aging-Work-Force- und Work-Life-Balance-Konzepte, etc. (Huber 2010, 93 ff., 112 ff.; Homburg 2015, 1238 ff.)

**Personalentlohnung** in Form von differenzierten Vergütungssystemen besitzt unter dem Aspekt von *Anreizdimensionen* zur Leistungssteigerung im Personalmanagement für Marketingaktivitäten eine herausragende Bedeutung. Diesbezüglich wird eine deutliche Unterscheidung zwischen Grund- und Leistungslöhnen als monetäre Anreizformen vorgenommen. Darüber hinaus werden *Provisionssysteme* in Abhängigkeit von Prozentsätzen des erzielten Umsatzes oder anderer Größen zur Steigerung des Leistungsergebnisses integriert sowie *Prämiensysteme* zur kurzfristigen Leistungssteigerung konzipiert. Nichtmonetäre Anreize stellen darüber hinaus in Form von Auszeichnungen oder sonstigen Sachleistungen einen bedeutsamen Zufriedenheitsfaktor von Personal im Marketing und Vertrieb dar.

**Personalführung** stellt ein essenzielles Instrument zur individuellen oder teambezogenen Optimierung des Arbeitseinsatzes von Personal im Marketing dar.

Dabei kommen insbesondere *individualisierte Ansätze* der Personalführung zur Förderung von Leistung bzw. Bindung des Marketingpersonals an Unternehmen in Frage. Führungskonzepte, wie Empowerment und Entrepreneurship können dabei das individuelle Engagement von Mitarbeitern leitbildhaft fördern. Im Fokus stehen ebenso neuere Konzepte der Personalführung, darunter *transformationale Ansätze* mit visionärem Führungsstil und Perspektiven auf zukünftige, innovative Entwicklungen in Unternehmen oder *transaktionale Ansätze* mit professionalisierter Erfüllung von Aufgaben, sachrationalem Aspekt der Leistungserstellung und einer Berücksichtigung von individuellen Bedürfnissen des Personals.

**Personalentwicklung** unterscheidet Maßnahmen einer kontinuierlichen Weiterbildung und einer fallweisen *Qualifizierung* für gegenwärtige oder zukünftige Anforderungen. Im Falle von Marketingaktivitäten zählen hierzu tätigkeitsbegleitende Personalentwicklungsmaßnahmen oder Schulungen, wie z. B. im Bereich von Verkauf, Gesprächsführung, Kundenkontaktoptimierung, etc. Darüber hinaus werden Formen der *Personalförderung* über Maßnahmen des kurzfristigen Briefings, eines kontinuierlichen Coachings oder eines bedarfsweisen Mentorings, einschließlich einer langfristig angelegten Laufbahn- oder Karriereplanung berücksichtigt.

**Personalfreisetzung** bzw. flexibler Personaleinsatz, z. B. bedingt durch Kapazitätsanpassungserfordernisse im Unternehmen, wird häufig über ein entsprechendes Outsourcing-Management oder Netzwerkmanagement zu Partnern des Subcontractings gewährleistet. Für letztere Option kommt sowohl selbstständiges Personal für spezifische Marketingfunktionen in Frage als auch Hybridkonzepte, wie im Falle von Franchising-Systemen und anderen Business-Formaten des Marketings. (Huber 2010, 155 ff., 173 ff.)

Personalmanagement in Marketing und Vertrieb zeichnet sich durch eine ausdifferenzierte Kunden- und Marktorientierung aus. Leidenschaft und Neigung werden hier auch zukünftig *Mitarbeiterprofile* wesentlich prägen. Unter dem Aspekt von Personal- und Organisationsmanagement sind dabei Spannungen zwischen den Interessenlagen des Personalbereichs und dem Marketing- und Vertriebsbereich nicht auszuschließen. Diese sind dann über ein entsprechendes *Konfliktmanagement* auszugleichen. (Homburg 2015, 1324 ff.)

## 9.3.2 Organisationsmanagement im Marketing

**Organisationsmanagement** im Marketing setzt eine Ausrichtung an Markt- und Kundenorientierung voraus und nimmt Bezug zur Verteilung interner Ressourcen und Kompetenzen in Unternehmen. Eine Marketingorganisation muss bestimmte **Effektivitäts- und Effizienzkriterien** erfüllen, damit sie einen Beitrag zur Erfolgswirksamkeit in Unternehmen leisten kann. Hierzu gehören eine *Koordinationsfähigkeit*, die Komplexität reduziert und Interdependenzen berücksichtigt, eine *Motivationsfähigkeit*, die Anreize schafft und Erfolgsergebnisse erzielt. Schließlich muss eine Marketingorganisation die *Informationsversorgung* sichern, zur Marktanpassungs- und Innovationsfähigkeit beitragen und sich für ein zielbezogenes *Controlling* eignen. (Freiling/Köhler 2014, 21 ff., 72 ff.)

Eine **Marketingorganisation** umfasst sämtliche struktur- und prozessbezogenen Regelungen im Sinne einer sich wechselseitig bedingenden Aufbau- und Ablauforganisation, die zur Erfüllung der Aufgaben des Marketingmanagements erforderlich sind. Die *Aufbauorganisation* beinhaltet dabei primär die funktionale Verteilung von Marketingaufgaben in Unternehmen auf Abteilungen sowie die Regelung von Zuständigkeiten und Verantwortungsbereichen zwischen den einzelnen Abteilungen. Die *Ablauforganisation* beschäftigt sich mit den Regelungen für die Abfolge und Koordination von Aufgaben und Teilaktivitäten zwischen internen und externen Prozessen im Marketingbereich. (Freiling/Köhler 2014, 38, 202/Abbildung 9.4)

Strategischen Überlegungen zufolge muss die Institutionalisierung des Marketings in der **Unternehmensorganisation** so implementiert sein, dass eine Markt- und Kundenorientierung aller Unternehmensbereiche gewährleistet werden und eine angemessene Differenzierung von Marketing- und Vertriebsaufgaben erfolgen kann. Die Grundformen der Marketingorganisation müssen deshalb vielfältigen *Kompatibilitätskriterien* und gleichzeitig folgenden Anforderungen genügen: Die Aufbauorganisation soll ein *integriertes Marketing* ermöglichen, d.h. eine effiziente Koordination aller Marketingaktivitäten, ebenso wie eine (prozessberücksichtigende) Integration aller Funktionsbereiche des Unternehmens. Des Weiteren sollte sie hohen *Flexibilitätsanforderungen* genügen, d.h. eine ergebnisorientierte Leistungswirksamkeit erfüllen, insbesondere bei entsprechender Marktdynamik. Kreativität und Innovationsbereitschaft aller Mitarbeiter sollten im Sinne einer *Anreizkompatibilität* erreicht werden. *Delegationseffizienz* sollte insofern gegeben sein, als die Marketingorganisation dann eine sinnvolle Spezialisierung bzw. Arbeitsteilung aller Einheiten der Marketingorganisation ermöglichen kann.

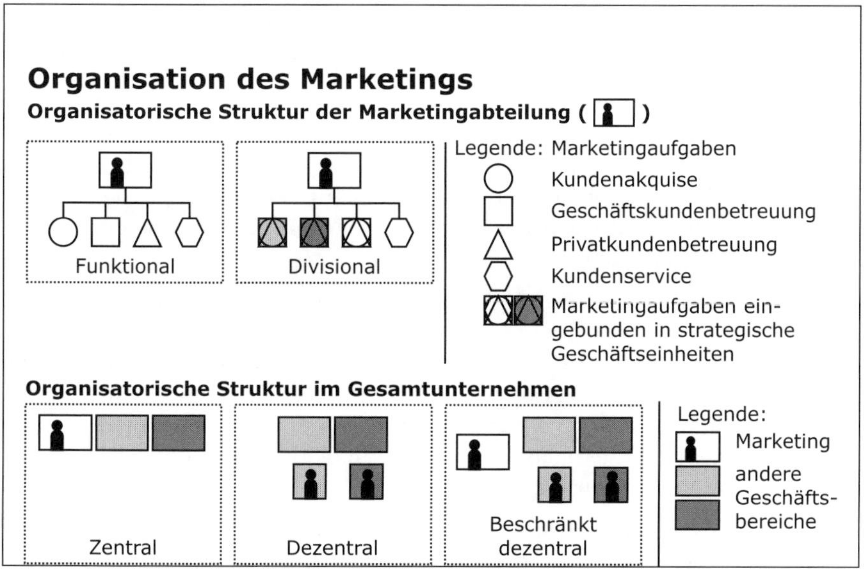


Abbildung 9.4: Organisationsstrukturen im Marketing

Prinzipiell übernimmt die Marketingorganisation die klassischen **Typen einer Aufbauorganisation**, wie etwa die *funktionale Organisationsstruktur*, d.h. eine Spezialisierung nach Zweckbereichen bzw. Erfüllung von Aufgaben gleicher Art nach dem Verrichtungsprinzip, wie dies im Falle marketingspezifischer Funktionen, der Marketingplanung, des Vertriebs, des Kundendiensts, etc., erfolgt. Weiterhin kann eine *divisionale Organisationsstruktur* mit der Bündelung von Bereichen oder Sparten nach dem Objektprinzip zu Produkttypen, Kundengruppen oder Regionen, etc., vorgenommen. Schließlich bildet die *Matrix-Organisationsstruktur* mit einer Verflechtung über verschiedene Strukturierungsprinzipien, wie z.B. Verrichtungs- oder Objektprinzip, aus der funktionalen und divisionalen Organisationsstruktur in Verbindung mit dem Profit-Center-Prinzip eine weitere Organisationsform. (Freiling/Köhler 2014, 97 ff.)

**Neuere Strukturen** in der Marketingorganisation nehmen praxisbezogene Kriterien, wie etwa Prozesse, Projekte, Nutzenkonzepte oder Module als organisationsbildende Prinzipien in Unternehmen auf und versuchen dadurch eine möglichst effiziente und effektive Organisationsform für die Erfüllung von Marketingaufgaben zu entwickeln (Frese et al 2012, 597 ff.):

- *Prozessorganisation:* Die Unternehmensstruktur wird hier im Hinblick auf eine ganzheitliche Prozessorientierung betrachtet. Erfolgsvoraussetzung ist ein Verständnis für einzelne Geschäftsprozesse (Geschäftsprozessansatz; Case Management), die Etablierung gruppenbezogener Verantwortlichkeiten (Teamstrukturen) sowie die optimale Nutzung von I- und K-Technologien (Workflow-Management).
- *Projektorganisation:* Marketingprojekte erfordern eine aufgabenspezifische Organisationsform über einen bestimmten Zeitraum hinweg, die das Einsatzpotenzial eines Projektleiters mit Projektgruppe optimal und ergebnisorientiert zu koordinieren erlaubt. Projektmanagement umfasst eine klare Zielstruktur, fristgerechte Zielerreichungsgrade (Milestones), die Koordination beteiligter Funktionsbereiche sowie Flexibilität in der Aufgabenerfüllung.
- *Modulare Organisation:* Modulare Organisationsformen erfordern innerorganisatorische Gestaltungsoptionen durch relativ selbstständige und prozessorientierte Einheiten. Durch den Einsatz von I- und K-Technologien wird diesbezüglich eine zeitlich-räumlich unabhängige Bearbeitung arbeitsteiliger Prozesse möglich, wie z.B. bei der Steuerung des Vertriebs und der Betreuung von Außendienstmitarbeitern.
- *Virtuelle Organisation:* Die Organisation kooperativer, insbesondere global ausgerichteter Unternehmensaktivitäten erfolgt gegenwärtig häufig über virtuelle Strukturen, d.h. ohne bestimmte physische Attribute, durch eine Vernetzung über I- und K-Technologien. Ausgewählte Unternehmensfunktionen sind dann in den virtuellen Raum verlagert oder als temporäres oder permanentes Unternehmensnetzwerk bzw. in Form einer modular verlinkten Unternehmensstruktur organisiert.
- *Category Management:* Die zunehmende Wettbewerbsintensität und eine veränderte Kooperation zwischen Hersteller und Handel führen bei systematischem Category Management zu einer Win-win-Situation für beide

Kooperationspartner. Bestimmte Warengruppen werden diesbezüglich als selbstständige, gewinnverantwortliche Geschäftseinheiten (Profit Center) geführt. Sowohl die Optimierung der Befriedigung von Konsumentenbedürfnissen als auch eine hohe Gesamtsystemeffizienz des Prozessmanagements (Total System Efficiency) stehen dabei im Mittelpunkt.

Organisationsstrukturen sind keine statischen Gebilde, sondern unterliegen der Dynamik von Wachstum und Wettbewerb. Deshalb erfordert ein Organisationsmanagement in Unternehmen für die Bereiche Marketing und Vertrieb ein kontinuierliches Changemanagement, *Organisationsentwicklung*, Reorganisationsprozesse, um Marketingaktivitäten dauerhaft erfolgreich steuern zu können.

## 9.4 Controlling im Marketingmanagement

### 9.4.1 Strukturen und Funktionen eines Marketingcontrollings

**Marketingcontrolling** beinhaltet ein umfassendes Aufgabenspektrum mit Informations- und Kontrollfunktion zur Steuerung von Marketingaktivitäten und erfüllt damit ebenso eine Dokumentationsfunktion. Über ein *Performance-Measuring-System* entwickelt sich Marketingcontrolling zu einer umfassenden Planungs- und Steuerungsinstanz für ergebnisorientierte, strategische und operative Marketingentscheidungen. Voraussetzung hierfür ist zunächst eine koordinierte und aufgabenadäquate Informationsversorgung des Marketingmanagements. Über folgende Funktionen werden Controllingaufgaben wirksam erfüllt. Mit der *Informationsfunktion* sollen interne und externe Informationen für Planungs-, Steuerungs- und Kontrollaufgaben zur Verfügung gestellt werden. Mit der *Planungsfunktion* wird ein robuster Planungsprozess kontinuierlich sichergestellt. Mit der *Kontrollfunktion* werden sowohl Prozess- als auch Effektivitäts- und Effizienzkontrollen ermöglicht. Mit der *Koordinationsfunktion* wird in ganzheitlicher Absicht eine relevante Informationsversorgung für alle Marketingbereiche geleistet. Folgende **Instrumente** können dabei unterschieden werden (Zerres 2006; Reinecke/Janz 2007, 115 ff., 127 ff.; Bruhn 2014, 293 ff./ Abbildung 9.5):

- *Strategische Instrumente des Marketingcontrollings* bestehen aus Benchmarking, SWOT-Analysen, Portfolioanalysen, Wirtschaftlichkeitsrechnungen, Aufbau von Früherkennungssystemen, Cost-Profit-Center-Analysen sowie einer zukunftsorientierten Überwachung durch Marketing-Audits, etc.
- *Operative Instrumente des Marketingcontrollings* bestehen aus Absatzsegmentrechnungen für Verkaufsgebiete, Vollkosten-, Deckungsbeitrags- und Prozesskostenrechnungen, Provisionssystemen und Budgetierungen, Target Costing, etc.

Die Implementierung und Organisation des Marketingcontrollings kann auf unterschiedliche **Träger** verteilt werden: Die Übernahme systemgestaltender Funktionen kann entweder dem Aufgabenbereich der *Marketingmanager* zugeordnet werden oder einer eigenständigen *Unternehmenseinheit* des Marketingcontrollings. Aus der Unternehmenspraxis wird immer wieder vorgeschlagen auch *externe Berater* mit Controllingaufgaben des Marketings zu betrauen oder eine zentrale Controllingabteilung bzw. ein Spartencontrolling einzurichten. Für die organisatorische Einbindung des Marketingcontrollings wird regelmäßig eine intensive Zusammenarbeit zwischen Marketingmanagern und Marketingcontrollern als erforderlich erachtet, die auch aus entsprechenden Teamstrukturen, wie Marketingmanager und –controller, bestehen können. Das Aufgabenspektrum des Marketingcontrollings wird insbesondere in einer Überprüfung und Gestaltung der Kundenzufriedenheit und der Kundenorientierung, aber auch im markenspezifischen Marketingaccounting (Brand Equity) gesehen, aber auch durch das Konzept eines 'Self-Controllings' der Mitarbeiter wird als realisierbar erachtet. (Link/Weiser 2011, 42 ff.; Meffert 2015, 811)

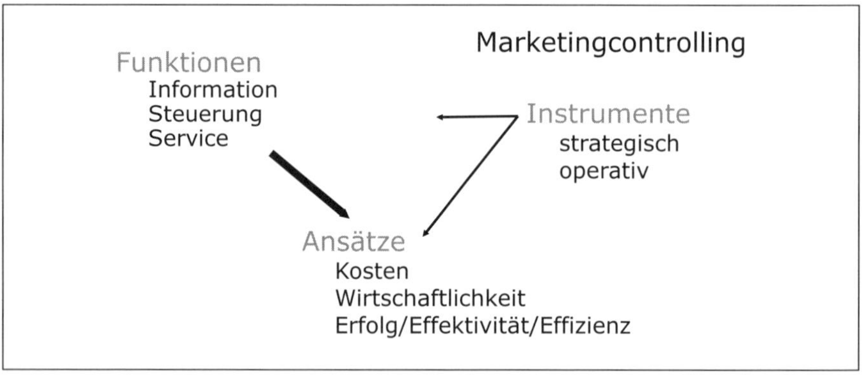


Abbildung 9.5: Dimensionen des Marketingcontrollings

Marketingcontrolling ist als **Bereichscontrolling** insbesondere auf eine Kontrollfunktion der Marktleistungsgestaltung gerichtet, wenn Produkt- und Programmanalysen vorgenommen und mittels Kaufurteile oder Testverfahren bewertet werden. Weiterhin erfolgt eine Kontrolle der Preisgestaltung, des Kommunikationsmanagements insbesondere in Form von Werbewirksamkeitsanalysen, aber auch im Hinblick auf PR, Sponsoring und Marketing-Events, der Verkaufsförderung oder des Direct Marketings und des Onlinemarketings. Schließlich werden über Kennzahlen- und Kostenrechnungssysteme oder Wirtschaftlichkeitsanalysen entsprechende Informationen für den Distributionsbereich geliefert. (Reinecke/Janz 2007, 173 ff., 205 ff., 219 ff., 315 ff.)

Unter dem Aspekt einer umfassenden Kontrollfunktion von Marketingaktivitäten, die nicht nur quantifizierbare Tatbestände erfasst, sondern auch qualitative Merkmale berücksichtigt, obliegt es der Marketingrevision oder einem **Marketing-Audit** die jeweiligen Marketingziele, Marketingpläne und ihre Realisierung sowie die Marketingorganisation zu überwachen. Bei Marketing-Audits handelt es sich um zukunftsorientierte Kontrollinstanzen mit dem Ziel, marktbezogene Strategien frühzeitig flexibel und umfassend an Veränderungen anzupassen. Ein Marketing-Audit berücksichtigt in der Regel folgende Teilbereiche: ein *Verfahrens-Audit* die Prüfung der Planungs- und Kontrollverfahren sowie die

Informationsversorgung; ein *Strategie-Audit* die Prüfung von strategischen Zielen und Prämissen sowie eine Konsistenzprüfung der Schlussfolgerungen; ein *Marketing-Mix-Audit* die Prüfung der Vereinbarkeit von strategischen Grundkonzeptionen, eine wechselseitige Maßnahmenabstimmung sowie eine Evaluation der Mittel-Zweck-Relationen; schließlich ein *Organisations-Audit* die Prüfung der Vollständigkeit von Marketingaufgaben, die aufgabenkompatiblen Organisationsformen sowie eine Überprüfung der Koordinationsregelungen. (Reinecke/Janz 2007, 146 ff.)

## 9.4.2 Strategisches und operatives Marketingcontrolling

**Strategisches Marketingcontrolling** befasst sich mit grundlegenden Fragestellungen der Unternehmensführung im Marketing, insbesondere mit der Berechnung von Größen, wie z. B. Soll-Ist-Vergleichen, Kennzahlen, etc., die einen *Wertbeitrag* für das gesamte Unternehmen ausweisen. Hierzu gehört die Bestimmung von Kundenwerten (Customer Equity), die als Kapitalwertsumme aller Kundenbeziehungen eines Unternehmens definiert sind oder die Berechnung eines Kundenlebenszeitwerts für einzelne Kundenbeziehungen über einen längeren Zeitraum hinweg (Customer Lifetime Value). Weitere Ansätze des strategischen Marketingcontrollings stellen die Berechnung von Markenwerten oder die Messung des Stakeholder Values dar, ebenso die Ermittlung von Preispositionierungen über Target Costing. Marketingaktivitäten werden im Controlling allgemein über Kennzahlen (Key Performance Indicator/KPI) und Kennzahlensysteme erfasst. Zu den wichtigsten Kennzahlen zählen Wirtschaftlichkeits- und Rentabilitätskennzahlen. Eine Weiterentwicklung des Marketingcontrollings durch ein ausgewogenes System von Kennzahlen stellt die *Balanced Scorecard* von Kaplan und Norton dar, ein Steuerungs- und Kontrollkonzept, das strategische und operative Aktivitäten aufnimmt, integriert und auswertet. Die Balanced Scorecard ist ein Instrument ganzheitlicher Unternehmenssteuerung und verbindet vier unterschiedliche Perspektiven miteinander: (1) *Finanzwirtschaftliche Perspektive*: Umsatz, Kosten, Gewinn, Rentabilität, Mitarbeiterproduktivität; (2) *Kundenperspektive*: Kundenbarometer, Marktanteil, Kundentreue, Kundenimage; (3) *Interne Geschäftsprozessperspektive*: Prozesszeiten, Prozessqualitäten, Kapazitätsauslastung, Servicezeiten; (4) *Lern- und Entwicklungsperspektive*: Mitarbeiterzufriedenheit, Unternehmenskultur, Informationsstand, Wettbewerbsposition. Insgesamt wird damit in umfassender Weise der Beitrag des Marketings zum Unternehmenswert ausgewiesen (Reinecke/Janz 2007, 51 ff., 162 ff.; Meffert et al 2015, 818 ff.)

**Operatives Marketingcontrolling** arbeitet vorrangig mit Soll-Ist-Vergleichen und bezieht sich damit auf konkrete Marketingaktivitäten einzelner Bereiche. Als operative Instrumente des Marketingcontrollings kommen *Kostencontrolling* mit einer kurzfristigen Erfolgsrechnung, einer Break-even-Analyse oder einer allgemeinen Kosten- und Budgetkontrolle in Frage. Im *Erlös-Controlling* werden Absatz- und Erlösplanung vorgenommen, Kosteneffekte und deren Ursachen analysiert und Lösungsansätze entwickelt. Mit einem *Finanzcontrolling* im operativen Bereich wird eine Finanzplanung, Finanzdisposition und Finanzkontrolle für einzelne Marketingaktivitäten geleistet. Sämtliche Marketinginstrumente dienen in der Summe dazu, Prozesse im Marketing besser analysieren, planen und steuern zu können und leisten daher einen entscheidenden Beitrag zum Erfolg einzelner Marketingprozesse. (Reinecke/Janz 2007, 159 ff.)

## 9.5 Aufgaben und Literaturhinweise

### 9.5.1 Aufgaben

Nachfolgend werden einige **Bearbeitungshinweise** zur umfassenden Lösung der Aufgaben gegeben:

- Zunächst sollte bei der Bearbeitung der Aufgaben jeweils ein System der umfassenden *Gestaltungsabsicht* entworfen werden und dabei die *Beziehungsstrukturen* (Interdependenzen) zwischen einzelnen Bereichen des Marketings ganzheitlich aufgezeigt werden.
- Zweckmäßig ist es dann – unter Berücksichtigung marketingspezifischer Grundfunktionen – *Problemlagen einer Gesamtoptimierung* von Marketingaktivitäten aus unterschiedlichen Perspektiven zu beleuchten.
- Schließlich sollte eine konstruktive *Nutzung von fachwissenschaftlichen Kenntnisständen* aus Personal- und Organisationsmanagement sowie Controlling erfolgen und unter Berücksichtigung innovativer Entwicklungen entsprechende Lösungsansätze herausgearbeitet werden.
- Ergänzend sollte dann, unter Rekurs auf einen *ganzheitlich-systemischen Problemlösungsansatz* eine Zusammenführung sämtlicher Elemente des Systems der Gestaltungsoptimierung erbracht werden, um die Komplexität der entsprechenden Sachverhalte aufzeigen zu können.

▶ Aufgaben

▶ **[1]** Nennen Sie allgemeine Ziele, Aufgaben und Dimensionen einer ganzheitlichen Optimierungsgestaltung von Marketingbereichen.

▶ **[2]** Welche Funktionen und Ausprägungen kennzeichnen ein sogenanntes Multi-Channel-Marketing? Erläutern Sie kurz die Komplexität einzelner Anwendungsformen.

▶ **[3]** Beschreiben Sie die einzelnen Aufgabengebiete eines Personalmanagements im Marketing unter dem Aspekt marketingspezifischer Kompetenzen und entsprechender Qualifikationsanforderungen.

▶ **[4]** Stellen Sie die Komponenten traditioneller und moderner Formen von Organisationsstrukturen im Marketing ergänzen Sie diese um Schaubilder dar.

▶ **[5]** Erläutern Sie Formen, Inhalte und Instrumente eines Marketing-Controllings unter Berücksichtigung seiner institutionellen Verankerung und seiner Träger.

Aufgaben zu Kapitel 9

Stichworte zu konkreten Lösungshinweisen für die Aufgaben von Kapitel 9 finden Sie auf Seite 285.

### 9.5.2 Literaturhinweise

Die nachfolgenden Titel stellen Basisquellen zur thematischen Breite des 9. Kapitels dar, gleichzeitig können ergänzend folgende Lehrwerke und Literaturangaben als relevante Quellen zur vertiefenden Nachbereitung der Inhalte des vorangegangenen Kapitels herangezogen werden:


- *Becker, Jochen (2013)*: Marketing-Konzeption. Grundlagen des zielstrategischen und operativen Marketing-Managements, 10., überarbeitete und erweiterte Auflage, München 2013
- *Freiling, Jörg/Köhler, Richard (2014)*: Marketingorganisation. Die Basis einer marktorientierten Unternehmenssteuerung, 1. Auflage, Stuttgart 2014
- *Frese, Erich/Graumann, Matthias/Theuvsen, Ludwig (2012)*: Grundlagen der Organisation, 10., überarbeitete und erweiterte Aufl., Wiesbaden 2012
- *Homburg, Christian (2015)*: Marketingmanagement. Strategie – Instrumente – Umsetzung – Unternehmensführung, 5., überarbeitete und erweiterte Auflage, Wiesbaden 2015
- *Huber, Andreas (2010)*: Personalmanagement, München 2010
- *Link, Jörg/Weiser, Christoph (2014)*: Marketing-Controlling. Systeme und Methoden für mehr Markt- und Unternehmenserfolg, 3., vollständig überarbeitete und erweiterte Auflage 2014
- *Reinecke, Sven/Janz, Simone (2007)*: Marketingcontrolling. Sicherstellen von Marketingeffektivität und -effizienz, Stuttgart 2007
- *Wirtz, Bernd W. (2013c)*: Multi-Channel-Marketing. Grundlagen – Instrumente – Prozesse, 2., aktualisierte und überarbeitete Auflage, Wiesbaden 2013


### 9.5.3 Creative Case Choice IX

Mit dem *Creative Case Choice IX* zum Thema **Gestaltungsoptimierung des Marketings** sollen die im 9. Kapitel behandelten Themenschwerpunkte Marketing-Mix, Multi-Channel-Marketing, Personal- und Organisationsmanagement sowie Controlling als Teilaspekte von Marketingaktivitäten sinnvoll in das (eingangs) ausgewählte Fallbeispiel integriert und wechselseitig in Bezug gesetzt werden. Folgende konkrete Aspekte sollen dabei aus dem **Creative Case Chart IX** für die Bearbeitungsschritte hilfreich sein:

CREATIVE
A
S
CHOICE

Optimierung von spezifischen Marketingfunktionen des Ausgewählten Unternehmens/Projekts nach folgenden Kriterien:

- Auswahl von Einzelaspekten aus den Bereichen Marketing-Mix, Multi-Channel-Marketing, Personal, Organisation oder Controlling und Prüfung von Optimierungsbedarf.
- Auswahl der Informations- und Datenquellen über das Unternehmen/Projekt, z.B. Website, Broschüren, interne Quellen, etc.
- Sammeln von Kurzinformationen über:

  1. Marketing-Mix-Konzept
  2. Ausrichtungen eines Multi-Channel-Marketings
  3. Personalrekrutierung, Organisationsstrukturen
  4. Kennzahlen aus Controlling, Bilanz oder REWE
  5. Sonstige Optimierungsszenarien

Abbildung 9.6: Creative Case Chart IX

Die erfolgreiche Erstellung dieses *Creative Case Choice IX* erfordert Grundkenntnisse insbesondere aus den relevanten betriebswirtschaftlichen Teilgebieten wie Personal- und Organisationsmanagement sowie Controlling, die dann konkret auf den Bereich des Marketings angewendet werden können.

# Lösungshinweise

## 1. Marketing: Dynamik und Dimensionen

### Aufgabe 1

S. Abschnitt 1.2.1; wesentliche Vorstellungen über Marketing: Absatzwirtschaft, markt- und kundenorientierte Managementlehre, unternehmerische Denkhaltung, marktorientierte Unternehmensführung (4Ps), Customer Relationship Marketing (3Rs), ganzheitliche Führungsphilosophie; umfassende Philosophie und Konzeption unternehmerischen Planens und Handelns, 3E-Drive (3Es); *Beispiele*: Unternehmen mit Preisstrategie, Unternehmen mit Kundenbindungsprogrammen

### Aufgabe 2

S. Abschnitt 1.3.1; Unternehmensgrundsätze, Mission als Unternehmenszweck/Claim, Vision als Zukunftsvorstellung/Flow; quantitative Ziele: messbar, ökonomische Zieldimensionen in Zahlen; qualitative Ziele: indirekt messbar, psychologische Dimensionen in Kategorien; Zielbeziehungen: komplementär, indifferent, konkurrierend; Trendperspektiven: Komplexität und Vielfalt, Ausdifferenzierungsprozesse

### Aufgabe 3

S. Abschnitte 1.5.1 und 1.5.2; Konsumgütermarketing (B2C): Grundgedanke (Massenmarketing von Gebrauchs- und Verbrauchsgütern, indirekter Vertrieb, Point-of-Sale-Management, hoher Werbeaufwand), Produktstruktur (Convenience, Shopping, Speciality, Me-too, Unsought Goods), Anwendungsmodalitäten (Individualisierung, Preiskämpfe, Key-Account-Management, Category Management); Industriegütermarketing (B2B): Grundgedanke (Spezifität/Komplexität der Leistung, Direktvertrieb, Großkunden), Produktstruktur (Produkt-, Anlagen-, System-, OEM-Geschäfte), Anwendungsmodalitäten (formalisierter Einkaufsprozess, Multipersonalität, Buying Center)

### Aufgabe 4

S. Abschnitt 1.5.3; 7P-Marketing; Eigenschaften (Immaterialität, Integrativität, Auftragsfertigung), Dimensionen (Leistungspotenzial, Leistungsprozess, Leistungsergebnis), Qualitätsmanagement (wegen Anreiz-, Kontroll-, Zurechnungs- und Reparaturproblemen), SERVQUAL-Ansatz mit 5 Dimensionen

### Aufgabe 5

S. Abschnitte 1.5.5 und 1.5.6; Internationales Marketing; Komplexität und Vielfalt durch Kultureinflüsse, Orientierungskonzepte, Marktbearbeitungsaktivitäten; internationale Marktforschung: aufwendig durch Umweltheterogenität, unzureichende Datenquellen, hohe Kosten, Probleme der Vergleichbarkeit; EPRG-/Hofstede-Kulturmodell; interkulturelles Marketing: kulturvergleichende Marktbearbeitung und Ethno-Marketing; Green Marketing (Deepening des Marketings), nachhaltiger Marketing-Mix, Befriedigung ökologieorientierter Bedürfnisse; Non-Profit-Marketing (Broadening des Marketings), spezifische Handlungsfelder und Besonderheiten nicht explizit erwerbstätiger Einrichtungen

## 2. Strategisches Marketingmanagement

### Aufgabe 1

S. Abschnitt 2.2; langfristige Perspektive mit konzeptionellem Prozessmanagement für grundlegende Steuerungsmechanismen; inhaltliche und verfahrensbezogene Fragen; Planungsschritte: Analyse der Ausgangssituation, Strategieformulierung, alternative Strategiebewertung, Strategieauswahl, -umsetzung, -kontrolle; Vorgehensweise des Business-Plannings: strategischer und operativer Marketingplan, Prozess der Planung und Planungskriterien

### Aufgabe 2

S. Abschnitt 2.3; Struktur einer SWOT-Analyse: Analyse von Markt- und Unternehmenssituation zur Ermittlung von Chancen-Risiken-Szenarien (Umweltbedingungen) und Stärken-Schwächen-Szenarien (Unternehmenskompetenzen), Ableitung von SO-, WO-, ST- und WT-Strategien an einem Beispiel; BCG-Matrix mit 4 strategischen Geschäftseinheiten (SGE) unter Berücksichtigung von Marktwachstum und relativem Marktanteil: Stars, Question Marks, Poor Dogs, Cash Cows mit Beispiel, einschließlich Vor- und Nachteile

### Aufgabe 3

S. Abschnitt 2.4.2; Marktfeldstrategie mit 4 Bereichen (Marktdurchdringung, Marktentwicklung, Produktentwicklung, Diversifikation); Marktstimulierungsstrategie mit Hochpreis- und Niedrigpreispolitik jeweils mit Beispiel

### Aufgabe 4

S. Abschnitt 2.4.3; Differenzierung von Märkten durch Segmenting, Targeting, Positioning; Massenmarktstrategien, Marktsegmentierungsstrategien durch Aufteilung eines Gesamtmarkts in Teilmärkte: sozio-demografische, geografische, psychografische, verhaltensorientierte und kaufverhaltensbezogene Segmentierung, jeweils mit Beispielen

### Aufgabe 5

S. Abschnitt 2.4.4; Einheit von Optimierung und Implementierung, Professionalisierung durch Implementierungs-, Durchsetzungs- und Umsetzungsziele sowie einer Implementierungskontrolle, Nutzung von Korrekturstrategien; Erfolgsfaktoren einer Umsetzung von Marketingstrategien

## 3. Marktforschung

### Aufgabe 1

S. Abschnitt 3.2; Systematische Sammlung, Aufbereitung, Analyse, Interpretation von Daten über Märkte und Marktbeeinflussungsmöglichkeiten; Besonderheiten der internationalen Marktforschung; unternehmensexterne und unternehmensinterne Informationen; Unterscheidung von Meinungs-, Markt- und Marketingforschung; Forschungsansätze: qualitative und quantitative Marktforschung

### Aufgabe 2

S. Abschnitte 3.3.2, 3.3.3, 3.3.4 und 3.4.1; Primärerhebung (Neugewinnung von Marktdaten durch Beobachtung, Befragung, Experiment); Vorteile: authentische Daten, hohe Spezifität, etc.; Nachteile: kostenintensive Erhebung, hoher Aufwand, etc.; Sekundärerhebung (Nutzung vorhandener Marktdaten aus unternehmensinternen und -externen Quellen); Vorteile: schnelle Verfügbarkeit, relative Kostengünstigkeit, etc.; Nachteile: oftmals veraltete, ungeeignete und unspezifische Datensätze, etc.; Panel-Erhebung (kontinuierliche Erhebung von Marktdaten zu bestimmten Sachverhalten und gleichen Personengruppen); Vorteile: hohe Systematik und Vergleichbarkeit, etc.; Nachteile: aufwendige Befragungsverfahren, etc.; Skalierung als Maßstab zur Messung von Merkmalsausprägungen; Skalenniveau bestimmt Informationsgehalt und Interpretierbarkeit: Nominal-, Ordinal-, Intervall- und Verhältnisskala

### Aufgabe 3

S. Abschnitt 3.4.2; Entscheidung über Frageninhalte, Fragenformate, Fragenformulierungen, Fragenreihenfolge, äußere Gestaltung eines Fragebogens; weitere Gestaltungskriterien: Einfachheit, Neutralität, Eindeutigkeit, Relevanz; korrekte Editierung und Kodierung von Daten

**Aufgabe 4**

S. Abschnitt 3.5.1.; Streuungsparameter der Altersverteilung einer Stichprobe von Konsumenten:

| Konsument | A | B | C | D | E | F | G | H | I |
|---|---|---|---|---|---|---|---|---|---|
| Alter in Jahren | 26 | 29 | 29 | 22 | 27 | 20 | 28 | 25 | 30 |

Mittelwert = 26,22

Empirische Varianz = $((26 - 26{,}22)^2 + (29 - 26{,}22)^2 + (29 - 26{,}22)^2 + (22 - 26{,}22)^2 + (27 - 26{,}22)^2 + (20 - 26{,}22)^2 + (28 - 26{,}22)^2 + (25 - 26{,}22)^2 + (30 - 26{,}22)^2) / (9 - 1) = \sqrt{11{,}58}$

Empirische Standardabweichung = $\sqrt{11{,}58} = 3{,}40$

Variationskoeffizient = 3,40 / 26,22 = 0,13

Spannweite = 30 - 20=10

Lagemaße der Altersverteilung einer Stichprobe von Konsumenten:

| Konsument | A | B | C | D | E | F | G | H | I |
|---|---|---|---|---|---|---|---|---|---|
| Alter in Jahren | 26 | 29 | 29 | 22 | 27 | 20 | 28 | 25 | 30 |

Arithmetisches Mittel:

(26+29+29+22+27+20+28+25+30)/9 = 26,22

Median: (20; 22; 25; 26; $\underline{27}$; 28; 29; 29; 30) = 27

Modus: (20; 22; 25; 26; 27; 28; $\underline{29}$; $\underline{29}$; 30) = 29

Quantile:

0,25-Quantil = 23,5 (=(22 + 25)/2); 0,5-Quantil = 27;
0,75-Quantil = 29 (=(29 + 29)/2)

**Aufgabe 5**

S. Abschnitt 3.5.2; Unterscheidung von Interdependenz- und Dependenzanalysen; Dependenzanalysen untersuchen gerichtete Abhängigkeiten zwischen unabhängigen und abhängigen Variablen, wie z. B. Varianzanalyse, etc.; Interdependenzanalysen untersuchen ungerichtete Abhängigkeiten zwischen mehreren Variablen, wie z. B. Faktorenanalyse, etc.

## 4. Kunden und Konsumentenverhaltensforschung

### Aufgabe 1

S. Abschnitte 4.2.1 und 4.2.2; Kunden: tatsächliche oder potenzielle Marktteilnehmer der Nachfrageseite als Einzelpersonen, Institutionen oder Organisationen; Konsumenten: Individuen oder Institutionen mit beobachtbaren Handlungen des Konsums oder Kaufs von Produkten mit spezifischem Bedürfnis und Bedarf; Verbraucher: spezifisches, bewusstes Nutzungsverhalten von Produkten; Problematik der Konsumentenverhaltensforschung: keine umfassende Theorie, interdisziplinäre Erklärungsansätze, offene Forschungsansätze, etc.

### Aufgabe 2

S. Abschnitt 4.2.2; Neuromarketing: interdisziplinärer Forschungsansatz zur vertiefenden Erforschung von Wirkungen im Bereich des Markenmanagements, der Produktwahrnehmung, des Kaufverhaltens, etc.; kontroverse Beurteilung des tatsächlichen Erkenntniszuwachses durch Kognitions- und Neurowissenschaften

### Aufgabe 3

S. Abschnitt 4.3.1; Grundstruktur psychologischer Modelle: genormte Reiz-Reaktions-Situationen (Stimulus-Response-Modelle); Back-Box-Modelle (S-R-Modelle), Stimulus-Organismus-Response-Modelle (S-O-R-Modelle), Totalmodelle (komplexe Modelle); *Kritik*: Variablenauswahl, Kausalitätsannahmen, Reduktionismus, Abstraktionsniveau, etc.

### Aufgabe 4

S. Abschnitt 4.3.2; Erklärungsansatz durch Nutzen-Auswahl-Modelle (Haushaltstheorie): rationale Kaufentscheidung durch Nutzenmaximierung, Indifferenzkalküle, Budgetrestriktionen, Rationalität; erweiterte Nutzenkonzepte im Nutzenleiteransatz (Hierarchie von Nutzenarten) und in Means-end-Modellen (Eigenschaften, Nutzenkomponenten, Werthaltungen); *Kritik*: einfache Modelle/komplexes Verhalten, wenig Erklärungsvariablen/viele Kaufverhaltensmotive, rationale und emotionale Kaufentscheidungsdeterminanten/Interaktionsbeziehungen, u. a.

### Aufgabe 5

S. Abschnitt 4.3.4; Kaufentscheidungen privater Haushalte: habitualisiert, extensiv, limitiert, impulsiv, Kaufentscheidungskriterien, Zielsubjekt, Verhalten, Produkte, Dauer, etc.; Kaufentscheidungen organisationaler Kunden: Erstkauf, unveränderter oder modifizierter Wiederholungskauf, Kaufsituation, Neuartigkeit, Komplexität des Kaufs, etc.

## 5. Produktmanagement

### Aufgabe 1

S. Abschnitte 5.2.1 und 5.2.3; Produktbegriff: Herzstück des Marketings, Bündel von meist technisch funktionalen Eigenschaften; Produktbegriff (Kotler): substanziell, erweitert, generisch; Produktnutzen: Grundnutzen, Zusatznutzen; Gestaltungspotenziale im Produkt- und Servicemanagement: Produktgestaltung im engeren Sinne durch materielle Produkteigenschaften, wie z. B. Qualität, Funktionalität, etc., Produktgestaltung im weiteren Sinne durch immaterielle Produkteigenschaften, wie z. B. Lieferservice, Kundendienst, etc.

### Aufgabe 2

S. Abschnitt 5.3.1; Managementschritte eines Innovationsprozesses: Ideengewinnung/Ideenkonkretisierung, Konzeptdefinition, Konzeptbewertung/Konzeptselektion, Markteinführung neuer Produkte

### Aufgabe 3

S. Abschnitt 5.4; Markenprofil: Präferenzbildung, Absatzförderung, Vertrauensbildung, Kundenloyalität, Konsumentennutzen, dreidimensionales Markenverständnis, identitätsbasiertes Markenverständnis (Meffert); Markenpolitik im weiteren und engeren Sinne; Markenstrategien: Einzelmarke, Markenfamilien, Dachmarke, Mehrmarken; Aspekte der Markenführung: Formen, Behavioural Branding, E-Branding, Markenbewertung über Markencontrolling; Markenrechtsschutz

### Aufgabe 4

S. Abschnitte 5.5.2 und 5.5.3; Primärleistungen: Garantieleistungs-, Lieferleistungs- und Kundendienstpolitik; Sekundärleistungen: Value-Added-Services (Muss-, Soll- und Kann-Leistungen) und Beschwerdemanagement (Elemente eines Kundendialogs/ Kundenfeedback)

### Aufgabe 5

S. Abschnitt 5.5.3; System des Beschwerdemanagements; Ziele: Verringerung der Beschwerdegruppen, Herstellung von Kundenzufriedenheit, Verbesserung der Leistungsqualität; Theoriebezug: Confirmation-Disconfirmation-Konzept; Organisationsstruktur: direktes und indirektes Beschwerdemanagement (Front Office und Back Office); Beschwerdemanagementprozess/Instrumente: Beschwerdeaufnahme, Beschwerdebearbeitung, Beschwerdebeantwortung; Analyse-Tool, Frequenz-Relevanz-Analyse

## 6. Preismanagement

### Aufgabe 1

S. Abschnitt 6.2.1; Ziele des Preismanagements und Vielfalt der Definitionen: Gewinnverursacher, Qualitätssignal, Kostenkalkulationsbezug, akquisitorisches Potenzial, Problemlagen: komplexes Einflussszenario, sensible Stellgröße, psychologische Einflussgrößen, etc.

### Aufgabe 2

S. Abschnitte 6.2.1 und 6.2.4; Preisstrategien: Prämienpreis-, Promotionspreis- und Penetrationspreisstrategie; statisches und dynamisches Preismanagement; Preisentscheidungen des strategischen Preismanagements: Preispositionierung mit Niedrig-, Mittel- und Hochpreisstrategie, dynamische oder hybride Positionierung; Preiswettbewerb: Preisführerschaft, Preisfolgerschaft, Preiskampf; Preisvariationen: temporär, dauerhaft, im Produktlebenszyklus; Preisentscheidungen erfolgen nicht nur rational, sondern über psychologische Komponenten, wie subjektive Wahrnehmung und Beurteilung preisbezogener Reize: Informationsaufnahme, Informationsverarbeitung, Informationsspeicherung

### Aufgabe 3

S. Abschnitt 6.3.1; graduelle Preisdifferenzierung: 1. Grades Preisindividualisierung online-geeignet, 2. Grades Self Selection online-geeignet, 3. Grades Screening, bedingt online-geeignet; Preisbündelung: reine und gemischte Bündelung; Entbündelung: modulare Preiskomponenten

### Aufgabe 4

S. Abschnitt 6.4.2; Idee der Referenzpreistheorie: Preiswahrnehmung erfolgt im Abgleich mit Bezugspreisen (Vergleichs- oder Ankerpreise); interne und externe Referenzpreise; Bedeutung von relativen und absoluten Preisschwellen, Mental Accounting

### Aufgabe 5

S. Abschnitt 6.4.3; Preismanagement im Internet: Preisvergleichsportale, Web-Page-Management; Preisbildungsprozesse durch Auktionen: Auction Pricing, Reverse Pricing

## 7. Kommunikationsmanagement

### Aufgabe 1

S. Abschnitt 7.2.1; Aufgaben des Kommunikationsmanagements: Unternehmens-, Marketing-, Dialog- und Netzwerkkommunikation, integriertes Kommunikationsmanagement; Problemlagen: Modalitäten-, Übermittlungs-, Inhaltsprobleme

### Aufgabe 2

S. Abschnitte 7.2.3 und 7.2.4; Gestaltungsschritte eines Werbemanagements: Festlegung kommunikationspolitischer Ziele und Zielgruppen, Fixierung einer Kommunikationsplanung in sieben Schritten, Budgetierung nach fünf Kriterien, Budgetallokation mit Reichweite und Wirkungsprüfung sowie Briefing und Pitching, Controlling durch Methoden der Werbewirkungsanalyse

**Aufgabe 3**

S. Abschnitt 7.3.4, 7.3.5 und 7.3.6; Sponsoring: Prinzip von Leistung und Gegenleistung, Idee des Fördergedankens, Zielgruppenaffinität, Imagetransfer; Eventmanagement: erlebnisorientierte Veranstaltung, Emotionalisierung des Konzepts; Szenografie, Berücksichtigung von Evententwicklung, Eventumfeld, Online-Event; Messemanagement: Erscheinungsformen von Messen, Phasenkonzept eines Messemanagements mit Spezialfunktionen, Online-Messen; Öffentlichkeitsarbeit (PR): Kommunikation eines positiven Images über externe und interne PR-Maßnahmen; strategische Unternehmenskommunikation: Pressearbeit, Dialog, Medienaktivitäten

**Aufgabe 4**

S. Abschnitt 7.3.2; Kommunikationsmanagement bezüglich Akzeptanz: Permission Marketing, selektive Formen der Ansprache, emotionaler Diskurs, Dialogorientierung, etc.; Wirksamkeit: passives, aktives, interaktionsorientiertes Direktmarketing, persönliche Kommunikation, etc.; Information Overload: Simple Marketing, Content Marketing, etc.

**Aufgabe 5**

S. Abschnitt 7.3.5; strategische Unternehmenskommunikation für Krisenszenarien: Strategiekonflikt, Akzeptanzkonflikt, Ressourcen- oder Qualifizierungskonflikt

## 8. Distributionsmanagement

**Aufgabe 1**

S. Abschnitt 8.2.1; Vertriebsmanagement mit strategischen, taktischen und operativen Aufgaben und Fokus auf Kundenbetreuung und Umsatzverantwortung, CRM, Verkauf

**Aufgabe 2**

S. Abschnitte 8.2.2 und 8.3.1; System der Vertriebsorgane: unternehmensinterne Vertriebsorgane mit organisatorischen und individuellen Vertriebseinheiten, unternehmensexterne Vertriebsorgane mit gebundenen, hybriden und unabhängigen Vertriebsorganen; Vor- bzw. Nachteile marktbezogener, indirekter Vertriebsstrukturen: hoher Distributionsgrad, schnelle Expansion, etc. bzw. Notwendigkeit von Kooperationsstrategien und Anreizsystemen, etc.; Vor- bzw. Nachteile hierarchischer direkter Vertriebsstrukturen: hohe Beratungsqualität, gute Steuerung, etc. bzw. hoher Kapitalbedarf, geringerer Distributionsgrad, etc.

**Aufgabe 3**

S. Abschnitt 8.3.2; hybride Vertriebsformen als Quasi-Filialisierung mit unternehmerischer Eigenständigkeit; Vertragshändlersysteme mit Gebietsschutz, Exklusiv-Vertrag, aber begrenzter Distributionsgestaltung; Franchisesysteme als Business-Format mit einheitlicher Produktqualität, Erscheinungsbild und Vertriebsmethode

### Aufgabe 4

S. Abschnitte 8.4.1 und 8.4.2; kundenorientierte Logistiksysteme: Komponenten eines Lieferservice mit Lieferbereitschaft, Lieferzuverlässigkeit, Lieferflexibilität, etc.; funktionsorientierte Marketinglogistik mit Auftragsabwicklung, Lagerhaltung, Transportleistungen, Verpackung, etc.

### Aufgabe 5

S. Abschnitt 8.4.3; Management der Beziehung zu Vertriebspartnern als Vertriebspartnerschaften: Kooperationsstrategien, Key-Account-Management, EDI, ECR sowie Outsourcing Management als Management zu Partnern Subcontractings

## 9. Gestaltungsoptimierung des Marketings

### Aufgabe 1

S. Abschnitte 9.2, 9.3 und 9.4; Optimierungseinheiten als Kombination von marketingpolitischen Instrumenten und einer Konzeption von Multi-Channel-Marketing; Funktionen eines Personal- und Organisationsmanagements im Marketing als Einheit; Controlling im Marketingmanagement durch Konzeptionalisierung und Institutionalisierung

### Aufgabe 2

S. Abschnitt 9.2.2; Multi-Channel-Marketing als Mehrkanalsystem des Vertriebsmanagements: Channel Fit, Customer Touch Points, Waren-, Geld- und Informationsströme

### Aufgabe 3

S. Abschnitt 9.3.1; Determinanten einer Personalstrategie mit teils strategischem teils operativen Personalfunktionen der Personalbedarfsplanung, der Personalbeschaffung, des Personaleinsatzes, der Personalentlohnung, der Personalführung und Personalentwicklung sowie der Personalfreisetzung

### Aufgabe 4

S. Abschnitt 9.3.2; Organisationsmanagement mit klassischen Organisationstypen, der funktionalen und divisionalen Organisationsstruktur sowie einer Matrix-Organisationsstruktur, ergänzt um neuere Strukturen in der Marketingorganisation

### Aufgabe 5

S. Abschnitt 9.4; Funktionen eines Marketingcontrollings; Träger, Bereichscontrolling, Marketing-Audit, Unterscheidung von strategischen und operativen Aufgaben des Marketingcontrollings; Instrumente des strategischen und operativen Marketingcontrollings

# Literaturverzeichnis


*Ahlert, Dieter/Kenning, Peter (2007):* Handelsmarketing. Grundlagen der marktorientierten Führung von Handelsbetrieben, Berlin u. a. 2007

*Aumayr, Klaus J. (2013):* Erfolgreiches Produktmanagement. Tool-Box für das professionelle Produktmanagement und Produktmarketing, 3., überarbeitete Auflage, Wiesbaden 2013

*Backhaus, Klaus/Schneider, Helmut (2009):* Strategisches Marketing, 2., überarbeitete Auflage, Stuttgart 2009

*Backhaus, Klaus/Voeth, Markus (2010a):* Industriegütermarketing, 9., überarbeitete Auflage, München 2010

*Backhaus, Klaus/Voeth, Markus (2010b):* Internationales Marketing, 6., überarbeitete Auflage, Stuttgart 2010

*Backhaus, Klaus/Voeth, Markus (Hrsg.) (2015):* Handbuch Industriegütermarketing. Strategien – Instrumente – Anwendungen, 2., vollständig überarbeitete Auflage, Wiesbaden 2015

*Backhaus, Klaus/Erichson, Bernd/Weiber, Rolf (2015):* Fortgeschrittene Multivariate Analysemethoden, Eine anwendungsorientierte Einführung, 3., überarbeitete und aktualisierte Auflage, Berlin 2015

*Bagusat, Ariane/Hermanns, Arnold (2008):* E-Marketing-Management. Grundlagen und Prozesse für Business-to-Consumer-Märkte, München 2008

*Balderjahn, Ingo (2013):* Nachhaltiges Management und Konsumentenverhalten, Konstanz/München 2013

*Balderjahn, Ingo/Scholderer, Joachim (2007):* Konsumentenverhalten und Marketing. Grundlagen für Strategien und Maßnahmen, Stuttgart 2007

*Bauer, Erich (2009):* Internationale Marketingforschung. Informationsgewinnung für das internationale Marketing, 4., überarbeitete und aktualisierte Auflage, München 2009

*Bauer, Hans H./Heinrich, Daniel/Samak, Michael (2012):* Erlebniskommunikation. Erfolgsfaktoren für die Marketingpraxis, Berlin u. a. 2012

*Bauer, Hans H./Huber, Frank/Albrecht, Carmen-Maria (Hrsg.) (2008):* Erfolgsfaktoren der Markenführung. Know-how aus Forschung und Management, München 2008

*Baumgarth, Carsten (2014):* Markenpolitik. Markenwirkungen – Markenführung – Markencontrolling, 4., überarbeitete und erweiterte Auflage, Wiesbaden 2014

*Beck, Klaus (2012):* Das Mediensystem Deutschlands. Strukturen, Märkte, Regulierung, Wiesbaden 2012

*Becker, Jochen (2013):* Marketing-Konzeption. Grundlagen des zielstrategischen und operativen Marketing-Managements, 10., überarbeitete und erweiterte Auflage, München 2013

*Belz, Christian/Schögel, Marcus/Tomczak, Torsten (2007):* Innovation Driven Marketing. Vom Trend zur innovativen Marketinglösung, 1. Auflage, Wiesbaden 2007

*Belz, Frank-Martin/Bilharz, Michael (Hrsg.) (2005):* Nachhaltigkeits-Marketing in Theorie und Praxis, Wiesbaden 2005

*Benkenstein, Martin/Uhrich, Sebastian (2009):* Strategisches Marketing. Ein wettbewerbsorientierter Ansatz, 3., aktualisierte und überarbeitete Auflage, Stuttgart 2009

*Berekoven, Ludwig/Eckert, Werner/Ellen, Peter (2009):* Marktforschung. Methodische Grundlagen und praktische Anwendung, 12., überarbeitete und erweiterte Auflage, Wiesbaden 2009

*Bergmann, Rainer/Bungert, Michael (2012):* Strategische Unternehmensführung. Perspektiven, Konzepte, Strategien, 2., aktualisierte und erweiterte Auflage, Berlin u. a. 2012

*Bernecker, Michael (Hrsg.) (2013):* Jahrbuch Marketing 2012/2013. Trendthemen und Tendenzen, Köln 2013

*Berndt, Ralph/Fantapié Altobelli, Claudia/Sander, Matthias (2010):* Internationales Marketing-Management, 4., vollständig überarbeitete und erweiterte Auflage, Berlin/Heidelberg 2010

*Birk, Axel/Löffler, Joachim (2012):* Marketing- und Vertriebsrecht. Lehr- und Praxishandbuch zum Gewerblichen Rechtsschutz, Kartell- und Vertriebsrecht, München 2012

*Bittner, Gerhard/Schwarz, Elke (2015):* Emotion Selling. Messbar mehr verkaufen durch neue Erkenntnisse der Neurokommunikation, 2. überarbeitete Auflage, Wiesbaden 2015

*Bleymüller, Josef/Weisbach, Rafael (2015):* Statistik für Wirtschaftswissenschaftler, 17., überarbeitete Auflage, München 2015

*Brühl, Volker (2015):* Wirtschaft des 21. Jahrhunderts: Herausforderungen in der Hightech-Ökonomie, Wiesbaden 2015

*Bruhn, Manfred (2010):* Sponsoring. Systematische Planung und integrativer Einsatz, 5., vollständig überarbeitete und erweiterte Auflage, Wiesbaden 2010

*Bruhn, Manfred (2011/2013):* Qualitätsmanagement für Dienstleistungen. Handbuch für erfolgreiches Qualitätsmanagement. Grundlagen, Konzepte, Methoden, 8./9., vollständig überarbeitete und erweiterte Auflage, Berlin u. a. 2011/2013

*Bruhn, Manfred (2012a):* Kundenorientierung. Bausteine für ein exzellentes Customer Relationship Management (CRM), 4., vollständig überarbeitete Auflage, München 2012

*Bruhn, Manfred (2012b):* Marketing für Nonprofit-Organisationen. Grundlagen – Konzepte – Instrumente, 2., aktualisierte und überarbeitete Auflage, Stuttgart 2012

*Bruhn, Manfred (2013/2015):* Kommunikationspolitik. Systematischer Einsatz der Kommunikation für Unternehmen, 7./8., überarbeitete Auflage, München 2013/2015

*Bruhn, Manfred (2014a):* Marketing. Grundlagen für Studium und Praxis, 12., überarbeitete Auflage, Wiesbaden 2014

*Bruhn, Manfred (2014b):* Unternehmens- und Marketingkommunikation. Handbuch für ein integriertes Kommunikationsmanagement, 3., vollständig überarbeitete Auflage, München 2014

*Bruhn, Manfred (2015):* Relationship Marketing. Das Management von Kundenbeziehungen, 4., überarbeitete Auflage, München 2015

*Bruhn, Manfred/Hadwich, Karsten (2006):* Produkt- und Servicemanagement. Konzepte – Methoden – Prozesse, München 2006

*Bruhn, Manfred/Hadwich, Karsten (Hrsg.) (2013):* Dienstleistungsmanagement und Social Media. Potenziale, Strategien und Instrumente. Forum Dienstleistungsmanagement, Wiesbaden 2013

*Bruhn, Manfred/Meffert, Heribert (2012):* Handbuch Dienstleistungsmarketing: Planung – Umsetzung – Kontrolle, 1. Auflage, Wiesbaden 2012

*Bruhn, Manfred/Stauss, Bernd (Hrsg.) (2013):* Dienstleistungsinnovationen. Forum Dienstleistungsmanagement, 1. Auflage/Softcover, Wiesbaden 2013

*Büschken, Joachim/Voeth, Markus/Weiber, Rolf (Hrsg.) (2007):* Innovationen für das Industriegütermarketing, 1. Auflage, Stuttgart 2007

*Burmann, Christoph/König, Verena/Meurer, Jörg (Hrsg.) (2012):* Identitätsbasierte Luxusmarkenführung. Grundlagen – Strategien – Controlling, Wiesbaden 2012

*Ceyp, Michael/Scupin, Juhn-Petter (2013):* Erfolgreiches Social Media Marketing. Konzepte, Maßnahmen und Praxisbeispiele, Wiesbaden 2013

*Diller, Hermann (2008):* Preispolitik, 4., vollständig neu bearbeitete und erweiterte Auflage, Stuttgart u. a. 2008

*Diller, Hermann/Fürst, Andreas/Ivens, Björn (2011):* Grundprinzipien des Marketing, 3., überarbeitete und erweiterte Auflage, Nürnberg 2011

*Diller, Hermann/Haas, Alexander/Ivens, Björn (2005):* Verkauf und Kundenmanagement. Eine prozessorientierte Konzeption, Stuttgart 2005

*Dyckhoff, Harald/Souren, Rainer (2008):* Nachhaltige Unternehmensführung. Grundzüge industriellen Umweltmanagements, Berlin u. a. 2008

*Dziemba, Oliver/Wenzel, Eike (2011):* Marketing 2020. Die elf neuen Zielgruppen – wie sie leben, was sie kaufen, Frankfurt/New York 2011

*Engelfried, Justus (2011):* Nachhaltiges Umweltmanagement, 2., vollständig überarbeitete, aktualisierte und erweiterte Auflage, München 2011

*Engelkamp, Paul/Sell, Friedrich L. (2013):* Einführung in die Volkswirtschaftslehre, 6., überarbeitete und erweiterte Auflage, Berlin u. a. 2013

*Engler, Uwe/Hautmann, Ellen (2014):* Grundwissen Marketing. Marktforschung und –analyse/Marketingplanung/Marketinginstrumente, 4., überarbeitete Auflage, Berlin 2014

*Esch, Franz-Rudolf (2012):* Strategie und Technik der Markenführung, 7., vollständig überarbeitete und erweiterte Auflage, München 2012

*Esch, Franz-Rudolf/Herrmann, Andreas/Sattler, Henrik (2013):* Marketing. Eine managementorientierte Einführung, 4., überarbeitete Auflage, München 2013

*Fantapié Altobelli, Claudia (2011):* Marktforschung. Methoden – Anwendungen – Praxisbeispiele, 2., überarbeitete und erweiterte Auflage, Konstanz/München 2011

*Fischer, Jörg/Pfeffel, Florian (2014):* Systematische Problemlösung in Unternehmen. Ein Ansatz zur strukturierten Analyse und Lösungsentwicklung, 2., ergänzte Auflage, Wiesbaden 2014

*Foscht, Thomas/Swoboda, Bernhard (2011):* Käuferverhalten. Grundlagen –Perspektiven – Anwendungen, 4., überarbeitete und erweiterte Auflage, Wiesbaden 2011

*Freiling, Jörg/Köhler, Richard (2014):* Marketingorganisation. Die Basis einer marktorientierten Unternehmenssteuerung, 1. Auflage, Stuttgart 2014

*Frese, Erich/Graumann, Matthias/Theuvsen, Ludwig (2012):* Grundlagen der Organisation, 10., überarbeitete und erweiterte Auflage, Wiesbaden 2012

*Freter, Hermann (2008):* Markt- und Kundensegmentierung. Kundenorientierte Markterfassung und –bearbeitung, 2., vollständig neu bearbeitete und erweiterte Auflage, Stuttgart 2008

*Fuchs, Wolfgang/Unger, Fritz (2014):* Management der Marketing-Kommunikation, 5., überarbeitete Auflage, Heidelberg 2014

*Gelbrich, Katja/Wünschmann, Stefan/Müller, Stefan (2008):* Erfolgsfaktoren des Marketing, München 2008

*Georgi, Dominik/Hadwich, Karsten (Hrsg.) (2010):* Management von Kundenbeziehungen. Perspektiven – Analysen – Strategien – Instrumente, 1. Auflage, Wiesbaden 2010

*Gigerenzer, Gerd (2008):* Bauchentscheidungen. Die Intelligenz des Unbewussten und die Macht der Intuition, 1. Auflage, München 2008

*Göbel, Elisabeth (2013):* Unternehmensethik. Grundlagen und praktische Umsetzung, 3., überarbeitete und aktualisierte Auflage, Konstanz/München 2013

*Griese, Kai-Michael/Bröring, Stefanie (2011):* Marketing-Grundlagen. Eine fallstudienbasierte Einführung, 1. Auflage, Wiesbaden 2011

*Grunwald, Guido/Hempelmann, Bernd (2012):* Angewandte Marktforschung. Eine praxisorientierte Einführung, München 2012

*Häusel, Hans-Georg (2012):* Brain View. Warum Kunden kaufen, 3. Auflage, München 2012

*Halfmann, Marion (Hrsg.) (2014):* Zielgruppen im Konsumentenmarketing. Segmentierungsansätze – Trends – Umsetzung, Wiesbaden 2014

*Haller, Sabine (2015):* Dienstleistungsmanagement. Grundlagen – Konzepte – Instrumente, 6., vollständig überarbeitete und erweiterte Auflage, Wiesbaden 2015

*Hammann, Peter/Erichson, Bernd (2000):* Marktforschung, 4., überarbeitete und erweiterte Auflage, Stuttgart 2000

*Herrmann, Andreas/Homburg, Christian/Klarmann, Martin (Hrsg.) (2008):* Marktforschung: Methoden – Anwendungen – Praxisbeispiele, 3., vollständig überarbeitete und erweiterte Auflage, Wiesbaden 2008/2014

*Herrmann, Andreas/Huber, Frank (2013):* Produktmanagement. Grundlagen – Methoden – Beispiele, 3., vollständig überarbeitete und erweiterte Auflage, Wiesbaden 2013

*Hettler, Uwe (2010):* Social Media Marketing. Marketing mit Blogs, Sozialen Netzwerken und weiteren Anwendungen des Web 2.0, München 2010

*Holbaur, Ulrich/Jettinger, Edwin/Knauss, Bernhard/Moser, Ralf/Zeller, Markus (2010):* Eventmanagement. Veranstaltungen professionell zum Erfolg führen, 4., überarbeitete Auflage, Berlin u. a. 2010

*Holland, Heinrich (Hrsg.) (2014):* Digitales Dialogmarketing. Grundlagen, Strategien, Instrumente, Wiesbaden 2014

*Holland, Heinrich/Bammel, Kristin (2006):* Mobile Marketing. Direkter Kundenkontakt über das Handy, München 2006

*Hollensen, Svend/Opresnik, Marc (2015):* Marketing. A Relationship Perspective, Second Edition, München 2015

*Homann, Karl/Lütge, Christoph (2013):* Einführung in die Wirtschaftsethik, 3., überarbeitete Auflage, Berlin 2013

*Homburg, Christian (2014):* Grundlagen des Marketingmanagements. Einführung in Strategie, Instrumente, Umsetzung und Unternehmensführung, 4., überarbeitete und erweiterte Auflage, Wiesbaden 2014

*Homburg, Christian (2015):* Marketingmanagement. Strategie – Instrumente – Umsetzung – Unternehmensführung, 5., überarbeitete und erweiterte Auflage, Wiesbaden 2015

*Homburg, Christian/Kuester, Sabine/Krohmer, Harley (2013):* Marketing Management. A Contemporary Perspective, 2nd edition, New York 2013

*Homburg, Christian/Wieseke, Jan (Hrsg.) (2011):* Handbuch Vertriebsmanagement. Strategie – Führung – Informationsmanagement – CRM, 1. Auflage, Wiesbaden 2011

*Huber, Andreas (2007):* Internationales Management. Kompaktstudium Wirtschaftswissenschaften, Band 17, München 2007

*Huber, Andreas (2010):* Personalmanagement, München 2010

*Huber, Andreas (2012):* Marketing International. Topics & Trends. Teil 1 bis 7, Bad Homburg 2012

*Huber, Andreas/Laverentz, Klaus (2012):* Logistik, München 2012

*Huber, Frank/Lenzen, Michael/Vizethum, Sophie/Weißhaar, Isabelle (2013):* Erlebnis-Shopping Concept Stores. Eine empirische Analyse des Einkaufserlebnisses durch Lifestyle und Atmosphäre, Lohmar/Köln 2013

*Hutzschenreuter, Thomas (2015):* Allgemeine Betriebswirtschaftslehre. Grundlagen mit zahlreichen Praxisbeispielen, 6., überarbeitete Auflage, Wiesbaden 2015

*Kim, W. Chan/Mauborgne, Renée (2005):* Der Blaue Ozean als Strategie. Wie man neue Märkte schafft wo es keine Konkurrenz gibt, München 2005

*Kleinschrodt, Anne (2007):* Preispsychologie im Marketing. Grundlagen, Theorien, Anwendung, Saarbrücken 2007

*Kloss, Ingomar (2012):* Werbung. Handbuch für Studium und Praxis, 5., vollständig überarbeitete Auflage, München 2012

*Kluxen, Bodo (2012):* Internationales Marketing, Herne 2012

*Koch, Jörg (2012):* Marktforschung. Grundlagen und praktische Anwendungen, 6., überarbeitete und aktualisierte Auflage, München 2012

*Koch, Susanne (2015):* Einführung in das Management von Geschäftsprozessen. Six Sigma, Kaizen und TQM, Berlin u. a. 2015

*Kollmann, Tobias (2013):* Online-Marketing: Grundlagen der Absatzpolitik in der Net Economy, 2., aktualisierte und überarbeitete Auflage, Stuttgart 2013

*Kotler, Philip/Armstrong, Gary/Wong, Veronica/Saunders, John (2011):* Grundlagen des Marketing, 5., aktualisierte Auflage, München 2011

*Kotler, Philip/Keller, Kevin Lane/Bliemel, Friedhelm (2007):* Marketing-Management: Strategien für wertschaffendes Handeln, 12., aktualisierte Auflage, München 2007

*Kotler, Philip/Keller, Kevin Lane (2012):* Marketing Management, $14^{th}$ global edition, Edinburgh 2012

*Kreutzer, Ralf T. (2012):* Praxisorientiertes Online-Marketing. Konzepte – Instrumente – Checklisten, 1. Auflage, Wiesbaden 2012

*Kreutzer, Ralf T. (2013):* Praxisorientiertes Marketing. Grundlagen – Instrumente – Fallbeispiele, 4., vollständig überarbeitete und erweiterte Auflage, Wiesbaden 2013

*Kroeber-Riel, Werner/Gröppel-Klein, Andrea (2013):* Konsumentenverhalten, 10., überarbeitete, aktualisierte und ergänzte Auflage, München 2013

*Kuhlmann Eberhard (2001):* Industrielles Vertriebsmanagement, München 2001

*Kuhn, Marc/Zajontz, Yvonne (2011):* Industrielles Marketing, München 2011

*Kuß, Alfred (2013):* Marketing-Theorie. Eine Einführung, 3., überarbeitete und erweiterte Auflage, Wiesbaden 2013

*Kuß, Alfred/Kleinaltenkamp, Michael (2013):* Marketing-Einführung. Grundlagen – Überblick – Beispiele, 6., überarbeitete Auflage, Wiesbaden 2013

*Kuß, Alfred/Tomczak, Torsten (2007):* Käuferverhalten. Eine Marketingorientierte Einführung, 4., überarbeitete Auflage, Stuttgart 2007

*Kuß, Alfred/Wildner, Raimund/Kreis, Henning (2014):* Marktforschung: Grundlagen der Datenerhebung und Datenanalyse, 5., vollständig überarbeitete und erweiterte Auflage, Wiesbaden 2014

*Lammenett, Erwin (2014):* Praxiswissen Online-Marketing. Affiliate- und E-Mail-Marketing, Suchmaschinenmarketing, Online-Werbung, Social Media, Online-PR, 4., vollständig überarbeitete und erweiterte Auflage, Wiesbaden 2014

*Landes, Miriam/Steiner, Eberhard (2013):* Psychologie der Wirtschaft, Wiesbaden 2013

*Langwieser, Corinna/Kirig, Anja (2010):* Konsument 2020, herausgegeben vom Zukunftsinstitut GmbH, 1. Auflage, Kelkheim 2010

*Link, Jörg/Weiser, Christoph (2014):* Marketing-Controlling. Systeme und Methoden für mehr Markt- und Unternehmenserfolg, 3., vollständig überarbeitete und erweiterte Auflage, München 2014

*Macharzina, Klaus/Wolf, Joachim (2015):* Unternehmensführung. Das internationale Managementwissen. Konzepte – Methoden – Praxis, 9., vollständig überarbeitete und erweiterte Auflage, Wiesbaden 2015

*Mast, Claudia/Huck-Sandhu, Simone (2013):* Unternehmenskommunikation. Ein Leitfaden, 5., überarbeitete Auflage, Konstanz 2013

*Meffert, Heribert/Burmann, Christoph/Kirchgeorg, Manfred (2012):* Marketing. Grundlagen marktorientierter Unternehmensführung. Konzepte – Instrumente – Praxisbeispiele, 11., überarbeitete und erweiterte Auflage, Wiesbaden 2012

*Meffert, Heribert/Bruhn, Manfred/Hadwich, Karten (2015a):* Dienstleistungsmarketing. Grundlagen – Konzepte – Methoden, 8., vollständig überarbeitete und erweiterte Auflage, Wiesbaden 2015

*Meffert, Heribert/Burmann, Christoph/Kirchgeorg, Manfred (2015b):* Marketing. Grundlagen marktorientierter Unternehmensführung. Konzepte – Instrumente – Praxisbeispiele, 12., überarbeitete und aktualisierte Auflage, Wiesbaden 2015

*Meffert, Heribert/Burmann, Christoph/Koers, Martin (Hrsg.) (2005):* Markenmanagement. Identitätsorientierte Markenführung und praktische Umsetzung. Mit Best Practice-Fallstudien, 2., vollständig überarbeitete und erweiterte Auflage, Wiesbaden 2005

*Meffert, Tobias (2010):* Strategisches Preismanagement, Frankfurt am Main 2010

*Mikunda, Christian (2016):* Marketing spüren. Willkommen am Dritten Ort, 4., aktualisierte und überarbeitete Neuauflage, München 2016

*Müller, Stefan/Gelbrich, Katja (2015):* Interkulturelles Marketing, 2., vollständig überarbeitete Auflage, München 2015

*Müller-Hagedorn, Lothar/Natter, Martin (2011):* Handelsmarketing, 5., aktualisiert und überarbeitete Auflage, Stuttgart 2011

*Müller-Stewens, Günter/Lechner, Christoph (2011):* Strategisches Management. Wie strategische Initiativen zum Wandel führen?, 4., überarbeitete Auflage, Stuttgart 2011

*Nieschlag, Robert/Dichtl, Erwin/Hörschgen, Hans (2002):* Marketing, 19., überarbeitete und ergänzte Auflage, Berlin 2002

*Noll, Bernd (2013):* Wirtschafts- und Unternehmensethik in der Marktwirtschaft, 2., aktualisierte und überarbeitete Auflage, Stuttgart 2013

*Oehlrich, Marcus (2013):* Betriebswirtschaftslehre. Eine Einführung am Businessplan-Prozess, 3., überarbeitete und aktualisierte Auflage, München 2013

*Olbrich, Rainer/Battenfeld, Dirk (2007):* Preispolitik. Ein einführendes Lehr- und Übungsbuch, Berlin u. a. 2007

*Olbrich, Rainer/Schultz, Carsten D./Holsing, Christian (2015):* Electronic Commerce und Online-Marketing. Ein einführendes Lehr- und Übungsbuch, Berlin u. a. 2015

*Opaschowski, Horst W. (2013):* Deutschland 2030. Aktualisierte Neuausgabe, Gütersloh 2013

*Pechtl, Hans (2014):* Preispolitik. Behavioral Pricing und Preissysteme, 2., überarbeitete und erweiterte Auflage, Konstanz/München 2014

*Pepels, Werner (2014):* Moderne Marktforschung. Systematische Einführung mit zahlreichen Beispielen und Praxisanwendungen. Auswahlverfahren, Erhebungsmethoden, Datenauswertung, Absatzprognose, 3., komplett überarbeitete Auflage, Berlin 2014

*Pesch, Jürgen (2005):* Marketing, 2., überarbeitete Auflage, Konstanz 2005

*Pförtsch, Waldemar/Godefroid, Peter (2013):* Business-to-Business-Marketing, 5., aktualisierte Auflage, Herne 2013

*Piekenbrock, Dirk/Henning, Alexander (2013):* Einführung in die Volkswirtschaftslehre und Mikroökonomie, 2., aktualisierte und erweiterte Auflage, Heidelberg 2013

*Piller, Frank (Hrsg.) (2013):* Einführung in die Betriebswirtschaftslehre, 2., aktualisierte Auflage, Wiesbaden 2013

*Porter, Michael E. (2013):* Wettbewerbsstrategie (Competitive Strategy). Methoden zur Analyse von Branchen und Konkurrenten, 12., aktualisierte und erweiterte Auflage, Frankfurt am Main/New York 2013

*Raab, Gerhard/Gernsheimer, Oliver (2009):* Neuromarketing. Grundlagen – Erkenntnisse – Anwendungen, 2., überarbeitete Auflage, Wiesbaden 2009

*Reinecke, Sven/Janz, Simone (2007):* Marketingcontrolling. Sicherstellen von Marketingeffektivität und -effizienz, Stuttgart 2007

*Renker, Clemens (2008):* Kommunikationsmanagement. Grundlagen für Entscheider, 3., überarbeitete Auflage, München 2008

*Richter, Hans Peter (2013):* Investitionsgütermarketing. Business-to-Business-Marketing von Industrieunternehmen, unveränderter Nachdruck der 1. Auflage, München 2001/2013

*Rüeger, Brian/Hannich, Frank (Hrsg.) (2010):* Erfolgsfaktor Emotionalisierung. Wie Unternehmen die Herzen der Kunden gewinnen, Stuttgart 2010

*Runia, Peter M./Wahl, Frank/Geyer, Olaf/Thewißen, Christian (2011):* Marketing. Eine prozess- und praxisorientierte Einführung, 3., aktualisierte, erweiterte und verbesserte Auflage, München 2011

*Saarbeck, Sebastian (2014):* Permission Marketing. Erfolgswirkung der Einwilligung, Wiesbaden 2014

*Sabel, Hermann/Weiser, Christoph (2008):* Dynamik im Marketing. Umfeld – Strategie – Struktur – Kultur, 4., überarbeitete und erweiterte Auflage, Wiesbaden 2008

*Sander, Matthias (2011):* Marketing-Management. Märkte, Marktforschung und Marktbearbeitung, 2., komplett überarbeitete Auflage, Stuttgart 2011

*Sattler, Henrik/Völckner, Franziska (2013):* Markenpolitik, 3., aktualisierte und erweiterte Auflage, Stuttgart 2013

*Schaper, Thorsten (2013):* Preismanagement. Einführung in Theorie und Praxis, 2., überarbeitete und erweiterte Auflage, Rosdorf 2013

*Scharf, Andreas/Schubert, Bernd/Hehn, Patrick (2012):* Marketing. Einführung in Theorie und Praxis, 5., überarbeitete und aktualisierte Auflage, Stuttgart 2012

*Schmitt, Robert/Pfeifer, Tilo (2015):* Qualitätsmanagement: Strategien – Methoden – Techniken, 5., aktualisierte Auflage, München 2015

*Schneider, Willy (2013):* Marketing-Forschung und Käuferverhalten. Effiziente Beschaffung und Analyse von Markt- und Kundeninformationen, München 2013

*Schnettler, Josef/Wendt, Gero (2011):* Marketing und Marktforschung. Lehr- und Arbeitsbuch für die Aus- und Weiterbildung, 4., aktualisierte und erweiterte Auflage, Berlin 2011

*Schögel, Marcus (2012):* Distributionsmanagement. Das Management der Absatzkanäle, München 2012

*Schröder, Hendrik (2012):* Handelsmarketing. Strategien und Instrumente für den stationären Einzelhandel und für Online-Shops. Mit Praxisbeispielen, 2., Auflage, Wiesbaden 2012

*Sepehr, Philipp (2014):* Die Entwicklung der Marketingdisziplin. Wandel der marktorientierten Unternehmensführung in Wissenschaft und Praxis, Wiesbaden 2014

*Siems, Florian (2009):* Preismanagement. Konzepte – Strategien – Instrumente, München 2009

*Sigloch, Jochen/Egner, Thomas/Wildner, Stephan (2011):* Einführung in die Betriebswirtschaftslehre, 4., überarbeitete Auflage, Stuttgart 2011

*Simon, Hermann (2015):* Preisheiten. Alles, was Sie über Preise wissen müssen, 2., erweiterte Auflage, Frankfurt am Main 2015

*Simon, Hermann/Fassnacht, Martin (2009):* Preismanagement. Strategie – Analyse – Entscheidung – Umsetzung, 3., vollständig überarbeitete und erweiterte Auflage, Wiesbaden 2009

*Specht, Günter/Fritz, Wolfgang (2005):* Distributionsmanagement, 4., vollständig überarbeitete und erweiterte Auflage, Stuttgart 2005

*Stauss, Bernd/Seidel, Wolfgang (2014):* Beschwerdemanagement. Unzufriedene Kunden als profitable Zielgruppe, 5., vollständig überarbeitete Auflage, München 2014

*Steffenhagen, Hartwig (2008):* Marketing. Eine Einführung, 6., vollständig überarbeitete Auflage, Stuttgart 2008

*Stöckel, Maximiliane (Hrsg.) (2013):* Handbuch Marken- und Designrecht, 3., völlig neu überarbeitete und wesentlich erweiterte Auflage, Berlin 2013

*Stumpf, Marcus/Teufl, Iris (2014):* Cause related Marketing. Grundlagen – Erfolgsfaktoren – Praxisbeispiele, Wiesbaden 2014

*Theobald, Elke/Haisch, Philipp T. (Hrsg.) (2011):* Brand Evolution. Moderne Markenführung im digitalen Zeitalter. Mit Praxisbeiträgen von Google, Ferrero, Jägermeister, Mercedes-Benz, EnBW, Otto, Edelight und Anne Korn, 1. Auflage, Wiesbaden 2011

*Tomczak, Torsten/Esch, Franz-Rudolf/Kernstock, Joachim/Herrmann, Andreas (Hrsg.) (2012):* Behavioral Branding. Wie Mitarbeiterverhalten die Marke stärkt, 3., aktualisierte Auflage, Wiesbaden 2012

*Trommsdorff, Wolker/Teichert, Thorsten (2011):* Konsumentenverhalten, 8., vollständig überarbeitete und erweiterte Auflage, Stuttgart 2011

*Vahs, Dietmar/Brem, Alexander (2013):* Innovationsmanagement. Von der Idee zur erfolgreichen Vermarktung, Stuttgart 2013

*Voeth, Markus/Herbst, Uta (2013):* Marketing-Management. Grundlagen, Konzeption und Umsetzung, Stuttgart 2013

*Walsh, Gianfranco/Deseniss, Alexander/Kilian, Thomas (2013):* Marketing. Eine Einführung auf der Grundlage von Case Studies, 2., überarbeitete und erweiterte Auflage, Berlin u. a. 2014

*Waßmann, Jan (2013):* Corporate Social Responsibility und Konsumentenverhalten. Theoretische Ansätze und empirische Befunde, Wiesbaden 2013

*Weiber, Rolf/Kleinaltenkamp, Michael (2013):* Business- und Dienstleistungsmarketing. Die Vermarktung integrativ erstellter Leistungsbündel, Stuttgart 2013

*Weis, Hans Christian (2013):* Marketing, 7., überarbeitete und aktualisierte Auflage, Herne 2013

*Weis, Hans Christian (2005):* Verkaufsmanagement, 6., überarbeitete und erweiterte Auflage, Ludwigshafen (Rhein) 2005

*Weis, Christian (2015):* Marketing, 17., komplett überarbeitete Auflage, Herne 2015

*Weis, Christian/Steinmetz, Peter (2012):* Marktforschung, 8., verbesserte und aktualisierte Auflage, Herne 2012

*Winkelmann, Peter (2012):* Vertriebskonzeption und Vertriebssteuerung. Die Instrumente des integrierten Kundenmanagements – CRM, 5., vollständig überarbeitete und erweiterte Auflage, München 2012

*Winkelmann, Peter (2013):* Marketing und Vertrieb. Fundamente für die Marktorientierte Unternehmensführung, 8., vollständig überarbeitete und aktualisierte Auflage, München 2013

*Wirtz, Bernd W. (2011):* Media and Internet Management, Wiesbaden 2011

*Wirtz, Bernd W. (2012):* Direktmarketing-Management. Grundlagen – Instrumente – Prozesse, 3., aktualisierte und überarbeitete Auflage, Wiesbaden 2012

*Wirtz, Bernd W. (2013a):* Electronic Business, 4., aktualisierte und überarbeitete Auflage, Wiesbaden 2013

*Wirtz, Bernd W. (2013b):* Medien- und Internetmanagement, 8., aktualisierte und überarbeitete Auflage, Wiesbaden 2013

*Wirtz, Bernd W. (2013c):* Multi-Channel-Marketing. Grundlagen – Instrumente – Prozesse, 2., aktualisierte und überarbeitete Auflage, Wiesbaden 2013

*Wöhe, Günter/Döring, Ulrich (2013):* Einführung in die Allgemeine Betriebswirtschaftslehre, 25., überarbeitete und aktualisierte Auflage, München 2013

*Wolf, Joachim (2012):* Organisation, Management, Unternehmensführung: Theorien, Praxisbeispiele und Kritik, 5., überarbeitete und aktualisierte Auflage, Wiesbaden 2012

*Zentes, Joachim/Swoboda, Bernhard/Foscht, Thomas (2012):* Handelsmanagement, 3., neu bearbeitete Auflage, München 2012

*Zentes, Joachim/Swoboda, Bernhard/Schramm-Klein, Hanna (2013):* Internationales Marketing, 3., überarbeitete Auflage, München 2013

*Zerres Christopher/Zerres, Michael P. (Hrsg.) (2006):* Handbuch Marketing-Controlling, 3., überarbeitete Auflage, Berlin u. a. 2006

*Zollondz, Hans-Dieter (2011):* Grundlagen Qualitätsmanagement. Einführung in Geschichte, Begriffe, Systeme und Konzepte, 3., überarbeitete, aktualisierte und erweiterte Auflage, München 2011

# Sachverzeichnis

## L



## M